函数式算法设计的艺术

[英] 理查德·伯德 (Richard Bird)
杰里米·吉本斯 (Jeremy Gibbons) 著

万琳 顾琳 译

Algorithm Design
with Haskell

机械工业出版社
CHINA MACHINE PRESS

This is a Simplified Chinese Translation of the following title published by Cambridge University Press:

Algorithm Design with Haskell (9781108491617)

© Richard Bird and Jeremy Gibbons 2020.

This Simplified Chinese Translation for the People's Republic of China (excluding Hong Kong, Macau and Taiwan) is published by arrangement with the Press Syndicate of the University of Cambridge, Cambridge, United Kingdom.

© China Machine Press 2025.

This Simplified Chinese Translation is authorized for sale in the People's Republic of China (excluding Hong Kong, Macau and Taiwan) only. Unauthorised export of this Simplified Chinese Translation is a violation of the Copyright Act. No part of this publication may be reproduced or distributed by any means, or stored in a database or retrieval system, without the prior written permission of Cambridge University Press and China Machine Press.

Copies of this book sold without a Cambridge University Press sticker on the cover are unauthorized and illegal.

本书封面贴有 Cambridge University Press 防伪标签，无标签者不得销售。

北京市版权局著作权合同登记　图字：01-2021-0922 号。

图书在版编目（CIP）数据

函数式算法设计的艺术／（英）理查德·伯德
(Richard Bird)，（英）杰里米·吉本斯
(Jeremy Gibbons) 著；万琳，顾琳译. --北京：机械
工业出版社，2025.1. --（程序员书库）. --ISBN 978-
7-111-77510-2

Ⅰ. TP312

中国国家版本馆 CIP 数据核字第 2025NV0356 号

机械工业出版社（北京市百万庄大街 22 号　邮政编码 100037）
策划编辑：刘　锋　　　　　　　责任编辑：刘　锋
责任校对：李可意　马荣华　景　飞　　责任印制：常天培
北京铭成印刷有限公司印刷
2025 年 4 月第 1 版第 1 次印刷
186mm×240mm · 23.5 印张 · 522 千字
标准书号：ISBN 978-7-111-77510-2
定价：139.00 元

电话服务　　　　　　　　　　网络服务
客服电话：010-88361066　　　机 工 官 网：www.cmpbook.com
　　　　　010-88379833　　　机 工 官 博：weibo.com/cmp1952
　　　　　010-68326294　　　金 书 网：www.golden-book.com
封底无防伪标均为盗版　　机工教育服务网：www.cmpedu.com

Translater's preface 译者序

如果真有一门绝世武功，"招式"和"内功"孰轻孰重？如果说这个问题真有答案，那么在我讲授 C 语言程序设计多年之后，开始与本书相遇相知时似乎逐渐找到了。

长久以来，函数式编程因为侧重原理而被认为更接近于"内功"。由于某些情况下的性能问题以及学习资料的缺乏，函数式编程一直没有成为主导。近年来，计算机硬件性能的提升带来了转机，我们看到旧语言逐渐引入函数式的特性、新语言在构建之初就考虑更多函数式的设计。

在这本书里，当分而治之、贪心算法、减而治之、动态规划、穷举搜索这些算法用 Haskell 纯函数式语言来实现时，简短的代码体现出了科学思想与工程优雅。外化于形、内化于心的交相辉映令人沉醉！无论对于 Haskell 程序设计，还是对于 C 语言程序设计，"招式"和"内功"的兼收并蓄都是一个更高的境界！

本书的作者是牛津大学的 Richard Bird 和 Jeremy Gibbons 教授。令人遗憾的是，Richard Bird 教授在 2022 年 4 月 4 日离开了我们，他一生致力于推广函数式编程，对算法和程序设计做出了伟大贡献。在翻译这本书的过程中，我深感他文字之魅力和思想之深邃。大家在阅读此书时产生不同编程思维碰撞的电光火石是对 Richard 最好的缅怀。

万琳

前 言 *Preface*

本书的目的是使用纯函数方法来介绍算法设计的原理。我们选择的语言是 Haskell，所以我们设计的所有算法都将用 Haskell 函数来表示。Haskell 有很多结构化函数定义的特性，但是我们只会使用其中的一小部分。

使用函数代替循环和赋值语句来表达算法会改变一切。首先，以函数形式表达的算法会由其他更基本的函数组成，而这些基本函数可以被单独研究并重用在其他算法中。例如，排序算法可以通过构建并使用某种树的结构来实现，而我们可以将构建树的函数与使用树的函数分开研究。此外，可以使用简单的等式属性来捕获这些基本函数中每个函数的特性以及它们与其他函数的关系。在此基础上，人们可以用一种命令式代码不容易实现的方式来探讨和推理算法的"深度"结构。可以肯定的是，我们可以通过在谓词演算中形式化命令程序的规范并使用循环不变式来证明它们是正确的，从而对命令程序进行形式化推理。但这同时也是函数式编程的关键所在，即不能轻松地直接根据命令代码的语言来推断命令式程序的属性。因此，关于形式化程序设计的书与关于算法设计的书有很大的不同：它们要求人们精通谓词演算和必要的命令性术语。相比之下，许多关于算法设计的书通常都会对算法进行逐步介绍，并使用非形式化陈述的循环不变式来帮助人们理解为什么算法是正确的。

函数式编程使得我们不再需要考虑两种独立的语言，可以通过简单的等式推理过程愉快地计算出更好的算法版本，或算法的一部分，而这也许就是本书的主要贡献。尽管本书包含了相当多的等式推理，但我们会尽量简化以保证阅读体验。实际情况往往是，计算做起来很有趣，但大量的公式读起来会很无聊。尽管命令式算法是用 C、Java 还是伪代码来表示并不是很重要，但如果用函数式来表示算法，那情况就完全不同了。

本书讨论的许多问题，特别是在后面的部分中，都会从任务的规范开始，表示为标准函数的组合，如映射、过滤器和折叠，以及其他函数，如用于计算列表所有排列的 *perms*、用于计算所有分区的 *parts* 和用于构建特定种类的树的 *mktrees*。然后以各种方式将这些组件函数进行组合或融合，以构建具有所需时间复杂性的最终算法。最终排序算法可能不会涉及底层树，但是树仍然存在于算法的结构中。融合的概念主导了设计过程的技术和数学方面，同时也是这本书真正的驱动力。

对于任何采用函数式方法的作者来说，像 Haskell 这样的函数式语言的缺点是，它们不像主流的过程式语言那样广为人知，所以必须花时间来解释它们。这也会大大增加本书的篇幅。这个问题的简单解决办法就是假设读者已经掌握了必要的知识。关于 Haskell 等语言的教材越来越多，包括我们自己的 *Thinking Functionally with Haskell*（剑桥大学出版社，2014），我们假设读者已经读过相关内容。事实上，这本书是作为前一本书的姊妹篇设计的。在第 1 章中，我们会简要概述我们的假设，并简要回顾一些基本思想，但是你可能无法从第 1 章了解到足够的 Haskell 知识来理解本书其余部分的内容。即使你对函数式编程有所了解，但并不了解等式推理是如何进入这一领域的（一些关于函数式编程的书籍根本就没有提到等式推理），你可能仍然需要参考我们的前一本书。在任何情况下，等式推理所涉及的数学既不新鲜，也不算困难。

关于算法设计的书籍传统上涵盖 3 个广泛的领域：设计原则的集合、有用数据结构的研究，以及几个世纪以来发现的一些有趣的算法。有时这些书的内容是按照原则组织的，有时是按照主题（如图算法，或文本算法）组织的，有时是混合使用两种方式。本书主要采用第一种方法，专注于许多有效算法背后的五大主要设计策略：分而治之、贪心算法、减而治之、动态规划和穷举搜索。这些是每个认真的程序员都应该知道的设计策略。其中减而治之这一策略较为新颖，并在许多问题中被视为动态规划的替代方案。

在本书中，每种设计策略都有专门一部分与之对应，每部分都涵盖相关策略的各种已知算法和新算法。本书没有过多介绍数据结构方面的内容，虽然在本书的第一部分中，我们会讨论一些基本的数据结构，但我们将结合一些实用的 Haskell 数据结构库进行介绍。这样做的一个原因是我们希望控制这本书的篇幅，另一个原因是 Chris Okasaki 的著作 *Purely Functional Data Structures*（剑桥大学出版社，1998）已涵盖大量相关内容。自我们开始写这本书以来，其他关于函数式数据结构的书籍已经相继出版，更多的相关书籍也在筹备之中。

本书的另一个特点是，不仅描述了一些受欢迎的算法，还描述了一些通常不会出现在算法设计类书籍中的算法。其中一些算法改编自 *Pearls of Functional Algorithm Design*（2010）。引入这些新颖的算法是为了让这本书更加有趣，同时也更有教育意义。一般来说，有三种人会阅读算法设计方面的书籍：需要参考资料的学者、正在学习某门课程的本科生或研究生，以及对算法感兴趣的专业程序员。大多数专业程序员并不设计算法，而只是从库中获取它们。尽管如此，他们也是本书的目标读者，因为有时专业程序员会想了解更多关于构建优秀算法的方法和思路。

现实生活中的算法要比这本书中介绍的复杂得多。卫星导航系统中的最短路径算法也比算法设计教材中的最短路径算法复杂得多。现实生活中的算法必须处理规模问题，有效地使用计算机硬件、用户界面，并考虑许多其他与设计良好且实用的产品相关的因素。本书不会涉及这些方面的内容，实际上，大多数专门讨论算法设计原则的书也不会涉及这些方面的内容。

本书还有一个值得一提的特点：所有的练习都附有答案，即使有的答案比较简短。练习是本书的重要组成部分，即使不做练习，也要阅读问题和答案。本书没有在全书的最后提供完整的参考书目，而是在每一章的结尾列出与该章相关的一些书籍和文章等参考文献。

本书的大部分主要程序都可以在网站 www.cs.ox.ac.uk/publications/books/adwh 上找到。你还可以通过这个网站查看勘误表，并报告新的错误。我们也欢迎读者提出改进建议，包括有关新练习的想法。

致谢

本书的编写得益于 Sue Gibbons、Hsiang-Shang Ko 与 Nicolas Wu 的仔细审阅。手稿是使用 Ralf Hinze 和 Andres Löh 的 lhs2T$_E$X 系统编写的，该系统完美地呈现了 Haskell 代码，并允许进行提取和类型检查。然后我们使用 Koen Claessen 和 John Hughes 开发的 QuickCheck 工具对提取的代码进行测试。代码的类型检查和快速检查帮我们减少了许多错误，当然，限于作者水平，书中疏漏在所难免，任何遗留的错误都是我们自己的责任。

我们也要感谢剑桥大学出版社的 David Tranah 和他的团队，他们的建议和辛勤工作促成了本书的最终出版。

Richard Bird

Jeremy Gibbons

目 录 *Contents*

第二部分　分而治之

第三部分　贪心算法

第五部分　动态规划

第六部分　穷举搜索

第一部分 *Part 1*

基础知识

　　什么是好的算法？就像很多关于什么是好的食谱的问题一样，这类问题有很多答案。食谱是否清晰易懂？食谱是否使用了标准且易于理解的烹饪技法？它是否使用了常见的食材？准备时间是不是很短？是否要用到许多锅碗瓢盆和大量的厨房空间？等等。有人会说，一个食谱最重要的是菜是否有吸引力。这也是我们在表达函数算法时会尽量考虑的一个要点。

　　在前 3 章中，我们将讲述在功能性（函数式的）厨房中设计有吸引力的算法食谱时所需的材料和成分，并描述分析算法的有效性所需的工具。我们选择的函数式语言是 Haskell，其成分就是 Haskell 函数。在第 1 章中，我们将回顾这些成分及其组合技术。请注意，本章并不是 Haskell 的介绍，而是要告诉读者应该熟悉哪些领域，或者说，在遍历这些领域时，读者至少应该是感到舒适的。

　　第 2 章将讨论算法的效率问题，具体分析算法的运行时间。我们将完全忽略空间效率的问题，因为执行一个函数式程序会占用相当多的"厨房空间"。有一些方法可以用来控制函数表达式求值时所使用的空间，但是我们建议读者参考其他书籍去了解。该章将回顾描述运行时间的渐近符号，并探讨如何求解递归关系（本质上是用于确定递归函数运行时间的递归函数）以给出渐近估计。本章还将简要介绍均摊运行时间的概念，因为本书后面还会用到它。

　　第 3 章将介绍少量的基本数据结构，这些结构在本书其余部分会用到。这些结构包括对称列表、随机访问列表和纯函数数组。大多数情况下，在引入算法之前，我们不会讨论任何使算法有效所需的数据结构。但这三种数据结构构成了一个一致的组合，可以在没有具体应用的情况下进行讨论。

第1章 *Chapter 1*

函数式编程

Haskell 是一种体量大且功能强的语言，充满了关于如何构造程序的聪明想法，并拥有许多附加功能。但在本书中，我们只会使用其特性中的一小部分。所以，我们不会谈到 Monad、Applicative、Foldable 和 Traversable 等特性。在本章中，我们将阐明构建有效算法所需的内容。当一些特定的问题被仔细研究时，我们将重新审视一些材料，所以你应该把这一章视作检查你对 Haskell 基本思想理解的一种方式。

1.1 基本类型与函数

我们将只使用简单类型，如布尔值、字符、字符串、不同类型的数值和列表。我们使用的大多数函数都可以在 Haskell 的标准 Prelude(*Prelude* 库) 或 *Data.List* 库中找到。请注意，我们给出的一些函数的定义可能与这些库中的定义不完全相同：为了获得最佳性能，库的定义是经过优化的，而我们的定义则是为了更清晰的表述。我们将使用类型同义词来提高可读性，以及新类型的数据声明，特别是各种类型的树。必要时，我们将使用简单的类型类，如 *Eq*、*Ord* 和 *Num*，但我们不会引入新的类型。Haskell 提供了很多类型的数值，包括两种整数型 *Int* 和 *Integer*，以及两种浮点数 *Float* 和 *Double*。*Int* 类型的元素被限制在一定的范围内，比如在 64 位计算机上通常是 $[-2^{63}, 2^{63})$，然而 Haskell 编译器只需要覆盖范围 $[-2^{29}, 2^{29})$。*Integer* 的元素则没有范围限制。我们很少使用由 *Float* 和 *Double* 提供的浮点数。在某些情况下我们将使用有理数算术，其中有理数是两个整数值的比值。虽然 *Numeric.Natural* 库提供任意精度的数值，但是 Haskell 并没有自然数类型[⊖]。作为替代，我们有时会使用自然数类型的类型同义词：

$$type\ Nat = Int$$

Haskell 不能强制要求 *Nat* 的元素是自然数，我们使用类型同义词仅仅是为了记录意图。例如，我们可以断言 $length :: [a] \to Nat$，因为正如 Prelude 中定义的，列表的长度是 *Int* 类型的非负元素。Haskell 还在 *Data.Word* 库中提供无符号数。*Word* 的元素是无符号数，可以表示 64 位机器上 $0 \leqslant n < 2^{64}$ 范围内的自然数 n。然而，简单地定义 **type** *Nat = Word* 会很不方便，因为我们不能再断言 $length :: [a] \to Nat$。

对于我们来说，最重要的是操作列表的基本函数。其中最实用的是 *map*、*filter* 和各种 fold 系列函数。以下是 *map*（映射）的定义：

$$map :: (a \to b) \to [a] \to [b]$$
$$map\ f\ [\ ]\quad = [\ ]$$
$$map\ f\ (x : xs) = f\ x : map\ f\ xs$$

函数 *map* 将它的第一个参数（一个函数）应用于它的第二个参数（一个列表）的每个元素。函数 *filter* 的定义如下：

$$filter :: (a \to Bool) \to [a] \to [a]$$
$$filter\ p\ [\ ]\quad = [\ ]$$
$$filter\ p\ (x : xs) = \textbf{if}\ p\ x\ \textbf{then}\ x : filter\ p\ xs\ \textbf{else}\ filter\ p\ xs$$

函数 *filter* 用于过滤列表，其只保留那些满足给定测试的元素。列表中有各种 fold 系列函数，本书将在适当的时候解释其中的大部分。其中两个重要的函数是 *foldr* 和 *foldl*。*foldr* 的定义如下：

$$foldr :: (a \to b \to b) \to b \to [a] \to b$$
$$foldr\ f\ e\ [\ ]\quad = e$$
$$foldr\ f\ e\ (x : xs) = f\ x\ (foldr\ f\ e\ xs)$$

函数 *foldr* 从右到左折叠列表，从一个值 e 开始，使用二元运算符 $\oplus$ 将列表缩减为单个值。例如，

$$foldr(\oplus)e[x,\ y,\ z] = x \oplus (y \oplus (z \oplus e))$$

特别地，对于包括无限列表在内的所有列表 *xs*，*foldr* (:) [ ] *xs* = *xs*。然而，我们不会在下面的内容中使用无限列表，除非出现如下情况：

$$label :: [a] \to [(Nat, a)]$$
$$label\ xs = zip\ [\,0\,..\,]\ xs$$

对于另一个例子，我们可以这样写：

⊖ 在 GHC 库的文档中有这样一条声明："添加一个提供无界大小无符号整数的 *Natural* 类型是非常自然的，就像 *Prelude* 一样。"*Integer* 提供无界大小带符号整数。我们之所以还没有这样做，是因为没有这样的需求。"也许本书会创造出这样的需求。

$$length :: [\,a\,] \rightarrow Nat$$
$$length = foldr\ succ\ 0\ \textbf{where}\ succ\ x\ n = n+1$$

第二个主要函数 *foldl* 从左到右折叠列表：

$$foldl :: (b \rightarrow a \rightarrow b) \rightarrow b \rightarrow [\,a\,] \rightarrow b$$
$$foldl\ f\ e\ [\,] \quad\quad = e$$
$$foldl\ f\ e\,(x:xs) = foldl\ f\,(f\ e\ x)\ xs$$

因此，

$$foldl(\,\oplus\,)e[\,x,\ y,\ z\,] = (\,(\,e\oplus x)\oplus y)\oplus z$$

例如，我们也可以这样写：

$$length :: [\,a\,] \rightarrow Nat$$
$$length = foldl\ succ\ 0\ \textbf{where}\ succ\ n\ x = n+1$$

注意，*foldl* 只在有限列表上返回明确定义的值，在无限列表上对 *foldl* 的计算永远不会终止。*foldl* 还有另一种定义，即

$$foldl\ f\ e = foldr(flip\ f)\,e\cdot reverse$$

其中，*flip* 是一个实用的前置函数，定义为

$$flip :: (a \rightarrow b \rightarrow c) \rightarrow b \rightarrow a \rightarrow c$$
$$flip\ f\ x\ y = f\ y\ x$$

因为我们可以在线性时间内反转一个列表，所以这个定义的渐近速度和前者一样快。然而，它涉及输入的两次遍历，一次是翻转输入，另一次是折叠输入。

1.2　处理列表

　　foldr 和 *foldl* 之间的差异引发了一个普遍的观察。当习惯于传统命令式编程的程序员第一次遇到函数式编程时，他们可能会感到许多计算似乎是以错误的顺序执行的。有的时候，递归会被描述为通过走向目标的相反方向来到达目标的奇特过程。具体来说，列表通常是从右到左处理的，而自然的处理方式则是从左到右。诉诸自然往往是可疑的，外表可能具有欺骗性。我们通常是从左到右阅读一个英语句子，但当我们遇到 "a lovely little old French silver butter knife" 这样的短语时，就必须从右到左逐个理解形容词。如果这把刀是用法国银做的，但不一定是法国制造的，则必须写成 "a lovely little old French-silver butter knife"，以避免模棱两可。数学表达式通常也是从右到左进行理解的，当然也涉及一系列函数组成的表达式。

　　对于欺骗性的问题，定义

$$head = foldr(\ll)\bot\ \textbf{where}\ x\ll y = x$$

虽然有点奇怪，但其实是正确的，而且需要常数时间。在遇到第一个元素后，在概念上从右到左放弃 $foldr(\ll)$ 的求值。因此

$$head(x:xs) = foldr(\ll)\perp(x:xs)$$
$$= x \ll foldr(\ll)\perp xs$$
$$= x$$

最后一步是基于 Haskell 是一种懒惰的语言（惰性语言），它只在需要的时候执行求值（惰性求值或延迟求值），所以求值时不需要求它的第二个参数。

有时遍历的方向很重要。例如，考虑下面两个 concat 的定义：

$$concat_1,\ concat_2 :: [[a]]\to[a]$$
$$concat_1 = foldr(+\!\!+)[\,]$$
$$concat_2 = foldl(+\!\!+)[\,]$$

对于所有的有限列表 xss，我们有 $concat_1\ xss = concat_2\ xss$（参见练习 1.10），但是哪个定义更好呢？我们将在第 2 章查看这两个函数的精确运行时间，但这里有一种看待这个问题的方法。想象一下，有一个长长的桌子，上面有许多文件。你必须将这些文件组合成一大堆，并保持正确的顺序。因此第二堆（从左到右编号）必须放在第一堆之下，第三堆放在第二堆之下，以此类推。你可以从左到右拿起第一堆，将其放在第二堆上面，拿起组合的一堆放在第三堆上面，以此类推。或者你可以从另一端开始，把倒数第二堆放在最后一堆上，倒数第三堆放在倒数第二堆上，以此类推［甚至英语词汇也有方向性："第一""第二"和"第三"很简单，但"倒数第二"（penultimate）和"倒数第三"（antepenultimate）不是］。从左到右的解决方案涉及繁重的搬运工作，特别是在最后一步，必须举起一大堆文件并将其放在最后一堆上；而采用从右到左的解决方案的话，每一步则只需拿起一堆文件。因此，$concat_1$ 比 $concat_2$ 更能有效地连接一组列表。

下面是另一个例子。考虑一个将单词列表分解为行列表的问题，并确保每行的宽度不超过某个给定的边界。这个问题被称为段落问题，第 12 章中有一节专门讨论这个问题。我们往往会自然地选择从左到右处理输入，将连续的单词添加到当前行的末尾，直到没有更多的单词适合为止，然后开始新的一行。这个算法就是一个贪心算法。对于段落问题，也有从右到左处理单词的非贪心算法。本书的第三部分会集中讨论贪心算法。然而，撇开这两个例子不谈，前进的方向往往不重要。

前进的方向还与算法设计中的另一个概念有关，即在线算法的概念。在线算法是一种处理列表的算法，它无须从一开始就拥有完整的列表。相反，该列表被视为潜在的无限值流。因此，任何用于解决给定流问题的在线算法也必须解决流的每个前缀的问题。这意味着必须从左到右处理流。相比之下，离线算法是一种在开始时给出完整列表的算法，并且可以按照它想要的任何顺序来处理列表。在线算法通常可以用 Haskell 的另一个基本函数 scanl 来定义，其定义如下：

$$scanl :: (b\to a\to b)\to b\to[a]\to[b]$$
$$scanl\ f\ e\,[\,]\quad = [e]$$
$$scanl\ f\ e(x:xs) = e : scanl\ f(f\ e\ x)xs$$

例如，
$$scanl(\oplus)e[x,\ y,\ z,\ \cdots] = [e,\ e\oplus x,\ (e\oplus x)\oplus y,\ ((e\oplus x)\oplus y)\oplus z,\ \cdots]$$
特别地，$scanl$ 可以应用于无限链表，从而生成一个无限链表。

1.3　归纳与递归的定义

虽然大多数函数都使用递归，但在不同的函数中递归的性质是不同的。函数 map、$filter$ 和 $foldr$ 都利用了结构递归。也就是说，递归遵循由空 list[ ] 和 cons constructor(:) 构建的列表结构。空列表有一个子句，$x:xs$ 有另一个递归子句，这是根据 xs 的函数值表示的。我们将这些定义称为归纳定义。大多数归纳定义都可以表示为 $foldr$ 的实例。例如，map 和 $filter$ 都可以这样表示（参见练习）。

下面是另一个例子，函数 $perms$ 的归纳定义，它返回列表所有排列（构成）的列表（我们称它为 $perms_1$，因为稍后我们将遇到另一个定义 $perms_2$）：
$$perms_1[\ ]\qquad = [[\ ]]$$
$$perms_1(x:xs) = [zs\ |\ ys\leftarrow perms_1\ xs, zs\leftarrow inserts\ x\ ys]$$
非空列表的排列是通过获取列表尾部的每个排列并返回第一个元素可以插入的所有方式来获得的。函数 $inserts$ 定义为
$$inserts :: a\rightarrow[a]\rightarrow[[a]]$$
$$inserts\ x[\ ]\qquad = [[x]]$$
$$inserts\ x(y:ys) = (x:y:ys):map(y:)(inserts\ x\ ys)$$
例如，
$$inserts\ 1[2,\ 3] = [[1,\ 2,\ 3],\ [2,\ 1,\ 3],\ [2,\ 3,\ 1]]$$
$perms_1$ 的定义使用了显式递归和列表推导，但另一种方法是使用 $foldr$：
$$perms_1 = foldr\ step[[\ ]]\ \textbf{where}\ step\ x\ xss = concatMap(inserts\ x)xss$$
实用的函数 $concatMap$ 定义为
$$concatMap :: (a\rightarrow[b])\rightarrow[a]\rightarrow[b]$$
$$concatMap\ f = concat\cdot map\ f$$
观察到，因为
$$step\ x\ xss = (concatMap\cdot inserts)x\ xss$$
所以 $perms_1$ 的定义可以更简单地表示为
$$perms_1 = foldr(concatMap\cdot inserts)[[\ ]]$$
在后面的章节中将经常使用习语 $foldr(concatMap\cdot steps)e$ 来定义 $steps$ 和 e，因此请记住这个缩写。

这是另一种生成排列的方法，它是递归的，而不是归纳的：

$$perms_2 [\ ] = [\ [\ ]\ ]$$

$$perms_2\ xs = [\ x : zs \mid (x,\ ys) \leftarrow picks\ xs,\ zs \leftarrow perms_2\ ys\ ]$$

$$picks :: [\ a\ ] \rightarrow [\ (a,\ [\ a\ ])\ ]$$

$$picks [\ ] \qquad = [\ ]$$

$$picks (x : xs) = (x,\ xs) : [\ (y,\ x : ys) \mid (y,\ ys) \leftarrow picks\ xs\ ]$$

$picks$ 函数以任何可能的方式从列表中选择一个任意元素，并返回选择的元素和剩下的元素。$perms_2$ 函数通过选择一个非空列表中的任意元素作为第一个元素来计算一种排列，然后再选择列表中其余元素的一种排列。

函数 $perms_2$ 使用了列表推导式，用另一种等价的方法来编写，即

$$perms_2 [\ ] = [\ [\ ]\ ]$$

$$perms_2\ xs = concatMap\ subperms\ (picks\ xs)$$

$$\textbf{where}\ subperms (x,\ ys) = map\ (x :)\ (perms_2\ ys)$$

用这种方式表达 $perms_2$，而不用列表理解，有助于等式推理，也有助于对其运行时间进行分析。在第 2 章中，我们将同时讨论 $perms_1$ 和 $perms_2$。

基本组合函数（如排列、划分或子序列）定义的不同风格、递归或归纳，导致了不同类型的最终算法。例如，分治算法通常是递归的，而贪心算法和简化算法通常是归纳的。为了理解同一个问题可能有不同的算法，我们必须回到问题说明中所使用的基本函数的定义，看看它们是否可以有不同的定义。例如，$perms_1$ 的归纳定义导致插入排序，而 $perms_2$ 的递归定义导致选择排序。我们将在第三部分贪心算法的背景下介绍这两种排序算法。函数式算法设计的一个关键要点是：问题会有不同的解决方案，而这只是因为描述解决方案的一个或多个基本函数有不同但同样清晰的定义。

函数式编程完全依赖递归来定义任意长度的计算，而命令式编程也可以使用各种循环，包括 $while$ 和 $until$ 循环。我们也可以在 Haskell 中定义和使用循环。例如，

$$until :: (a \rightarrow Bool) \rightarrow (a \rightarrow a) \rightarrow a \rightarrow a$$

$$until\ p\ f\ x = \textbf{if}\ p\ x\ \textbf{then}\ x\ \textbf{else}\ until\ p\ f(f\ x)$$

是函数 $until$ 的递归定义，它重复将一个函数应用到一个值上，直到结果满足某些条件。我们会在本书的后面内容中再次遇到该函数。我们可以通过 $until$ 定义 $while$：

$$while\ p = until\ (not \cdot p)$$

我们还可以定义简单 for 循环的函数式版本，其中将函数应用于指定次数的实参（参见练习）。

1.4 融合

构建高效算法最强大的技术在于我们将两个计算融合（$fuse$）为一个计算的能力。这里有三个简单的例子：

$$map\ f\cdot map\ g\qquad = map(f\cdot g)$$
$$concatMap\ f\cdot map\ g = concatMap(f\cdot g)$$
$$foldr\ f\ e\cdot map\ g\qquad = foldr(f\cdot g)e$$

第一个方程表示将一个函数应用于列表中的每个元素，然后将第二个函数应用于结果中的每个元素的两步过程可以被一步遍历所取代。在这个过程中，将两个函数的组合应用于每个元素。第二个方程是第一个方程的实例，第三个方程是用一个遍历代替两个遍历的另一个例子。

这是另一个融合定律的例子，你需要解决：

$$foldr\ f\ e\cdot concat = ????$$

暂停一分钟，尝试完成右边。这是检验你对目前为止所述内容的理解程度的一个很好的测试。如果你找不到答案，也不要灰心，因为这个答案不是很明显，很多有经验的函数式程序员也都找不到答案。稍后我们将展示这一特定的融合规则是如何从单一的主规则中得到的。事实上，这就是我们如何知道右边的——不是通过记忆，而是通过根据主规则重建它。

你可能会在这个问题上停顿片刻，然后放弃并且继续读下去。但别放弃，不妨试试这个简单的版本：

$$foldr\ f\ e(xs + ys) = ????$$

回答完这个问题后，你现在能回答第一个问题吗？

这两个问题的答案很快就会揭晓。最主要的融合规则就是 $foldr$ 的融合定律。该定律规定：对于 xs 提供的所有有限列表，

$$h(foldr\ f\ e\ xs) = foldr\ g(h\ e)xs$$

对于所有的 x 和 y，

$$h(f\ x\ y) = g\ x(h\ y)$$

该附带条件被称为融合条件。如果没有额外的附带条件，对有限列表的限制就是必要的（参见练习）。融合规则的证明是通过对列表结构的归纳来实现的。有两种情况，一种是基本情况，一种是归纳步骤。基本情况是

$$h\ (foldr\ f\ e[\ ])$$
$$=\quad \{foldr\ 的定义\}$$
$$h\ e$$
$$=\quad \{foldr\ 的定义\}$$
$$foldr\ g(h\ e)[\ ]$$

归纳步骤为

$$h(foldr\ f\ e(x:xs))$$
$$=\quad \{foldr\ 的定义\}$$

$$h(f\ x(foldr\ f\ e\ xs))$$

$=$　{融合条件}

$$g\ x(h(foldr\ f\ e\ xs))$$

$=$　{归纳}

$$g\ x(foldr\ g(h\ e)xs)$$

$=$　{$foldr$ 的定义}

$$foldr\ g(h\ e)(x:xs)$$

这样一来，$foldr$ 融合定律的归纳和证明就完成了。

回顾我们的两个问题，较简单的第二个问题的答案是

$$foldr\ f\ e(xs\!+\!\!+ys)=foldr\ f(foldr\ f\ e\ ys)xs$$

对于更困难的第一个问题，我们使用 $concat=foldr(+\!\!+)[\,]$，融合定律指示

$$h(foldr(+\!\!+)[\,]xss)=foldr\ g(h[\,])xss$$

其中 g 满足

$$h(xs\!+\!\!+ys)=g\ xs(h\ ys)$$

但是 $h=foldr\ f\ e$，根据我们对更简单的第 2 个问题的解决方案，我们可以通过取 $g=flip(foldr\ f)$ 来满足融合条件。因此在有限的列表中，

$$foldr\ f\ e\cdot concat=foldr(flip(foldr\ f))\ e$$

如果你理解了上述解法，那就非常好。

在结束这一节之前，让我们来谈谈推理的风格。$foldr$ 融合规则的证明是在点级别（point-level）进行的，这意味着所有函数都完全适用于它们的参数。这也被称为逐点推理。请将此概念与下面的证明进行对比：

$$map\ f\cdot filter\ p\cdot concat$$

$=$　{在 $concat$ 上分配 $filter$}

$$map\ f\cdot concat\cdot map(filter\ p)$$

$=$　{在 $concat$ 上分配 map}

$$concat\cdot map(map\ f)\cdot map(filter\ p)$$

$=$　{map 的性质}

$$concat\cdot map(map\ f\cdot filter\ p)$$

$=$　{$concatMap$ 的定义}

$$concatMap(map\ f\cdot filter\ p)$$

这种计算是在功能层进行的，以功能组合为基本组合形式。它也被称为无点推理（有时是毫无意义的推理）。在适用的情况下，无点推理比逐点推理更具吸引力，至少是因为使用无点推理时写的括号更少。因此，我们经常写类似以下的等式，且没有提到双方都适用的列表：

$$h\cdot foldr\ f\ e=foldr\ g(h\ e)$$

然而，如上所述，如果没有附带条件，该融合定律只对有限列表成立。出于这个原因，我们

经常在描述无点方程时加上"适用于所有有限列表"或"在有限列表上"的附带条件。我们在前一节的最后就是这样做的，尽管等式

$$foldr\ f\ e \cdot concat = foldr\ (\ flip\ (\ foldr\ f\ )\ )\ e$$

适用于包括无限列表和有限列表的所有列表。

1.5　累积与串联

有时，我们必须对整洁和简单的定义进行调整，以使其更高效。看下面这个例子。给定一个由整数列表组成的 *xss* 列表，考虑连接总和为正的 *xss* 的最短前缀的问题。如果没有正值，则连接整个列表。让 *collapse* 执行这个过程，例如：

$$collapse\,[\,[\,1\,],\ [\,-3\,],\ [\,2,\ 4\,]\,] \qquad =[\,1\,]$$
$$collapse\,[\,[\,-2,\ 1\,],\ [\,-3\,],\ [\,2,\ 4\,]\,]=[\,-2,\ 1,\ -3,\ 2,\ 4\,]$$
$$collapse\,[\,[\,-2,\ 1\,],\ [\,3\,],\ [\,2,\ 4\,]\,]\ =[\,-2,\ 1,\ 3\,]$$

定义 *collapse* 的最简单方法是使用一个辅助函数，它在第一个参数中累积所需的前缀：

$$collapse :: [\,[\,Int\,]\,] \rightarrow [\,Int\,]$$
$$collapse\ xss = help\,[\,]\ xss$$
$$help\ xs\ xss\ = \textbf{if}\ sum\ xs > 0 \lor null\ xss\ \textbf{then}\ xs$$
$$\textbf{else}\ help\,(\,xs\,\text{++}\,head\ xss\,)\,(\,tail\ xss\,)$$

请暂时忽略这个特定的函数可能有什么用，只需关注一个事实，即 *collapse* 似乎在重新计算总和方面做了很多工作。由于每个列表都是在 *help* 的第一个参数（累积形参）中构造的，因此它的总和将从头开始重新计算。我们还可以通过串联化每个列表的和来做得更好。可以用下面的定义替换 *collapse* 的定义：

$$collapse\ xss \qquad\qquad =help\,(\,0,\ [\,]\,)\,(\,labelsum\ xss\,)$$
$$labelsum\ xss \qquad\qquad =zip\,(\,map\ sum\ xss\,)\,xss$$
$$help\,(\,s,\ xs\,)\ xss \qquad =\textbf{if}\ s > 0 \lor null\ xss\ \textbf{then}\ xs$$
$$\textbf{else}\ help\,(\,cat\,(\,s,\ xs\,)\,(\,head\ xss\,)\,)\,(\,tail\ xss\,)$$
$$cat\,(\,s,\ xs\,)\,(\,t,\ ys\,) = (\,s+t,\ xs\,\text{++}\,ys\,)$$

每个列表都与它的和配对，这种配对贯穿整个计算过程。修改后的 *help* 定义中没有求和计算，而只有函数 *labelsum* 中有求和计算。然而，*cat* 的定义中有一个+操作。在最坏的情况下，计算这些和的代价现在在输入的总长度上是线性的，而在之前的定义中它是二次的。

collapse 的剩余问题是 *cat* 中的++操作。连接从左到右执行。例如：

$$collapse\ [\,[\,-5,\ 3\,],\ [\,-2\,],\ [\,-4\,],\ [\,-4,\ 1\,]\,]=$$
$$(\,(\,(\,(\,[\,]\,\text{++}\,[\,-5,\ 3\,]\,)\,\text{++}\,[\,-2\,]\,)\,\text{++}\,[\,-4\,]\,)\,\text{++}\,[\,-4,\ 1\,]$$

正如我们所看到的，这是一种低效的连接列表的方法。解决这个问题的一种方法是用一个累加函数代替 *help* 定义中的累加列表：

$$collapse\ xss\quad = (help\,(\,0,\ id\,)\,(\,labelsum\ xss\,)\,)\,[\ ]$$
$$help\,(\,s,\ f\,)\ xss = \textbf{if}\ s>0 \lor null\ xss\ \textbf{then}\ f\ \textbf{else}\ help\,(\,s+t,\ f\cdot(\,xs+\!\!+)\,)\,(\,tail\ xss\,)$$
$$\textbf{where}\,(\,t,\ xs\,) = head\ xss$$

在计算结束时，累加函数将应用于空列表。例如，我们现在有

$$collapse\,[\,[\,-5,\ 3\,],\ [\,-2\,],\ [\,-4\,],\ [\,-4,\ 1\,]\,]$$
$$= (\,(\,(\,[\,-5,\ 3\,]+\!\!+)\cdot(\,[\,-2\,]+\!\!+)\cdot(\,[\,-4\,]+\!\!+)\cdot(\,[\,-4,\ 1\,]+\!\!+)\,)\,)\,[\,]$$
$$= [\,-5,\ 3\,]+\!\!+(\,[\,-2\,]+\!\!+(\,[\,-4\,]+\!\!+(\,[\,-4,\ 1\,]+\!\!+[\,]\,)\,)\,)$$

现在的连接是从右到左，效率更高。这种使用累积函数来实现高效连接的技巧将在本书的多个地方反复出现。

通过这个例子，我们主要想要说明的是串联（tupling）的思想。通过将感兴趣的值串联在一起并将它们线程化，可以使计算更加高效。这样就不必每次都从头开始重新计算这些值了。实际上，串联是记忆函数值以避免多次计算的简单版本。我们将在第五部分中更深入地讨论记忆。尽管并非总是如此，我们通常会把这种串联优化留到高效算法设计的最后阶段，因为它们在理解方面没有太大帮助，而且会使代码变得混乱和模糊。过早优化是编程中的万恶之源。我们之所以在这里提到串联优化，是因为它在一些算法的最终版本中被多次使用。

累积参数技术和串联技术是提高算法运行时间的有效手段，但所有这些手段的鼻祖是融合。实际上，本书中的每一种算法都得益于某种类型的融合。因此，如果你在阅读本章后感到有所收获，请确保你已掌握好的算法设计具备的两个核心原则：

（1）运用基本的、易于理解的原材料来表述问题；

（2）将这些原材料融合成一道最终足以端上餐桌的佳肴。

章节注释

本书中使用的 Haskell 版本是 Haskell 8.0，于 2016 年 5 月发布。网站 www. haskell. org 展示了如何下载 Haskell 平台，这是一个一站式系统，包含了许多实用的库。除了编译器之外，该平台还提供解释器 GHCi，我们将使用它来说明一些计算。该网站还包含大量关于 Haskell 的资料，包括关于 Haskell 编程的完整书籍列表，以及一些关于该语言各个方面和特性的在线教程。Richard Bird[1]也提供了一些帮助，说明如何使用一个特殊的函数 seq 来控制对一些函数表达式求值所需的空间。

Donald E. Knuth[4]说过"过早优化是编程中的万恶之源"，尽管这句话可能出现得更早。Mark Forsyth[2]用"一把古老的可爱的绿色长方形法国银削刀"（a lovely little old rectangular green French silver whittling knife）这句话来说明英语形容词在句子中必须按以下类别顺序进行排列：观点、大小、年龄、形状、颜色、来源、材料、用途。任何不按这一顺序排列出来的句子听起来都是不对的。而一种称为倒装（hyperbaton）的修辞手法会改变单词顺序，以产生修辞效果。

使用累积函数来改变连接执行顺序的技术最初由 John Hughes[3] 提出，尽管一些程序员在更早的时候已经开始使用这个技术了。

参考文献

［1］ Richard Bird. *Thinking Functionally with Haskell*. Cambridge University Press，Cambridge，2014.

［2］ Mark Forsyth. *The Elements of Eloquence*. Icon Books，London，2013.

［3］ John Hughes. A novel representation of lists and its application to the function "reverse". *Information Processing Letters*，22（3）：141-144，1986.

［4］ Donald E. Knuth. Structured programming with go to statements. *ACM Computing Surveys*，6（4）：261-301，1974.

练习

练习 1.1　下面是之后我们会用到的一些其他基本列表处理函数：

$$maximum，take，takeWhile，inits，splitAt，null，elem，zipWith，$$
$$minimum，drop，dropWhile，tails，span，all，（!!）$$

请说出每个函数的函数类型

练习 1.2　查阅 *Data.List* 时我们会发现一个先前没有注意到的函数

$$uncons :: [a] \rightarrow Maybe(a，[a])$$

请猜猜 *uncons* 的函数定义。

练习 1.3　遗憾的是，*Data.List* 不提供库函数 *wrap*、*unwrap*、*single*：

$$wrap :: a \rightarrow [a]$$
$$unwrap :: [a] \rightarrow a$$
$$single :: [a] \rightarrow Bool$$

这三个函数在一些情况下十分有用，而且之后会在书中多次出现。*wrap* 将一个值包装成一个元素的列表，*unwrap* 将一个元素的列表拆成一个值，*single* 判断列表是否只有一个元素。请给出这三个函数的定义。

练习 1.4　请给出线性时间内 *reverse* 函数的定义，可以尝试使用 *foldl* 回答此问题。

练习 1.5　请将 *map* 和 *filter* 表示为 *foldr* 的一个实例。

练习 1.6　请将 *foldr f e · filter p* 表示为 *foldr* 的一个实例。

练习 1.7　*takeWhile* 函数返回满足给定测试条件的最长初始段（longest initial segment）。而且该函数的执行时间并不是与输入长度成正比，而是与结果长度成正比。请将 *takeWhile* 函数表示为 *foldr* 的一个实例，以再次证明 *foldr* 在终止之前无须处理所有参数。

练习 1.8 *Data.List* 库包含函数 *dropWhileEnd*，该函数删除所有满足给定布尔测试条件的最长后缀，并返回该列表，例如：

$$dropWhileEnd \; even \, [1, \, 4, \, 3, \, 6, \, 2, \, 4] = [1, \, 4, \, 3]$$

将 *dropWhileEnd* 表示为 *foldr* 的一个实例。

练习 1.9 *foldr* 的一种定义是：

$$foldr \, f \, e \, xs = \textbf{if} \; null \; xs \; \textbf{then} \; e \; \textbf{else} \; f(head \; xs)(foldr \, f \, e(tail \; xs))$$

相对地，*foldl* 的另一种定义是：

$$foldl \, f \, e \, xs = \textbf{if} \; null \; xs \; \textbf{then} \; e \; \textbf{else} \; f(foldl \, f \, e(init \; xs))(last \; xs)$$

其中 *last* 和 *init* 对偶于 *head* 和 *tail*，*foldl* 的定义存在什么问题？

练习 1.10 请看下面两个例子，

$$foldr(\oplus)e \, [x, \, y, \, z] = x \oplus (y \oplus (z \oplus e))$$
$$foldl(\oplus)e \, [x, \, y, \, z] = ((e \oplus x) \oplus y) \oplus z$$

在关于 $\oplus$ 和 e 的何种简单条件下，对于所有有限列表 *xs* 都有

$$foldr(\oplus)e \; xs = foldl(\oplus)e \; xs$$

练习 1.11 给定一个表示自然数的 $0 \sim 9$ 数字列表，构造一个函数 *integer*，将 $0 \sim 9$ 数字列表转换为该数字。例如：

$$integer \, [1, \, 4, \, 8, \, 4, \, 9, \, 3] = 148493$$

接下来，给定一个表示实数 r 的 $0 \sim 9$ 数字列表，且 r 的范围为 $0 \leqslant r < 1$，请构造一个函数 *fraction*，将 $0 \sim 9$ 数字列表转换为相应的分数。例如：

$$fraction \, [1, \, 4, \, 8, \, 4, \, 9, \, 3] = 0.148493$$

练习 1.12 填写下式的右边：

$$map(foldl \, f \, e) \cdot inits = ????$$
$$map(foldr \, f \, e) \cdot tails = ????$$

练习 1.13 请定义函数

$$apply :: Nat \rightarrow (a \rightarrow a) \rightarrow a \rightarrow a$$

它能以给定次数将一个函数多次作用于一个值。

练习 1.14 能否将归纳定义 $perms_1$ 所用到的函数 *inserts* 表示为 *foldr* 的一个实例？

练习 1.15 $perms_3 = [[\,]]$

$$perms_3 \, xs = [x : ys \mid x \leftarrow xs, \; ys \leftarrow perms_3(remove \; x \; xs)]$$

其中，*remove* 计算列表元素的全排列。请给出 *remove* 的定义

第一个子句有必要吗？$perms_3$ 的类型是什么？对于元素为函数的列表，能否用上面的定义来产生全排列？

练习 1.16 要使 *foldr* 的融合定律（fusion law）在所有列表（包括有限列表和无限列表）上都有效，还需要什么额外的条件？

练习 1.17 如上所述，融合定律有附带条件：对于所有的 x 和 y，有

$$h(f\ x\ y) = g\ x(h\ y)$$

这个附带条件其实太笼统了。你能发现融合的充分且必要条件是什么吗？为了帮助你理解，这里有一个例子。这个例子是人为构造的，并且需要更加严格的融合条件。定义函数 *replace* 为

$$replace\ x = \mathbf{if}\ even\ x\ \mathbf{then}\ x\ \mathbf{else}\ 0.$$

我们声称，在有限列表上 $replace \cdot foldr\ f\ 0 = foldr\ f\ 0$，其中

$$f :: Int \rightarrow Int \rightarrow Int$$
$$f\ x\ y = 2 \times x + y$$

通过使用更加严格的限制性条件来证明这个事实。

练习 1.18 我们把 *foldr* 的融合规则称为主融合规则，但还有一个主规则，就是 *foldl* 的融合规则。这个规则是什么？

练习 1.19 以下说法是真还是假？"当第一个前缀具有正和时，*collapse* 的原始定义在最好的情况下比优化后的版本更有效率，因为不需要计算其余列表的和。而优化后的版本需要计算所有列表的总和。"

练习 1.20 找到 *op* 的一个定义，使得

$$concat\ xss = foldl\ op\ id\ xss\ [\ ]$$

练习 1.21 如果一个数字列表中的每个数字都大于它后面的元素之和，则称这个数字列表是陡峭（steep）的。请给出布尔函数 *steep* 的简单定义，以判断一个序列是否是陡峭的。它的运行时间是多少，以及如何通过串联来改进它？

Chapter 2 第2章

时间

　　编写一个成功的算法的秘诀，就像成功的喜剧一样，都在于时间（时机）。在这一章中，我们将回顾那些用于分析函数式算法运行时间的工具，并且通过一到两个例子对这些工具进行解释说明。函数式算法成功的标准应包含空间和时间，但分析函数式算法的空间需求是一个复杂的过程，所以在分析过程中我们几乎可以完全忽略它。我们需要的三种工具分别是用于描述函数增长的渐近表示法、估计运行时间的递推关系，以及均摊运行时间的理念。

2.1　渐近表示法

　　渐近表示法可用于比较函数增长的阶时，且不必考虑函数中所涉及的常量。该表示法中涉及的三个数学符号分别是：Θ，O 和 Ω。

　　假设 f 和 g 分别是以自然数为参数，返回值为非负（不一定为整数）的两个函数。称 f 是 g 同阶函数，记为 $f = \Theta(g)$，若存在两个正常数 C 与 D 和常量 n_0，使得对于 $n > n_0$，有

$$Cg(n) \leqslant f(n) \leqslant Dg(n)$$

例如[一]：

$$n(n+1)/2 \qquad = \Theta(n^2)$$
$$n^3 + n^2 + n \log n \qquad = \Theta(n^3)$$
$$n(1 + 1/2 + 1/3 + \cdots) = \Theta(n \log n)$$

渐近表示法常被滥用地写成 $f(n) = \Theta(g(n))$，而不是更正确的 $f = \Theta(g)$。特别地，$\Theta(1)$ 表示

　　[一]　在本书中，除特别说明外，所有对数的底数均为 2。

值介于两个正常量之间的匿名函数。例如，获取列表的第一个元素是一个常数耗时的操作。这个常数是多少并不重要，只要它足够小即可。该步运行时间为 $\Theta(1)$。

如果只想给一个函数值设定一个上界，那么可以使用 O 符号。称 f 至多为 g 阶函数，记为 $f = O(g)$，若存在非负常量 C 和自然数 n_0，使得对于 $n > n_0$，有

$$f(n) \leqslant Cg(n)$$

特别地，$O(1)$ 表示值的上界为正常数的匿名函数。例如，$takeWhile$ 在一个长度为 n 的列表上的运行时间为 $O(n)$ 步，假设该测试花费恒定的时间。在最坏情况下，其运行时间是 $\Theta(n)$ 步，但在最好的情况下，即当列表的第一个元素未通过该测试时，运行时间是 $\Theta(1)$ 步。

此外，运行时间为 $O(n^2)$ 的操作并不意味着运行时间便不是 $O(n)$。例如，一个排序算法因其运行时间为 $O(n^2)$ 而被称为低效的说法在数学上是错误的。因此，我们可以使用 Ω 符号。我们称 f 至少为 g 阶函数，并记为 $f = \Omega(g)$，若存在非负常量 C 和自然数 n_0，使得对于 $n \geqslant n_0$，有

$$f(n) \geqslant Cg(n)$$

当且仅当 $f = O(g)$ 和 $f = \Omega(g)$ 时，$f = \Theta(g)$ 才成立。因此，可以用 Ω 符号给函数设定下界。如果一个排序算法在最坏情况下的运行时间是 $\Omega(n^2)$，就可以合理地断言该排序算法是低效的。我们将在适当的时候看到这种说法是正确的和合理的，因为有些排序算法的运行时间更优。

在这三种渐近估计中，我们最常用的是 Θ 和 O。例如，我们在估计 $\sum_{k=1}^{n} k = \Theta(n^2)$ 或 $\sum_{k=1}^{n} k^2 = \Theta(n^3)$ 的总和时，不必考虑所涉及的确切常数。

关于渐近表示法有 2 个关键误区。首先，$f = \Theta(g)$ 中的等号并不是真正的等号，它包含所有的伴随性质。例如，$n^2 = \Theta(n^2)$ 和 $n^2 + n = \Theta(n^2)$ 并不意味着 $n^2 = n^2 + n$。Θ 表示的等式是单向的，是从较精确的估计到较松散的估计。Θ 符号的另一种定义方法是，$\Theta(g)$ 表示具有规定性质的所有函数 f 的集合，并用"$f \in \Theta(g)$"代替"$f = \Theta(g)$"。然而，使用单向等式而不使用包含是一种传统的做法，还没有什么令人信服的理由可以打破它。因此，我们永远不会写出 $\Theta(g) = f$。但是，我们可以这么写：

$$n^2 + \Theta(n) = \Theta(n^2)$$

这个论断是符合数学直觉的。

第二个风险是关于渐近符号的推理。例如，因为等式左边没有明确的含义，所以我们不能合理地断言

$$\Theta(1) + \Theta(2) + \cdots + \Theta(n) = \Theta(n^2)$$

但是由于 Θ 在左边只有一次出现，并假设它代表 i 的一个匿名函数，所以我们可以将其写成

$$\sum_{i=1}^{n} \Theta(i) = \Theta(n^2)$$

如果一个算法在输入大小为 n 的情况下需要 $\Theta(n)$ 步，则我们称其运行时间是线性的；如果需要 $\Theta(n^2)$ 步，则其运行时间是二次的；以此类推。然而，严格地说，称一个算法是线性的便意味着该算法在所有情况下都要花费同样长的时间。这种说法对于像 $reverse$ 这样的函数来说是正确的，但是在不同的情况下，所花费的时间往往是不同的。因此，Θ 符号的使用通

常仅限于一种特殊情况。例如，我们可以说一个算法在最坏的情况下需要 $\Theta(n^2)$ 步，但在最好的情况下只需要 $\Theta(n)$ 步。所以最好和最坏的情况很少是相同的。大多数情况下，我们关注的是算法的最坏运行时间，只是偶尔才会提到最好的情况。

对于算法的性能，还有另外两个衡量标准：算法在平均情况下所花费的时间，以及平均情况有多常见。对于任何平均情况分析，我们必须假设输入值的概率分布。例如，我们可以分析排序算法的平均情况，假设输入是一个从 1 到 n 的排列，并且所有这些排列是等可能的。这可能是一个明智的假设，也可能不是。平均情况分析是一个很吸引人的主题，它涉及一些复杂的数学知识，但在接下来的内容中，我们几乎总是忽略这种对运行时间的度量。

2.2 估计运行时间

到目前为止，我们使用了一个尚未被严格定义的短语——"函数的运行时间"。当然，函数的运行时间是一个与功能函数输入的大小相关的函数，可以用来衡量得到确定结果所需要的基本执行步骤。困难在于，我们在不仔细观察特定的 Haskell 编译器细节和执行算法的机器架构的情况下，根本不知道基本步骤的概念是什么意思。一种最简单的方法（也是我们将要使用的方法）是计算归约步骤。Haskell 通过将表达式归约为标准形式并输出结果来计算表达式。可约表达式或 redex 的每一步都是通过应用程序员提供的定义或内置操作（如+）来选择和简化的。然而，并不是所有的归约步骤都要花费完全相同的时间，计算它们时也没有考虑在一个庞大且可能较为复杂的表达式中查找下一个 redex 所需的时间，因此归约步骤的数量并不是一个完全可靠的时间度量。我们也可以查看从开始点到结束点所经过的时间，但是这样的度量同样取决于计算函数的特定计算机。例如，GHCi 是 Haskell 平台附带的一个解释器，如果我们请求的话，它还能提供性能的统计数据（包括运行时间的度量）。Hugs 是 Haskell 早期的解释器，用于计算归约的步骤数。

估算运行时间的另一个困难是，因为 Haskell 是一种惰性语言，所以它只对获得目标值所需的表达式进行计算。例如，在求 $f(g(x))$ 的值时，不一定会出现为了计算 f 的值而完全求 $g(x)$ 的情况。我们将会在下一节中看到1～2个这种类型的例子。然而在本书的大多数算法中，每个子表达式都将在计算过程的某个点上被完全计算，所以 Haskell 的惰性对于时间的影响并不显著。相反，出于节省执行时间的目的，我们将假设进行急切（eager）求值。特别地，如果 $T_g(n)$ 是在大小为 n 的输入上计算 g 所需的归约步骤数，且对大小进行了适当定义，g 在这样的输入上返回一个大小为 m 的值，此外 $T_f(m)$ 也是在一个大小为 m 的输入上计算 f 所需的步骤数，那么在大小为 n 的输入上计算 $f \cdot g$ 的运行时间 $T(n)$ 由以下公式给出：

$$T(n) = T_g(n) + T_f(m)$$

由于惰性求值与急切求值相比并不需要更多的归约步骤，所以在急切求值下，函数运行时间的任何上界也将是同函数在惰性求值下的上界。

为了计算（或者至少是为了估计）递归函数求值过程中归约步骤的数量，我们需要了解递归关系的概念。每个被递归定义的函数都有另一个用于估计第一个函数运行时间的相关联的递归函数，第二个函数的定义通常被称为递归关系。递归关系取决于我们寻找的是运行时间的精确值、上限还是下限，根据不同的情况，递归关系可以是相等关系（＝）或者是不相等关系（≤或者≥）。因此求解递归关系就是要找到某种方法来表示所涉及的函数的闭合解。

例如，对于某个算法的运行时间 T 为输入大小 n 的函数，其简单递归关系如下：

$$T(n) = T(n-1) + \Theta(n)$$

实际上无须说明基本情况 $T(0) = \Theta(1)$。所以可以直接给出解：

$$T(n) = \sum_{k=0}^{n} \Theta(k) = \Theta(n^2)$$

以下递归式（表示的）求解则并不那么明显：

$$T(n) = 2T(n-1) + \Theta(n) \tag{2.1}$$

求解式（2.1）的一种方法是将其展开以查看是否会出现一般模式。为避免数量过多的 Θ 导致错误，从而用 cn 代替 $\Theta(n)$，因此我们有

$$\begin{aligned} T(n) &= cn + 2T(n-1) \\ &= cn + 2(c(n-1) + 2T(n-2)) \\ &= cn + 2c(n-1) + 4c(n-2) + \cdots + 2^{n-1}c + 2^n cT(0) \end{aligned}$$

所以有

$$\begin{aligned} T(n) &= c\sum_{k=0}^{n-1} 2^k(n-k) + 2^n cT(0) \\ &= c\sum_{k=1}^{n} k2^{n-k} + 2^n cT(0) \\ &= c2^n \sum_{k=1}^{n} \frac{k}{2^k} + 2^n cT(0) \\ &= \Theta(2^n) \end{aligned}$$

因为 $\sum_{k=1}^{n} k/2^k < 2$。严格地说，上述计算只解决了递归问题

$$T(n) = 2T(n-1) + cn$$

然而，式（2.1）可以用以下两个递归关系代替：

$$T(n) \leq 2T(n-1) + c_2 n$$
$$T(n) \geq 2T(n-1) + c_1 n$$

上面的推理可以用不等式代替等式来重复证明 $T(n) = \Omega(n)$ 和 $T(n) = O(n)$，因此 $T(n) = \Theta(n)$。用 $c \times f(n)$ 代替 $\Theta(f(n))$ 并无明显错误，所以我们将继续这样做。

接下来，考虑递归式

$$T(n) = nT(n-1) + \Theta(n)$$

这次我们有

$$T(n) = cn + nT(n-1)$$
$$= cn + n(c(n-1) + (n-1)T(n-2))$$
$$= cn + cn(n-1) + cn(n-1)(n-2) + \cdots$$

因此,

$$T(n) = c \sum_{k=1}^{n} \frac{n!}{(n-k)!} = \Theta(n!)$$

稍后,当我们讨论分治算法时,将遇到其他的递归关系,并说明如何求解它们。

现在让我们看一些关于如何对 Haskell 函数计时的具体示例。请再次考虑 $concat$ 函数的以下两个定义:

$$concat_1 \; xss = foldr(\!+\!\!+)[\;]xss$$
$$concat_2 \; xss = foldl(\!+\!\!+)[\;]xss$$

由于++是一个以空列表作为标识元素的满足结合律的操作,因此只要 xss 是一个有限列表,这两个定义就是等价的。当 xss 是由每个长度为 n 的列表组成的长度为 m 的列表时,设 $T_1(m, n)$ 和 $T_2(m, n)$ 分别表示该定义的运行时间的渐近估计。因此,xss 的总长度为 mn。在这种假设下,最坏情况和最佳情况的运行时间是一致的,因此我们可以直接给出渐近估计,而无须关注不同的情况。

要估计 T_1,最好首先用显式递归的术语重写 $concat_1$ 的定义:

$$concat_1[\;] \qquad = [\;]$$
$$concat_1(xs:xss) = xs \!+\!\!+ concat_1 xss$$

由 $concat_1$ 的递归定义得出 T_1 的定义如下:

$$T_1(0, n) \qquad = \Theta(1)$$
$$T_1(m+1, n) = T_1(m, n) + C(n, mn)$$

其中 $C(m, n)$ 是将长度为 m 的列表与长度为 n 的列表连接起来所花费的时间。在这里,基本情况是必要的。++的代价与第一个参数的长度成正比,因此 $C(m,n) = \Theta(m)$。这意味着我们可以将 T_1 定义中的第二个等式替换为

$$T_1(m+1, n) = T_1(m, n) + \Theta(n)$$

现在我们有

$$T_1(m, n) = \sum_{k=0}^{m} \Theta(n) = \Theta(mn)$$

因此,$concat_1$ 的运行时间与输入的总长度呈线性关系,这是我们所能期望的最佳值。回到 $concat_2$,我们再次将定义重写为显式递归函数:

$$concat_2 \; xss \qquad = step[\;]xss$$
$$step \; ws[\;] \qquad = ws$$
$$step \; ws(xs:xss) = step(ws \!+\!\!+ xs)xss$$

这里的 $step$ 是 $foldl(\!\!+\!\!+)$ 的缩写。这就得到了递归式

$$T_2(m,\ n) \qquad = S(0,\ m,\ n)$$
$$S(k,\ 0,\ n) \qquad = \Theta(1)$$
$$S(k,\ m\!+\!1,\ n) = S(k\!+\!n,\ m,\ n) + \Theta(k)$$

其中 $S(k,\ m,\ n)$ 是当 ws 长度为 k 时 $step\ ws\ xss$ 的评估代价，$\Theta(k)$ 为 $step$ 的递归定义中的 $\!\!+\!\!+$ 操作。我们有

$$S(k,\ m,\ n) = \sum_{j=0}^{m-1} \Theta(k+jn) = \Theta(km + m^2 n)$$

所以 $T_2(m,\ n) = \Theta(m^2 n)$。因此，$concat_2$ 的运行时间与输入的总长度不是线性关系。GHCi 实验证实了运行时间的差异：

```
> sum $ concat2 (replicate 2000 (replicate 100 1))
200000
(2.84 secs, 14, 502, 482, 208 bytes)
> sum $ concat1 (replicate 2000 (replicate 100 1))
200000
(0.03 secs, 29, 292, 184 bytes)
```

顺便说一下，像这样的实验对于猜测函数的运行时间是很有用的。尝试在大小为 n、$2n$、$4n$ 等输入上运行该函数。如果每次运行所消耗的时间翻倍，那么函数将花费线性时间；如果每一步所消耗的时间是 4 倍，那么函数可能需要二次幂的时间；如果时间是原来的 8 倍，那么这个函数需要三次幂的时间；等等。

以下是另一个例子。请再次考虑前一章提到的两个排列生成函数：

$$perms_1 = foldr(concatMap \cdot inserts)[[\ ]]$$
$$inserts\ x\ [\ ] \qquad = [[x]]$$
$$inserts\ x(y:ys) = (x:y:ys):map(y:)(inserts\ x\ ys)$$
$$perms_2[\ ] = [[\ ]]$$
$$perms_2\ xs = concatMap\ subperms(picks\ xs)$$
$$\qquad \textbf{where}\ subperms(x,\ ys) = map(x:)(perms_2\ ys)$$
$$picks\ [\ ] \qquad = [\ ]$$
$$picks(x:xs) = (x,\ xs):[(y,\ x:ys)\ |\ (y,\ ys)\leftarrow picks\ xs]$$

假设 $T_1(n)$ 和 $T_2(n)$ 分别是 $perms_1$ 和 $perms_2$ 在长度为 n 的列表上的运行时间。T_1 的递归关系满足

$$T_1(n\!+\!1) = T_1(n) + n!(I(n) + \Theta(n^2))$$

其中函数 $I(n)$ 是计算长度为 n 的排列列表中插入新元素的时间。它有 $n\!+\!1$ 个结果，每个结果都是长度为 $n\!+\!1$ 的列表，需要 $\Theta(n^2)$ 来连接它们。最后，一个长度为 n 的列表存在 $n!$ 种排

列，因此插入计算为 $n!$ 次。现在

$$I(n+1)=I(n)+\Theta(n)$$

向长度为 n 的列表中添加新元素有 $n+1$ 种方法，因此需要 $\Theta(n)$ 步来执行映射操作。这使得 $I(n)=\Theta(n^2)$，并且 $I(n)n!=\Theta((n+2)!)$，所以我们有

$$T_1(n+1)=T_1(n)+\Theta((n+2)!)$$

因此

$$T_1(n)=\sum_{k=0}^{n-1}\Theta((k+2)!)=\sum_{k=2}^{n+1}\Theta(k!)$$

但是

$$\sum_{k=0}^{n}k!=n!(1+\frac{1}{n}+\frac{1}{n(n-1)}+\cdots+\frac{1}{n!}=\Theta(n!)$$

因此 $T_1(n)=\Theta((n+1)!)$，$perms_1$ 的运行时间与输出的总长度成正比，即 $n\times n!$。

回到 $T_2(n)$，我们有递归关系

$$T_2(n)=P(n)+n(T_2(n-1)+\Theta(n!))+\Theta((n+1)!)$$

其中 $P(n)$ 是计算 $picks$ 所花费的时间。第二项是 n 次计算 $subperms$ 所花费的总时间，最后一项是 $concat$ 操作的代价，它在输出长度上花费线性时间。函数 $P(n)$ 满足

$$P(n)=P(n-1)+\Theta(n)$$

其中 $\Theta(n)$ 项说明了列表理解中隐含的映射操作。因此

$$T_2(n)=nT_2(n-1)+\Theta((n+1)!)$$

为了求解这个递归式，我们可以猜测对于某些函数 f，$T_2(n)$ 形如

$$T_2(n)=f(n)n!$$

然后我们有

$$f(n)n!=nf(n-1)(n-1)!+\Theta((n+1)!)$$

两边同除 $n!$，得到 $f(n)=f(n-1)+\Theta(n)$。因此 $f(n)=\Theta(n^2)$ 和 $T_2(n)=\Theta((n+2)!)$。因此，$perms_2$ 的运行时间比 $perms_1$ 的运行时间大 n 倍。

2.3 上下文中的运行时间

如前所述，Haskell 是一种惰性的计算语言，它只对表达式进行必要的求值以获得答案。所以在本节中，我们将简要地看看惰性求值的一些后果。理解书的其余部分并不需要这些材料，因此在第一次阅读时可以跳过本节。

问题的关键在于，我们必须谨慎对待运行时间的问题。我们必须小心谨慎地在特定上下文中给定函数的实际运行时间。例如，我们已经知道对长度为 m 的列表和长度为 n 的列表的 $concat_1$ 求值需要 $\Theta(mn)$ 步。但是，对于 $head\cdot concat_1$ 的求值并不需要如此长的时间。所以在非空列表的非空列表上对 $head\cdot concat_1$ 的求值基本上如下进行：

$$head\ (concat_1((x:xs):xss))$$
$$=\ head\ ((x:xs)+\!\!+concat_1\ xss)$$
$$=\ head\ (x:(xs+\!\!+concat_1\ xss))$$
$$=\ x$$

归约步骤只有 $\Theta(1)$。$head\cdot concat_2$ 的运行时间为 $\Theta(m)$，因为需要这段时间来归约

$$(([\ ]+\!\!+xs_1)+\!\!+xs_2)+\!\!+\cdots+\!\!+xs_m$$

到 $xs_1+\!\!+\cdots$ 才能提取 xs_1 的头部。

这是另一个具有启发性的例子。考虑函数的 $inits$ 和 $tails$：

$$inits,\ tails::[a]\rightarrow[[a]]$$
$$inits\ [\ ]\qquad=[[\ ]]$$
$$inits(x:xs)=[\ ]:map(x:)(inits\ xs)$$
$$tails\ [\ ]\qquad=[[\ ]]$$
$$tails(x:xs)=(x:xs):tails\ xs$$

例如：

$$inits\ \text{"abcd"}=[\text{""},\ \text{"a"},\ \text{"ab"},\ \text{"abc"},\ \text{"abcd"}]$$
$$tails\ \text{"abcd"}=[\text{"abcd"},\ \text{"bcd"},\ \text{"cd"},\ \text{"d"},\ \text{""}]$$

根据 $I(n)=\Theta(n^2)$ 和 $T(n)=\Theta(n)$，$inits$ 和 $tails$ 的运行时间 $I(n)$ 和 $T(n)$ 分别满足

$$I(n+1)=I(n)+\Theta(n)$$
$$T(n+1)=T(n)+\Theta(1)$$

然而，对于这两个函数，在长度为 n 的列表的输出中都有 $\Theta(n^2)$ 符号，因此需要这些时间来输出结果。当我们想要生成最终列表的某些函数而不是最终列表本身时，$inits$ 和 $tails$ 的运行时间之间的差异就显现出来了。例如，可以在线性时间内计算后缀的数量，但需要二次时间来计算前缀：

```
length $ tails [1..10000]
10001
(0.00 secs, 2, 407, 104 bytes)
length $ inits [1..10000]
10001
(1.39 secs, 5, 901, 977, 160 bytes)
```

要计算一个列表的长度，只需要知道元素的数量，而不需要知道元素本身的值。因为对 $inits$ 的评估需要构建一个很长的映射链，所以第二次评估需要更大的空间。

$$[[\ ],$$
$$map(1:)[[\ ]],$$
$$map(1:)(map(2:)[[\ ]]),$$

$$\dots$$

$$map(1:)(map(2:)\dots map(10000:)[[\,]])$$

计算结果长度时不需要这些元素的值，但是必须存储未计算的表达式，这就是为什么所需的总空间大约是计算后缀数量所需空间的平方。我们将在下一章再回到 $inits$ 和 $tails$。

这里还有一个例子。考虑计算 $length * perms_1$ 的代价，其中 $perms_1$ 是在前一节中定义过的。由于只需要求排列数，因此不需要计算表示单个排列的表达式，并且运行时间 $L(n)$ 满足递归关系

$$L(n+1)=L(n)+n!\,I(n)$$

与之前一样，式中 $I(n)=\Theta(n^2)$。这个递归式有与之前相同的渐近解，所以需要 $\Theta((n+1)!)$ 来计算排列的数量。通过重新定义插入，这个时间可以归结为 $\Theta(n!)$。其中诀窍是使用累积函数：

$$
\begin{aligned}
inserts\ x &= help\ id\ x \\
help\ f\ x\ [\,] &= [f[x]] \\
help\ f\ x(y:ys) &= f(x:y:ys):help(f\cdot(y:))x\ ys
\end{aligned}
$$

例如，

$$
\begin{aligned}
&help\ id\ 1[2,3] \\
=\ &id[1,2,3]:help\ (2:)1[3] \\
=\ &id[1,2,3]:(2:)[1,3]:help((2:)\cdot(3:))1[\,] \\
=\ &id[1,2,3]:(2:)[1,3]:(2:)((3:)[1]):[\,]
\end{aligned}
$$

所以现在只需 $\Theta(n)$ 步就可以计算插入的数量，又因为 $L(n)=\Theta(n!)$，所以

$$L(n+1)=L(n)+\Theta((n+1)!)$$

但是，$perms_1$ 的总运行时间 $T_1(n)$ 不受此更改的影响。

2.4 均摊运行时间

有时，即使单个操作的代价不是 $O(1)$，n 个操作序列的总代价也是 $O(n)$。考虑函数

$$build::(a\rightarrow a\rightarrow Bool)\rightarrow[a]\rightarrow[a]$$

$$build\ p=foldr\ insert\ [\,]\ where\ insert\ x\ xs=x:dropWhile(p\ x)xs$$

例如，$build(==)$ 是从列表中删除相邻重复项的操作：

$$build\ (==)[4,4,2,1,1,1,2,5]=[4,2,1,2,5]$$

假设 p 的求值时间为常数，则在长度为 n 列表上，$insert$ 的运行时间 $I(n)$ 为 $O(n)$。因此，根据等式 $B(n)=O(n^2)$，在长度为 n 的列表上 $build$ 操作的运行时间 $B(n)$ 满足

$$B(n+1)=B(n)+O(n)$$

因为 $dropWhile$ 在应用于长度为 n 的列表时需要 $\Omega(n)$ 步，所以 $insert$ 操作的运行时间肯定不是恒定的。因此，论断 $B(n)=O(n^2)$ 似乎是对于 $build\ p$ 操作的运行时间的最好说法。

但在实际上，*build p* 操作的运行时间是 $O(n)$，而不是 $O(n^2)$。请注意，其中原因是添加到列表中的每个元素最多只能删除一次。因此，可以删除的元素总数最多为可以添加元素的总数，即 n。这样一来，总运行时间为 $O(n)$。单个操作的均摊代价是由操作的总代价除以这些操作的数量（即 n）得到的。因此，在 *build* 操作的计算中，*insert* 操作的均摊代价是 $O(1)$。请注意，在这个分析中没有涉及关于概率分布的假设。

来看另一个例子。考虑以下函数，它将一个二进制整数按给定次数加 1：

$$bits :: Int \rightarrow [[Bit]]$$
$$bits\ n = take\ n\ (iterate\ inc\ [\ ])$$
$$\textbf{where}\ inc\ [\ ] \qquad = [1]$$
$$inc\ (0 : bs) = 1 : bs$$
$$inc\ (1 : bs) = 0 : inc\ bs$$

标准的 Prelude 函数 *iterate* 生成一个无限列表：

$$iterate :: (a \rightarrow a) \rightarrow a \rightarrow [a]$$
$$iterate\ f\ x = x : iterate\ f(f\ x)$$

函数 *inc* 执行二进制整数递增操作，以倒序的方式写成，最低有效位在前：例如，*inc* 101 = 011 和 *inc* 111 = 0001。计算第 n 位需要多长时间？由于在长度为 k 的列表中，*inc* 操作的运行时间在最坏情况下是 $\Omega(k)$（当所有位都为 1 时），所以我们对 n 次递增的总代价的最好估计是它需要 $O(n^2)$ 步。当然，计算和输出结果都算在这段时间内，但我们只关心计算时间。所以事实上，*inc* 操作的代价是 $O(n)$ 步。要明白其中原因，我们需要先观察一下：在一半的情况下，只有第一位被改变；在四分之一的情况下，只有前 2 位被改变；在八分之一的情况下，只有前 3 位被改变；等等。设改变一位的代价为 1 步，则总代价为

$$\frac{n}{2} + \frac{2n}{4} + \frac{3n}{8} + \cdots = O(n)$$

因此，每个增量的均摊代价是 $O(1)$ 步。

均摊代价最重要的用途是参与构建了各种数据结构。我们将在下一章中看到一些相关的例子。数据结构的典型操作包括向结构中插入元素、删除元素，或者以某种方式合并两个结构。由于在只考虑每个单独的操作时，即可给出操作代价的上下界，因此，当一些计算涉及 n 个这样的操作序列时，无论它们是分组在一起还是分布在整个计算过程中，作为 n 的函数的总代价可能低于序列中每个操作的单个估计代价的总和。

虽然 *build p* 操作和一系列 *inc* 操作的均摊代价是通过不同的方法获得的，但有一种更为统一地计算均摊代价而又不限于 $O(1)$ 代价的方法。我们将在下一章中用到这种方法。为此，我们首先将代价模型改为用定整数而不是渐近符号来计算操作的代价。例如，对于 *build p* 操作，我们可以对 p 的每次估计消耗数量为 1 的代价（记住，p 是一个常数时间的操作），对每个 *cons* 操作消耗数量为 1 的代价。但实际运行时间与这些代价成比例。类似地，当一个位序列开始时正好有 t 个位设为 1，*inc* 操作的代价被定义为 $t + 1$。

现在假设某个函数 f 的 n 次连续应用到 x_0 时产生了一个值为 $x_0 x_1 \cdots x_n$ 的序列。设 $C(x_i)$ 是计算 f 在输入 x_i 上的代价，$A(x_i)$ 是平摊代价。这是为了展示

$$\sum_{i=0}^{n-1} C(x_i) \leq \sum_{i=0}^{n-1} A(x_i) \tag{2.2}$$

特别地，如果 $A(x_i) = O(1)$，那么 n 次操作的总代价是 $O(n)$。

为了建立式（2.2），我们构造了一个函数 S，一个返回非负整数的 'size' 函数，并对于 $0 \leq i < n$ 给出了该函数的一些适当定义：

$$C(x_i) S(x_i) - S(x_i + 1) + A(x_i) \tag{2.3}$$

换句话说，f 函数在输入上的代价是以输入和产出之间的大小差加上均摊代价为上界的。不等式（2.2）可以求和为

$$\sum_{i=0}^{n-1} C(x_i) \leq S(x_0) - S(x_n) + \sum_{i=0}^{n-1} A(x_i)$$

所以当 $S(x_0) = 0$ 时，式（2.2）自然成立。

这里再举两个例子。在 $build\ p$ 的情况下，我们取 $S(xs) = length\ xs$。设 $C(xs_i)$ 为计算 $xs_i + 1$ 的代价，计算每个 p 或 $cons$ 操作的代价为 1。我们有

$$C(xs_i) = length\ xs_i - length\ xs_{i+1} + 2$$

这个代价是正的，因为如果输出比输入长，则输出仅能比输入多 1 个元素。因此我们可以设 $A(xs) = 2$。

在 inc 操作下，我们可以将 $S(bs)$ 定义为 bs 中位数设置为 1 的数量。如果在一个 inc 操作前有 b_1 个已被设为 1 的位，包括 t 个起始位，而在操作后又有 b_2 个被设为 1 的位，则 $b_2 = b_1 - t + 1$，也就是说，$t + 1 = b_1 - b_2 + 2$。因此

$$C(bs_i) = S(bs_i) - S(bs_{i+1}) + 2$$

得出 $A(b) = 2$。

这里还有一个例子。考虑函数

$$prune :: ([a] \rightarrow Bool) \rightarrow [a] \rightarrow [a]$$

$$prune\ p = foldr\ cut\ [\ ]\ \textbf{where}\ cut\ x\ xs = until\ done\ init\ (x : xs)$$

$$done\ xs = null\ xs \vee p\ xs$$

$cut\ x\ xs$ 的值是重复删除 $x : xs$ 中的最后一个元素，直到得出一个满足 p 的列表的结果。例如，如果 $ordered$ 是一个测试序列是否按升序排列的操作，则有

$$prune\ ordered\ [3,\ 7,\ 8,\ 2,\ 3] = [3,\ 7,\ 8]$$

但这显然是一种为了找到列表中最长有序前缀的笨方法，但没关系，因为我们只关心运行时间。如果对长度为 k 的列表 p 求值需要 $O(k)$ 步，那么对长度为 k 的列表 cut 求值只需要 $O(k^2)$ 步。所以我们可以说，对长度为 n 的列表进行 $prune$ 操作需要 $O(n^3)$ 步。但事实上，$prune$ 操作需要 $O(n^2)$ 步，这意味着 cut 操作的平摊运行时间是 $O(n)$ 步。

为了了解原因，我们假设对一个长度为 k_1 的列表进行切割，其结果是一个长度为 k_2 的列表，

其中 $0 \leq k_2 \leq k_1 + 1$。假设我们先以 k 为单位对每个 $done$ 和 $init$ 值进行计算。然后执行 $k_1 + 1 - k_2$ 次 $init$，总代价为

$$(k_1+1)+k_1+(k_1-1)+\cdots+(k_2+1)=\frac{(k_1+1)(k_1+2)}{2}-\frac{k_2(k_2+1)}{2}$$

由于 $done$ 比 $init$ 多执行一次，因此其代价为 k_2，其总代价为

$$\frac{(k_1+1)(k_1+2)}{2}-\frac{k_2(k_2-1)}{2}$$

将这两个量相加，并在 $cons$ 操作中加入一个单位，因此我们有一个长度为 k_1 的列表上 cut 操作的总代价为

$$(k_1+1)(k_1+2)-k_2^2+1=k_1^2-k_2^2+3(k_1+1)$$

因此我们可以设

$$S(xs_i)=(length\ xs_i)^2$$
$$A(xs_i)=3\times(length\ xs_i+1)$$

并满足式（2.3）。但因为没有一个列表的长度大于 n，所以 $A(xs_i)=O(n)$，且对于长度为 n 的列表，$prune$ 操作的总代价是 $O(n^2)$ 步。

章节注释

正如大家所理解的那样，在运行时间分析涉及相当多的组合数学知识。我们已经提到了和操作与阶乘操作，但稍后我们还将涉及下限和上限、模运算和二项式系数。这些概念的最佳参考书是文献［1］。渐近记数法的历史在文献［2］中讨论过，也出现在文献［3］中。为了集齐 Donald E. Knuth（算法分析的发明者）的四部著作，我们还推荐阅读文献［4］。还有许多生成置换的算法可以在 Knuth[5] 的 7.2.1.2 节中找到。$Data.list$ 中使用的选择方法实现了最大的惰性，对于这种复杂定义的方法的相关讨论，请参见 http://stackoverflow.com/questions/24484348/。

参考文献

［1］ Ronald L. Graham, Donald E. Knuth, and Oren Patashnik. *Concrete Mathematics*. Addison-Wesley, Reading, MA, second edition, 1994.

［2］ Donald E. Knuth. Big omicron and big omega and big theta. *ACM SIGACT News*, 8（2）: 18-23, 1976.

［3］ Donald E. Knuth. *The Art of Computer Programming*, volume 1: Fundamental Algorithms. Addison-Wesley, Reading, MA, third edition, 1997.

［4］ Donald E. Knuth. *Selected Papers on Analysis of Algorithms*. Center for the Study of Language and

Information，Stanford University，CA，2000.

[5] Donald E. Knuth. *The Art of Computer Programming*，volume 4A：Combinatorial Algorithms. Addison-Wesley，Reading，MA，2011.

练习

练习 2.1 断言 $f(n) = O(1)$ 与断言 $f(n) = \Theta(1)$ 相同吗？

练习 2.2 以下两个断言是真的吗？

$$O(f(n) \times g(n)) = f(n) \times O(g(n))$$
$$O(f(n) + g(n)) = f(n) + O(g(n))$$

练习 2.3 以形式化的方式证明 $(n+1)^2 = \Theta(n^2)$ 并展示所需的常数。

练习 2.4 $\sum_{k=1}^{n} k$ 和 $\sum_{k=1}^{n} k^2$ 的确切值是什么？

练习 2.5 指出下列等式中哪些是正确的，哪些是错误的：

$$2n^2 + 3n = \Theta(n^2)$$
$$2n^2 + 3n = O(n^3)$$
$$n \log n = O(n\sqrt{n})$$
$$n + \sqrt{n} = = O(\sqrt{n} \log n)$$
$$\sum_{k=1}^{n} 1/k = \Theta(\log n)$$
$$2^{\log n} = O(n)$$
$$\log(n!) = \Theta(n \log n)$$

练习 2.6 在分析运行时间时，求和形式 $\sum_{k=0}^{n} kx^k$ 经常突然出现。有一种找到该求和结果的方法，即从更简单的几何数列开始

$$\sum_{k=0}^{n} x^k = \frac{1 - x^{n+1}}{1 - x} (x \neq 1)$$

并对两边关于 x 求导。请基于和的导数是其导数之和这一事实进行求导，以估算出 $\sum_{k=0}^{n} k2^k$ 和 $\sum_{k=0}^{n} k/2^k$ 。

练习 2.7 使用 Θ 符号，估计和 $\sum_{k=1}^{n} k\log k$ 。

练习 2.8 求解递归关系

$$T(0, n) = \Theta(n^2)$$
$$T(m, n) = T(m-1, n) + \Theta(m)$$

练习 2.9 使用 *foldr* 的融合定律简化 *head concat*₁ 能否用 *foldl* 的融合定律简化 *head concat*₂?

练习 2.10 分析 *perms*₃ 的运行时间，其中

$$perms_3[\ ] = [[\ ]]$$

$$perms_3\ xs = concatMap\ subperms\ xs$$

$$\textbf{where}\ subperms\ x = map\,(x:)\,(perms_3\,(remove\ x\ xs))$$

练习 2.11 *perm*₁、*perm*₂ 和 *perm*₃ 是否都返回相同的第一个列表？如果是，那该列表是什么？

练习 2.12 使用累积函数（accumulating function）的诀窍是否适用于 *inits*?

练习 2.13 假设给你一个 n 个 0~9 数字的列表，你想从左往右找到第一个数字 $d\,(d\geqslant5)$ 的位置。如果没有这样的数字出现，那么结果就是某个负数的位置，比如-1。在最好的情况下，算法会检查一个数字，在最坏的情况下，则会检查所有的 n 个数字。假设每一个 n 个 0~9 数字的序列都有同样的可能性，那么需要检查的数字的平均数量是多少？

练习 2.14 使用函数 *iterate*，给出函数 *tails*₁ 的单行定义，满足该函数返回一个列表的非空后缀。

练习 2.15 考虑维护一个动态数组的问题。除了检查和更新元素之外，假设新的元素可以被添加到数组中，但只能加在前面。在某些时候，这个固定大小的数组会变满。为了解决这个问题，可以分配一个两倍于旧数组大小的新数组，并将所有现有元素复制到新数组的上半部分，并为下半部分的进一步添加操作留下空间。然后我们可以继续操作直到新数组变满。变满后，这个过程又会重复进行。请证明在一连串的添加操作中，每个添加操作的平摊代价为 $O(1)$。

Chapter 3 第3章

实用的数据结构

本书中的大多数算法都可以在普通的列表里以可接受的效率被实现。个别算法需要更多的特殊数据结构，如二叉搜索树、堆和各种队列。本书不会将数据结构与依赖于它们的算法割裂开来讲述，因此我们会把这些数据结构放到后面的章节讲述。我们现在将介绍一组相互关联的数据结构——对称列表、随机访问列表和数组。每一种数据结构都有自成一体的设计，以克服标准列表上的一些基本操作在运行时间上的明显缺陷。

3.1 对称列表

正如我们所看到的，列表上的操作在效率上是不同的：在列表前面添加元素仅需要常数时间，而在列表尾部添加元素则需要线性时间。在列表头部添加元素的功能被称为 *cons* 函数，在尾部添加元素称为 *snoc* 函数，前者由 *cons x xs* = *x* : *xs* 定义，而后者由 *snoc x xs* = *xs* ++ [*x*] 定义。同样地，当 *head* 和 *tail* 操作花费的时间是常量时，*last* 和 *init* 就需要线性时间。这种被称作对称列表的数据类型克服了这种片面性，从而保证了所有 6 个操作的均摊代价时间。这种方法的基本思路很简单：将列表分为两部分，然后将后半部分取反。这样一来，就可以将 *snoc* 作为后半部分的 *cons* 来实现，*last* 作为 *head* 被实现，其他的也可以此类推。当人们试图删除一个元素时，*init* 和 *tail* 就会出现问题；在某些情况下必须首先将列表重新组织为两个新的部分。

这里有一些详细的例子。当对称列表作为一对列表被引入：

$$\textbf{type } SymList \ a = ([a], [a])$$

对称列表（*xs*, *ys*）代表标准列表 *xs* ++ *reverse ys*。这意味着我们可以通过以下方式从对称列表转换到标准列表：

$$fromSL :: SymList \ a \rightarrow [a]$$

$$fromSL(xs, ys) = xs ++ reverse \ ys$$

诸如 *fromSL* 之类的将表示形式转换回其设计表示的结构的函数称为抽象函数。通过使用抽象函数，我们可以使用一个简单的等式来捕获表示类型上的操作实现与其"抽象"定义之间的所需关系。

还可以用另一种方式进行表示，这种方式的灵巧之处在于它可以将所有内容组合在一起。这里有两个不变式

$$null\ xs \Rightarrow null\ ys \lor single\ ys$$
$$null\ ys \Rightarrow null\ xs \lor single\ xs$$

都保持在对称列表（*xs*，*ys*）上。在这里，*single* 是对单例列表的测试。换句话说，如果一个组件是空列表，则另一个组件必须是空列表或单例列表。对对称列表的操作既利用了这种表示不变性，也对其进行了维护。

除 *fromSL* 之外，我们还将在对称列表上实现其他 6 个操作，包括 *consSL*、*snocSL*、*headSL*、*lastSL*、*tailSL*、*initSL*。这些实现满足以下 6 个等式：

$$cons\ x \cdot fromSL = fromSL \cdot consSL\ x$$
$$snoc\ x \cdot fromSL = fromSL \cdot snocSL\ x$$
$$tail \cdot fromSL = fromSL \cdot tailSL$$
$$init \cdot fromSL = fromSL \cdot initSL$$
$$head \cdot fromSL = headSL$$
$$last \cdot fromSL = lastSL$$

下面是对 *snocSL* 和 *lastSL* 的定义：

$$snocSL :: a \to SymList\ a \to SymList\ a$$
$$snocSL\ x(xs,\ ys) = \textbf{if}\ null\ xs\ \textbf{then}(ys,\ [x])\ \textbf{else}(xs,\ x:ys)$$
$$lastSL :: SymList\ a \to a$$
$$lastSL(xs,\ ys) = \textbf{if}\ null\ ys\ \textbf{then}\ head\ xs\ \textbf{else}\ head\ ys$$

这两个定义都使用并维护了表示不变性。对于 *snocSL*，不能简单地将 *x* 添加到 *ys* 的前面，因为如果 *xs* 恰好是空列表而 *ys* 是一个单例，就会破坏不变性。但是当 *xs* 为空时，我们可以返回（*ys*，[*x*]），因为 *ys* 为空或单例，并且有

$$[\ ] + reverse\ [\ ] + [x] = [\ ] + reverse\ [x]$$
$$[\ ] + reverse\ [y] + [x] = [y] + reverse\ [x]$$

对于 *lastSL*，如果 *ys* 为空列表，则 *xs* 为空或单例，在第二种情况下，最后一个元素是 *xs* 的唯一成员。应该定义 *lastSL* 为

$$lastSL(xs,\ ys) = \textbf{if}\ null\ ys$$
$$\textbf{then if}\ null\ xs$$
$$\textbf{then}\ error\ \texttt{"lastSL of empty list"}$$
$$\textbf{else}\ head\ xs$$
$$\textbf{else}\ head\ ys$$

否则，当我们试图获取一个空的对称列表的最后一个元素时，我们会得到一个"空列表头"的错误消息。我们将通过省略错误消息来简化代码，即使用⊥来代替它。一旦理解了这 2 个函数的定义，就可以实现 *consSL* 和 *headSL* 这两个完全对偶的函数，因此我们将它们留作练习。

在剩下两个功能中，事情开始变得非常有趣。*tailSL* 的定义如下：

$$tailSL :: SymList\ a \to SymList\ a$$

$$tailSL(xs,\ ys)$$

$null\ xs$	$= \textbf{if}\ null\ ys\ \textbf{then}\ \bot\ \textbf{else}\ nilSL$
$single\ xs$	$= (reverse\ vs,\ us)$
$otherwise$	$= (tail\ xs,\ ys)$

$$\textbf{where}(us,\ vs) = splitAt(length\ ys\ \text{div}\ 2)\ ys$$

我们来看这 3 种情况。在第 1 种情况下，当 *xs* 是一个空列表时，表示不变式保证 *ys* 是空列表或单例列表。如果是前者，那么 *tailSL* 应该给出适当的错误消息，而不是简单地返回⊥。如果 *ys* 是单例，则 *tailSL* 正确返回空的对称列表。而第 3 种情况，即 *xs* 长度至少为 2。在这种情况下，我们可以在不破坏不变性的前提下删除 *xs* 的第 1 个元素。最有趣的是第二种情况，当 *xs* 是单例列表时，*ys* 可以是任何长度的列表。在这里，我们将 *ys* 分为两个相等的部分，即 *us* 和 *vs*，然后返回值 (*reverse vs*, *us*)。下面将证明这种操作的正确性：

$$[\ ] + reverse(\ us + vs) = reverse\ vs + reverse\ us$$

initSL 的实现与 *tailSL* 的实现是完全对偶的，我们将其留作一个练习。对 *nilSL* 的定义也会被留作一个练习。

除了 *tailSL* 和 *initSL* 之外的每个操作都需要常数时间。尽管 *tailSL* 和 *initSL* 在最坏的情况下可能会花费线性时间，但平均下来它们仅需要常数时间。为了证明这一点，我们采用了上一章的大小方法。考虑 *n* 个对称列表操作的序列，该操作产生一个对称列表的序列 x_0, x_1, ⋯, x_n，我们假设 x_0 是空的对称列表 ([ ], [ ])。我们必须构造一个代价函数 *C*，一个大小函数 *S* 和一个摊销函数 *A* 来满足：

$$C(x_i)S(x_i) - S(x_{i+1}) + A(x_i) \tag{3.1}$$

对于大小函数 *S*，我们选择

$$S(x_i) = abs(length\ xs_i - length\ ys_i)$$

其中 $x_i = (xs_i,\ ys_i)$，而 *abs* 是一个返回数字绝对值的函数：

$$abs\ n = \textbf{if}\ n \geqslant 0\ \textbf{then}\ n\ \textbf{else} - n$$

对于摊销时间，我们选择 $A(x_i) = 2$。关于单个操作的代价，我们将每个常数时间操作 *headSL*、*lastSL*、*consSL* 和 *snocSL* 的时间代价定为 1。前两个都不更改对称列表，因此 *headSL* 和 *lastSL* 满足式 (3.1)。接下来考虑 *snocSL*，将其应用于具有组件长度 (*m*, *n*) 的对称列表，如果 *m* = 0 则生成具有组件长度 (*n*, 1) 的对称列表，如果 *m* ≠ 0 则生成具有组件长度 (*m*, *n* + 1) 的对称列表。这意味着 *S* 增加或减少 1，因此满足式 (3.1)。对于 *consSL* 同样适用。最后，除了在一种情况下，*tailSL* 和 *initSL* 都会使 *S* 最多增加或减少 1。特殊情况是 *xs* 或 *ys* 中的一个为单例而

另一个的长度为 k。在这种情况下，S 在操作前的值为 $k-1$，而在操作之后的最大值为 1。由于 $k \leqslant k-1-1+2$，在这种情况下，我们可以收取 k 单位的操作代价，再次满足（3.1）。

对于完全可用的对称列表操作库，我们当然应该提供其他操作，例如 *nullSL* 和 *singleSL* 用于测试对称列表是空还是单例，而 *lengthSL* 用于计算对称列表的长度。这些操作将会留作练习。

我们将在一个示例中说明对称列表的用法。再次考虑第 2 章中的函数 *init*：

$$inits :: [a] \rightarrow [[a]]$$
$$inits[\ ] \qquad = [[\ ]]$$
$$inits(x : xs) = [\ ] : map(x :)(inits\ xs)$$

正如我们看到的，计算 *length · inits* 需要二次幂的时间代价。我们是否可以找到 *init* 的其他定义方式，以便将此时间代价减少为线性时间代价？

$$inits = map\ reverse · reverse · tails · reverse$$

上述定义达到了这个目的，但仍不能令人满意：我们真正想要的是用于 *init* 的在线算法，因此给定一个无限列表，*init* 会返回其有限前缀的无限列表。上面的定义不是在线的，因为不能逆转无限列表。更好的定义以及在 *Data. List* 中给出的所有基本细节中的定义是：

$$inits = map\ fromSL · scanl(flip\ snocSL)\ nilSL$$

打印所有前缀仍然需要二次幂的时间代价，但计算 *length · inits* 只需要线性时间代价（当然，假设输入列表是有限的）。*inits* 还有另外一种定义方式，对它来说 *length. inits* 的时间代价是线性的，此时它不使用对称列表。我们将把这个内容留作练习。

在离开对称列表的主题之前，我们应该提到 Haskell 在库 *Data. Sequence* 中提供了另一种方法来进行高效的列表操作。该库支持列表中的许多操作，包括上述操作。该库不是基于将列表表示为两个组件列表的想法，而是基于 2–3 手指树（该数据结构不在本书的讨论范围内）。

3.2　随机访问列表

少部分算法依赖于对不同的 k 能够取回的第 k 个元素的列表检索操作。Haskell 为此提供了一个列表索引运算符（!!），我们将其重命名为 *fetch*：

$$fetch :: Nat \rightarrow [a] \rightarrow a$$
$$fetch\ k\ xs = \textbf{if}\ k == 0\ \textbf{then}\ head\ xs\ \textbf{else}\ fetch(k-1)(tail\ xs)$$

提取列表的第 k 个元素需要 $\Theta(k)$ 个步骤。在本节中以及下一节中，我们讨论了两种使访存效率更高的方法。在本节中，我们将描述一种称为随机访问列表的数据结构。对于随机访问列表，*cons*，*head*，*tail* 和 *fetchd* 的操作都需要花费对数时间代价，即对于长度为 n 的列表需要执行 $O(\log n)$ 个步骤。尽管前 3 个操作的性能下降了，但最后 1 个操作的效率变高了。该表示的另一个重要后果是，我们可以在消耗对数级时间代价的前提下，使用新元素来更新指定位置的元素。而在使用标准列表的情况下，该操作需要花费线性的时间代价。

随机访问列表是由其他两个数据结构构成的，第一个是二叉树：

$$\textbf{data } \textit{Tree } a = \textit{Leaf } a \mid \textit{Node} (\textit{Tree } a) (\textit{Tree } a)$$

一棵树要么是一个包含值的叶子节点，要么是一个包含 2 棵子树的节点。一棵树的大小则是该树中的叶子节点的数量：

$$\textit{size}(\textit{Leaf } x) = 1$$

$$\textit{size}(\textit{Node } t_1 \ t_2) = \textit{size } t_1 + \textit{size } t_2$$

要针对树进行某些操作，就必须知道树的大小。由于我们不想每次都从头开始重新计算大小，因此可以将其值保存在树中，重新定义 *Tree* 为

$$\textbf{data } \textit{Tree } a = \textit{Leaf } a \mid \textit{Node Nat} (\textit{Tree } a) (\textit{Tree } a)$$

每次构建树时，只要正确输入了大小信息，我们就可以将 *size* 定义为选择器函数：

$$\textit{size} :: \textit{Tree } a \rightarrow \textit{Nat}$$

$$\textit{size}(\textit{Leaf } x) \qquad = 1$$

$$\textit{size}(\textit{Node } n \ \_ \ \_) = n$$

被称为智能构造函数的功能节点负责构造一个确保大小信息被正确设置的节点：

$$\textit{node} :: \textit{Tree } a \rightarrow \textit{Tree } a \rightarrow \textit{Tree } a$$

$$\textit{node } t_1 \ t_2 = \textit{Node} (\textit{size } t_1 + \textit{size } t_2) t_1 \ t_2$$

一棵二叉树可以具有许多形状和任意大小，但是我们只构造完美二叉树，即所有叶子节点具有相同深度的二叉树。例如，

$$t = \textit{Node } 4 (\textit{Node } 2 (\textit{Leaf } \texttt{'a'}) (\textit{Leaf } \texttt{'b'})) \ (\textit{Node } 2 \ (\textit{Leaf } \texttt{'c'}) \ (\textit{Leaf } \texttt{'d'}))$$

这是一个大小为 4 的完美树。所有完美树的大小都为 2^p，其中 $p \geq 0$。我们将在后面介绍如何保证这种完美性。

第 2 个数据结构是一个完美树序列。但是，我们需要的不是由树组成的任意列表，而是一种特殊类型的序列。该序列旨在反映上一章中描述的二进制数表示形式。例如，数字 6，该数字在（反向）二进制符号中是 011，最低有效位在前。该想法是通过一个序列来表示一个六元素列表，例如 "abcdef" 表示为一个序列

$$[\textit{Zero},$$
$$\textit{One}(\textit{Node } 2 (\textit{Leaf } \texttt{'a'}) (\textit{Leaf } \texttt{'b'})),$$
$$\textit{One}(\textit{Node } 4 \ (\textit{Node } 2 (\textit{Leaf } \texttt{'c'}) (\textit{Leaf } \texttt{'d'}))$$
$$(\textit{Node } 2 (\textit{Leaf } \texttt{'e'}) (\textit{Leaf } \texttt{'f'})))]$$

同样，5 的二进制是 101，而一个五元素列表，例如 "abcde" 则表示为

$$[\textit{One}(\textit{Leaf } \texttt{'a'}),$$
$$\textit{Zero},$$
$$\textit{One}(\textit{Node } 4 \ (\textit{Node } 2 (\textit{Leaf } \texttt{'b'}) (\textit{Leaf } \texttt{'c'}))$$
$$(\textit{Node } 2 (\textit{Leaf } \texttt{'d'}) (\textit{Leaf } \texttt{'e'})))]$$

空列表可以用 [ ] 表示。我们不允许在随机存取列表中出现尾部的零，因此表示形式是唯一的。

最后，下面是随机访问列表的定义：

$$\textbf{data } Digit\ a = Zero \mid One(Tree\ a)$$

$$\textbf{type } RAList\ a = [Digit\ a]$$

抽象函数 *fromRA* 将随机访问列表转换为标准列表：

$$fromRA :: RAList\ a \rightarrow [a]$$

$$fromRA = concatMap\ from$$

$$\textbf{where } from\ Zero\ \ \ = [\ ]$$

$$from(One\ t) = fromT\ t$$

$$fromT :: Tree\ a \rightarrow [a]$$

$$fromT(Leaf\ x)\ \ \ \ \ \ \ = [x]$$

$$fromT(Node\ \_\ t_1\ t_2) = fromT\ t_1 ++ fromT\ t_2$$

这样可以使 *fromT* 更有效，但我们将其留作练习。

随机访问列表的要点是，当在指定位置查找元素时，我们可以跳过列表的大部分内容：

$$fetchRA :: Nat \rightarrow RAList\ a \rightarrow a$$

$$fetchRA\ k(Zero : xs) = fetchRA\ k\ xs$$

$$fetchRA\ k(One\ t : xs) = \textbf{if } k < size\ t$$

$$\textbf{then } fetchT\ k\ t\ \textbf{else } fetchRA(k - size\ t)xs$$

$$fetchT :: Nat \rightarrow Tree\ a \rightarrow a$$

$$fetchT\ 0(Leaf\ x) = \ \ \ \ \ \ x$$

$$fetchT\ k(Node\ n\ t_1\ t_2) = \textbf{if } k < m$$

$$\textbf{then } fetchT\ k\ t_1\ \textbf{else } fetchT(k - m)t_2$$

$$\textbf{where } m = n\ \text{div}\ 2$$

函数 *fetchRA* 会将已跳过元素的数量纳入考虑，来跳过元素位置过小的树。当在目标位置找到包含值的树时，将调用函数 *fetchT*。使用存储在树中的大小信息，可以通过在每个步骤中搜索左侧子树或右侧子树来找到所需元素。如果在包含 n 个元素的列表中查找第 k 个元素，则 k 在 $0 \leqslant k < n$ 范围内，因此我们有

$$fetch\ k \cdot fromRA = fetchRA\ k$$

此外，*fetchRA* 需要 $O(\log k)$ 步。在这里，假设 $2^p \leqslant k < 2^{p+1}$。*fetchRA* 的计算会跳过 $O(p)$ 个步骤中的 p 个元素，然后再以 $O(p)$ 个步骤搜索大小为 2^p 的完美二叉树。*FetchRA* 的一种更好的定义将在 $n \leqslant k$ 的情况下产生"下标过大"的错误，我们将该定义作为练习。

除了 *fetchRA* 和 *fromRA*，随机访问列表还支持其他五种基本操作：

$$nullRA\ \ \ \ :: RAList\ a \rightarrow Bool$$

$$nilRA\ \ \ \ \ \ :: RAList\ a$$

$$consRA\ \ \ \ :: a \rightarrow RAList\ a \rightarrow RAList\ a$$

$$unconsRA :: RAList\ a \rightarrow (a,\ RAList\ a)$$

$$updateRA :: Nat \rightarrow a \rightarrow RAList\ a \rightarrow RAList\ a$$

函数 *nullRA* 测试列表是否为空，函数 *nilRA* 返回空列表，并且 *updateRA* 将在指定位置使用新值更新随机访问列表。它的定义与 *fetchRA* 相似，我们将其留作练习。*consRA* 的定义直接源于上一章的 *inc* 操作：

$$inc\,[\,] \qquad = [\,1\,]$$
$$inc(0:bs) = 1:bs$$
$$inc(1:bs) = 0:inc\,bs$$

这是 *consRA* 的定义：

$$consRA\ x\ xs = consT(Leaf\ x)xs$$
$$consT\ t_1[\,] \qquad\qquad = [\,One\ t_1\,]$$
$$consT\ t_1(Zero:xs) \quad = One\ t_1:xs$$
$$consT\ t_1(One\ t_2:xs) = Zero:consT(node\ t_1\ t_2)xs$$

翻译成 "*unconsRA* 的定义与二进制计数器的递减运算 *dec* 相同：

$$dec[\,1\,] \qquad = [\,]$$
$$dec(1:ds) = 0:ds$$
$$dec(0:ds) = 1:dec\,ds$$

下面是 *unconsRA* 的定义：

$$unconsRA\ xs = (x,\ ys)\,\mathbf{where}(Leaf\ x,\ ys) = unconsT\ xs$$
$$unconsT :: RAList\ a \rightarrow (Tree\ a, RAList\ a)$$
$$unconsT(One\ t:xs) = \mathbf{if}\ null\ xs\ \mathbf{then}(t,[\,])\ \mathbf{else}(t,\ Zero:xs)$$
$$unconsT(Zero:xs)\ = (t_1,\ One\ t_2:ys)\,\mathbf{where}(Node\_t_1\ t_2,\ ys) = unconsT\ xs$$

代码有些微妙。为了说明当 *xs* 是格式正确的随机访问列表时，*unconsT xs* 会将叶节点作为第一组件返回，通过示例 [*Zero*, *Zero*, *One t*] 进行演示是有启发性的，其中 *t* 是变为 "abcd" 的大小为 4 的完美树。根据 *unconsT* 的第二子句，结果是

$$(t_1,\ One\ t_2:ys)\,\mathbf{where}(Node\ \_\ t_1\ t_2,\ ys) = unconsT[Zero,\ One(tree\ \texttt{"abcd"})]$$

再根据第二个子句，右侧返回

$$(t_3,\ One\ t_4:zs)\,\mathbf{where}(Node\ \_\ t_3\ t_4,\ zs) = unconsT[One(tree\ \texttt{"abcd"})]$$

最后，根据 *unconsT* 的第一个子句，我们有

$$unconsT[One(tree\ \texttt{"abcd"})] = (tree\ \texttt{"abcd"},\ [\,])$$

这说明 $t_3 = tree$ "ab"，$t_4 = tree$ "cd" 和 $zs = [\,]$。因此有 $t_1 = Leaf\,\texttt{'a'}$，$t_2 = Leaf\,\texttt{'b'}$，和 $ys = [\,]$。由此可得

$$unconsT[Zero,\ Zero,\ One(tree\ \texttt{"abcd"})]$$
$$= (Leaf\,\texttt{'a'},\ [One(Leaf\,\texttt{'b'}),\ One(tree\ \texttt{"cd"})])$$

给定 *unconsRA*，我们可以非常简单的定义 *headRA* 和 *tailRA*（请参考练习）。正如我们在上一章中所看到的，在最初为空的列表上的 *n* 个 cons 运算或 *n* 个 uncons 运算的序列需要 $O(n)$ 个步骤，因此在单独考虑时，它们需要均摊常数时间。但是，当它们混合在一起时，我们能

得到的最好说法是它们每个都采取 $O(\log n)$ 个步骤。查找和更新操作也会耗费相同的时间。在下一节中，我们将讨论一种数据结构，其中，查找操作需要常数时间，但是更新操作会从对数时间变为线性时间。

3.3　数组

　　函数式算法和过程式算法之间的主要区别之一是，前者依然依赖列表作为信息的基本载体，而后者则依赖数组。在函数式算法中，输入通常由值列表组成，而在过程式算法中，输入值通常被假定为数组的元素。对于过程式程序员而言，数组更新是破坏性的：一旦通过更改特定索引处的值来更新数组，旧数据就会丢失。在函数式编程中，数据结构必须是持久性的，因为在计算中的其他任何时间点都有可能引用任何命名的结构。因此，必须通过制作整个数组的新副本来实现在单个索引处的任何更新操作。由于它们不能更改，且只能复制，因此纯函数性数组被称为不可变数组。通过将操作封装在合适的 monad 中，可以解决这个问题并允许可变结构。但在本书中，我们不会对 monad 进行介绍。

　　另一方面，批量或整体更新也可以达成上述效果。一次更改所有或某些条目仅需要复制一次阵列。Haskell 在库 *Data.Array* 中提供了许多此类批操作。本节的目的仅在于描述该库中的主要函数。

　　类型 *Array i e* 由索引类型为 *i* 和元素类型为 *e* 的数组组成。构造数组的基本操作是函数

$$array :: Ix\ i \Rightarrow (i,\ i) \rightarrow [(i,\ e)] \rightarrow Array\ i\ e$$

类型类 *Ix* 限制了可以作为索引的类型；通常是整数或字符，可以将其转换为连续的值范围的类型。*array* 的第一个参数是一对边界，即数组中的最低和最高索引。第二个参数是索引-值对的关联列表。通过 *array* 来构建数组需要花费的时间由关联列表的长度和数组的大小决定。

　　array 的一个简单变体是 *listArray*，它只接受一个元素列表：

$$listArray :: Ix\ i \Rightarrow (i,\ i) \rightarrow [e] \rightarrow Array\ i\ e$$
$$listArray(l,\ r)\ xs = array(l,\ r)(zip\ [l..r]\ xs)$$

最后，还有一种构建数组的方法，称为 *accumArray*，其类型看起来相当复杂：

$$accumArray :: Ix\ i \Rightarrow (e \rightarrow v \rightarrow e) \rightarrow e \rightarrow (i,\ i) \rightarrow [(i,\ v)] \rightarrow Array\ i\ e$$

这些参数是：一个"累积"函数，用于将数组项 *e* 和新值 *v* 转换为新项；每个索引的初始条目；数组的一对边界；以及索引-值对的关联列表。*accumArray f e (l, r) ivs* 的结果是一个数组，该数组具有界限 $(l,\ r)$ 和每个位置的初始条目 *e*，通过从左到右处理关联列表 *ivs* 并使用累积函数 *f* 将旧的条目和值组合成新的条目。假设累加函数的时间代价为常数，则该过程在关联列表的长度中花费线性时间。以数学形式表述，我们有

$$accumArray\ f\ e\ (l,\ r)\ ivs =$$
$$array(l,\ r)\big[(j,\ foldl\ f\ e\ [v\ |\ (i,\ v) \leftarrow ivs,\ i == j])\ |\ j \leftarrow [l..r]\big]$$

好吧，我们已经很接近（完成创建）了。在 *Data.Array* 定义中，对 *ivs* 有一个附加的限制，即

ivs 中的每个索引都应位于指定范围 (*l*, *r*) 中。如果不满足此条件，则左侧返回错误，右侧不返回。

比如，我们有

$$accumArray\ (+)0(1,\ 3)\big[(1,\ 20),\ (2,\ 30),\ (1,\ 40),\ (2,\ 50)\big]$$
$$=array\ (1,\ 3)\big[(1,\ 60),\ (2,\ 80),\ (3,\ 0)\big]$$
$$accumArray(flip\ (:))[\ ]('A','C')[('A',\ \texttt{"Apple"}),('A',\ \texttt{"Apricot"})]$$
$$=array('A',\ 'C')[('A',\ [\texttt{"Apricot"},\ \texttt{"Apple"}]),\ ('B',\ [\,]),\ ('C',\ [\,])]$$

作为 *accumArray* 的一个实用的应用，假设我们得到了一个包含 *n* 个自然数的列表，所有自然数都在 (0, *m*) 范围内，*m* 为任意自然数。我们可以在 $\Theta(m+n)$ 步内，通过以下方式进行排列：

$$sort :: Nat \to [Nat] \to [Nat]$$
$$sort\ m\ xs = concatMap\ copy(assocs\ a)$$
$$\textbf{where}\ a = accumArray\ (+)0(0,\ m)(zip\ xs(repeat\ 1))$$
$$copy(x,\ k) = replicate\ k\ x$$

函数 $assocs :: Array\ i\ e \to [(i,\ e)]$ 以索引顺序返回索引-值对的列表。函数 *elems* 可以通过以下方式定义

$$elems :: Ix\ i \Rightarrow Array\ i\ e \to [e]$$
$$elems = map\ snd \cdot assocs$$

它按索引顺序将数组转换为其元素列表。因此，*elems* 是用于将数组转换回标准列表的抽象函数。

好消息是，数组的查找函数 (!) 仅需要常数时间代价，例如：

$$assocs\ xa = [(i,\ xa!i)\ |\ i \leftarrow range(bounds\ xa)]$$

花费的时间与数组的大小成正比。*Data.Array* 中的函数 *bounds* 返回数组的范围，函数 *range* 枚举上下限之间的值。

就像我们之前提到的，坏消息是数组更新花费的时间与数组大小呈线性关系。更新函数为//，类型为

$$(//) :: Ix\ i \Rightarrow Array\ i\ e \to [(i,\ e)] \to Array\ i\ e$$

因此，操作 *xa//ies* 使用 *ies* 中的关联更新数组 *xa*。例如：

$$foldl\ update(array(1,\ n)[\,])(zip\ [1..n]\ xs)$$
$$\textbf{where}\ update\ xa(i,\ x) = xa\ //\ [(i,\ x)]$$

建立一个数组，但需要 $\Theta(n^2)$ 步来完成，而等效表达式为：

$$array\ (1,\ n)(zip\ [1..n]xs)$$

这需要 $\Theta(n)$ 步。

总而言之，对数组而言，进行索引和批操作很高效，但是单个更新则是低效的。正如 Philip K. Dick 在他的一篇短篇小说中所说的那样，"我们可以为你牢记所有内容"（见文献 [1]）。

章节注释

通过一对列表来模拟对称列表（也称为双端队或双端队列）的想法已得到广泛研究。Okasaki 在文献［5］中论述过函数式数据结构，其初始思想则归功于 Gries[2] 以及 Hood 和 Melville[3]。另请参考文献［4］，它介绍了上面使用的表示不变式。随机访问列表，也称为单边柔性数组，在文献［5］的第 9 章中进行了讨论。该章还介绍了一些替代的数字表示形式，包括由 1 和 2 而不是由 0 和 1 构造的二进制数。使用这种表示可以实现 *headRA* 在最坏的情况下以 $O(1)$ 时间复杂度运行。*Data.Array* 的单片数组操作是由 Philip L. Wadler 在文献［6］中提出的，尽管其他人早些时候也提出过类似的操作。Haskell Platform 提供了许多其他用于处理数组的库，包括未装箱的，可变的和可存储的数组。

参考文献

［1］Philip K. Dick. We can remember it for you wholesale. In *The Collected Short Stories of Philip K. Dick*, Volume 2. Citadel Twilight, New York, 1990.

［2］David Gries. *The Science of Programming*. Springer, New York, 1981.

［3］Robert Hood and Robert Melville. Real-time queue operations in pure Lisp. *Information Processing Letters*, 13（2）：50-53, 1981.

［4］Rob R. Hoogerwoord. A symmetric set of efficient list operations. *Journal of Functional Programming*, 2（4）：294-303, 1992.

［5］Chris Okasaki. *Purely Functional Data Structures*. Cambridge University Press, Cambridge, 1998.

［6］Philip L. Wadler. A new array operation. In J. F. Fasel and R. M. Keller, editors, *Graph Reduction*, volume 279 of *Lecture Notes in Computer Science*, pages 328-333. Springer-Verlag, Berlin, 1986.

练习

练习 3.1　写下 "abcd" 表示为对称列表的所有方法。举例说明这些表示方法中的每一种是如何产生的。

练习 3.2　定义返回空对称列表的值 *nilSL*，以及测试对称列表是否为空或单元素的两个函数 *nullSL* 和 *singleSL*。同时，定义 *lengthSL*。

练习 3.3　定义函数 *consSL* 和 *headSL*。

练习 3.4　定义函数 *initSL*。

练习 3.5　实现 *dropWhileSL* 使得

$$dropWhile \cdot fromSL = fromSL \cdot dropWhileSL$$

练习 3.6 定义 *initsSL*，其函数类型为

$$initsSL :: SymList\ a \rightarrow SymList(SymList\ a)$$

请写出表达 *fromSL*、*initsSL* 和 *inits* 之间关系的方程式。

练习 3.7 给出一个不使用对称列表的 *inits* 的在线（*online*）定义，*length · inits* 花费线性时间。

练习 3.8 估算 *fromT* 应用于大小为 2^p 的满二叉树时的运行时间。

其中 *fromT* 的定义为

$$fromT :: Tree\ a \rightarrow [\,a\,]$$

$$fromT(Leaf\ x) = [\,x\,]$$

$$fromT(Node\ \_\ t_1\ t_2) = fromT\ t_1 + \!+ fromT\ t_2$$

减少运行时间的一个方法是引入一个函数

$$fromTs :: [\,Tree\ a\,] \rightarrow [\,a\,]$$

并定义 *fromT t = fromTs* $[\,t\,]$。给出 *fromTs* 的一个高效定义。在本书的其余部分中，我们将多次使用这种对树进行扁平化的特殊优化的变体。

练习 3.9 当索引过大时，需要对 *fetchRA* 的定义做什么改变来产生一个合适的错误信息？

练习 3.10 给出函数 *toRA* :: $[\,a\,] \rightarrow RAList\ a$ 的定义，该函数将一个列表转换为随机存取列表。

练习 3.11 给出 *updateRA* 的定义。

练习 3.12 根据前面的练习，给出一个单行函数的定义

$$(/\!/) :: RAList\ a \rightarrow [\,(Nat,a)\,] \rightarrow RAList\ a$$

使得 *xs//kxs* 是对随机访问列表 *xs* 进行一连串更新的结果。这些更新应该从左到右。提示：*flip* 和标准 Haskell 函数

$$uncurry :: (a \rightarrow b \rightarrow c) \rightarrow (a,\ b) \rightarrow c$$

$$uncurry\ f(x,\ y) = f\ x\ y$$

会十分有用。

练习 3.13 定义 *headRA* 和 *tailRA*。

练习 3.14 假设你想定义一个边界为 $(0,\ n)$ 的数组 *fa*，其第 *k* 项为 *k*! 即 *k* 的阶乘。用两种不同的方式来定义 *fa*，一种使用 *scanl*，另一种不使用

$$fa = listArray(0,\ n)????$$

（提示：第二个定义使用 $fa!i = i \times fa!(i-1)$。）

练习 3.15 在 *Data.Array* 中还有一个函数 *accum*，其类型是

$$accum :: Ix\ i \Rightarrow (e \rightarrow v \rightarrow e) \rightarrow Array\ i\ e \rightarrow [\,(i,v)\,] \rightarrow Array\ i\ e$$

这个函数输入一个累积函数、一个数组和一个关联列表。它将关联列表中的元素与累积函数相结合来计算新的数组项。更确切地说：

$$(accum\ f\ a\ ivs)!\ j = foldl\ f(a!\ j)[\,v \mid (i,\ v) \leftarrow ivs,\ i = = j\,]$$

用 *accum* 来定义 *accumArray*。

分而治之

　　分治法（源自拉丁语"*divide and impera*"，意为"分而治之"）是我们将要深入研究的第一种算法设计技术。对于一个待解决的问题，要么在大小足够小且方法容易实现的情况下直接解决，要么将其分为一个或多个子问题，分别解决每个子问题，然后将子问题的解进行组合，得出原问题的解。这样的策略几乎涵盖了有关计算机科学、数学以至日常生活中的所有问题。分而治之策略之所以能成为简单有效的计算工具，其特点在于每个子问题都是一个更小输入的原始问题，所以每个子问题都可以通过相同的策略来解决。因此，分治法本质上是递归的。

　　这样说来，每一个依赖于显式递归的函数式算法都可以被认为是分而治之的算法。毕竟，对于大小为 $n>0$ 的问题，一种可能的解法是将其分为大小为 $n-1$ 的问题和大小为 1 的问题。例如，表达为 *foldr* 的算法实质上满足这种分解方法。但是，在真正的分治法中，还有其他两个重要方面。第 1 个重要方面是每个子问题的大小应为输入大小的一部分，比如 $n/2$ 或 $n/4$。在许多情况下，子问题将具有相等的大小，或尽可能接近相等的大小。因此，大小为 n 的问题可以分为 2 个子问题，每个子问题的大小为 $n/2$，这是我们稍后会遇到的一种常见的分解形式。也有子问题具有不同大小的例子，例如一个大小为 $n/5$，而另一个大小为 $7\times n/10$。我们将在第 6 章中遇到这样的示例。第 2 个重要方面是子问题应该彼此独立，因此在解决各个问题时，不会出现重复完成相同工作的情况。动态规划策略可以解决子问题重叠且具有很多相同的多级子问题，我们将在第五部分中讨论这些策略。

　　最后，由于子问题是独立的，既可以并行解决，也可以顺序解决，因此分治算法可以利用计算机的并行性。我们不会在本书中讨论并行编程，但可以参阅 Simon Marlow 的书"*Parallel and Concurrent Programming in Haskell*"（O'Reilly，2013）以获取对该主题的详细介绍。

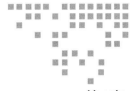

第4章 Chapter 4

二分查找

二分查找可能是分治法中最简单的一个例子。一个查找问题可以被分为两个子问题，每个子问题大致具有原来问题的一半大小。二分查找的一个显著特点是子问题中的一个部分是无意义的，可以被舍去。在这一章，我们会通过两个简单的例子来介绍二分查找，然后将二分查找算法封装成一个数据结构——二叉搜索树。

4.1 一维查找

首先给出一个严格单增的函数 f（对于所有的 x 和 y，$x<y \Rightarrow f(x)<f(y)$），该函数是从自然数到自然数的映射，同时给出一个目标数字 t。目标是寻找满足 $t=f(x)$ 的 x。由于 f 严格单增，那么最多会有一个解。此外，如果 f 严格单增，那么 $f(x)<f(x+1)$，所以查找范围可以被限制在 $0 \leqslant x \leqslant t$。回忆一下，Haskell 中的 Nat 类型相当于 Int 的同义类型，我们有：

$$search :: (Nat \rightarrow Nat) \rightarrow Nat \rightarrow [Nat]$$
$$search\ f\ t = [x \mid x \leftarrow [0..t], t == f\ x]$$

$search$ 的结果是一个空表或者一个单例表。我们对于 f 唯一的假设是 $t=f(x) \Rightarrow 0 \leqslant x \leqslant t$。这种以 1 个值为步长进行增量搜索的方法称为线性查找。

比线性查找更优的方法有两个。两个方法的第一个步骤都是明确查找范围：

$$search\ f\ t = seek(0, t)\ \textbf{where}\ seek(a, b) = [x \mid x \leftarrow [a..b], t == f\ x]$$

接下来的步骤是寻找更优版本的 $seek$。如果 $a>b$，那么 $seek(a, b) = []$，否则，给定一个数 $m(a \leqslant m \leqslant b)$：

$$seek(a, b) = [x \mid x \leftarrow [a..m-1], t == f\,x] ++$$
$$[m \mid t == f\,m] ++$$
$$[x \mid x \leftarrow [m+1..b], t == f\,x]$$

通过观察可知：如果 $t < f(m)$，那么最后两个列表为空；如果 $t = f(m)$，结束查找；如果 $t > f(m)$，那么头两个列表为空。这里的结论都基于 f 的单增性质。因此，我们可以定义：

$$search :: (Nat \rightarrow Nat) \rightarrow Nat \rightarrow [Nat]$$
$$search\ f\ t = seek(0, t)$$
$$\textbf{where}\ seek(a, b) \mid a > b \qquad = [\ ]$$
$$\mid t < f\,m \qquad = seek(a, m-1)$$
$$\mid t == f\,m \qquad = [m]$$
$$\mid otherwise = seek(m+1, b)$$
$$\textbf{where}\ m \quad = choose(a, b)$$

剩下的操作还是选择 m。基于平衡两个子问题的考虑，应当选择 $m = \lfloor (a+b)/2 \rfloor$，即区间的中间位置。换句话说：

$$choose(a,b) = (a+b)\ div\ 2$$

这就是二分查找，即将一个查找问题被分为两个一半大小的子问题。不难看出，二分查找花费的时间是问题规模的对数，因为每一步骤将区间范围二分。因此 $search\ f\ t$ 需要 $O(\log t)$ 步。为了更精确，我们需要构建公式，解决递归问题。我们会在讲解第二个方法后对此进行讨论。

上述定义存在一些（不够好的）方面，使得我们考虑探索另一种解决方案。其中最值得关注的一种情况是，该定义可能是不正确的！举个例子，假设 $f(n) = 2^n$，然后 $search\ f\ 1024$ 返回 $[\ ]$，而不是正确的答案 $[10]$。请暂停片刻，看看你能否发现错误。

出错的地方并不是对搜索的定义，而是它的类型。第一个步骤要求进行 $1024 < 2^{512}$ 的比较，而后者是个巨大的数字，这超出了 Int 类型的范围。事实上，作为 Nat 类型的一个元素，对 2^{512} 的求值会返回 0，导致测试错误地返回 False。这种情况可以通过将 Nat 改为 Integer 来解决，但是这些数字仍然很大，计算起来可能非常耗时。search 的第二个较小的问题是 f 在每个步骤中计算了 2 次。我们可以使用局部变量来解决这个问题，在最坏的情况下，每次步骤仍会进行 3 次比较。还有更好的解决方法吗？

一种优化的办法是：首先找到 a 和 b，使 $f(a) < t \leqslant f(b)$，然后在 $[a+1..b]$ 范围内查找。如果 $t \leqslant f(0)$，我们可以假设 $f(-1) = -\infty$，并且令 $(a, b) = (-1, 0)$；否则，我们可以根据 f 在 1，2，4，8，… 上的值，直到找到 $f(2^{p-1}) < t \leqslant f(2^p)$。这样的值一定可以找到，因为 f 严格单增。bound 计算了这样一个范围：

$$bound :: (Nat \rightarrow Nat) \rightarrow Nat \rightarrow (Int, Nat)$$
$$bound\ f\ t = \textbf{if}\ t \leqslant f\,0\ \textbf{then}\ (-1, 0)\ \textbf{else}\ (b\ div\ 2, b)$$
$$\textbf{where}\ b = until\ done\ (\times 2)\ 1$$
$$done\ b = t \leqslant f\,b$$

当 $f(2^{p-1}) \leqslant t \leqslant f(2^p)$ 时，需要耗费 $p+1$ 次来计算边界 $f\,t$。最坏的情况是 $f=id$，这需要 $O(\log n)$ 次求值，但当 $f(n)=2^n$ 时，只需要 $O(\log(\log n))$ 次求值。

现在，为了找到范围 $[a+1..b]$，我们只需要找到让 $t \leqslant f(x)$ 的最小的 x，这样的值一定存在，因为 $t \leqslant f(b)$。如下：

$$search\ f\ t = \textbf{if}\ f\ x == t\ \textbf{then}\ [\,x\,]\ \textbf{else}\ [\,]$$
$$\textbf{where}\ x = smallest(bound\ f\ t)$$
$$smallest(a,\ b) = head[\,x\mid x \leftarrow [a+1..b],\ t \leqslant f\ x\,]$$

$smallest$ 使用了线性查找，但我们知道，更好的方法是分割区间：如果 $a+1<b$，那么对于任何满足 $a<m<b$ 的 m，我们有

$$smallest(a,\ b) = head([\,x\mid x \leftarrow [a+1..m],\ t \leqslant f\ x\,]\,{+}\!{+}$$
$$[\,x\mid x \leftarrow [m+1..b],\ t \leqslant f\ x\,])$$

此时，如果 $t \leqslant f(m)$，那么第一个列表不为空，否则其为空。因此，我们可以写出

$$search :: (Nat \to Nat) \to Nat \to [\,Nat\,]$$
$$search\ f\ t = \textbf{if}\ f\ x == t\ \textbf{then}\ [\,x\,]\ \textbf{else}\ [\,]\ \textbf{where}$$
$$x = smallest(bound\ f\ t)f\ t$$

其中

$$smallest(a,\ b)f\ t \quad \mid a+1 == b = b$$
$$\mid t \leqslant f\ m\ = smallest(a,\ m)f\ t$$
$$\mid otherwise = smallest(m,\ b)f\ t$$
$$\textbf{where}\ m = (a+b)\operatorname{div} 2$$

这就是第二个版本的二分查找。基于接下来的章节的需要，我们会将 $smallest$ 封装为一个独立的高阶方法。请注意，即使在范围 $a<x \leqslant b$ 中不存在这样的 x，使得 $t \leqslant f\ x$，$smallest(a,\ b)f\ t$ 也是良好定义的；在这种情况下，返回 b。与先前版本的最坏情况下相比，这一版本的二分查找中每个步骤只有一个包含 f 的比较。此外，$search$ 可以使用精度有限的数据结构完成工作。最后注意，$f(a)$ 不会在算法中进行求值，因此不需要假设值 $f(-1) = -\infty$。

为估计此版本的计算时间，使用 $T(n)$ 表示当区间 $(a,\ b)$ 包含 n 个数字时，计算 $smallest(a,\ b)\ f\ t$ 的计算次数，其中 $n=b-a+1$。定义 $T(n)$ 的快捷方法如下：

$$T(2) = 0$$
$$T(n) = T(n/2) + 1$$

为了解决这一递归，我们可以将其展开为：

$$T(n) = 1 + T(n/2) = 2 + T(n/4) = 3 + T(n/8) = \cdots = k + T(n/2^k)$$

即，如果 $n=2^{k+1}$，$T(n)=k$。如果 n 不是 2 的幂，那么 $2^k<n<2^{k+1}$，我们可以假设 $T(n)$ 是一个关于 n 的递增函数，那么 $T(n) \leqslant \lceil \log n \rceil$。如果 f 花费常数时间，那么二分查找要求 $\Theta(\log t)$ 个步骤。

这里就是我们能够快速计算的地方。子问题的大小并不都是 $n/2$。如果 n 为奇数，那么两

个子问题的大小都是 $\lceil(n+1)/2\rceil$，如果 n 为偶数，只有一个子问题的大小也是 $\lceil(n+1)/2\rceil$。另外，区间的大小为自然数，$T(n)$ 只有在 n 为自然数时才能被定义，所以 $T(n/2)$ 也无法定义。最后，随着问题的规模增加，复杂度不会降低这一假设并不总是成立，它取决于具体的算法。前两个问题通常无关紧要，尤其是当我们逼近渐近边界，例如 $T(n)=\Theta(\log n)$ 时。但有时却又会有影响，比如说当我们逼近某一确定的数字的时候。例如，*smallest* 在范围为 n 的区间上最糟糕情况下，对 f 确切的估计值为一个递归式 $T(n)=T\left\lceil\dfrac{(n+1)}{2}\right\rceil+1$ 和 $T(2)=0$。确切的解变为 $T(n)=\lceil\log(n-1)\rceil$，$2\le n$（见练习 4.3）。但是，在主要情况下，我们将忽略递归中的向下取整和向上取整，继续进行快速和宽松的推理。

现在我们介绍另一个递归关系，它会在下一章中经常出现：$T(n)=2T(n/2)+\Theta(n)$。为了解决这一递推关系，我们展开它，用 cn 替代 $\Theta(n)$，以避免多个 $\Theta(n)$ 的复杂性：

$$T(n)=cn+2T\left(\frac{n}{2}\right)$$
$$=cn+2\left(\frac{cn}{2}+2T\left(\frac{n}{4}\right)\right)$$
$$=2cn+4T\left(\frac{n}{4}\right)$$
$$=\cdots$$
$$=kcn+2^kT(n/2^k)$$

假设 $2^{k-1}<n\le 2^k$，所以 $k=\lceil\log n\rceil$，我们得到：

$$T(n)=cn\lceil\log n\rceil+\Theta(2^{\lceil\log n\rceil})$$

这样，$T(n)=\Theta(n\log n)$。这样的运行时间有时称为线性的 "*linearithmic*"，这是一个由线性和对数组合而成的合成词。我们在下一节会遇到其他更为复杂的递归关系。

4.2 二维查找

第二个问题更有意思。这一次，我们给出了一个从自然数对到自然数的函数 f，其性质是对于每个参数，f 都是严格递增的。给定 t，我们需要找到所有满足 $f(x,y)=t$ 的 (x,y) 对。不同于一维例子，二维存在许多解法。为了更好地认识这个问题，让我们看一下图 4.1。

网格上的位置由笛卡儿坐标 (x,y) 给定，其中 x 为列号，y 为行号。左下的元素的位置为 $(0,0)$，右上为 $(11,13)$。现在给出一个问题：我们如何找到包含数字 472 的所有位置？

可以使用二分查找吗？毕竟，这是这一章的内容。难点在于不太好简单地针对二维查找问题进行编程。因此，我们将从一个明显的一维搜索的推广开始，（之后我们将扩展）到一个二维的 $(t+1)\times(t+1)$ 网格：

$$search\ f\ t=[(x,y)\mid x\leftarrow[0..t],y\leftarrow[0..t],t==f(x,y)]$$

这个方法需要 $\Theta(t^2)$ 步，从最左列开始从上到下逐列查找。这个方法没有在发现 $t\le f(x,y)$

521	693	768	799	821	829	841	869	923	947	985	999
519	621	752	797	801	827	833	865	917	924	945	998
507	615	673	676	679	782	785	819	891	894	897	913
475	597	627	630	633	717	739	742	845	848	851	894
472	523	583	586	589	612	695	698	701	704	767	810
403	411	441	444	547	583	653	656	679	691	765	768
397	407	432	434	444	510	613	626	627	673	715	765
312	313	363	366	411	472	523	601	612	647	698	704
289	312	327	330	333	336	439	472	527	585	612	691
272	245	283	296	299	302	313	441	523	529	587	589
217	237	245	264	267	296	303	376	471	482	537	588
116	128	131	134	237	240	267	346	469	481	515	523
103	107	113	126	189	237	264	318	458	480	497	498
100	101	112	124	176	212	257	316	452	472	487	497

图 4.1 示例网格

的位置后,就舍弃这一列。我们可以使用更好的办法:我们将介绍不少于 4 种方法,包括 3 种使用二分查找的版本。

第一个版本从左上开始而不是左下:

$$search \, f \, t = [\,(x, \, y) \mid x \leftarrow [0..t], \, y \leftarrow [t, \, t-1..0], \, t == f(x, \, y)\,]$$

与二分查找类似,更通用的版本是分割查找区间:

$$searchIn(a, \, b) f \, t = [\,(x, \, y) \mid x \leftarrow [a..t], \, y \leftarrow [b, \, b-1..0], \, t == f(x, \, y)\,]$$

因此 $search = searchIn(0, \, t)$。接着,我们测试不同的例子。首先,我们可以根据 $searchIn$ 的定义得到:

$$searchIn(a, \, b) f \, t \mid a > t \lor b < 0 = [\,]$$

现在假设查找范围不为空,且 $f(a, \, b) < t$,这一情况下,列 a 可以不被考虑,因为对于 $b' \leqslant b$,$f(a, \, b') \leqslant f(a, \, b)$,这意味着

$$searchIn(a, \, b) f \, t \mid f(a, \, b) < t = searchIn(a+1, \, b) f \, t$$

在对偶情况下,$f(a, \, b) > t$,行 b 可以不被考虑,因为对于 $a' \geqslant a$,$f(a', \, b) \geqslant f(a, \, b)$,这意味着

$$searchIn(a, \, b) f \, t \mid f(a, \, b) > t = searchIn(a, \, b-1) f \, t$$

最后,如果 $f(a, \, b) = t$,那么列 a 和行 b 都可以不作考虑,因为如果 $b' < b$,那么 $f(a, \, b') < f(a, \, b)$,如果 $a' > a$,那么 $f(a', \, b) > f(a, \, b)$。只有最后一种情况是建立在 f 是严格单增的基础的,而不仅仅是建立在弱递增的基础之上。

将 4 种情况组合起来,并将 $(a, \, b)$ 重命名为 $(x, \, y)$,我们得到

$$search \, f \, t = searchIn(0, \, t)$$

$$\textbf{where } searchIn(x, \, y) \mid x > t \lor y < 0 = [\,]$$

$$\mid z < t \qquad = searchIn(x+1, \, y)$$

$$\mid z == t \qquad = (x, \, y) : searchIn(x+1, \, y-1)$$

$$\mid z > t \qquad = searchIn(x, \, y-1)$$

$$\textbf{where } z = f(x, \, y)$$

这一方法被称为 *saddleback* 查找。显然，它只要求 $\Theta(t)$ 次 f 的计算。更精确的话，我们假设存在一个 $p×q$ 大小的矩形需要我们进行查找。在最好的情况下，当查找沿矩形的对角线进行时，在每一次查找时找到 t，那么存在 $(p \min q)$ 次 f 的计算。最差的情况，沿矩形的边进行查找，就存在 $p+q-1$ 次 f 的计算。举个例子，$f(x, y) = x^2 + 3^y$，$t = 20259$，则需要进行 20402 次 f 的计算来得到结果 $[(24, 9)]$，这非常接近最佳情况。

saddleback 查找可以进行优化，因为从 $(0, t)$ 和 $(t, 0)$ 开始来估计所要求值的位置是很困难的。我们可以使用二分查找来得到更好的起始范围。我们提供 $t \leqslant f b$，$smallest(a, b) f t$ 的值是在 $a < x \leqslant b$ 中最小的 x，即 $t \leqslant f x$。因此，如果我们定义：

$$p = smallest(-1, t)(\lambda y. f(0, y)) t$$
$$q = smallest(-1, t)(\lambda x. f(x, 0)) t$$

然后，我们从 $(0, p)$ 和 $(q, 0)$ 开始 *saddleback* 查找。这一版本的 *saddleback* 查找需要 $\Theta(\log t) + \Theta(p+q)$ 步。由于 p 和 q 可能小于 t，我们可以在 $\Theta(\log t)$ 步搜索后结束查找。例如，还是 $f(x, y) = x^2 + 3^y$，$t = 20259$，则我们有 $p = 10$ 和 $q = 143$，现在只进行总共 181 次 f 的估计就能得到答案，相较于以前的版本节省了大量的计算。

第三种查找网格的方法是找到一种恰当的分治解法。首先找到网格的中间元素，这与二分查找二维类似。假设我们在左上 (x_1, y_1) 和右下 (x_2, y_2) 的矩形开始查找，如果我们首先找到在 $x = (x_1+x_2)/2$ 和 $y = (y_1+y_2)/2$ 处的 $f(x, y)$ 值会怎么样？如果 $f(x, y) < t$，我们可以丢弃所有在左下方的矩形，该方法的演示图如图 4.2 所示。

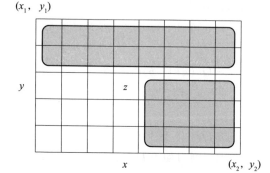

图 4.2 分治法分解

其中，如果 $f(x, y) = z < t$，则着色的矩形是我们要保留的区域。类似地，如果 $f(x, y) > t$，则右上的矩形会被丢弃。最后，如果 $f(x, y) = t$，则都会被丢弃。

这一策略不会保留查找空间仍是矩形的特性，我们会使用构成 L 形的两个矩形。我们可以通过进行横切或纵切来将 L 形矩形分割为 2 个矩形，然后可以在 2 个更小的矩形上进行查找。我们先针对此方法寻找递归关系，无须完全写出整个算法。考虑一个 $m×n$ 的矩形，让 $T(m, n)$ 标记为最坏查找情况的 f 估计数。如果 $m = 0$ 或者 $n = 0$，则不需要查找，$T(m, n) = 0$。如果 $m = 1$ 或者 $n = 1$，问题就会变为一维二分查找：

$$T(1, n) = 1 + T(1, n/2)$$
$$T(m, 1) = 1 + T(m/2, 1)$$

否则，当 $m \geqslant 2$ 且 $n \geqslant 2$ 时，我们可以抛弃尺寸至少为 $m/2 × n/2$ 的矩形。如果我们进行横切，剩下两个矩形，尺寸分别为 $m/2 × n/2$ 和 $m/2 × n$。因此

$$T(m, n) = 1 + T(m/2, n/2) + T(m/2, n)$$

如果纵切，则

$$T(m, n)=1+T(m/2, n/2)+T(m, n/2)$$

为了更快到达基本情况，更好的方法是如果 $m\le n$ 则进行横切，如果 $m>n$ 则进行纵切。

为了处理这些递归关系，我们假设 m 和 n 是二次幂，通过 $U(i, j)=T(2^i, 2^j)$ 定义 U。假设 $i\le j$，进行横切，因此

$$U(0, j)\qquad=j$$
$$U(i+1, j+1)=1+U(i, j)+U(i, j+1)$$

处理这一递归并不容易，但我们可以进行合理猜测。假设结果是 i 的指数，如果我们令 $U(i, j)=2^i f(i, j)-1$ 对一些 f 成立，我们可以得到

$$f(0, j)\qquad=j+1$$
$$2f(i+1, j+1)=f(i, j)+f(i, j+1)$$

第二个等式暗示了另一个合理猜想，即 f 是关于 i 和 j 的线性函数。令 $f(i, j)=ai+bj+c$，得到：

$$bj+c\qquad=j+1$$
$$2(a(i+1)+b(j+1)+c)=ai+bj+c+ai+b(j+1)+c$$

这些等式成立的话，$a=-\dfrac{1}{2}$，$b=1$，$c=1$。将各部分结合起来，得到

$$U(i, j)=2^i(j-i/2+1)-1$$

令 $i=\log m$，$j=\log n$，得到

$$T(m, n)=2^{\log m}(\log n-(\log m)/2+1)-1\le m\log(2n/\sqrt{m})$$

如果 $m\ge n$，我们进行纵切。然后我们得到最大执行次数 $n\log(2m/\sqrt{n})$。另一种情况下，如果 m 或 n 中的其中一个比另一个要小得多，我们可以得到比 *saddleback* 查找更好的算法。例如，还是 $f(x, y)=x^2+3^y$，$t=20259$，这一方法只需要 96 次 f 的估计就可以得到答案。

但我们还可以使用更少的次数。和之前一样，假设我们在左上角的 (x_1, y_1) 和右下角的 (x_2, y_2) 的矩形进行查找。假设 $y_1-y_2\le x_2-x_1$，这样列数和行数就大致相同了。假设执行一个二分查找：

$$x=smallest(x_1-1, x_2)(\lambda x.\,f(x, r))\,t$$

在中间行 $r=(y_1+y_2)/2$。让 x 是 $x_1\le x\le x_2$ 中的最小值，如果 x 存在，那么 $t\le f(x, r)$，否则 $x=x_2$。如果 $t<f(x, r)$，那么我们只需要在两个矩形 $((x_1, y_1), (x-1, r+1))$ 和 $((x, r-1), (x_2, y_2))$ 上进行查找。图 4.3 展示了这一情况：

其中，$z=f(x, r)$。如果 $f(x, r)=t$，那么我们剔除列 x，然后在 $((x_1, y_1), (x-1, r+1))$ 和 $((x+1, r-1), (x_2, y_2))$ 上查找。最后，

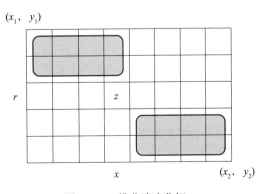

图 4.3　二维分治法分解

如果 $f(x, r) > t$，那么行 r 上的每个入口点都比 t 大，我们就可以在单个矩形 $((x_1, r-1),$ $(x_2, y_2))$ 上查找。总结一下，我们可以使用一个对数探查来减少一半的元素，如果行数比列数多，则结论对偶。这一算法程序如图4.4所示。

```
search f t = from(0, p)(q, 0) where
  p = smallest(-1, t)(λy.f(0, y))t
  q = smallest(-1, t)(λx.f(x, 0))t
  from(x₁, y₁)(x₂, y₂)
      | x₂ < x₁ ∨ y₁ < y₂ = [ ]
      | y₁ - y₂ ≤ x₂ - x₁  = row x
      | otherwise          = col y
    where
    x = smallest(x₁ - 1, x₂)(λx.f(x, r))t
    y = smallest(y₂ - 1, y₁)(λy.f(c, y))t
    c = (x₁ + x₂) div 2
    r = (y₁ + y₂) div 2
    row x | z < t  = from(x₁, y₁)(x₂, r + 1)
          | z == t = (x, r) : from(x₁, y₁)(x - 1, r + 1) ++ from(x + 1, r - 1)(x₂, y₂)
          | z > t  = from(x₁, y₁)(x - 1, r + 1) ++ from(x, r - 1)(x₂, y₂)
        where z = f(x, r)
    col y | z < t  = from(c + 1, y₁)(x₂, y₂)
          | z == t = (c, y) : from(x₁, y₁)(c - 1, y + 1) ++ from(c + 1, y - 1)(x₂, y₂)
          | z > t  = from(x₁, y₁)(c - 1, y) ++ from(c + 1, y - 1)(x₂, y₂)
        where z = f(c, y)
```

图4.4 最终程序

再次分析，令 $T(m, n)$ 表示查找 $m \times n$ 大小矩形所用次数。假设 $m \leqslant n$，在最好的情况下，每个在一行上执行的二分查找返回左下或右下元素，则有

$$T(m, n) = \log n + T(m/2, n)$$

上述式子的解是 $T(m, n) = \Theta(\log m \times \log n)$。在最坏的情况下，二分查找返回中间元素，有

$$T(m, n) = \log n + 2 T(m/2, n/2)$$

为了处理这一递归，令 $U(i, j) = T(2^i, 2^j)$，有

$$U(i, j) = \sum_{k=0}^{i-1} 2^k(j - k) = \Theta(2^i(j - i + 1))$$

因此 $T(m, n) = \Theta(m \log(1 + n/m))$。如果 $n < m$，我们得到 $T(m, n) = \Theta(n \log(1 + m/n))$。对于我们的例子来说，这一方法只需要 72 次 f 的计算，所需时间大约是先前最优时间的 3/4。

这些边界是渐近最优的。任何查找 $m \times n$ 矩形的算法都至少会执行这么多次：

$$\Omega(m \log(1 + n/m) + n \log(1 + m/n))$$

这一下界展示了当 $m = n$ 时，我们不能进行少于 $\Omega(m+n)$ 次的比较。所以说 saddleback 插值在矩形网格上可能最优。但如果 $m < n$，那么 $m \leqslant n \log(1 + m/n)$，因为如果 $0 \leqslant x \leqslant 1$，$x \leqslant \log(1+x)$。

因此当 $m \leqslant n$ 时，我们有下界 $\Omega(m \log(n/m))$，当 $m > n$ 时，我们有下界 $\Omega(n \log(m/n))$。

下界的证明依赖于与问题相关联的决策树。对于决策树在限制问题运行时间方面的作用，我们将在下一节的末尾的有关排序的上下文中进行解释。因此，最好先阅读下一节的相关内容，然后再回到以下内容。但以下是基本思想：假设对于问题有 $A(m, n)$ 种不同的可能答案，例如，$A(1, 1) = 2$，有两个可能的结果，要么是空列表要么是单例列表；$A(2, 2) = 6$，结果可能是一个空表、可能是 4 个单例列表，或者可能是一个双例列表。每次 $f(x, y)$ 的测试有 3 种不同的结果，$f(x, y) < t$，$f(x, y) = t$，$f(x, y) > t$，所以三元决策树的高度 h 满足 $h \geqslant \log_3 A(m, n)$。我们可以估计 $A(m, n)$，它给出需要执行测试次数的下界。

为了估计 $A(m, n)$，注意到在范围 $0 \leqslant x < n$ 和 $0 \leqslant y < m$ 中，每一对 (x, y)，其中 $f(x, y) = z$，都与从 $m \times n$ 矩形的左上角到右下角的阶梯状路径一一对应，其中值 z 出现在阶梯的内部拐角处。这个阶梯形状不一定是函数 *search* 所追踪的路径。从左上到右下的路径包含以某种顺序的 m 次下移和 n 次右移，所以这样路径的数量为 $\binom{m+n}{n}$，这就是 $A(m, n)$ 的值。

另一个计算 $A(m, n)$ 的方法是，假设有 k 种解法。要求的值会出现在 k 行中，以 $\binom{m}{k}$ 种方式出现，对于每种方式，有 $\binom{n}{k}$ 种列的选择，因此

$$A(m, n) = \sum_{k=0}^{m} \binom{m}{k}\binom{n}{k} = \binom{m+n}{n}$$

这一结果是范德蒙卷积的一个例子，参见文献［7］。取对数，得到

$$\log A(m, n) = \Omega(m \log(1 + n/m) + n \log(1 + m/n))$$

结果和之前给定的相同。

4.3　二叉搜索树

二叉搜索树作为一种数据结构体现了二分查找的核心概念，这些树基于以下类型：

$$\textbf{data } Tree\ a = Null \mid Node\ (Tree\ a)\ a\ (Tree\ a)$$

一棵树要么是一棵空树，或者是一个节点（Node）。节点包括左子树、节点值（也称为节点的标签）和右子树。这一类型的树和之前章节中用于随机访问列表构造的树结构不同，其值存储在节点中，而不仅仅是在叶子节点中。一般来说，树可以根据分支结构的具体形式、信息在树中的位置、子信息的存在与否以及树的不同部分中存储的信息之间的关系进行分类。我们会在后续章节中遇到其他类型的树。

树的大小是其标签所含数字：

$$size :: Tree\ a \to Nat$$
$$size\ Null \qquad = 0$$
$$size(Node\ l\ x\ r) = 1 + size\ l + size\ r$$

树中的值可以通过 *flatten* 函数转换为列表

$$flatten :: Tree\ a \rightarrow [\ a\ ]$$
$$flatten\ Null \qquad = [\ ]$$
$$flatten(Node\ l\ x\ r) = flatten\ l +\!\!+ [\ x\ ] +\!\!+ flatten\ r$$

flatten 函数的运行时间与树的大小不成线性关系,这个问题我们之前在练习 3.8 中遇到过。解决方法是使用一个累加参数。

如果展开二叉搜索树,它返回严格递增的列表。因此,一棵二叉搜索树的标签比其左子树的任一标签都要大,比其右子树的任一标签都要小。

二叉搜索树的定义可以以不同的方式修改。例如,一棵树可以有多个相同的节点标签,那么展开的树会产生非递减顺序的列表。一种更实用的修改方式则是让标签记录某种信息,其中每个记录包含一个特定于该记录的唯一键字段。树按照键值排序,所以展开树会得到按键值递增的列表。这样的树可以被用来查找字典,在这个字典中,键是某种"单词",而记录包含与给定单词相关的信息。

下面是二分查找在记录和键字段方面的对应部分:

$$search :: Ord\ k \Rightarrow (a \rightarrow k) \rightarrow k \rightarrow Tree\ a \rightarrow Maybe\ a$$
$$search\ key\ k\ Null = Nothing$$
$$search\ key\ k(Node\ l\ x\ r)$$
$$\qquad |\ key\ x<k \quad = search\ key\ k\ r$$
$$\qquad |\ key\ x = = k = Just\ x$$
$$\qquad |\ key\ x>k \quad = search\ key\ k\ l$$

如果给定的键值不对应任何记录信息的话,查找返回 *Nothing*;否则返回 *Just x*,表示具有给定关键字的(唯一)记录。我们根据节点的键值是大于还是小于给定的键值来查找左子树或是右子树。在最坏的情况下,查找花费的时间与树的高度成正比,其中

$$height :: Tree\ a \rightarrow Nat$$
$$height\ Null \qquad = 0$$
$$height(Node\ l\ x\ r) \quad = 1 + max(height\ l)(height\ r)$$

因此查找只有在其高度为 $O(\log n)$ 时,且针对大小为 n 的树时,能保证需要 $O(\log n)$ 步。稍后,我们将看到如何确保树的高度与其大小成对数关系。

尽管相同大小的两棵树不需要有相同的高度,但二者的测量并不各自独立。一棵树的高度 h 和大小 n 满足 $h \leq n < 2^h$,特别地,$h \geq \log(n+1)$。该关系的证明可通过结构归纳法完成,我们会将此证明留作练习。如果每个节点的左子树和右子树的高度差不超过 1,我们就可以说该树是平衡的。还有其他关于树平衡的定义,但在本书中我们采用这个定义。尽管一棵大小为 n 的平衡树不需要有理论最小高度 $\log(n+1)$,但它的高度还是相当小的。更精确地说,如果 t 是一棵大小为 n、高度为 h 的平衡树,那么

$$h \leq 1.4401 \log(n+1) + \Theta(1)$$

该结果的证明可以使用一种间接归纳法。假设 $H(n)$ 是大小为 n 的平衡树的最大可能高度，我们的目的是为其加上一个上界，我们通过将问题转化来做到这一点。假设 $S(h)$ 是高度为 h 的平衡树的最小可能高度，据此，有 $S(H(n)) \leq n$。因此，我们可以将一个下界加在 $S(n)$ 上来为 $H(n)$ 加上一个上界：如果 $S(n) \geq f(n)$，那么 $n \geq f(H(n))$，所以 $f^{-1}(n) \geq H(n)$。

由于高度为 0 是空树，很明显 $S(0)=0$，类似地，高度为 1 的树也只有 1 棵，$S(1)=1$。高度为 $h+2$ 的最小可能平衡树有 2 棵平衡子树，一棵高度为 $h+1$，另一棵高度为 h，因此

$$S(h+2)=S(h+1)+S(h)+1$$

从这里归纳开始。一个简单的归纳参数为 $S(h)=fib(h+2)-1$，fib 是一个斐波那契函数。为了完成证明，我们将需要关于斐波那契函数的一些事实（特性）。当然，这些特性也可以通过归纳法来证明。令 ϕ 和 ψ 是等式 $x^2-x-1=0$ 的两个根，即 $\phi=(1+\sqrt{5})/2$，$\psi=(1-\sqrt{5})/2$。那么 $fib(n)=(\phi^n-\psi^n)/\sqrt{5}$。此外，由于 $\psi^n<1$，我们得到 $fib(n)>(\phi^n-1)/\sqrt{5}$，因此

$$(\phi^{H(n)+2}-1)/\sqrt{5}-1<fib(H(n)+2)-1=S(H(n)) \leq n$$

取对数：

$$(H(n)+2)\log\phi<\log(n+1)+\Theta(1)$$

由于 $\log\phi>1/1.4404$，结果由此得到。

我们现在转到由具有互不相同的值的列表中构建一棵平衡二叉搜索树的任务。构建树的一种方法是将列表分为两个列表，一个列表包含小于某个固定元素的所有元素，另一个包含其余的元素，其结果不一定是平衡的，那么

$$mktree :: Ord\ a \Rightarrow [a] \rightarrow Tree\ a$$
$$mktree[\ ] = Null$$
$$mktree(x:xs)=Node(mktree\ ys)\ x\ (mktree\ zs)$$
$$\textbf{where}(ys,zs)=partition(<x)xs$$
$$partition\ p\ xs=(filter\ p\ xs,filter(not \cdot p)xs)$$

在最好的情况下，将长度为 n 的列表分为两个长度为 $n/2$ 的列表，花费时间 $T(n)$ 满足 $T(n+1)=2T(n/2)+\Theta(n)$，该递归的解为 $T(n)=\Theta(n\log n)$。在最坏的情况下，则将长度为 n 的列表分为一个长度为 0 和一个长度为 n 的列表，那么 $T(n+1)=T(n)+\Theta(n)$，解为 $T(n)=\Theta(n^2)$。

为了构建一个能保证平衡树的最有效版本的 $mktree$，我们需要维护关于节点子树高度的信息。要做到这一点，可以修改 $Tree$ 的类型，如下所示：

$$\textbf{data}\ Tree\ a=Null\ |\ Node\ Nat(Tree\ a)a(Tree\ a)$$

节点的另一个额外标签是树的高度，因此，有

$$height\ Null = 0$$
$$height(Node\ h\_\_\_)=h$$

我们可以使用以下这个智能构造函数 $node$ 来帮助构建这些增强树：

$$node :: Tree\ a \rightarrow a \rightarrow Tree\ a \rightarrow Tree\ a$$
$$node\ l\ x\ r=Node\ h\ l\ x\ r\ \textbf{where}\ h=1+max(height\ l)(height\ r)$$

我们在后面会遇到另一个智能构造器,随后还有第三个。

可以通过在最初的空树中逐个插入值来构造平衡树:

$$mktree :: Ord\ a \Rightarrow [\,a\,] \rightarrow Tree\ a$$
$$mktree = foldr\ insert\ Null$$

insert 的定义为

$$insert\ x\ Null = node\ Null\ x\ Null$$
$$insert\ x\ (Node\ h\ l\ y\ r)$$
$$|\ x < y\quad = balance\ (insert\ x\ l)\ y\ r$$
$$|\ x == y = Node\ h\ l\ y\ r$$
$$|\ y < x\quad = balance\ l\ y\ (insert\ x\ r)$$

如果已经存在 x,那么就忽略,否则就将 x 插入到左子树或者右子树。但我们不能简单地将 *node* 应用到结果中,因为结果可能不会是一棵平衡树,因此就可以引入 *balance* 智能构造器,它存储高度信息的同时保持平衡。

为了实现 *balance* 我们需要考虑 3 种情况。首先,考虑单次插入会至多增加树的高度 1,这意味着基于两棵子树都平衡且高度差至多为 2 的假设,就足以实现 *balance*。最简单的情况是两棵子树的高度差至多为 1。然后我们使用 *node* 来实现 *balance*。另两种情况完全对称,所以我们只需要考虑左子树高度高于右子树的情况,即

$$height\ l = height\ r+2$$

我们需要监测左子树的子树,所以令 l 的左右子树为 *ll* 和 *rl*。在第一种情况下,假设 $height\ rl \leqslant height\ ll$。因为我们假设 l 是平衡的,那么

$$height\ r = height\ l-2 = height\ ll-1 \leqslant height\ rl \leqslant height\ ll$$

这种情况下我们可以使用右旋来实现 *balance*:

$$balance\ l\ x\ r = rotr\ (node\ l\ x\ r)$$
$$rotr\ (Node\ \_\ (Node\ \_\ ll\ y\ rl)\ x\ r) = node\ ll\ y\ (node\ rl\ x\ r)$$

下面是右旋的一个示例图:

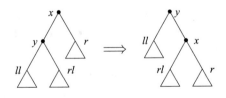

为了检查是否得到一棵平衡树,我们的方法如下:

$$abs\ (height\ ll-height\ (node\ rl\ x\ r))$$
$$=\quad \{height\ 的定义\}$$
$$abs\ (height\ ll-1-height\ rl\ \max\ height\ r)$$
$$=\quad \{因为\ height\ r \leqslant height\ rl\ (见上文)\}$$

$$abs(height\ ll-1-height\ rl)$$
$$\leq\quad\{\text{因为}\ height\ ll-1\leqslant height\ rl\leqslant height\ ll(\text{见上文})\}$$
$$1$$

因此，图片右侧的树确实是平衡的。

第二种情况：$height\ ll<height\ rl$，但假设 l 是平衡的，那么：

$$height\ ll+1=height\ rl$$

在这一情况下，我们需要监测 rl 的左右子树，分别表示为 lrl 和 rrl。在这种情况下，以下所有关系均成立：

$$height\ r=height\ l-2=height\ rl-1=height\ ll=height\ lrl\ max\ height\ rrl$$

在这一情况下，可以使用一个左旋，然后使用一个右旋来完成 $balance$：

$$balance\ l\ x\ r=rotr(node(rotl\ l)\ x\ r)$$
$$rotl(Node\ \_\ ll\ y\ (Node\ \_\ lrl\ z\ rrl))=node(node\ ll\ y\ lrl)z\ rrl$$

示例图如下：

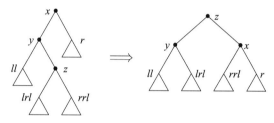

为了检测能否得到一棵平衡树：

$$balance\ l\ x\ r=rotr(node(node(node\ ll\ y\ lrl)z\ rrl)x\ r)$$
$$=node(node\ ll\ y\ lrl)z(node\ rrl\ x\ r)$$

最后证明

$$abs(height(node\ ll\ y\ lrl)-height(node\ rrl\ x\ r))$$
$$=\quad\{height\ \text{的定义}\}$$
$$abs(height\ ll\ max\ height\ lrl-height\ rrl\ max\ height\ r)$$
$$=\quad\{\text{因为}\ height\ rrl\leqslant height\ r(\text{见上文})\}$$
$$abs(height\ ll\ max\ height\ lrl-height\ r)$$
$$=\quad\{\text{因为}\ height\ lrl\leqslant height\ ll(\text{见上文})\}$$
$$abs(height\ ll-height\ r)$$
$$=\quad\{\text{因为}\ height\ ll=height\ r(\text{见上文})\}$$
$$0$$

我们以完全对称的方式处理 $height\ r=height\ l+2$ 这种情况。为了得到 $balance$ 的完整定义，我们需要一个函数 $bias$，其定义如下：

$$bias::Tree\ a\rightarrow Int$$
$$bias(Node\ \_\ l\ x\ r)=height\ l-height\ r$$

balance 的完整定义为

$$balance :: Tree\ a \rightarrow a \rightarrow Tree\ a \rightarrow Tree\ a$$

$$balance\ t_1\ x\ t_2$$

$$\mid abs(h_1 - h_2) \leqslant 1 = node\quad t_1\ x\ t_2$$

$$\mid h_1 == h_2 + 2\qquad = rotateR\ t_1\ x\ t_2$$

$$\mid h_2 == h_1 + 2\qquad = rotateL\ t_1\ x\ t_2$$

$$\textbf{where}\ h_1 = height\ t_1;\ h_2 = height\ t_2$$

$$rotateR\ t_1\ x\ t_2 = \textbf{if}\ 0 \leqslant bias\ t_1\ \textbf{then}\ rotr(node\ t_1\ x\ t_2)$$

$$\textbf{else}\ rotr(node(rotl\ t_1)x\ t_2)$$

$$rotateL\ t_1\ x\ t_2 = \textbf{if}\ bias\ t_2 \leqslant 0\ \textbf{then}\ rotl(node\ t_1\ x\ t_2)$$

$$\textbf{else}\ rotl(node\ t_1\ x(rotr\ t_2))$$

该函数在将其应用到高度差大于2的两棵树时返回错误，但是定义一个适用于任何高度的平衡函数是很容易的。我们将这个函数称为 *gbalance*。为了计算 *gbalance* t_1 x t_2，首先假设 $h_1 > h_2 + 2$。在这种情况下，可沿着 t_1 的右侧找到满足条件的子树 $r = r_k$：

$$0 \leqslant height\ r - height\ t_2 \leqslant 1$$

这样的树一定存在，因为子树的高度按至少1、至多2递减。此外，如果 l 是 r 的左兄弟树，那么

$$abs(height\ l - height(node\ r\ x\ t_2)) \leqslant 2$$

因为 t_1 是一棵平衡树，$abs(height\ l - height\ r) \leqslant 1$，这意味着 l 和 $node\ r\ x\ t_2$ 可以使用 *balance* 组合。重新平衡可以将树的高度至多增加1，因此为树向上进行进一步的重新平衡保持了 *balance* 的前提条件，这一过程可以通过 *balanceR* 完成：

$$balanceR :: Set\ a \rightarrow a \rightarrow Set\ a \rightarrow Set\ a$$

$$balanceR(Node\ \_\ l\ y\ r)x\ t_2 = \textbf{if}\ height\ r \geqslant height\ t_2 + 2$$

$$\textbf{then}\ balance\ l\ y(balanceR\ r\ x\ t_2)$$

$$\textbf{else}\ balance\ l\ y(node\ r\ x\ t_2)$$

当 $h_2 > h_1 + 2$ 时，使用 *balanceL*。很明显，*balanceR* t_1 x t_2 需要 $O(h_1 - h_2)$ 步，对应地，*balanceL* t_1 x t_2 需要 $O(h_2 - h_1)$ 步。

这样就能得到完整的 *gbalance* 定义：

$$gbalance :: Set\ a \rightarrow a \rightarrow Set\ a \rightarrow Set\ a$$

$$gbalance\ t_1\ x\ t_2$$

$$\mid abs(h_1 - h_2) \leqslant 2 = balance\quad t_1\ x\ t_2$$

$$\mid h_1 > h_2 + 2\qquad = balanceR\ t_1\ x\ t_2$$

$$\mid h_1 + 2 < h_2\qquad = balanceL\ t_1\ x\ t_2$$

$$\textbf{where}\ h_1 = height\ t_1;\ h_2 = height\ t_2$$

即使 *gbalance* 不花费常量时间，*balance* 的执行显然花费常量时间。这意味着每次插入操作花费树大小相关的对数时间，构建树需要 $\Theta(n\log n)$ 步。

我们还可以使用更少的步骤吗？我们首先要搜寻满足 $x \leqslant y$ 或 $x == y$ 的潜在元素。这意味着为需要这样的比较的树的构造的数字增加一个下界就足够了。我们假设 $\Omega(f(n))$ 是最坏情况时需要的比较，那么这就是下界。当我们构建整型或字符树时，参数并不合法，因为可能会有一些避免比较的巧妙方法。现在假设在长度为 n 的列表上的 *mktree* 的计算可以通过 $B(n)$ 个 $x \leqslant y$ 的形式的比较来完成，那么，由于我们可以通过如下方式将列表元素排序

$$sort :: (Ord\ a) \Rightarrow [a] \to [a]$$
$$sort = flatten \cdot mktree$$

由于 *flatten* 不包含比较，那么就可以通过 $B(n)$ 次比较完成一个列表的排序操作。

我们现在为 $B(n)$ 添加一个下界。每个基于二元比较的算法可以通过一个特定的树联系起来，称为决策树。决策树是标签为 $x \leqslant y$ 形式的二元比较二叉树。左子树针对 $x \leqslant y$ 的情况，右子树针对 $x > y$ 的情况。基于二元比较的任何排序算法都会经过从根到叶的一条路径，每片叶子都与一个唯一的排列相关联，用于对列表进行排序。每个输入的排列决定一个排序的列表，所以对于长度为 n 的输入至少有 $n!$ 片叶子，因为有 $n!$ 种排列的可能。由于一棵高度为 h 的二叉树的叶子树不超过 2^h，决策树的高度 h 必须满足 $n! \leqslant 2^h$，取对数，也就意味着 $h \geqslant \log(n!)$。为了估计右侧，我们可以使用斯特林近似来得到 $h = \Omega(n\log n)$。但是，h 估计了在最坏情况下排序列表可能需要的总比较次数，所以我们需要有下界 $B(n) = \Omega(n\log n)$。所以，对于最初的问题，我们给出的答案是：不能得到一棵步骤少于 $\Theta(n\log n)$ 的更好的二叉搜索树。

4.4 动态集

可以随时间扩大和缩小的集称为动态集。在这些集上的操作包括成员测试，增向集合增加元素，或减少元素。我们还希望获得两个集合的并集，或者将一个集分为两个集，其中一个集合中的元素小于某个值，另一个中的元素都大于该值。作为并集的一个特殊例子，我们可能希望将两个集合合并起来，其中一个集的所有元素小于另一个集的任何元素。因此，拆分集然后组合，就可以得到初始的集。

本节将展示如何在使用平衡二叉搜索树表示集合时实现这些操作：

type *Set a* = *Tree a*

成员测试是 *search* 的一个简单变体：

$$member :: Ord\ a \Rightarrow a \to Set\ a \to Bool$$
$$member\ x\ Null \qquad\qquad = False$$
$$member\ x\ (Node\ \_\ l\ y\ r) \mid x < y \quad = member\ x\ l$$
$$\mid x == y = True$$
$$\mid x > y \quad = member\ x\ r$$

插入操作通过 *insert* 实现。*delete* 函数更有趣：

$$delete :: Ord\ a \Rightarrow a \rightarrow Set\ a \rightarrow Set\ a$$

$$delete\ x\ Null = Null$$

$$delete\ x\ (Node\ \_\ l\ y\ r)\ \mid x < y = balance\ (delete\ x\ l)\ y\ r$$

$$\mid x == y = combine\ l\ r$$

$$\mid x > y = balance\ l\ y\ (delete\ x\ r)$$

从一棵树删除一个值最多可以使高度减小 1，所以智能构造器 *balance* 可以用来恢复平衡。回想一下，*balance* t_1 *x* t_2 仅在 t_1 和 t_2 的高度最多相差 2 的情况下才有定义。此外还剩下 *combine*，它需要连接两棵树。

这里我们给出 2 个 *combine* 的定义，第二种是第一种的推广形式。第一种定义是，*combine* 只针对两棵高度差不超过 1 的平衡树，这对于在 *delete* 中的使用来说足够了。最简单的情况是其中一棵树为空，这一情况下我们只需返回另一棵树。当两棵树都不为空时，我们需要针对合并树找到一个合适的标签。有两种可选项，要么是第二棵树的最左侧标签，要么是第一棵树的最右侧标签。我们选择前者，以如下方式定义 *deleteMin*：

$$deleteMin :: Ord\ a \Rightarrow Set\ a \rightarrow (a,\ Set\ a)$$

$$deleteMin\ (Node\_Null\ x\ r) = (x,\ r)$$

$$deleteMin\ (Node\_l\ x\ r) = (y,\ balance\ t\ x\ r)\ \textbf{where}\ (y,\ t) = deleteMin\ l$$

deleteMin 返回非空集的最小元素，以及一个删除最小元素后的集。可以接着调用 *balance* 以确保集是平衡的。现在我们定义 *combine*：

$$combine :: Ord\ a \Rightarrow Set\ a \rightarrow Set\ a \rightarrow Set\ a$$

$$combine\ l\ Null = l$$

$$combine\ Null\ r = r$$

$$combine\ l\ r = balance\ l\ x\ t\ \textbf{where}\ (x,\ t) = deleteMin\ r$$

combine 的第二种定义与上面的定义很像，只是 *balance* 被 *gbalance* 替代了。因此，*combine* 可用于组合任何两个集合，只要第一个集合的所有元素都小于第二个集合中的任何元素。结合两个大小为 *m* 和 *n* 的集需要 $O(\log n + \log m)$ 步。

最后我们实现 *split* 函数：

$$split :: Ord\ a \Rightarrow a \rightarrow Set\ a \rightarrow (Set\ a,\ Set\ a)$$

split x t 的值是一对集合，第一个集包含那些值至多为 *x* 的 *t* 的元素，第二个集包含大于 *x* 的元素。因此，将两个集结合起来，可以得到原集：

$$split\ x\ xs = (ys,\ zs) \Rightarrow combine\ ys\ zs = xs$$

更简单的方式是：*uncurry combine · split x = id*。以 1973 年版的两卷本《牛津英语词典》为例，如果 *soed* 是字典中所有词的集，那么每卷的内容都可以通过拆分 "Markworthy" *soed* 得出。

为了定义 *split*，我们需要将一棵树分为若干部分，然后将这些部分组合在一起：

$$split\ x\ t = sew\ (pieces\ x\ t)$$

其中一个部分由一棵树减去它的一棵子树组成，所以它由一个标签和一棵左的或一棵右的子树组成：

$$\textbf{data } Piece\ a = LP\,(Set\ a)\,a \mid RP\ a\,(Set\ a)$$

左部分 $LP\ l\ x$ 缺失右子树，右部分 $RP\ x\ r$ 缺失左子树，$pieces$ 定义如下：

$$pieces :: Ord\ a \Rightarrow a \to Set\ a \to [\,Piece\ a\,]$$

$$pieces\ x\ t = addPiece\ t\,[\ ]\ \textbf{where}$$

$$addPiece\ Null\ ps \qquad\qquad = ps$$

$$addPiece\,(Node\ \_\ l\ y\ r)\,ps \ \mid x < y \ = addPiece\ l\,(RP\ y\ r : ps)$$

$$\mid x \geqslant y \ = addPiece\ r\,(LP\ l\ y : ps)$$

例如，$pieces\ 9\ t$，其中 t 表示树：

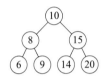

进行操作，得到三部分：

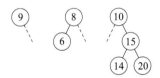

缺失的部分由虚线标识。我们可以使用 sew 函数将这些部分缝合起来：

$$sew :: [\,Piece\ a\,] \to (Set\ a,\ Set\ a)$$

$$sew = foldl\ step\,(Null,\ Null)$$

$$\textbf{where } step\,(t_1,\ t_2)\,(LP\ t\ x) = (gbalance\ t\ x\ t_1,\ t_2)$$

$$step\,(t_1,\ t_2)\,(RP\ x\ t) = (t_1,\ gbalance\ t_2\ x\ t)$$

例如，将三部分结合起来得到两棵树：

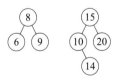

我们声明 $split\ x\ t$ 需要 $O(h)$ 步，其中 $h = height\ t$。可以确定，$pieces\ x\ t$ 花费这么多时间，所以我们必须证明 sew 也需要相同的时间。如果我们定义一个分离部分的高度为其相关树的高度，那么 $pieces\ x\ t$ 产生一个分离部分列表，它们的高度 h_1，h_2，$\cdots$，h_k 严格递增，且小于 h。例如，上述图中的分离部分的高度为 0，1，2，sew 的总花费正比于：

$$(h_1 - 0) + (h_2 - h_1) + \cdots + (h_k - h_{k-1}) \leqslant h$$

因为每次调用 $gbalance\ t_1\ x\ t_2$ 都会花费与 t_1 和 t_2 的高度差成比例的时间。因此，$piece$ 和

sew 都需要对数以时间为单位，*split* 也如此。在第 14 章中，我们还会用到 *combine* 和 *split* 的一种变体。

章节注释

Knuth 在文献［10］中称，描述二分查找的出版物首次出现于 1946 年（针对特殊情况 $n=2^k-1$）。适用于所有 n 的第一个版本直到 1960 年才发布。二分查找很容易出错，可以参见 Bentley[4] 来了解更多细节，该书基于他在让专业程序员运用二分查找算法方面的经验展开了有趣的讨论。*saddleback* 查找由 David Gries 命名（参见文献［3，6，8］），其得名可能是因为三维网格的形状有点像马鞍（saddle）——最小的元素位于底部左侧，最大的元素位于顶部右侧，而两翼略像马鞍。

函数 *sew* 和 *pieces* 的最终版本和一个将树分解并重新组合的一般方法很相近，见 *Zipper*[9]。

由于平衡二叉树的发明者是 Adelson Velskiǐ 和 Landis[1]，所以平衡二叉树也被称为 AVL 树（参见文献［10］）。还有许多其他平衡树的形式，比如红黑树[5]，并且文献［2］还描述了一种仅有 skew 与 split 两种操作的简化方案。

参考文献

［1］Georgy M. Adelson-Velskiǐ and Evgenii M. Landis. An algorithm for the organisation of information. *Soviet Mathematics-Doklady*, 3（5）：1259–1263, 1962. English translation in *Doklady Akademia Nauk SSSR*, 146（2）：263–266.

［2］Arne Andersson. Binary trees made simple. In F. Dehne, J. R. Sack, N. Santoro, and S. Whitesides, editors, *Workshop on Algorithm Design and Data Structures*, *volume* 709 of *Lecture Notes in Computer Science*, pages 60–71, Springer-Verlag, Berlin, 1993.

［3］Roland Backhouse. *Program Construction and Verification*. Prentice-Hall, Hemel Hempstead, 1986.

［4］Jon Bentley. *Programming Pearls*. Addison-Wesley, Reading, MA, 1986.

［5］Thomas H. Cormen, Charles E. Leiserson, Ronald L. Rivest, and Clifford Stein. *Introduction to Algorithms*. MIT Press, Cambridge, MA, third edition, 2009.

［6］Edsger W. Dijkstra. The saddleback search. EWD-934, http://www.cs.utexas.edu/users/EWD/index09xx.html, 1985.

［7］Ronald L. Graham, Donald E. Knuth, and Oren Patashnik. *Concrete Mathematics*. Addison-Wesley, Reading, MA, second edition, 1994.

［8］David Gries. *The Science of Programming*. Springer, New York, 1981.

［9］Gérard Huet. The Zipper. *Journal of Functional Programming*, 7（5）：549–554, 1997.

[10] Donald E. Knuth. *The Art of Computer Programming*，volume 3：Sorting and Searching. Addison-Wesley，Reading，MA，second edition，1998.

练习

练习4.1 *floor* 规则指出，对于整数 n 和实数 r，我们有

$$n \leqslant \lfloor r \rfloor \Leftrightarrow n \leqslant r$$

这个有用的规则将在许多问题中出现。只用 floor 规则（无案例分析）证明：对于整数 a 和 b，当且仅当 $a+1<b$ 时，我们有 $a < (a + b)\,\mathrm{div}\,2 < b$。

对偶的 ceilings 规则指出，对于整数 n 和实数 r，我们有

$$\lceil r \rceil \leqslant n \Leftrightarrow r \leqslant n$$

利用这一规则证明，如果 h 是一个整数，使得 $n<2^h$，那么 $\lceil \log(n + 1) \rceil \leqslant h$

这个结果已在 4.3 节中说明。

练习4.2 再看一下表达式

$$head([x \mid x \leftarrow [a+1\cdots m], \ t \leqslant f\,x] \mathbin{+\!\!+} [x \mid x \leftarrow [m+1\cdots b], \ t \leqslant f\,x])$$

其中 $a<m<b$，$f(a)<t \leqslant f(b)$。如果对 f 没有额外的假设，那么我们就不能得出，如果 $f(m)<t$，第一个列表是空的这个结论。然而，$smallest(a, b)$ 的定义会返回一些值。它是什么？

练习4.3 回顾一下，在计算 $smallest(a, b)\,f\,t$ 的最坏情况时所需的 f 的确切值 $T(n)$，其中 $n = b-a+1$ 是区间内的整数，满足 $T(2)=0$。对于 $n>2$，

$$T(n) = T\left(\left\lceil \frac{n+1}{2} \right\rceil\right) + 1$$

使用 ceiling 法则证明 $T(n) = \lceil \log(n - 1) \rceil$。

练习4.4 继上题之后，给定 $f(a)<t \leqslant f(b)$，证明任何计算 $smallest(a, b)\,f\,t$ 的算法都需要 $\lceil \log(n - 1) \rceil$ 次 $t \leqslant f(x)$ 形式的比较测试。

练习4.5 在图 4.1 的网格中，472 的位置是什么？

练习4.6 在 $f(x, y) = x^3+y^3$ 的情况下，对 $t = 1729$ 进行 saddleback 搜索的结果是什么？最后的算法是否返回相同的结果？

练习4.7 为了得到 *flatten* 的线性时间定义，我们可以使用一个累积参数。这样做的方法不止一种，但一个简单的方法是引入 *flatcat*。*flatcat* 的定义为

$$flatcat :: Tree\ a \to [a] \to [a]$$

$$flatcat\ t\ xs = flatten\ t \mathbin{+\!\!+} xs$$

我们有 *flatten* $t = flatcat\ t\,[\,]$，所以剩下的就是给出一个不使用 *flatten* 或任何 $\mathbin{+\!\!+}$ 操作的 *flatcat* 的递归定义。请给出推理细节。

练习4.8 通过结构归纳法（structural induction）证明
对于所有二叉树 t，都有

$$height\ t \leqslant size\ t < 2^{height\ t}$$

练习 4.9

$$partition\ p\ xs = (filter\ p\ xs, filter(not \cdot p)\ xs)$$

该定义涉及其第二个参数的两次遍历。给出 *partition* 的定义，即只对输入进行一次遍历。

练习 4.10 为一个包含重复元素的列表建立二叉树的另一种方法是建立一棵类型为 *Tree* [*a*] 的树，其中节点标签（node label）是等值的列表。请说明如何建立这样的树。

练习 4.11 考虑下列递归的最好和最坏情况，该递归通过对输入进行划分来建立二叉搜索树。

$$B(n+1) = 2B(n/2) + \Theta(n)$$
$$W(n+1) = W(n) + \Theta(n)$$

请证明

$$B(n) = \Theta(n \log n),\ W(n) = \Theta(n^2).$$

练习 4.12 在不使用斯特林近似值的条件下，证明

$$\log(n!) = \Omega(n \log n)$$

练习 4.13 对于 *combine* 的（第 2 个）定义，我们有

$$flatten(combine\ t_1\ t_2) = flatten\ t_1 + flatten\ t_2$$

为了对下一章的内容做进一步准备，请给出 *merge* 的定义，其中

$$flatten(union\ t_1\ t_2) = merge(flatten\ t_1)(flatten\ t_2)$$

练习 4.14 定义 *union* 的一种方法是将其中一棵树扁平化，然后将元素逐一插入另一棵树中。

$$union :: Ord\ a \Rightarrow Set\ a \to Set\ a \to Set\ a$$

$$union\ t_1\ t_2 = foldr\ insert\ t_1(flatten\ t_2)$$

假设第 1 棵树的大小为 *m*，第二棵树的大小为 *n*，那么 *union* 需要多长时间？

另一种方法是扁平化两棵树，合并结果，得到一个排序的列表，然后从排序后的列表中建立一棵树。

$$union\ t_1\ t_2 = build(merge(flatten\ t_1)(flatten\ t_2))$$

如果我们把数组带进来，我们可以在线性时间内从一个排序的列表中建立一棵树。下面是定义的第一行。

$$build\ xs = from(0, n)(listArray(0, n-1)\ xs)\ \textbf{where}\ n = length\ xs$$

（回顾第 3 章，表达式 *listArray*(0, *length xs*−1) *xs* 将长度为 *n* 的列表转换为数组，其中索引从 0 到 *n*−1）。请构建 *from* 的定义。这种定义 *union* 的方法需要多长时间？

练习 4.15 为什么在 *deleteMin* 和 *combine* 的定义中，使用 *balance* 是合理的？

练习 4.16 请给出 *balanceL* 的定义。

练习 4.17 假设 *pair f*(*x*, *y*) = (*f x*, *f y*)。使用 *pair* 给出 *split x* 的单行且在线性时间下的定义。

第5章 | *Chapter 3*

排序

如果二分搜索是最简单的"分而治之"策略示例,那么排序就是其中最具代表性的示例。我们说的排序是指将给定的一系列元素按非递减次序排列。在本章中,我们将介绍两个基本的分治排序算法。除了能进行大小比较,我们对输入的元素没有任何其他要求,因此排序类型为 $sort :: Ord\ a \Rightarrow [a] \rightarrow [a]$。在两种算法中,问题被均分为两个子问题,每个子问题的大小约为原始问题的一半,然后将其合并给出最终结果。总的来说,对长度为 n 的输入,划分和合并阶段涉及 $\Theta(n)$ 次比较,因此关联的递归关系式如下:

$$T(n) = 2T(n/2) + \Theta(n)$$

对于这个关系式,我们已知解为 $T(n) = \Theta(n \log n)$。正如我们在上一章所看到的,这是基于比较的排序算法的渐近最佳界限。

我们还将考虑另一种基于比较的算法,以及另外两种假定元素具有额外属性的算法。所有这 5 种算法都有一个共同的主题,那就是可以将排序看作一个两阶段过程,其中一个过程是首先构建某种树,然后将其展开。用公式表达如下:

$$sort = flatten \cdot mktree$$

建立潜在的大型数据结构,然后又将其拆除似乎有点浪费空间,但是在惰性求值技术下,树在任何时刻都只存在很小的一部分。无论如何,通常很容易归纳出不涉及树的排序的另一个定义。构建树封装了分治算法的划分阶段,而将其展开则对应合并阶段。

有太多不同的排序方式,很难说出哪种最好。在函数式编程中,一些著名的排序算法与命令式代码在表达时具有不同的特性。在一种环境中表现良好的算法,在另一种环境中的表现可能并不那么好。当然,我们将专注于好的函数式排序算法。

一个好的排序算法应该注重 4 个指标,而要兼顾这 4 个方面并不容易。第一,它应该很快。理想情况下,它不仅在比较次数上应渐近最优,而且在其他运算中涉及的常数也应该很小。对于排序小规模的列表（n 较小），一种算法需要 $2n^2$ 步，另一种算法需要 $1000n\log n$ 步，你更愿意使用哪一种？通常，一种算法可能平均性能快得惊人，而在最坏情况下却是平方时间性能，这在某种情境下也许能被接受，在另一种情境下也许就不能被接受。第二，算法应平滑，这意味着输入越有序，算法执行的速度就越快。在现实生活中，大量数据不太可能是真正随机的，因此好的算法应该利用这一事实。第三，算法还应该稳定。当按键值对记录进行排序时，具有相等键的记录在输出中应按照与输入中相同的顺序出现。我们始终可以通过以下方法将不稳定的排序算法转换为稳定的算法：首先记录列表中每个元素的位置；然后按键值对输入进行排序，将具有相等键的元素保留在单独的存储桶中；接着，将每个桶按原始列表中元素的位置排序；最后，撤除对位置的记录。桶排序是我们将在本章稍后描述的算法之一。第四，排序算法应该紧凑。这意味着它在空间和运行时间上应该是经济的。在纯函数式的环境，尤其是在惰性环境中，实现这一目标则要困难得多，所以我们将在后续章节暂时忽略紧凑性问题。总之，排序算法就像小汽车，应该具有快速、平滑、稳定且紧凑的特性。

5.1 快速排序

接着上一章的内容，我们将二分搜索树展开，从而产生了第一个排序算法。下面是相关的数据类型：

$$\textbf{data}\ Tree\ a = Null \mid Node\,(Tree\ a)\,a\,(Tree\ a)$$

函数 *mktree* 构建一棵树：

$$mktree :: Ord\ a \Rightarrow [\,a\,] \rightarrow Tree\ a$$
$$mktree\,[\,] \qquad = Null$$
$$mktree\,(x:xs) = Node\,(mktree\ ys)\,x\,(mktree\ zs)$$
$$\textbf{where}\,(ys,\ zs) = partition\,(<x)\,xs$$

函数 *partition*$(<x)$ 将一个列表分为两个列表，一个列表是小于 x 的元素，另一个列表是不小于 x 的元素：

$$partition :: (a \rightarrow Bool) \rightarrow [\,a\,] \rightarrow ([\,a\,],\ [\,a\,])$$
$$partition\ p\ xs = foldr\ op\,([\,],\ [\,])\,xs$$
$$\textbf{where}\ op\ x\,(ys,\ zs) = \textbf{if}\ p\ x\ \textbf{then}\,(x:ys,\ zs)\,\textbf{else}\,(ys,\ x:zs)$$

函数 *flatten* 展开一棵树（将一棵树展开为数列）（中序遍历）：

$$flatten :: Tree\ a \rightarrow [\,a\,]$$
$$flatten\ Null \qquad = [\,]$$
$$flatten\,(Node\ l\ x\ r) = flatten\ l \mathbin{+\!\!+} [\,x\,] \mathbin{+\!\!+} flatten\ r$$

现在定义

$$qsort = flatten \cdot mktree$$

消除树很容易（请参阅练习 5.2），其结果则是著名的快速排序算法（qsort）的一个版本：

$$qsort :: Ord\ a \Rightarrow [a] \rightarrow [a]$$

$$qsort\ [\ ] \qquad = [\ ]$$

$$qsort\ (x : xs) = qsort\ ys \mathbin{+\!\!+} [x] \mathbin{+\!\!+} qsort\ zs$$

$$\textbf{where}\ (ys,\ zs) = partition\ (<x)\ xs$$

然而，此版本的 qsort 不够快速、不平滑且不紧凑，但它是稳定的。稳定性是指"partition 不会更改输入元素顺序"这一事实。它不是很快，因为在最坏的情况下需要 $\Theta(n^2)$ 次比较才能对长度为 n 的列表进行排序。最糟糕的情况是输入已经排序，因此 qsort 肯定是不平滑的。问题在于划分元素 x 的选择，该选择决定 partition 产生的 2 个子列表的大小是否相等（或者相差多少）。选择输入的第一个元素作为划分元素会导致 2 个非常不平衡的子问题。较好的方法是选择输入的随机元素，而更好的方法则是选择中位数元素，但是找到中位数需要时间。在第 6 章中，我们将考虑两种中值查找算法。通常情况下，qsort 速度很快，仅需要 $\Theta(n\log n)$ 步，且比例常数很小。最后，如上定义的 qsort 在空间使用上可能非常低效，在最坏的情况下需要 $\Theta(n^2)$ 次比较。通过调整 qsort 的定义可以提高空间效率，但是我们将不在本书中进行详细介绍。

尽管如此，当在命令环境中实现时，快速排序仍是一种不错的排序算法。在这种情况下，快速排序能根据可变数组而不是列表来表述，并且可以在原地执行划分阶段，这意味着可以将输入数组用作划分的工作空间。这样除了实现递归所需的堆栈之外，不需要占用其他空间。但是节省空间的版本牺牲了稳定性。我们不会进一步讨论快速排序的优缺点，一方面是因为该主题在文献［1］中已经进行了讨论，另一方面是因为有更好的排序算法。我们将在练习中讨论快速排序的其他方面。

5.2　归并排序

快速排序是一种分治算法，其中最复杂的工作是划分，合并其实只是一个拼接的过程。相比之下，归并排序算法则会在合并阶段执行更多工作，而在划分阶段执行的工作较少。

我们还是从树开始讲解。只是这次的树略有不同：

$$\textbf{data}\ Tree\ a = Null \mid Leaf\ a \mid Node\ (Tree\ a)\ (Tree\ a)$$

树中元素的顺序没有限制，并且可以为任意类型的列表构建树。元素的顺序在我们展开树时起作用：

$$flatten :: Ord\ a \Rightarrow Tree\ a \rightarrow [a]$$

$$flatten\ Null \qquad = [\ ]$$

$$flatten\ (Leaf\ x) \qquad = [x]$$

$$flatten\ (Node\ t_1\ t_2) = merge\ (flatten\ t_1)\ (flatten\ t_2)$$

函数 merge 将两个排序后的列表合并为一个：

$$merge :: Ord\ a \Rightarrow [a] \rightarrow [a] \rightarrow [a]$$

$$merge\,[\,]\qquad\quad ys\qquad\qquad\qquad = ys$$

$$merge\ xs\qquad\quad [\,]\qquad\qquad\qquad = xs$$

$$merge\,(x:xs)\,(y:ys)\ |\ x \leqslant y\qquad = x:merge\ xs\,(y:ys)$$

$$|\ otherwise\ = y:merge\,(x:xs)\ ys$$

通过 $merge$ 合并长度为 m 和 n 的两个列表，最多需要 $m+n$ 个比较（请参阅练习）。展开一棵树的代价取决于每棵子树中的叶子数量。如果大小为 n 的树有两个大小为 $n/2$ 的子树，则所需的比较数 $T(n)$ 满足

$$T(n) = 2T(n/2) + n$$

其解为 $T(n) = \Theta(n\ \log n)$。因此，如果我们为长度为 n 的列表构建树，并且该树具有大小平衡性，即每个节点的两棵子树大小相差最大为 1，则对长度为 n 的列表进行排序可以用 $\Theta(n\ \log n)$ 次比较来完成。

下面是构建大小平衡树的分治算法：

$$mktree :: [a] \rightarrow Tree\ a$$

$$mktree\,[\,] = Null$$

$$mktree\,[x] = Leaf\ x$$

$$mktree\ xs\ = Node\,(mktree\ ys)\,(mktree\ zs)\ \mathbf{where}\,(ys,\ zs) = halve\ xs$$

函数 $halve$ 将列表分成相等的两半：

$$halve\ xs = (take\ m\ xs,\ drop\ m\ xs)\ \mathbf{where}\ m = length\ xs\ \mathrm{div}\ 2$$

该定义涉及列表的三次遍历，一次用来计算列表的长度，另外两次遍历进行拆分。没有人会以这种方式拆分列表。取而代之的是，他们将元素交替分成两堆进行处理：

$$halve = foldr\ op\,([\,],\ [\,])\ \mathbf{where}\ op\ x\,(ys,\ zs) = (zs,\ x:ys)$$

此版本的 $halve$ 产生不同的结果，但是两个子列表的大小与以前相同，并且每个都是输入的子序列。例如：

$$halve\,[1..9] = ([2,\ 4,\ 6,\ 8],\ [1,\ 3,\ 5,\ 7,\ 9])$$

由于树中元素的顺序无关紧要，因此这个 $halve$ 的定义非常合适。

$mktree$ 的运行时间本质上与 $flatten$ 的递归过程相同，因此需要 $\Theta(n\ \log n)$ 步来构建树。显然，该树具有大小平衡性。现在，如果我们定义

$$msort = flatten \cdot mktree$$

这样，我们得到了另一种著名的算法——归并排序。消除树很容易，结果是

$$msort\,[\,]\ = [\,]$$

$$msort\,[x] = [x]$$

$$msort\ xs\ = merge\,(msort\ ys)\,(msort\ zs)$$

$$\mathbf{where}\,(ys,\ zs) = halve\ xs$$

与快速排序不同，归并排序的运行时间为 $\Theta(n\ \log n)$，因此速度很快。$halve$ 的第一个定义是

稳定的，而第二个定义则不稳定。但是，归并排序并不平滑，即使输入已经有序，也要执行 $\Theta(n \log n)$ 步。

回到 *mktree*，可以在线性时间内构建一棵大小平衡树。文献［1］中将该方法作为串联技术的示例进行了介绍，因此这里我们仅概述其思想，并给出结果。该方法的核心思路是通过定义 *mkpair n xs* = (*mktree*(*take n xs*)，*drop n xs*) 来避免重复二分。这样，我们就可以得出 *mkpair* 的直接递归定义：

$$mktree\ xs = fst(mkpair(length\ xs)\ xs)$$
$$mkpair\ 0\ xs = (Null,\ xs)$$
$$mkpair\ 1\ xs = (Leaf(head\ xs),\ tail\ xs)$$
$$mkpair\ n\ xs = (Node\ t_1\ t_2,\ zs)$$
$$\textbf{where}\ (t_1,\ ys) = mkpair\ m\ xs$$
$$(t_2,\ zs) = mkpair(n-m)\ ys$$
$$m\qquad = n\ \text{div}\ 2$$

mkpair n 的运行时间 $T(n)$ 满足 $T(n) = 2T(n/2) + \Theta(1)$，解为 $T(n) = \Theta(n)$。

还有另一种在线性时间内构建树的方法。尽管结果不会是一棵大小平衡树，但足以确保相应版本的归并排序仍具有最佳的渐近时间复杂度。这个想法是从分治方案转变为自底向上的方案。首先，将元素列表转换为叶子列表。如果此列表不是空列表或单例列表，则通过将相邻的树对合并为较大的树，将其大小减半。重复减半过程，直到只剩下一棵树：

$$mktree[\ ] = Null$$
$$mktree\ xs = unwrap(until\ single(pairWith\ Node)(map\ Leaf\ xs))$$
$$pairWith\ f[\ ]\qquad = [\ ]$$
$$pairWith\ f[x]\qquad = [x]$$
$$pairWith\ f(x:y:xs) = f\ x\ y:pairWith\ f\ xs$$

练习 1.3 中定义了 *unwrap* 和 *single* 函数（以及下面将使用的 *wrap* 函数）。此版本的 *mktree* 的运行时间 $T(n)$ 满足

$$T(n) = T(n/2) + \Theta(n)$$

因此与前面一样，$T(n) = \Theta(n)$。深入研究自底向上的归并排序，我们可以看到它并不是必须从单例列表开始。相反，我们可以把输入分成非递减的几个部分运行，之后则进行合并：

$$msort[\ ] = [\ ]$$
$$msort\ xs = unwrap(until\ single(pairWith\ merge)(map\ wrap\ xs))$$

这种合并比之前更有趣，并且在练习中提供了详细信息。这种归并排序称为自底向上归并排序（有时称为直接归并排序），将输入转换为单例列表组成的列表，然后重复将这些列表成对合并，直到仅剩下单个列表为止。在计时此版本的 *msort* 时，假定输入的长度 n 为 2 的幂。第一遍涉及重复合并两个单例列表，最多进行 $2×n/2 = n$ 个比较。第二遍包括重复合并两个长度为 2 的列表，最多进行 $4×n/4 = n$ 次比较，以此类推。总共最多可以进行 kn 次比较，其中 $n = 2^k$。

对于一般的 n，我们有一个自底向上归并排序，并花费 $\Theta(n \log n)$ 次比较。

深入了解自底向上归并排序后，我们可以看到，并非一定要从单例列表开始进行合并。我们还可以将输入分成非递减的几段，并以此开始合并过程：

$$msort[\,] = [\,]$$

$$msort\ xs = unwrap(until\ single(pairWith\ merge)(runs\ xs))$$

其中函数 $runs$ 将一个列表拆分为多个非递减序列：

$$runs :: Ord\ a \Rightarrow [a] \rightarrow [[a]]$$

$$runs = foldr\ op[\,]$$

$$\mathbf{where}\ op\ x[\,] \qquad\qquad\qquad = [[x]]$$

$$op\ x((y:xs):xss)\ |\ x \leqslant y \quad = (x:y:xs):xss$$

$$|\ otherwise = [x]:(y:xs):xss$$

函数 $runs$ 从右到左处理输入。如果可能，将下一个元素添加到当前序列的前面；否则，它将开启一个新的序列。此版本的 $msort$ 称为平滑归并排序（有时称为自然归并排序），它是平滑的；特别地，如果输入已经排序，则只需 $\Theta(n)$ 次比较即可返回未修改的输入。Haskell $Data.List$ 库中的 $sort$ 函数也具有类似的操作与功能。其不同之处在于，它更巧妙地将输入分为升序序列和降序序列，再将降序反转。其相关的函数定义（声明）如下：

$$runs[x] \qquad = [[x]]$$

$$runs(x:y:xs)$$

$$|\ x \leqslant y \qquad = upruns\ y(x:\ )xs$$

$$|\ otherwise = dnruns\ y[x]\ xs$$

$$upruns\ x\ f[\,] = [f[x]]$$

$$upruns\ x\ f(y:ys)$$

$$|\ x \leqslant y \qquad = upruns\ y(f \cdot (x:\ ))ys$$

$$|\ otherwise = f[x]:runs(y:ys)$$

$$dnruns\ x\ xs[\,] = [x:xs]$$

$$dnruns\ x\ xs(y:ys)$$

$$|\ x > y \qquad = dnruns\ y(x:xs)ys$$

$$|\ otherwise = (x:xs):runs(y:ys)$$

这次，$runs$ 从左到右处理输入。$upruns$ 和 $dnruns$ 的第二个参数是一个累积参数，在 $dnruns$ 情况下为列表，在 $upruns$ 情况下为函数。$dnruns$ 的第一个参数是到目前为止遇到的最小值，而 $upruns$ 的第一个参数是最大值。对于 $dnruns$，如果输入中的下一个值严格小于最小值，则将最小值添加到运行的开头，新值将成为当前最小值。因此，$dnruns$ 产生的序列严格按照递增顺序进行。对于 $upruns$，如果下一个值不小于最大值，则实际上将最大值添加到序列的末尾，下一个值将成为新的最大值。因此，由 $upruns$ 产生的序列是弱递增序列。$dnruns$ 和 $upruns$ 之间的不对称性（第一个产生严格递增序列，第二个仅产生弱递增序列）使排序算法稳定。我们省略

了形式化的证明，下面举一个例子。使用 a，b 和 c 指示原始列表中的相对顺序，我们有

$$runs[6,\ 4,\ 3_a,\ 2_a,\ 2_b,\ 1_a,\ 1_b,\ 2_c,\ 1_c,\ 3_b]$$
$$=[[2_a,\ 3_a,\ 4,\ 6],\ [1_a,\ 2_b],\ [1_b,\ 2_c],\ [1_c,\ 3_b]]$$

成对合并这些列表，然后合并结果，生成按要求顺序稳定排序的有序序列。

　　本节涵盖了 4 个版本的归并排序，所有版本的定义都相对较短。最后一个版本可能是最好的，它快速、平滑且稳定。如上所述，Haskell 库的 *Data. List* 中提供的归并排序也与该版本的函数定义较为相似。其中一个不同之处是，Haskell 的定义更为通用，因为它还可以包含作为额外的一个参数的比较测试。为了说明为什么这样定义，请考虑如何将列表按降序而不是升序排序。本章之前介绍的所有算法的默认排序都是升序排序。当然，我们可以定义 *sortDown*=*reverse*·*sort*，但是此定义涉及另一个遍历，必然会增加代价。在更通用的情况下，元素之间可能存在不同类型的比较。例如，我们可以对数字列表进行自定义的排序，使得所有偶数排在前面。为了实现这种通用性，*Data. List* 提供了另外两个函数：

$$sortBy::(a \to a \to Ordering) \to [a] \to [a]$$
$$sortOn::Ord\ b \Rightarrow (a \to b) \to [a] \to [a]$$

Ordering 类型在标准 Prelude 中的定义如下：

$$\textbf{data}\ Ordering=LT \mid EQ \mid GT$$

函数 *compare* 是类型类 *Ord* 中的一个方法，具有类型

$$compare::Ord\ a \Rightarrow a \to a \to Ordering$$

例如，*compare* 3 4=*LT*。以下是两个例子：

$$sortBy\ compare[3,\ 1,\ 4]\qquad =[1,\ 3,\ 4]$$
$$sortBy(flip\ compare)[3,\ 1,\ 4]=[4,\ 3,\ 1]$$

sortBy cmp 函数会根据上述定义的"偶数在前"进行排序，其中 *cmp* 定义为

$$cmp\ x\ y=compare(odd\ x,\ x)(odd\ y,\ y)$$

该定义利用了 Haskell 中 *False*<*True* 的事实。例如：

$$sortBy\ cmp[1..10]=[2,\ 4,\ 6,\ 8,\ 10,\ 1,\ 3,\ 5,\ 7,\ 9]$$

变体 *sortOn* 根据给定函数的值进行排序。例如，*sortOn fst* 按第一个组件的顺序对列表进行排序。练习 5.12 要求你定义此变体。在后续章节，我们将会用到 *sortBy* 和 *sortOn*，但是在一段时间内，我们将继续假设排序即按照升序进行排序。

5.3　堆排序

　　我们的下一个排序算法堆排序涉及的树与上一节中的树不同，该树与二叉搜索树的类型相同，不同之处在于其节点标签位于两棵子树之前：

$$\textbf{data}\ Tree\ a=Null \mid Node\ a(Tree\ a)(Tree\ a)$$

我们可以通过以下方式来展开这样的树：

$$flatten :: Ord\ a \Rightarrow Tree\ a \rightarrow [\,a\,]$$

$$flatten\ Null \qquad = [\,]$$

$$flatten(\,Node\ x\ u\ v) = = x : merge(flatten\ u)(flatten\ v)$$

根据定义，能够展开为非降序序列的树是堆。因此，堆是一棵这样的树：其节点上的值不大于其任一子树中的值。如果树是大小平衡的（size-balanced），则将其展开成大小为 n 的树需要 $\Theta(n \log n)$ 步。

在线性对数时间上构建平衡的堆很容易（长度为 n 的列表需 $O(n \log n)$ 步），参见练习5.13。但是，正如我们现在看到的，可以在线性时间内构建这样的堆。这个想法是将 $mkheap$ 作为另外两个函数（$mktree$ 和 $heapify$）的组合来计算：$mktree$ 建立平衡树，$heapify$ 重新组织标签以确保堆条件。我们将把 $mktree$ 的线性时间实现留作一个练习，并重点关注 $heapify$。它的定义很简单：

$$heapify :: Ord\ a \Rightarrow Tree\ a \rightarrow Tree\ a$$

$$heapify\ Null \qquad = Null$$

$$heapify(\,Node\ x\ u\ v) = siftDown\ x(heapify\ u)(heapify\ v)$$

我们还需要定义 $siftDown$。此函数是另一个聪明的构造函数，它的输入是一个值和两个堆，其功能是在堆里不停向下比较并搜索，直到找到一个位置可以安放输入的值，来保证返回的树还是一个堆，即返回的树每个节点上的值不大于其任一子树中的值：

$$siftDown :: Ord\ a \Rightarrow a \rightarrow Tree\ a \rightarrow Tree\ a \rightarrow Tree\ a$$

$$siftDown\ x\ Null\ Null = Node\ x\ Null\ Null$$

$$siftDown\ x(\,Node\ y\ u\ v)\,Null$$

$$\quad |\ x \leqslant y \qquad = Node\ x(\,Node\ y\ u\ v)\,Null$$

$$\quad |\ otherwise \qquad = Node\ y(\,siftDown\ x\ u\ v)\,Null$$

$$siftDown\ x\ Null(\,Node\ y\ u\ v)$$

$$\quad |\ x \leqslant y \qquad = Node\ x\ Null(\,Node\ y\ u\ v)$$

$$\quad |\ otherwise \qquad = Node\ y\ Null(\,siftDown\ x\ u\ v)$$

$$siftDown\ x(\,Node\ y\ ul\ ur)(\,Node\ z\ vl\ vr)$$

$$\quad |\ x \leqslant min\ y\ z = Node\ x(\,Node\ y\ ul\ ur)(\,Node\ z\ vl\ vr)$$

$$\quad |\ y \leqslant min\ x\ z = Node\ y(\,siftDown\ x\ ul\ ur)(\,Node\ z\ vl\ vr)$$

$$\quad |\ z \leqslant min\ x\ y = Node\ z(\,Node\ y\ ul\ ur)(\,siftDown\ x\ vl\ vr)$$

请注意，$heapify$ 不会更改堆的结构，因此如果给定一棵大小平衡树，$heapify$ 会返回一棵大小平衡树。下面，我们说明将 $heapify$ 应用于大小为 n 的平衡树 t 时，其需要 $\Theta(n)$ 步。我们可以观察到 $siftDown$ 应用于 t 的每棵子树，包括 t 本身时，在最坏的情况下花费的时间与子树的高度成比例。假设 t 的高度为 h，那么，t 有一棵高度为 h 的子树，最多两棵高度为 $h-1$ 的子树，最多四棵高度为 $h-2$ 的子树，以此类推。因此，$heapify$ 的总运行时间最多为

$$h + 2(h-1) + 4(h-2) + \cdots + 2^{h-1} = \sum_{k=1}^{h} 2^{h-k} k = 2^h \sum_{k=1}^{h} k/2^k < 2^{h+1}$$

最后，大小为 n 的平衡树的高度为 $\Theta(\log n)$（实际上，它具有最小的可能高度 $\lceil \log(n+1) \rceil$，请参见练习），因此 $T(n) = \Theta(n)$。

最后，堆排序的定义为

$$hsort :: Ord\ a \Rightarrow [a] \to [a]$$
$$hsort = flatten \cdot heapify \cdot mktree$$

以 $\Theta(n)$ 步构建树，以 $\Theta(n)$ 步进行堆积，并以 $\Theta(n \log n)$ 步进行展开。因此，$hsort$ 需要 $\Theta(n \log n)$ 步。与快速排序或归并排序不同，它无法通过融合组件功能来消除树，因此堆排序必然涉及构建树。在命令式环境中，当在数组中提供输入时，可以通过使用数组索引来将树存储在数组中，因此可以就地（不用开辟新的存储空间）进行堆排序。堆排序速度很快，但不平滑、不稳定、不紧凑。事实证明，在随机数据上，它比最佳版本的归并排序慢一些。另一方面，堆可用于其他目的，包括实现优先级队列，这将是我们在第 8 章中讨论的主题。

5.4　桶排序及基数排序

现在我们来看两种完全不同的排序算法。这两种排序算法都不基于某种任意类型的元素之间的比较，因此排序不再具有 $sort :: Ord\ a \Rightarrow [a] \to [a]$ 类型。相反，这两种算法利用了要排序的元素的结构。要设置场景，请考虑对单词列表进行排序，其中单词是字母字符列表。这意味着将单词按字典序排序。为此，我们可以使用合并排序：

$$\textbf{type}\ Word = [Char]$$
$$sortWords :: [Word] \to [Word]$$
$$sortWords = msort$$

如我们所见，以这种方式对 n 个单词的列表进行排序涉及单词之间的 $O(n \log n)$ 次比较。但是，比较两个单词并不需要花费固定的时间。如果每个单词中最多有 k 个字母，那么比较它们将在最坏的情况下进行 $\Theta(k)$ 次字符比较。这意味着计算 $sortWords$ 的真正代价是 $O(kn \log n)$ 步。本节中的两种算法将代价降低到 $O(kn)$ 步。

我们对待这个问题的方式是将一个单词视为包含信息的多个字段，这些字段是单词的第一个字符，然后是第二个字符，以此类推。类似地，可以根据其十进制数字的字段来定义整数。可以通过提供总函数列表来提取这些字段，我们将其称为鉴别符（discriminator），每个鉴别符都提取一个可能的字段。例如，长度为 k 的小数将有 k 个鉴别符，每个十进制数字一个。给定一个鉴别符列表，如果以下测试返回 $True$，则两个元素 x 和 y 都是按照字典序排序的：

$$ordered :: Ord\ b \Rightarrow [a \to b] \to a \to a \to Bool$$
$$ordered[\ ]\ x\ y \qquad = True$$
$$ordered(d : ds)\ x\ y = (d\ x < d\ y)\ \bigvee\ ((d\ x == d\ y)\ \bigwedge\ ordered\ ds\ x\ y)$$

在此问题的表述中,字段本身必须是某种有序类型的元素。

排序单词列表的明显方法是根据单词的第一个字母将它们分为堆或桶。然后以相同的方式根据第二个字母对每个存储桶进行排序,以此类推。在此过程结束时,将有很多小桶,每个桶包含一个单词。然后必须按正确的顺序组合这些存储桶,以给出最终的排序列表。实现此想法的最简单方法是使用树,而我们需要的树的类型如下:

$$\textbf{data } Tree\ a = Leaf\ a \mid Node[\ Tree\ a\ ]$$

这种树有时被称为玫瑰树(又名多路树)。因此,玫瑰树是包含值的叶子,或者是可以具有任意子树列表的节点。我们可以通过如下方式建立一棵玫瑰树:

$$mktree :: (Bounded\ b,\ Enum\ b,\ Ord\ b) \Rightarrow [\,a \to b\,] \to [\,a\,] \to Tree[\,a\,]$$

$$mktree[\ ]\ xs \qquad = Leaf\ xs$$

$$mktree(d : ds)\ xs = Node(\,map(mktree\ ds)(ptn\ d\ xs)\,)$$

根据第一个字段将列表分为多个桶来构建一棵玫瑰树。然后,通过将算法递归应用于其余字段,将每个存储桶转换为树。稍后,为了效率,我们将修改此定义。对 $mktree$ 进行类型类约束的原因将很快显现出来。

函数 ptn 根据鉴别符提取的字段将列表划分为多个桶:

$$ptn :: (Bounded\ b,\ Enum\ b,\ Ord\ b) \Rightarrow (a \to b) \to [\,a\,] \to [\,[\,a\,]\,]$$

$$ptn\ d\ xs = [\,filter(\lambda x.\ d\ x == m)\,xs \mid m \leftarrow rng\,]$$

$$\textbf{where } rng = [\,minBound\,..\,maxBound\,]$$

rng 的定义说明了为什么鉴别符的结果类型必须是有界且可枚举的。ptn 的定义效率很低,原因有两个。首先,rng 可能会很长。例如,由于 Haskell 的 $Char$ 类型表示所有 Unicode 字符,因此 $rng :: [\,Char\,]$ 的长度超过 100 万。其次,可以通过重复遍历输入来计算 ptn 的结果。如果 rng 的长度为 r,而输入的长度为 n,则 ptn 需要鉴别符进行 $r \times n$ 次操作。稍后我们将解决效率问题。

建立一棵树后,我们可以将其展开:

$$flatten :: Tree[\,a\,] \to [\,a\,]$$

$$flatten(Leaf\ xs) = xs$$

$$flatten(Node\ ts) = concatMap\ flatten\ ts$$

产生的排序算法称为桶排序:

$$bsort\ ds\ xs = flatten(mktree\ ds\ xs)$$

然而,传统上介绍的桶排序中没有树。现在我们应该已经熟悉了这种情况,下一步是消除中间树。基本情况 $bsort[\ ]\ xs = xs$ 很容易。对于归纳步骤,我们推理

$$bsort(d : ds)\ xs$$

$$= \quad \{\,bsort\ 的定义\,\}$$

$$flatten(mktree(d : ds)\ xs)$$

$$= \quad \{\,mktree\ 的定义\,\}$$

$$flatten(Node(map(mktree\ ds)(ptn\ d\ xs)))$$
$$=\quad\{flatten\ 的定义\}$$
$$concatMap(flatten\cdot mktree\ ds)(ptn\ d\ xs)$$
$$=\quad\{bsort\ 的定义\}$$
$$concatMap(bsort\ ds)(ptn\ d\ xs)$$

因此，我们证明了

$$bsort[\ ]\ xs\qquad=xs$$
$$bsort(d:ds)xs=concatMap(bsort\ ds)(ptn\ d\ xs)$$

到目前为止，我们的证明进行得很顺利。但是，如果我们利用一个简单但重要的等式，还可以将计算再向前推进一步，即

$$map(bsort\ ds)(ptn\ d\ xs)=ptn\ d(bsort\ ds\ xs)$$

非形式化地说，这个恒等式断言 ptn 是稳定的：对已排序的序列进行划分会产生已排序的存储桶的集合。练习中给出了详细的证明。假设该结论成立，我们可以继续：

$$concatMap(bsort\ ds)(ptn\ d\ xs)$$
$$=\quad\{上述稳定性\}$$
$$concat(ptn\ d(bsort\ ds\ xs))$$

于是我们得到了基数排序

$$rsort::(Bounded\ b,Enum\ b,Ord\ b)\Rightarrow[a\rightarrow b]\rightarrow[a]\rightarrow[a]$$
$$rsort[\ ]\ xs\qquad=xs$$
$$rsort(d:ds)xs=concat(ptn\ d(rsort\ ds\ xs))$$

$bsort$ 首先在最高有效字段上进行排序，而 $rsort$ 最后在最高有效字段上排序。不同之处在于，在 $bsort$ 中，必须将各个桶分开存放，对每个存储桶进行分类意味着将每个存储桶划分为更多存储桶，以此类推。最后，将有很长的单例存储桶阵列，然后将其重新组装到最终列表中。在 $rsort$ 中，桶可以在每个步骤后合并。实际上，基数排序曾在早期广泛用于机械分拣机分拣排序打孔卡。分拣机用于将卡片分入卡片最低有效列上的数个存储桶。然后，由人工仔细地将这些桶重新组装成一叠卡片，且不更改单个桶中任何卡片的顺序或桶本身的顺序。然后将整个卡片堆放在分拣机中，并在下一个最低有效数字上再次排序，以此类推。对于人类来说，这是一个非常简单的过程。

现在让我们回到有效计算 ptn 的问题。为了避免可能存在很大范围的值，其中大部分可能不会出现在给定字段中，最好使字段中的值范围 (l,u) 明确。为了简单起见，我们假定所有字段都具有相同的范围。其次，我们假设字段元素的类型可以是数组索引，也就是说，它们是类型类 Ix 的元素。然后，我们可以通过将元素累加到数组中来避免多次遍历输入：

$$ptn::Ix\ b\Rightarrow(b,b)\rightarrow(a\rightarrow b)\rightarrow[a]\rightarrow[[a]]$$
$$ptn(l,u)d\ xs=elems\ xa$$
$$\textbf{where}\ xa=accumArray\ snoc[\ ](l,u)(zip(map\ d\ xs)xs)$$
$$snoc\ xs\ x=xs+\!+[x]$$

对于上面的稳定性，重要的一点是 *ptn* 应该确保每个存储区中的顺序与输入中的顺序相同，这说明了通过 *snoc* 将新值添加到列表末尾来计算数组条目的原因。但是 *snoc* 不是常数时间操作，所以在最坏的情况下，当所有元素都进入同一个槽时，构建数组可能需要 $\Theta(n^2)$ 步。当所有元素都进入同一个槽时，一种解决方案是使用对称列表；另一种解决方案是按相反的顺序插入元素，然后在提取数组元素时反转每个列表：

$$ptn(l,\ u)\,d\ xs = map\ reverse(elems\ xa)$$

$$\textbf{where } xa = accumArray(flip(:))\,[\,]\,(l,\ u)(zip(map\ d\ xs)\,xs)$$

对于长度为 *n* 的输入，此 *ptn* 版本需要 $\Theta(n)$ 步。下面是使用新 *ptn* 修改后的 *rsort* 的定义：

$$rsort :: Ix\ b \Rightarrow (b,\ b) \to [a \to b] \to [a] \to [a]$$

$$rsort\ bb\,[\,]\ xs \qquad = xs$$

$$rsort\ bb(d:ds)\,xs = concat(ptn\ bb\ d(rsort\ bb\ ds\ xs))$$

如果有 *k* 个鉴别符，则 *rsort* 需要 $\Theta(kn)$ 步，因为存在 *k* 次 *ptn* 调用，每次调用需要 $\Theta(n)$ 步，并且 *concat* 的一个应用也需要线性时间。

最后，让我们将 *rsort* 专门用于输入为自然数的非空列表的情况。通过应用 *show* 将每个数字转换为数字列表，然后用前导零填充以确保每个位数的长度相同。我们可以这样定义鉴别符函数：

$$discs :: [Nat] \to [Nat \to Char]$$

$$discs\ xs = [\lambda x.\ pad\ k(show\ x)\,!!\ i\ |\ i \leftarrow [0..k-1]\,]$$

$$\textbf{where } k = maximum(map(length \cdot show)\,xs)$$

$$pad\ k\ xs = replicate(k-length\ xs)\,'0\,'\!+\!\!+xs$$

现在我们有了

$$irsort :: [Nat] \to [Nat]$$

$$irsort\ xs = rsort('0\,','9\,')(discs\ xs)\,xs$$

与平滑归并排序相比，*irsort* 的表现如何？作为一个实验，我们对 100 万个随机生成的整数进行了排序，所有整数都在（0，10000）范围内——因此有 5 个鉴别符。基数排序只花费了平滑归并排序的 65% 的时间。实际上，只有当数据有 8 个或更多鉴别符时，平滑归并排序才更具优势。

5.5 排序总和

下面我们来看一个与排序有关的著名的未解问题。假设 *A* 是某个有序类型，+是 *A* 上某个单调的二元运算。所以有

$$x \leqslant x' \wedge y \leqslant y' \Rightarrow x + y \leqslant x' + y'$$

在具体的代码中，我们令 *A* 为 *Interger* 的同义词，+表示数字加法。考虑计算 *sortsums* 的问题，其中

$$sortsums :: [A] \rightarrow [A] \rightarrow [A]$$

$$sortsums \ xs \ ys = sort[x + y \mid x \leftarrow xs, \ y \leftarrow ys]$$

假设两个列表的长度都是 n，那么计算 $sortsums$ 的任意算法的渐近最佳运行时间是多少？总共有 n^2 个总和，所以在最坏情况下排序对 A 的元素涉及 $\Omega(n^2\log n)$ 次比较。界限 $\Omega(n^2\log n)$ 不依赖于+是单调的，但即使依赖于+是单调的，该界仍然是相同的。随后我们会证明这一点。

现在我们对+和 A 做更多的假设，特别地，$(A, +)$ 是一个阿贝尔群（Abelian group，又名交换群或者加群）。那么+是满足结合律和交换律的，对于单位元我们写成 0，并且有一个 $negate$ 运算，使得 $x + negate \ x = 0$。例如，整数在加法运算下形成一个阿贝尔群，那么在这种情况下的最佳界是什么呢？没有人知道确切的答案。它不会好于 $O(n^2)$，因为它需要 n^2 步得到答案，但 $O(n^2)$ 和 $O(n^2\log n)$ 之间还存在着差距。

如果假设 A 有其他性质呢？毕竟整数有比加法运算下的阿贝尔群更多的结构。整数既可以乘也可以加——它们会形成一个代数环（algebraic ring）。这会有帮助吗？没有人知道答案。在文献［6］首次提出 40 年后，能否将计算 $sortsums$ 的总代价减少到 $O(n^2)$ 步仍然是一个有待解决的问题。

然而，目前已经取得了一些进展。特别地，Jean-Luc Lambert[9]证明了：如果 $(A, +)$ 是一个阿贝尔群，那么 A 中的元素可以用 $O(n^2)$ 次比较计算得出 $sortsums$。他的算法是另一个分治的好例子，我们将在下面进行描述。然而，Lambert 的算法需要 $Cn^2\log n$ 次加法运算，包括其他 "housekeeping" 比较，而且 C 是非常大的。那么总的运行时间不会优于 $O(n^2\log n)$ 这个界。

以下证明了 $\Omega(n^2\log n)$ 是 $sortsums$ 的下界，而唯一的假设是+是单调的。假设 xs 和 ys 都已经升序排列，现在考虑 $n \times n$ 矩阵 $[[x + y \mid y \leftarrow ys] \mid x \leftarrow xs]$。矩阵的每一行和每一列都是升序排列。网格与我们在前一章中看到的二维搜索是相同的类型。这个矩阵是一个典型的标准杨氏矩阵（Young tableau），而且它遵循文献［8］中 5.1.4 节的 H 定理，即有

$$E(n) = (n^2) \mathbin{!} \Big/ \left(\frac{(2n-1)!}{(n-1)!} \frac{(2n-2)!}{(n-2)!} \cdots \frac{n!}{0!} \right)$$

种方式将数值 1 到 n^2 作为元素分配到矩阵中。每一个这样的分配都决定了一个潜在的排列，这个排列可以对输入进行排序，所以在相关的决策树中至少有 $E(n)$ 个叶子节点。利用 $\log E(n) = \Omega(n^2\log n)$，我们得出结论，$A$ 元素之间的比较至少需要进行 $\Omega(n^2\log n)$ 次。

接下来是练习的重点。Lambert 的算法依赖于两个简单的事实。通过 $x - y = x + negate \ y$ 定义减法运算（−）。那么我们有

$$x + y = x - negate \ y \tag{5.1}$$

$$x - y \leqslant x' - y' \Leftrightarrow x - x' \leqslant y - y' \tag{5.2}$$

（5.1）的证明很容易，但（5.2）要求阿贝尔群的所有性质，我们将它留作练习。下面概述了如何使用（5.1）和（5.2）。首先，我们利用（5.1）对减法而不是总和进行排序：

$$sortsums\ xs\ ys = sortsubs\ xs(map\ negate\ ys)$$

$$sortsubs\ xs\ ys = sort[x - y \mid x \leftarrow xs,\ y \leftarrow ys]$$

接着，我们利用 (5.2) 通过计算两个列表 $xxs = sortsubs\ xs\ xs$ 和 $yys = sortsubs\ ys\ ys$ 来代替直接计算 $sortsubs\ xs\ ys$。通过使用一个分而治之策略，Lambert 演示了如何仅通过元素间的 $O(n^2)$ 次比较计算得到两个列表 xxs 和 yys。这两个列表可以合并得到 $sortsubs\ xs\ ys$——但关键是，无须对 A 的元素进行进一步的比较。因为 $x-y \leqslant x'-y'$，正是在这种情况下，$x-x'$ 在合并列表中优先于 $y-y'$，合并列表只能利用优先级（precedence）比较来计算，这种比较是合适的整数标签间的比较，而不是 A 的元素间的比较。

让我们先处理归并步骤。我们用自然数标记 A 类型的值，并且改变 $sortsubs$ 的定义如下：

$$sortsubs\ xs\ ys = map\ fst(sortWith\ abs\ xis\ yis)$$

where $xis = zip\ xs[0..n-1]$

$\quad\quad\quad yis = zip\ ys[n..]$

$\quad\quad\quad n\ \ = length\ xs$

$\quad\quad\quad abs = merge(sortsubs_1\ xis)(sortsubs_1\ yis)$

两个列表 xs 和 ys 的元素都被给予了不同的标签，从 0 向上递增。$Label$ 是自然数的同义词类型，$Pair$ 是标签对的同义词，$sortsubs$ 的新定义中的两个组件排序函数的类型为

$$sortsubs_1 :: [(A,\ Label)] \to [(A,\ Pair)]$$

$$sortWith :: [(A,\ Pair)] \to [(A,\ Label)] \to [(A,\ Label)] \to [(A,\ Pair)]$$

第一个函数 $sortsubs_1$ 在第一个实例中定义为

$$sortsubs_1\ xis = sort(subs\ xis\ xis)$$

$$subs\ xis\ yis = [(x - y,\ (i,\ j)) \mid (x,\ i) \leftarrow xis,\ (y,\ j) \leftarrow yis]$$

因此，$sortsubs_1$ 对单个带标签的列表进行减法排序，保留标签信息以显示减法的开端。例如，元素 $(6,\ (11,\ 3))$ 记录的是 6 为 xis 中位置 3 处的元素减去位置 11 处的元素的结果。按照定义，$sortsubs_1$ 需要 $O(n^2\log n)$ 步。下面我们演示如何将其减少到 $O(n^2)$ 步。

接下来我们处理 $sortWith$。使用 Haskell 函数 $sortBy$ 和一个数组，定义如下：

$$sortWith\ abs\ xis\ yis = sortBy\ cmp(subs\ xis\ yis)$$

where $cmp(\_,\ (i,\ k))(\_,\ (j,\ l)) = compare(a!(i,\ j))(a!(k,\ l))$

$\quad\quad\quad a = array\ bs(zip\ labelPairs[0..])$

$\quad\quad\quad labelPairs = map\ snd\ abs$

$\quad\quad\quad bs = (minimum\ labelPairs,\ maximum\ labelPairs)$

现在考虑：

$$abs = merge(sortsubs_1\ xis)(sortsubs_1\ yis)$$

这里，$map\ fst\ abs$ 是 A 中数值的非降序排列列表，并且 $map\ snd\ abs$ 是一组对应标签对的列表。此处的第二个列表正是我们确定比较测试的结果时所需要的，当且仅当在列表 $labelPairs$ 中 $(i,\ j)$ 优先于 $(k,\ l)$ 时，有 $x_i-y_k \leqslant x_j-y_l$。我们通过创建一个数组来快速计算优先级信息，

该数组的索引由标签对组成，其中的条目是正整数。尽管 *sortWith* 依赖于比较，但比较是标签对之间的比较，而不是 *A* 中元素间的比较。

还需要设计一个更好版本的 *sortsubs*₁。我们可以参考分治法，利用恒等式

$$sortsubs_1(xis \!+\! yis)(xis \!+\! yis) =$$
$$merge(merge(sortsubs_1\ xis\ xis)(sortsubs_1\ xis\ yis))$$
$$(merge(sortsubs_1\ yis\ xis)(sortsubs_1\ yis\ yis))$$

递归计算两个子项 *sortsubs*₁ *xis xis* 和 *sortsubs*₁ *yis yis*，结果归并得到 *abs*。接着，通过下式计算 *sortsubs*₁ *xis yis*：

$$sortsubs_1\ xis\ yis = sortWith\ abs(subs\ xis\ yis)$$

最后，可以通过对值取反、交换标签和颠倒列表从 *sortsubs*₁ *xis yis* 快速计算出 *sortsubs*₁ *yix xis*。完整的程序在图 5.1 中进行了总结。只计算 *A* 中元素间的比较，在长度为 *n* 的列表上计算 *sortsubs*₁ 需要的比较次数 $C(n)$ 满足 $C(n) = 2C(n/2) + \Theta(n^2)$，对应的解为 $C(n) = \Theta(n^2)$。然而，进行完整排序需要的总时间 $T(n)$ 由 $T(n) = 2T(n/2) + \Theta(n^2\log n)$ 给出，对应的解为 $T(n) = \Theta(n^2\log n)$。如果 *sortWith* 定义中的 *sortBy cmp* 可以在二次项时间内计算出来，那么 $T(n)$ 中的对数因子可以被移除，但这个结果仍然难以捉摸。在任何情况下，用整数之间的比较替换 *A* 中元素之间的比较所产生的额外复杂性都会使算法在实践中非常低效。

```
sortsums xs ys  = sortsubs xs(map negate ys)
sortsubs xs ys  = map fst(sortWith abs xis yis)
   where xis = zip xs[0..n-1]
         yis = zip ys[n..]
         n   = length xs
         abs = merge(sortsubs₁ xis)(sortsubs₁ yis)
sortWith abs xis yis = sortBy cmp(subs xis yis)
   where cmp(_, (i, k))(_, (j, l)) = compare(a!(i, j))(a!(k, l))
         a = array bs(zip labelPairs[0..])
         labelPairs = map snd abs
         bs = (minimum labelPairs, maximum labelPairs)
subs xis yis = [(x - y, (i, j)) | (x, i) ← xis, (y, j) ← yis]
sortsubs₁[]        = []
sortsubs₁[(x, i)]  = [(0, (i, i))]
sortsubs₁ xis      = merge abs(merge cs ds)
   where abs = merge(sortsubs₁ xis₁)(sortsubs₁ xis₂)
         cs  = sortWith abs xis₁ xis₂
         ds  = reverse(map switch cs)
         (xis₁, xis₂) = splitAt(length xis div 2)xis
switch(x, (i, j)) = (negate x, (j, i))
```

图 5.1　完整的程序

章节注释

关于排序的最终信息来源是 Knuth 在文献［7］中的综合处理。快速排序（Quicksort）由 Tony Hoare 发明，参见文献［6］。归并排序（Mergesort）更为古老，可以追溯到 1945 年，John von Neumann 首次提出该方法。归并排序的 Haskell 实现归功于 Lennart Augustsson 和 Thomas Nordin。堆排序由 J. W. J. Williams[9] 发现，尽管还有一个由 Robert W. Floyd 发现的简称为树排序（Treesort）的更早版本。基数排序（Radixsort）由 Jeremy Gibbons[4] 提出。

排序总和（sorting sum）问题是“Open Problems Project”[2]中的第 41 个问题，该项目是一个专门记录在计算几何和相关领域中研究者感兴趣的开放问题的网络资源。最早提到这个问题的是 Michael L. Fredman[3]，但他将该问题的提出归功于 Elwyn Berlekamp。所有这些参考文献都用数字而非阿贝尔群来考虑问题，但其思想是一致的。

参考文献

［1］Richard Bird. *Thinking Functionally with Haskell*. Cambridge University Press，Cambridge，2014.

［2］Erik D. Demaine，Joseph S. B. Mitchell，and Joseph O'Rourke. The open problems project. http://cs.smith.edu/~jorourke/TOPP/，2009.

［3］Michael L. Fredman. How good is the information theory lower bound in sorting? *Theoretical Computer Science*，1（4）：355-361，1976.

［4］Jeremy Gibbons. A pointless derivation of radix sort. *Journal of Functional Programming*，9（3）：339-346，1999.

［5］Lawrence H. Harper，Thomas H. Payne，John E. Savage，and Ernst G. Straus. Sorting $x+y$. *Communications of the ACM*，18（6）：347-349，1975.

［6］Charles A. R. Hoare. Quicksort. *Computer Journal*，5（1）：10-16，1962.

［7］Donald E. Knuth. *The Art of Computer Programming*，volume 3：Sorting and Searching. Addison-Wesley，Reading，MA，second edition，1998.

［8］Jean-Luc Lambert. Sorting the sums (x_i+y_j) in $O(n^2)$ comparisons. *Theoretical Computer Science*，103（1）：137-141，1992.

［9］John W. J. Williams. Algorithm 232 – Heapsort. *Communications of the ACM*，7（6）：347-348，1964.

练习

练习 5.1　本章描述了 4 种类型的树。将下列 5 种树结构与 4 种排序算法类型进行匹配，并找出不匹配的那一个。

$$\textbf{data } \textit{Tree } a = \textit{Null} \mid \textit{Leaf } a \mid \textit{Node}(\textit{Tree } a)(\textit{Tree } a)$$

$$\textbf{data } \textit{Tree } a = \textit{Null} \mid \textit{Node } a(\textit{Tree } a)(\textit{Tree } a)$$

$$\textbf{data } \textit{Tree } a = \textit{Null} \mid \textit{Node } a[\textit{Tree } a]$$

$$\textbf{data } \textit{Tree } a = \textit{Null} \mid \textit{Node}(\textit{Tree } a) a(\textit{Tree } a)$$

$$\textbf{data } \textit{Tree } a = \textit{Leaf } a \mid \textit{Node}[\textit{Tree } a]$$

练习 5.2　请从 $qsort = flatten \cdot mktree$ 开始，构建 $qsort(x : xs)$ 的定义，其中 $flatten$ 如本章文中所定义。

练习 5.3　回顾前一章中关于 $flatten$ 的定义，在该定义中，拼接（concatenation）操作已经被消除：

$$flatten\ t = flatcat\ t[\ ]$$
$$flatcat\ Null\ xs \qquad = xs$$
$$flatcat(Node\ l\ x\ r)xs = flatcat\ l(x : flatcat\ r\ xs)$$

从 $qsort = flatten \cdot mktree$ 开始，生成对应此版本 $flatten$ 的快速排序算法。

练习 5.4　将列表中间的元素（也就是处于中间位置的元素）选作枢轴是可行的吗？选择平均值或中值呢？

练习 5.5　如果定义 $minimum = head \cdot qsort$，那么用这种方法计算一个非空列表的 $minimum$ 需要多长时间？

　　更一般地，定义 $select\ k\ xs = (qsort\ xs) !! k$，生成一个更高效的定义。（下一章会给出答案。）

练习 5.6　通过引入两个累积参数生成一个空间高效的 $qsort$ 版本：

$$qsort(x : xs) = help\ x\ xs[\ ][\ ]$$
$$\textbf{where } help\ x\ xs\ us\ vs = qsort(us \!+\! \!+\! ys) \!+\! \!+\! [x] \!+\! \!+\! qsort(vs \!+\! \!+\! zs)$$
$$\textbf{where }(ys,\ zs) = partition(<x)xs$$

请给出 $help$ 的递归定义。

练习 5.7　$merge$ 将两个长度为 m 和 n 的列表归并，所要求的比较次数在最坏情况下满足：

$$T(0,\ n) = 0$$
$$T(m,\ 0) = 0$$
$$T(m,\ n) = 1 + T(m - 1,\ n)\max T(m,\ n - 1)$$

证明 $T(m,\ n) \leqslant m + n$。

练习 5.8　在 $msort$ 的递归定义中，两个基准情形是否都是必要的？

练习 5.9　生成自底向上版本的归并排序。你会用到下面 $until$ 的融合定律：假设 $f \cdot g = h \cdot f$，且对于所有的 x，$p\ x \Leftrightarrow q(f\ x)$，则有

$$f \cdot until\ p\ g = until\ q\ h \cdot f$$

练习 5.10　下面两个表达式代表的是什么常用函数？

$$flip(foldl(\lambda f\ x.\ (x :) \cdot f)id)[\ ]$$
$$flip(foldr(\lambda x\ f.\ f \cdot (x :))id)[\ ]$$

练习 5.11　一张扑克牌可以由两个字符来表示，第一个字符是字母 SHDC［Spades（黑桃），Hearts（红心），Diamonds（方块），Clubs（梅花）］的一个，第二个字符是字母 AKQJT98765432（Ace，King，Queen，Jack，Ten，等等）。桥牌玩家根据这些列表从左到右排列自己的 13 张牌。例如：

$$[SA,\ SQ,\ S9,\ S8,\ S2,\ HK,\ H5,\ H3,\ H2,\ CA,\ CT,\ C7,\ C2]$$

桥牌玩家会把这一手牌描述为：5 张黑桃，最大到 Ace 和 Queen；4 张红心，最大到 King；没有方块；4 张梅花，最大到 Ace 和 Ten。请使用 *sortBy* 将桥牌手牌排序。

练习 5.12　使用 Haskell *Data. Ord* 函数

$$comparing :: Ord\ b \Rightarrow (a \rightarrow b) \rightarrow a \rightarrow a \rightarrow Ordering$$

$$comparing\ f\ x\ y = compare\ (f\ x)\ (f\ y)$$

给出 *sortOn* 的一个简单定义。请解释为什么这个定义是低效的，并使用串联给出一个更好的版本。

练习 5.13　给出一个在线性时间内建立大小平衡堆的分治算法。

练习 5.14　假设我们可以在线性时间内构建一个堆，那么似乎另一种定义堆排序的方法就是简单地定义：

$$hsort = flatten \cdot mkheap$$

换句话说，就是构建一个堆，然后展平它。请说明从这个定义中消除中间堆的结果。为什么我们没有在正文中包括这个版本的 *hsort*？

练习 5.15　请说明如何在线性时间内构建堆排序中描述的那种大小平衡树。从下面的内容开始：

$$mktree\ [\ ] \qquad\quad = Null$$

$$mktree\ (x : xs) = Node\ x\ (mktree\ (take\ m\ xs))\ (mktree\ (drop\ m\ xs))$$

$$\textbf{where}\ m = length\ xs\ \text{div}\ 2$$

练习 5.16　证明堆排序中描述的大小平衡树的最小可能高度是 $\lceil \log(n+1) \rceil$，其中 n 是树的大小。

练习 5.17　假设给定由 n 个整数组成的列表，这些整数范围在 $(0, m)$，请说明如何在 $\Theta(m+n)$ 步内完成排序。

练习 5.18　这是一个有关桶排序的稳定性的练习：

$$map\ (bsort\ ds)\ (ptn\ d\ xs) = ptn\ d\ (bsort\ ds\ xs) \tag{5.3}$$

这个练习的目标是使用 *bsort* 的原始定义，即一个展平树的函数，证明（5.3）。首先，定义函数

$$tmap :: (a \rightarrow b) \rightarrow Tree\ a \rightarrow Tree\ b$$

用于将一个函数映射到树上。下面将会用到这一函数。

接着，使用下面的附属声明来证明（5.3）：

$$mktree\ ds \cdot filter\ p \qquad = tmap\ (filter\ p) \cdot mktree\ ds \tag{5.4}$$

$$flatten \cdot tmap(filter\ p) = filter\ p \cdot flatten \qquad (5.5)$$

然后，使用下面的声明来证明 (5.4)：假设 p 是一个全称谓词，我们可以得到

$$ptn\ d \cdot filter\ p = map(filter\ p) \cdot ptn\ d \qquad (5.6)$$

现在证明 (5.6)。你可以假设全称谓词的 $filter$ 可以交换，即

$$filter\ p \cdot filter\ q = filter\ q \cdot filter\ p$$

最后，证明 (5.5)。这个练习工作量很大，但它确实证明了在一些教科书中可以找到的关于基数排序为什么可以简化为简单的计算。

练习 5.19　请使用基数排序来处理单词列表的排序问题，其中单词仅由小写字母组成。

练习 5.20　证明：如果 $(A, +)$ 是一个阿贝尔群，则 $x-y \leqslant x'-y' \Leftrightarrow x-x' \leqslant y-y'$。

选择

本章将介绍 4 种可以通过分治法优化的相关问题，涉及单集合、双集合以及补集的选择。主要实例是从包含 n 个元素的集合中选择第 k 小的元素，其中 k 可以是从 1 到 n 的任意值。其中找到最小元素（第 1 个最小的元素）或最大元素（第 n 个最小的元素）是特殊情况，找到中间元素的问题（大概是第 $\lfloor n/2 \rfloor$ 个最小的元素，但请参阅下文）也是特例。我们还将考虑从两个给定集合的并集中选择第 k 小的元素，以及找到不在给定自然数集中的最小数的问题。算法的效率取决于这些集合的表示方式，比如集合中是否包含重复项，或者是否可以通过列表数组、树等数据结构来表示集合中的数据。

6.1　最大和最小

让我们从寻找一个有限非空列表中的最大和最小元素开始。其标准定义如下：

$$minimum,\ maximum :: Ord\ a \Rightarrow [a] \rightarrow a$$
$$minimum = foldr1\ min$$
$$maximum = foldr1\ max$$

其中的 *Prelude* 函数 *foldr1* 及其配套的函数 *foldl1* 都是非空列表的折叠函数：

$$foldr1,\ foldl1 :: (a \rightarrow a \rightarrow a) \rightarrow [a] \rightarrow a$$
$$foldr1\ f\ [x]\quad = x$$
$$foldr1\ f\ (x:xs) = f\ x\ (foldr1\ f\ xs)$$
$$foldl1\ f\ (x:xs) = foldl\ f\ x\ xs$$

例如

$$foldr1(\oplus)[w,\ x,\ y,\ z] = w \oplus (x \oplus (y \oplus z))$$
$$foldl1(\oplus)[w,\ x,\ y,\ z] = ((w \oplus x) \oplus y) \oplus z$$

最大和最小的定义使用从右到左处理列表的函数 *foldr1*，由于最大和最小的计算是可结合的，因此我们也可以使用函数 *foldl1* 实现从左到右的处理。对于一个长度为 n 的列表，无论从哪个方向都是 $n-1$ 次 *min* 和 *max* 计算。我们可以把最大值的求解类比为一次 n 个选手参与的网球锦标赛，每一次比赛的胜出都是一次比较。除了最终获胜的选手，其他选手都必然输掉一场比赛，所以必然有 $n-1$ 场比赛。

如果我们同时需要最大和最小值，那么 $2n-2$ 次比较显然是低效的。显而易见的方法需要对输入做两次遍历，但这可以通过串联技术来减少到一遍。

$$(foldr\ f_1\ e_1\ xs,\ foldr\ f_2\ e_2\ xs) = foldr\ f(e_1,\ e_2)xs$$
$$\textbf{where}\ f\ x(y,\ z) = (f_1\ x\ y,\ f_2\ x\ z)$$

虽然通常这无法实现

$$foldr1\ f(x:xs) = foldr\ f\ x\ xs$$

我们有

$$minimum(x:xs) = foldr\ min\ x\ xs$$
$$maximum(x:xs) = foldr\ max\ x\ xs$$

由于 *min* 和 *max* 都是可交换且可结合的，它遵从

$$minmax :: Ord\ a \Rightarrow [a] \to (a,\ a)$$
$$minmax(x:xs) = foldr\ op(x,\ x)xs$$
$$\textbf{where}\ op\ x(y,\ z) = (min\ x\ y,\ max\ x\ z)$$

显然，当前的最小值必然不可能大于当前的最大值，因此可以通过重写 *op* 来减少比较的次数。

$$minmax :: Ord\ a \Rightarrow [a] \to (a,\ a)$$
$$minmax(x:xs) = foldr\ op(x,\ x)xs$$
$$\textbf{where}\ op\ x(y,\ z)\ \begin{vmatrix} x < y & = (x,\ z) \\ z < x & = (y,\ x) \\ otherwise & = (y,\ z) \end{vmatrix}$$

每一步计算会根据当前元素大于或小于当前的最大/最小值来更新当前的最大值和最小值。在最坏情况下，每一步都需要 2 次比较，则一共需要 $2n-2$ 次比较，与之前提到的结果相同；但在最好情况下只需要 $n-1$ 次比较。最好和最坏情况下的输入示例将留作练习。

以下是对于同一问题的分治解法：

$$minmax[x]\quad = (x,\ x)$$
$$minmax[x,\ y] = \textbf{if}\ x \leqslant y\ \textbf{then}(x,\ y)\textbf{else}(y,\ x)$$
$$minmax\ xs\quad = (min\ a_1\ a_2,\ max\ b_1\ b_2)$$
$$\textbf{where}\ (a_1,\ b_1) = minmax\ ys$$
$$(a_2,\ b_2) = minmax\ zs$$
$$(ys,\ zs) = halve\ xs$$

函数 *halve* 的定义在 5.2 节。在单元素列表中，最大和最小值是确定的，因此不需要做比较。

对于其他列表，将输入列表分成两部分，递归地计算两部分的结果，并通过比较两个最大值和最小值得出最终结果。对于两个元素的列表可以做特别处理，这样就可以将比较次数从两次降低到一次。

这个 $minmax$ 的算法达到了 $\Theta(n \log n)$ 次，这似乎并不值得，但如果只计算比较次数，表示为 $C(n)$，则可以满足以下递推式：

$$C(1) = 0$$
$$C(2) = 1$$
$$C(n) = C(\lfloor n/2 \rfloor) + C(\lceil n/2 \rceil) + 2$$

这个递推式几乎没有确定的解法，但显然，当 n 是 2 的正整数幂时，$C(n) = 3n/2 - 2$。因此，分治算法可以减少 1/4 的比较次数。

事实上，分治法不是最优解法。例如 $C(12) = 18$，但是 12 个元素可以只用 16 次比较得到最大值和最小值。以下是一个自底向上的 $minmax$ 算法：

$$minmax = unwrap \cdot until\ single(pairWith\ op) \cdot mkPairs$$

$$\textbf{where}\ op(a_1,\ b_1)(a_2,\ b_2) = (min\ a_1\ a_2,\ max\ b_1\ b_2)$$

$$pairWith\ f[\ ] \qquad = [\ ]$$
$$pairWith\ f[x] \qquad = [x]$$
$$pairWith\ f(x:y:xs) = f\ x\ y : pairWith\ f\ xs$$
$$mkPairs[\ ] \qquad = [\ ]$$
$$mkPairs[x] \qquad = [(x,\ x)]$$
$$mkPairs(x:y:xs) = \textbf{if}\ x \leqslant y\ \textbf{then}(x,\ y):mkPairs\ xs\ \textbf{else}(y,\ x):mkPairs\ xs$$

如果 $C(n)$ 表示比较次数，我们可以得到以下结论：

$$C(1) = 0$$
$$C(1) = 1$$
$$C(n) = \lfloor n/2 \rfloor + D(\lceil n/2 \rceil)$$

这里的 $\lfloor n/2 \rfloor$ 表示计算 $mkPairs$ 的比较次数，且

$$D(1) = 0$$
$$D(n) = 2\lfloor n/2 \rfloor + D(\lceil n/2 \rceil)$$

显然，$D(n) = 2(n-1)$，因此 $C(n) = n + \lceil n/2 \rceil - 2$。此时，$C(12) = 16$。事实上，$C(n)$ 是计算 n 个元素的最大和最小值所需的比较次数在最坏情况下的下限（见答案 6.7）。此外，计算一共需要 $\Theta(n)$ 次。然而，自底向上的算法并不作为计算 $minmax$ 的推荐算法，因为其涉及的常数比朴素算法要大。

6.2 单集合中的选择

根据定义，具有 n 个元素的集合（或者是一个没有重复元素的集合，见练习 6.1）中的第

k 个最小元素正好有 $k-1$ 个小于它的元素，因此第 1 小的元素就是最小的元素，第 n 小的元素就是最大的元素。一个 n 为奇数的集合的中位数 m 具有 $\lfloor n/2 \rfloor$ 个元素比它小，有 $\lfloor n/2 \rfloor$ 个元素比它大。而当 n 为偶数时，我们需要选择一个中位数的定义，这里我们选择具有 $\lfloor n/2 \rfloor - 1$ 个更小元素，且具有 $\lfloor n/2 \rfloor$ 个更大元素的元素作为中位数。这一定义有时称为 *lower median*（下中值）。接下来将两个情况合并，并定义 n 个元素的集合的中位数是具有 $\lfloor (n+1)/2 \rfloor - 1$ 个更小元素，$\lceil (n+1)/2 \rceil - 1$ 个更大元素的元素。

当使用一个无重复元素的列表来表示一个集合时，在一个有序列表中，第 k 个最小元素位于 $k-1$ 的位置。因此我们定义

$$select :: Ord\ a \Rightarrow Nat \to [a] \to a$$
$$select\ k\ xs = (sort\ xs)\,!!\,(k-1)$$

特别地
$$median\ xs = select\ k\ xs\ \textbf{where}\ k = (length\ xs + 1)\,\mathrm{div}\,2$$

select 和 *median* 的定义允许 xs 中存在重复的元素，且在下文中我们不会假定 xs 中的元素不重复。因为排序一个列表需要 $O(n \log n)$ 步，所以 *select* 也需要 $O(n \log n)$ 步。这是一个上限而不是一个确切的上限，因为在惰性求值的情况下，得到第 k 个元素不需要对列表做完整的排序（取决于排序算法）。另一方面，运行需要 $\Omega(n)$ 次，因为我们需要花时间访问每一个输入的元素，让上限与下限相等。换句话说，可以在线性时间内完成 *select* 么？答案是肯定的。这个算法也是一个巧妙的分治算法。

首先，我们把 *sort* 和 *select* 函数的定义换成一个修改版的 *qsort*，也就是前面的章节中提到的快速排序算法：

$$qsort[\,] = [\,]$$
$$qsort\ xs = qsort\ us \,+\!\!+\, vs \,+\!\!+\, qsort\ ws$$
$$\textbf{where}(us,\ vs,\ ws) = partition3(pivot\ xs)xs$$

这里的 *pivot* 从列表中选择一个基准值，而 *partition3*（其定义在答案 4.10 中给出）把列表分割为三个分别包含小于、等于和大于基准值的元素的列表。将列表分成三个子列表在处理具有重复元素的列表时十分有效。

我们可以利用以下列表索引的分治属性综合出一个更快的 *select* 算法：
$$(xs \,+\!\!+\, ys)\,!!\,k = \textbf{if}\ k < n\ \textbf{then}\ xs\,!!\,k\ \textbf{else}\ ys\,!!\,(k-n)\,\textbf{where}\ n = length\ xs$$
现在，对于非空的 xs，我们可以推导出

$$select\ k\ xs$$
$$=\quad \{定义\}$$
$$qsort\ xs\,!!\,(k-1)$$
$$=\quad \{其中(us,\ vs,\ ws) = partition3(pivot\ xs)xs\}$$
$$(qsort\ us \,+\!\!+\, vs \,+\!\!+\, qsort\ ws)\,!!\,(k-1)$$
$$=\quad \{假设\ k-1 < length\ us\}$$

$$qsort\ us\ !!\ (k-1)$$
$$=\quad \{select\ \text{的定义}\}$$
$$select\ k\ us$$

对于其他的情况也可以用类似的做法，最终我们得到的 $select$ 定义如下：

$$select :: Ord\ a \Rightarrow Nat \to [a] \to a$$
$$select\ k\ xs$$
$$\mid k \leqslant m \qquad = select\ k\ us$$
$$\mid k \leqslant m+n = vs\ !!\ (k-m-1)$$
$$\mid k > m+n = select(k-m-n)ws$$
$$\textbf{where}\ (us,\ vs,\ ws) = partition3\ (pivot\ xs)xs$$
$$(m,\ n) \qquad = (length\ us,\ length\ vs)$$

中间的列表 vs 是非空的，因为它至少包含一个基准值的复制。令 $T(n)$ 为这个版本的 $select$ 在长度为 n 的列表上的运行时间。假定 $partition3$ 将列表分割为 3 个子列表，第一个和第三个列表最多具有 $(n-1)/2$ 的长度，我们有

$$T(n) \leqslant T((n-1)/2) + \Theta(n)$$

解得 $T(n) = \Theta(n)$。另外，$partition3$ 可能会得出一个非常不均等的分割，于是在最坏情况下的运行时间满足

$$T(n) = T(n-1) + \Theta(n)$$

解得 $T(n) = \Theta(n^2)$。如果分割列表时使用中位数作为基准值，我们将会得到均等的分割，并得到线性时间的 $select$。但这需要在线性时间内找到中位数，而这在本质上就是我们一开始想要达到的目的——这就成为一个没有意义的逻辑循环。

　　然而这是可以实现的。我们并不需要选择真正的中位数作为基准值——只要分割的结果是三个列表，且第一个和第三个列表的的长度和是输入列表长度的一个合理部分即可。之后我们就会知道其中原因。选择基准值的方法是一个非常巧妙的分治法。首先，使用 $group5$ 将输入列表分割为 5 个元素一组，

$$group :: Nat \to [a] \to [[a]]$$
$$group\ n[\ ] = [\ ]$$
$$group\ n\ xs = ys : group\ n\ zs\ \textbf{where}(ys,\ zs) = splitAt\ n\ xs$$

如果输入的列表长度并不恰好是 5 的倍数，最后一组的长度小于 5，例如

$$group\ 5[1..12] = [[1..5],\ [6..10],\ [11,\ 12]]$$

因此，这里得到「$n/5$」个分组，分组的时间复杂度是线性的。

　　然后，我们通过对各组进行排序以得到其中位数作为输出，即计算

$$medians = map(middle \cdot sort) \cdot group\ 5$$
$$\textbf{where}\ middle\ xs = xs\ !!\ ((length\ xs+1)\ div\ 2-1)$$

例如，$medians[1..12] = [3,\ 8,\ 11]$。计算 $medians$ 的时间复杂度是线性的，因为：每一组 5

个元素的排序在常数时间内完成，计算中位数也是在常数时间内完成。且一共有 $\lceil n/5 \rceil$ 组。

最后，我们定义 $pivot$，通过递归地应用 $select$ 算法，从这些中位数中选择一个基准值，即

$$pivot :: Ord\ a \Rightarrow [a] \rightarrow a$$

$$pivot[x] = x$$

$$pivot\ xs = median(medians\ xs)$$

$$\textbf{where}\ median\ xs = select((length\ xs + 1)\operatorname{div} 2)xs$$

其中 $pivot[x] = x$ 需要作为一个特殊条件，如果没有这一条件，我们会得到 $pivot[x] = select$ $1[x]$，计算右侧时又需要计算 $pivot[x]$，这会导致一个无限循环。

为了估算 $select$ 在最坏情况下的运行时间 $T(n)$，我们已知在分组中位数中查找中位数需要 $T(\lceil n/5 \rceil) + \Theta(n)$ 次计算，因为 $pivot$ 在长度为 $\lceil n/5 \rceil$ 的列表上递归调用 $select$。而在长度为 n 的列表上分组需要 $\Theta(n)$ 次计算。对于这个时间，我们还需要加上一个选择的时间，这个选择是在 $partition3$ 返回的第一个或第三个列表中选择一个。我们可以确定的是，这两个列表中的每一个对于长度为 n 的输入都至多有 $7n/10$ 个元素。为了更清晰地说明原因，以这个长度为 28 的列表为例：

$$
\begin{array}{cccccc}
42 & 37 & 99 & 70 & 95 \\
17 & 36 & 43 & 69 & 79 & 88 \\
11 & 23 & \mathbf{29} & 61 & 73 & 87 \\
06 & 13 & 28 & 52 & 30 & 32 \\
01 & 09 & 21 & 38 & 18
\end{array}
$$

除最后一列外的每一列都是长度为 5 的分组，每一组都经过了排序，组与组之间按中位数升序排列。其中，中位数 $m = 29$ 被加粗表示。这个算法并不会对分组像这样排序，这里只是为了展示 m 是如何划分这些列表的。

m 的关键属性如下：m 左下侧的矩形区域内只包含所有小于等于 m 的元素，这区域里的元素除了 m 以外一共有

$$3[(\lceil n/5 \rceil + 1)/2] - 1 \geqslant 3n/10$$

这表明大于 m 的元素最多只有 $7n/10$ 个。同理可以推断出小于 m 的元素最多只有 $7n/10$ 个。这表明在最坏情况下需要在最大长度 $7n/10$ 的列表上递归调用 $select$。忽略掉向下和向上取整，对于某些 c，最终的运行时间满足

$$T(n) \leqslant T(n/5) + T(7n/10) + c\,n$$

通过恰当地选择 b，可以简单地归纳 $T(n) \leqslant bn$。归纳的过程如下

$$b\frac{n}{5} + 7b\frac{n}{10} + c\,n \leqslant b\,n$$

该不等式在 $b = 10c$ 时成立。综上所述，$select$ 可以在线性时间内完成计算。

6.3　双集合中的选择

继续关于选择的主题，考虑计算 $select$ 的问题，但这次我们定义

$$select :: Ord\ a \Rightarrow Nat \rightarrow [\,a\,] \rightarrow [\,a\,] \rightarrow a$$

$$select\ k\ as\ bs = (merge\ as\ bs)\ !!\ k$$

此时 $select$ 的输入是一个数字 k 和两个有序列表，返回在合并的列表中位置 k 的元素。特别地，$select\ 0\ as\ bs$ 返回的是 $merge\ as\ bs$ 中的最小值。

需要多长时间完成 $select$？显然，如果两个列表的长度都为 n，那么 $select$ 需要 $O(n)$ 次，因为需要这些时间完成合并两个列表。但如果是两个排序数组，或是两棵二叉搜索树，那么时间将会被减少到 $O(\log n)$。这结果有点出乎意料，因为两个数组或是两棵二叉搜索树显然无法在小于线性的时间内完成合并。这里更快的算法也是一种分治算法。证明这一方法的关键在于 $merge$ 和 $select$ 的一个微妙关系。

它们的关系是，$merge$ 的参数是两个有序列表，我们有

$$merge(xs \mathbin{+\!\!+} [\,a\,] \mathbin{+\!\!+} ys)(us \mathbin{+\!\!+} [\,b\,] \mathbin{+\!\!+} vs)\ !!\ k$$

$$\mid a \leqslant b \wedge k \leqslant p + q = merge(xs \mathbin{+\!\!+} [\,a\,] \mathbin{+\!\!+} ys)us\ !!\ k$$

$$\mid a \leqslant b \wedge k > p + q = merge\ ys(us \mathbin{+\!\!+} [\,b\,] \mathbin{+\!\!+} vs)\ !!\ (k - p - 1)$$

$$\mid b \leqslant a \wedge k \leqslant p + q = merge\ xs(us \mathbin{+\!\!+} [\,b\,] \mathbin{+\!\!+} vs)\ !!\ k$$

$$\mid b \leqslant a \wedge k > p + q = merge(xs \mathbin{+\!\!+} [\,a\,] \mathbin{+\!\!+} ys)vs\ !!\ (k - q - 1)$$

$$\textbf{where}\ p = length\ xs;\ q = length\ us$$

证明稍后给出。利用这一关系，可以得到 $select$ 的定义如下：

$$select\ k[\ ]bs = bs\ !!\ k$$

$$select\ k\ as[\ ] = as\ !!\ k$$

$$
\begin{aligned}
select\ k\ as\ bs\ &\mid a \leqslant b \wedge k \leqslant p + q = select\ k\ as\ us &&-\!-\ line\ 3\\
&\mid a \leqslant b \wedge k > p + q = select(k - p - 1)ys\ bs &&-\!-\ line\ 4\\
&\mid b \leqslant a \wedge k \leqslant p + q = select\ k\ xs\ bs &&-\!-\ line\ 5\\
&\mid b \leqslant a \wedge k > p + q = select(k - q - 1)as\ vs &&-\!-\ line\ 6
\end{aligned}
$$

$$
\begin{aligned}
\textbf{where}\ p &= (length\ as)\,\mathrm{div}\ 2\\
q &= (length\ bs)\,\mathrm{div}\ 2\\
(xs,\ a:ys) &= splitAt\ p\ as\\
(us,\ b:vs) &= splitAt\ q\ bs
\end{aligned}
$$

其推导过程与前面章节引入 $qsort$ 类似，在这里我们不详细说明。这里给出一个 $k = 6$ 时 $select$ 的执行栈示例：

$p\ q\ k$	as	bs	
3 3 6	$[1,\ 4,\ 4,\ \underline{7},\ 8,\ 11,\ 15]$	$[2,\ 5,\ 9,\ \underline{11},\ 15,\ 16,\ 20]$	$-\!-$ line 3
3 1 6	$[1,\ 4,\ 4,\ \underline{7},\ 8,\ 11,\ 15]$	$[2,\ \underline{5},\ 9]$	$-\!-$ line 6
3 0 4	$[1,\ 4,\ 4,\ \underline{7},\ 8,\ 11,\ 15]$	$[\underline{9}]$	$-\!-$ line 4
1 0 0	$[8,\ \underline{11},\ 15]$	$[\underline{9}]$	$-\!-$ line 5
0 0 0	$[\underline{8}]$	$[\underline{9}]$	$-\!-$ line 3
0 0 0	$[\underline{8}]$	$[\ ]$	

其中 a 和 b 的值用下划线标明。最后一列给出了下一步递归调用 *select* 的行号。最后在两个列表之间调用 *select* 的结果是 8。

因为 *select* 选择两个列表中间的元素作为 a 和 b，所以每一步都会丢弃掉列表的一半。完全忽略掉计算局部定义的的代价，*select* 的运行时间满足

$$T(m, n) = T(m, n/2) \max T(m/2, n) + \Theta(1)$$

解得 $T(m, n) = \Theta(\log m + \log n)$。当然，计算局部定义需要线性的时间而不是常数时间，因此估算出真正的时间是

$$T(m, n) = T\left(m, \frac{n}{2}\right) \max T\left(\frac{m}{2}, n\right) + \Theta(m + n)$$

解得 $T(m, n) = \Theta(m + n)$，由此可见，分治算法并不比我们一开始提出的朴素算法快。但当给定的两个列表是排序数组或是两棵二叉搜索树时，这两个方法才能分出高下。这时，我们可以发现局部计算的时间是一个常数。

我们会给出二叉搜索树的细节。第 4 章中定义的二叉搜索树是一个如下类型的树：

data *Tree a = Null | Node Nat(Tree a)a(Tree a)*

其中，树的标记是一个有序类型的值，展平一棵树以得到一个升序的列表。其中 *Node* 的 *Nat* 表示的是树的高度。然而在这里我们用这个整数表示树的 *size*，即

$$size\ Null \qquad\qquad = 0$$
$$size(Node\ s\ l\ x\ r) = s$$

如果忽略构造这些信息需要耗费时间，则计算任务可以表示为

$$select :: Ord\ a \Rightarrow Nat \to Tree\ a \to Tree\ a \to a$$
$$select\ k\ t_1\ t_2 = merge(flatten\ t_1)(flatten\ t_2)\ !!\ k$$

更快的算法如下：

$$select\ k\ t_1\ Null = index\ t_1\ k$$
$$select\ k\ Null\ t_2 = index\ t_2\ k$$
$$select\ k(Node\ h_1\ l_1\ a\ r_1)(Node\ h_2\ l_2\ b\ r_2)$$
$$\qquad | a \leqslant b \land k \leqslant p + q = select\ k(Node\ h_1\ l_1\ a\ r_1)l_2$$
$$\qquad | a \leqslant b \land k > p + q = select(k - p - 1)r_1(Node\ h_2\ l_2\ b\ r_2)$$
$$\qquad | b \leqslant a \land k \leqslant p + q = select\ k\ l_1(Node\ h_2\ l_2\ b\ r_2)$$
$$\qquad | b \leqslant a \land k > p + q = select(k - q - 1)(Node\ h_1\ l_1\ a\ r_1)r_2$$
$$\qquad\qquad \textbf{where}\ p = size\ l_1;\ q = size\ l_2$$

其中，函数 *index* 定义如下：

$$index\ t\ k = flatten\ t\ !!\ k$$

由此可以推出

$$index(Node\ \_l\ x\ r)k$$

$$| \; k < p \; = index \; l \; k$$
$$| \; k == p = x$$
$$| \; k > p = index \; r(k - p - 1)$$
$$\textbf{where} \; p = size \; l$$

我们将这个细节部分留作练习。

现在到了巧妙的部分：证明合并与选择的联系。回顾我们简化以下函数的过程：

$$merge(xs +\!\!\!+ [a] +\!\!\!+ ys)(us +\!\!\!+ [b] +\!\!\!+ vs) !! \; k$$

我们认为 $a \leq b$，$a \geq b$ 的情况是完全对偶的。此外，令 p 是 xs 的长度，q 是 us 的长度。

我们需要利用两个解构规则，一个用于列表索引，一个用于合并。用于列表索引的解构规则在此前曾被使用过：

$$(xs +\!\!\!+ ys) !! \; k = \textbf{if} \; k < n \; \textbf{then} \; xs !! \; k \; \textbf{else} \; ys !! \; (k - n) \, \textbf{where} \; n = length \; xs$$

为了给出合并的解构规则，我们首先定义 $\ll =$：

$$(\ll =) :: Ord \; a \Rightarrow [a] \rightarrow [a] \rightarrow Bool$$
$$xs \ll = ys = and[x \leq y \mid x \leftarrow xs, \; y \leftarrow ys]$$

因此 $xs \ll = ys$ 表示 xs 中没有一个元素大于 ys 中任意元素。那么合并的解构规则给出如下：

$$merge(xs +\!\!\!+ ys)(us +\!\!\!+ vs) = merge \; xs \; us +\!\!\!+ merge \; ys \; vs$$

给定 $xs \ll = vs$ 和 $us \ll = ys$。为了证明，我们可以知道 $xs \ll = ys$ 因为列表 $xs +\!\!\!+ ys$ 是有序的。如果 $xs \ll = vs$ 也成立，那么

$$xs \ll = merge \; ys \; vs$$

类似地，如果 $us \ll = ys$，$us \ll = merge \; ys \; vs$，因此如果两者都成立，那么 $merge$ 的解构规则满足下式：

$$merge \; xs \; us \ll = merge \; ys \; vs$$

除了两个解构规则以外，我们还需要两个额外的结论。

第一个，设 $ys = ys_1 +\!\!\!+ ys_2$，其中 ys_1 是满足下式的 ys 的最长前缀

$$xs +\!\!\!+ [a] +\!\!\!+ ys_1 \ll = [b] +\!\!\!+ vs$$

于是我们可以得到 $us \ll = ys_2$。要么 ys_2 是空的，那么在这个情况下结果是显然的；要么它的首个元素大于 b，这表明它大于 us 所有的元素。于是，根据合并的解构规则，我们可以得到以下结论：

$$merge(xs +\!\!\!+ [a] +\!\!\!+ ys_1 +\!\!\!+ ys_2)(us +\!\!\!+ [b] +\!\!\!+ vs)$$
$$= merge(xs +\!\!\!+ [a] +\!\!\!+ ys_1) us +\!\!\!+ merge \; ys_2([b] +\!\!\!+ vs)$$

第二个结论是对偶。设 $us = us_1 +\!\!\!+ us_2$，其中 us_2 是 us 满足下式的最长后缀

$$xs +\!\!\!+ [a] \ll = us_2 +\!\!\!+ [b] +\!\!\!+ vs$$

则 $us_1 \ll = ys$。这表明：

$$merge(xs +\!\!\!+ [a] +\!\!\!+ ys)(us_1 +\!\!\!+ us_2 +\!\!\!+ [b] +\!\!\!+ vs)$$
$$= merge(xs +\!\!\!+ [a]) us_1 +\!\!\!+ merge \; ys(us_2 +\!\!\!+ [b] +\!\!\!+ vs)$$

我们现在可以进行主要的计算了。首先，假设 $k \le p+q$，我们得出

$$merge(xs \mathbin{+\!\!+} [a] \mathbin{+\!\!+} ys)(us \mathbin{+\!\!+} [b] \mathbin{+\!\!+} vs) \mathbin{!!} k$$

$= \quad \{$选择上述的 ys_1 和 $ys_2\}$

$$merge(xs \mathbin{+\!\!+} [a] \mathbin{+\!\!+} ys_1 \mathbin{+\!\!+} ys_2)(us \mathbin{+\!\!+} [b] \mathbin{+\!\!+} vs) \mathbin{!!} k$$

$= \quad \{merge$ 的解构规则，见上文$\}$

$$(merge(xs \mathbin{+\!\!+} [a] \mathbin{+\!\!+} ys_1)us \mathbin{+\!\!+} merge\ ys_2([b] \mathbin{+\!\!+} vs)) \mathbin{!!} k$$

$= \quad \{$假设 $k \le p+q$ 和 $(!!)$ 的解构规则$\}$

$$merge(xs \mathbin{+\!\!+} [a] \mathbin{+\!\!+} ys_1)us \mathbin{!!} k$$

$= \quad \{$再次使用 $(!!)$ 的解构规则$\}$

$$(merge(xs \mathbin{+\!\!+} [a] \mathbin{+\!\!+} ys_1)us \mathbin{+\!\!+} merge\ ys_2[\ ]) \mathbin{!!} k$$

$= \quad \{$再次使用 $merge$ 的解构规则$\}$

$$merge(xs \mathbin{+\!\!+} [a] \mathbin{+\!\!+} ys)us \mathbin{!!} k$$

第二种情况是 $k > p+q$。令 q_1 是 us_1 的长度，us_1 定义在上文。于是我们有

$$p + 1 + q_1 \le p + 1 + q \le k$$

这次我们得出

$$merge(xs \mathbin{+\!\!+} [a] \mathbin{+\!\!+} ys)(us \mathbin{+\!\!+} [b] \mathbin{+\!\!+} vs) \mathbin{!!} k$$

$= \quad \{$选择上述的 us_1 和 $us_2\}$

$$merge(xs \mathbin{+\!\!+} [a] \mathbin{+\!\!+} ys)(us_1 \mathbin{+\!\!+} us_2 \mathbin{+\!\!+} [b] \mathbin{+\!\!+} vs) \mathbin{!!} k$$

$= \quad \{merge$ 的解构规则，见上文$\}$

$$(merge(xs \mathbin{+\!\!+} [a])us_1 \mathbin{+\!\!+} merge\ ys(us_2 \mathbin{+\!\!+} [b] \mathbin{+\!\!+} vs)) \mathbin{!!} k$$

$= \quad \{$假设 $k > p+q$ 和 $(!!)$ 的解构规则$\}$

$$merge\ ys(us_2 \mathbin{+\!\!+} [b] \mathbin{+\!\!+} vs) \mathbin{!!} (k - p - 1 - q_1)$$

$= \quad \{$再次使用 $(!!)$ 和 $merge$ 的解构规则$\}$

$$merge\ ys(us \mathbin{+\!\!+} [b] \mathbin{+\!\!+} vs) \mathbin{!!} (k - p - 1)$$

证毕。

6.4 从补集中选择

有时候我们需要从补集中进行选择。例如，给定一个 5 字符的单词集合，我们想要按字典序的最小的、不在集合中的 5 字符单词。或者我们需要不在一个有限自然数集合中的最小自然数。这个问题是一个常见编程任务的简化版本，其中集合代表当前正在使用的对象，而我们想要选择一些未被使用的对象，比如名称最小的对象。在本节中，我们会处理这个问题的自然数版本，假定集合是一个没有重复元素的无序列表，例如

$$[08, 23, 09, 00, 12, 11, 01, 10, 13, 07, 41, 04, 14, 21, 05, 17, 03, 19, 02, 06]$$

如何找到不在这个列表中的最小自然数？

以下是这个问题的说明：

$$select :: [Nat] \rightarrow Nat$$
$$select\ xs = head([0..] \setminus\setminus xs)$$
$$(\setminus\setminus) :: Eq\ a \Rightarrow [a] \rightarrow [a] \rightarrow [a]$$
$$xs \setminus\setminus ys = filter(\notin ys)\ xs$$

值 $xs \setminus\setminus ys$ 是从 xs 中删除 ys 的每个元素后的剩余部分。在长度为 n 的列表上的计算 $select$ 需要 $\Omega(n^2)$ 次。例如计算 $select[0..n-1]$ 需要 $n+1$ 次成员检测，一共需要 $n(n+1)/2$ 次相等检测。

优化 $select$ 运行时间的一种简单方法是对输入的列表进行排序，因为输入的元素是无序的。我们有

$$select\ xs = head([0..] \setminus\setminus sort\ xs)$$

现在 $\setminus\setminus$ 右侧的参数是有序的了，我们很快就可以看到第一个差距：

$$select\ xs \qquad\qquad = searchFrom\ 0(sort\ xs)$$
$$searchFrom\ k[\ ] \qquad = k$$
$$searchFrom\ k(x:xs) = \textbf{if}\ k == x\ \textbf{then}\ searchFrom(k+1)\ xs\ \textbf{else}\ k$$

这将会把运行时间优化到 $O(n\log n)$ 次，假如使用一个渐近式的优化排序算法。然而我们还可以进一步优化并将时间复杂度减少到 $\Theta(n)$ 次。关键原因在于我们不需要对所有的输入做排序，只有最多 n 个元素需要排序，因为并不是所有在 $\{0, 1, \cdots, n\}$ 中的数字都在输入的集合中。前者有 $n+1$ 个数，而后者只有 n 个数。这表明我们可以定义

$$select\ xs = searchFrom\ 0(sort(filter(\leq n)xs))\ \textbf{where}\ n = length\ xs$$

区别于通常的排序，我们可以在 $\Theta(n)$ 次计算内对在 $(0, n)$ 范围内的 n 个自然数排序。例如，我们可以使用计数排序（见答案 5.17）

$$select\ xs \quad = searchFrom\ 0(csort\ n(filter(\leq n)xs))$$
$$\textbf{where}\ n = length\ xs$$
$$csort\ n\ xs = concat[replicate\ k\ x \mid (x, k) \leftarrow assocs\ a]$$
$$\textbf{where}\ a = accumArray(+)0(0, n)[(x, 1) \mid x \leftarrow xs]$$

事实上，这里并不需要产生排序后的列表，我们可以利用 $count\ 0$ 得到第一个索引：

$$select\ xs = length(takeWhile(\neq 0)(elems\ a))$$
$$\textbf{where}\ a = accumArray(+)0(0, n)[(x, 1) \mid x \leftarrow xs, x \leq n]$$
$$n = length\ xs$$

这个算法并不要求输入列表不存在重复。

在这里，我们还可以设计一个线性时间复杂度的分治算法，且不需要使用数组。这个方案是将列表分割成两个等长的子列表，并递归地在一个子列表中计数。这是一个与二分查找相似的策略。假定分割需要 $\Theta(n)$ 次计算，我们可以得到递推关系

$$T(n) = T(n/2) + \Theta(n)$$

运行时间 $T(n)$ 解得 $T(n) = \Theta(n)$。

我们可以通过一个合理选择的自然数 b（b 的选择在下文给出）利用快速排序的 *partition* 函数分割 xs。根据 $(ys, zs) = partition(< b)xs$，我们有

$$[0..] \setminus\setminus xs = ([0..b-1] \setminus\setminus ys) ++ ([b..] \setminus\setminus zs)$$

证明如下:

$$
\begin{aligned}
&\quad [0..] \setminus\setminus xs \\
&= \quad \{since[0..] = [0..b-1] ++ [b..]\} \\
&\quad ([0..b-1] ++ [b..]) \setminus\setminus xs \\
&= \quad \{since(as ++ bs) \setminus\setminus xs = (as \setminus\setminus xs) ++ (bs \setminus\setminus xs)\} \\
&\quad ([0..b-1] \setminus\setminus xs) ++ ([b..] \setminus\setminus xs) \\
&= \quad \{since \ as \setminus\setminus xs = (as \setminus\setminus ys) \setminus\setminus zs = (as \setminus\setminus zs) \setminus\setminus ys\} \\
&\quad (([0..b-1] \setminus\setminus zs) \setminus\setminus ys) ++ (([b..] \setminus\setminus ys) \setminus\setminus zs)) \\
&= \quad \{since[0..b-1] \setminus\setminus zs = [0..b-1] and[b..] \setminus\setminus ys = [b..]\} \\
&\quad ([0..b-1] \setminus\setminus ys) ++ ([b..] \setminus\setminus zs)
\end{aligned}
$$

然后因为

$$head(as ++ bs) = \textbf{if } null \ as \textbf{ then } head \ bs \textbf{ else } head \ as$$

我们引入

$$
\begin{aligned}
select \ xs = &\textbf{if } null([0..b-1] \setminus\setminus ys) \\
&\textbf{then } head([b..] \setminus\setminus zs) \\
&\textbf{else } head([0..b-1] \setminus\setminus ys) \\
&\textbf{where}(ys, zs) = partition(< b)xs
\end{aligned}
$$

现在需要第二个关键条件。因为 ys 不包括重复的元素，且每个元素都小于 b，所以我们有

$$null([0..b-1] \setminus\setminus ys) = (length \ ys == b)$$

审视 *select* 的代码，我们应该将 *select* 归纳为一个函数 *selectFrom*，定义如下:

$$selectFrom :: Nat \to [Nat] \to Nat$$
$$selectFrom \ a \ xs = head([a..] \setminus\setminus xs)$$

其中 xs 中所有元素均小于常量 a。然后选出 b，使得分割得到的两个列表不大于原始列表长度的一半。*select* 的递归定义如下:

$$
\begin{aligned}
select \ xs = \ &selectFrom \ 0 \ xs \\
selectFrom \ a \ xs \ &| \ null \ xs &= a \\
&| \ length \ ys == b - a &= selectFrom \ b \ zs \\
&| \ otherwise &= selectFrom \ a \ ys \\
&\textbf{where}(ys, zs) = partition(< b)xs
\end{aligned}
$$

剩下的是 b 的选择。显然，我们需要 $b > a$，同时我们还需要确保两个列表 ys 和 zs 的长度 p

和 q 尽可能相等。一个满足这些条件的合理选择是 $b = a+1+\lfloor n/2 \rfloor$，其中 n 是 xs 的长度。如果 $n \neq 0$ 且 $p<b-a$，那么 $p \leq b-a-1 = \lfloor n/2 \rfloor$。如果 $p = b - a$ 则 $q = n - (b - a) = n -\lfloor n/2 \rfloor - 1 \leq \lfloor n/2 \rfloor$。作为最后的优化，我们可以通过将列表和其合并成一个元组，以避免重复计算 $length$。综上所述，可得

$$
\begin{aligned}
&select\ xs = selectFrom\ 0(length\ xs,\ xs)\\
&selectFrom\ a(n,\ xs)\ \mid n == 0 \quad\ = a\\
&\qquad\qquad\qquad\qquad \mid l == b - a = selectFrom\ b(n - l,\ zs)\\
&\qquad\qquad\qquad\qquad \mid otherwise\ \ = selectFrom\ a(l,\ ys)\\
&\qquad\qquad \textbf{where}\ (ys,\ zs) = partition(< b)xs\\
&\qquad\qquad\qquad\quad\ b \qquad\quad = a + 1 + n\ \text{div}\ 2\\
&\qquad\qquad\qquad\quad\ l \qquad\qquad = length\ ys
\end{aligned}
$$

该方案在线性时间内完成。

章节注释

计算 $minmax$（参见答案 6.7）所需的比较次数的下限来自 Pohl[5]。线性时间选择算法最早由 Blum 等人[2]提出。基于 Quicksort 的选择算法则由 Hoare[3]提出。具体需要多少次比较才能找到中值仍然是未知的，参见 Paterson[4]。在文献 [1] 中讨论了从两个集合的并集和一个集合的补集中选择的问题。

参考文献

［1］ Richard Bird. *Pearls of Functional Algorithm Design*. Cambridge University Press, Cambridge, 2010.

［2］ Manuel Blum, Robert W. Floyd, Vaughan Pratt, Ronald L. Rivest, and Robert E. Tarjan. Time bounds for selection. *Journal of Computer and System Sciences*, 7 (4): 448-461, 1973.

［3］ Charles A. R. Hoare. Algorithm 63 (PARTITION) and Algorithm 65 (FIND). *Communications of the ACM*, 4 (7): 321-322, 1961.

［4］ Michael S. Paterson. Progress in selection. In R. Karlsson and A. Lingas, editors, *Scandinavian Workshop on Algorithm Theory*, volume 1097 of *Lecture Notes in Computer Science*, pages 368-379. Springer-Verlag, Berlin, 1996.

［5］ Ira Pohl. A sorting problem and its complexity. *Communications of the ACM*, 15 (6): 462-464, 1972.

练习

练习 6.1　将一个任意列表的第 k 小元素定义为恰好有 $k-1$ 个元素比它小，这样的定义有意义吗？

练习 6.2　定义组合符 *cross* 和 *pair* 以实现

$$pair(foldr\, f_1\, e_1,\, foldr\, f_2\, e_2) = foldr(cross \cdot pair(f_1,\, f_2))(e_1,\, e_2)$$

练习 6.3　描述两个长度为 n 的列表，其中 *minmax* 的第二个定义分别进行了 $n-1$ 和 $2n-2$ 次比较。

练习 6.4　请说明在 *minmax* 的分治算法中的比较次数 $C(n)$ 满足 $C(n) = 3n/2 - 2$。其中 n 是 2 的正数次幂。

练习 6.5　请说明在 *minmax* 的自底向上算法中，$D(n) = 2(n-1)$。

练习 6.6　假设由一棵二叉平衡树给定一个集合。那么渐近地给出最小和最大元素需要多长时间？

练习 6.7　考虑一个特别残酷的网球锦标赛。比赛必须同时决定最好和最差的选手。最初所有的 n 个选手都是潜在的冠军或输家，两组的重叠部分是 n。我们能选择的最优方式就是让在重叠部分中的两个玩家进行比赛，然后将赢家放在一个潜在的冠军类别中，而输家放在一个潜在的输家类别中。假设 n 是偶数，那么在 $n/2$ 次匹配之后，重叠部分就会减少到 0。你要如何完成这个锦标赛，以及要进行多少场比赛？

练习 6.8　请说明：进行 $n + \lceil \log n \rceil - 2$ 场比赛已经足够决定一场包含 n 个选手的网球锦标赛中的最佳选手和次佳选手。

练习 6.9　除了设定 $pivot[x] = x$，是否存在其他的方式来保证 *select* 的线性时间算法的定义是有根据的？

练习 6.10　使用地板和天花板规则来说明

$$3\lfloor (\lceil n/5 \rceil + 1)/2 \rfloor - 1 \geq 3n/10$$

且不允许进行情况分析。

练习 6.11　如果不把元素划分成 5 块，而是划分成 3 块，这样的话，还可以生成 *select* 的线性时间算法吗？如果划分成 7 块呢？

练习 6.12　只计算列表元素之间的比较，当 *pivot* 选择列表的第一个元素时，以及当 *pivot* 的定义与 *select* 的线性时间版本相同时，计算 *select* 4 [1..7] 需要多少次比较？对于第二个问题，你可以假设排序 n（$3 \leq n \leq 5$）个元素，对 $n=3$ 需要 3 次比较，对 $n=4$ 需要 5 次比较，对 $n=5$ 需要 7 次比较。

练习 6.13　$\ll=$ 是否是传递关系？也就是说，$xs \ll= ys$ 和 $ys \ll= zs$ 是否意味着 $xs \ll= zs$？

练习 6.14　假设 $xs \text{++} ys$ 和 $us \text{++} vs$ 均已排序，证明 $xs \ll= vs$ 或者 $us \ll= ys$。

练习 6.15　假设数组从 0 开始编号，写出一个定义：

$$select :: Ord\, a \Rightarrow Nat \to Array\, Nat\, a \to Array\, Nat\, a \to a$$

第三部分 *Part 3*

贪心算法

许多计算问题涉及从一组可能的候选对象中选择一些最佳候选对象。候选对象可以是列表、树、文档布局、道路中的路线，等等。最好的候选对象可能是列表最短、浪费最少的段落或最快的路线。排序甚至也可以被视为优化问题。毕竟，排序算法的目的是找到输入的某种排列，尽可能减少乱序元素的数量。贪心的排序算法将是第 7 章的核心主题。通常，最好的候选者可能不止一个，而我们的任务仅是找到其中的一个。

这些问题的输入通常不是候选集，而是可以从中构建候选的组件列表。例如，原材料可以是构成段落的单词列表，形成树的边的数字列表或最短路径算法中的城镇和道路列表。而贪心算法通过在每个步骤构造单个最佳部分候选，逐步解决了这一问题。部分候选者可以是到目前为止在其构建中使用的组件的完全形式的候选者，但可能更笼统。分步算法的思想很容易直观地理解，但不那么容易形式化，尤其是在纯函数的语言中。例如，用于分类的分治算法将使乱序元素的数量减至最少，但从概念上讲，它至少不是一种逐步算法。最后，在我们的大多数示例中，最合适的候选者是使某些代价观念最小化的方案，因此"贪心"一词似乎有点不合适。也许"节俭"或"朴素"是更好的形容词。但是，"贪心"这个名称已成为引用这些算法的标准方法。

值得注意的是，在每个步骤中保持一个最佳候选者的思路并不保证会得到一个最终的最优方案。假设您正走在山坡上，希望爬到最高点，爬坡的过程中无法清晰观测到所有的环境路线。则可以决定在每个步骤中选择沿着最陡峭的上升路径行走的策略。这可能是有效的方案，但当背景中有更大的山丘时，该方案也可能只会到达一个小丘的顶部。贪心算法（也称为爬坡算法）也是如此：你可能会获得局部最优解，而不是全局最优解。因此我们会说，如果贪心算法确实引导你找到了全局最优解，则它发挥了作用。

贪心算法可能很棘手。棘手的问题不在算法本身，这些算法通常都很短并且很容易理解，而是在于如何证明它确实提供了最佳解决方案。使用贪心算法时，程序的正确性并不像使用排序算法时那么明显。毕竟，我们在前面的章节中没有花任何时间来证明各种排序算法确实可以进行排序。证明贪心算法有效的主要困难是，对于许多问题，等式推理根本无法胜任该任务，需要用精化推理来进行代替。我们将在适当的时候看到这意味着什么。

在以下各章中，我们将考虑许多贪心算法。我们将采取一种更加结构化的方法，而不仅仅是给出算法并证明其有效。当我们讨论动态规划和穷举搜索算法时，这种方法将大有裨益。首先，我们将展示如何定义候选函数，该函数生成所有可能候选的集合。此函数可以递归定义，也可以使用适当的高阶函数，如 *folder*、*until*，或者 *apply*（*apply* 是将另一个函数应用给定次数的函数）来定义。有时可以使用不止一种样式，每种样式都可以带来同样清晰的定义，因此可以自由选择使用哪种样式。接下来，我们明确定义选择标准。有时也可以通过各种方式完成此操作，因为给定的贪心算法可能适用于多个代价函数。如何生成候选者和如何定义代价函数的选择对证明算法的正确性的难度有重大影响。最后，将生成和选择函数组合或融合为一个函数。当候选对象被定义为如 *foldr* 等标准高阶函数的实例时，我们可以应用标准融合条件来执行融合步骤。我们可以看到算法分为两个步骤：第 1 步是构建树，第 2 步则是将其展平。还可以使用更多基本组件组成的复杂组合来表示深入的算法结构。

Chapter 7 第7章

列表的贪心算法

本章将讨论三个问题，它们的解集都是列表。这些问题来自三个不同的计算领域，似乎没有任何共同之处。但是，它们都可以使用贪心的思路，通过设计用一种合适的算法来求解。这些问题值得仔细研究，所以我们会循序渐进地进行讨论。为了更系统地描述问题，我们将从对一个成功的贪心算法背后的必要成分进行抽象表述开始说起。

7.1 通用贪心算法

下面的 *mcc* 函数以最小代价选择解：

$$mcc :: [\,Component\,] \rightarrow Candidate$$

$$mcc = minWith\ cost \cdot candidates$$

这个函数被定义为两个函数的组合：一个是函数 *candidate*（从组件列表中构建一个有限的候选解集），另一个是函数 *minWith cost*（以最小代价选择一个候选解）。函数 *minWith* 可以用以下方式定义（练习中讨论了其他方法）：

$$minWith :: Ord\ b \Rightarrow (a \rightarrow b) \rightarrow [\,a\,] \rightarrow a$$

$$minWith\ f = foldr1\,(smaller\ f)$$

$$\textbf{where}\ smaller\ f\ x\ y = \textbf{if}\ f\ x \leqslant f\ y\ \textbf{then}\ x\ \textbf{else}\ y$$

在前一章中介绍了 *foldr1* 函数。*foldr1* 在应用于空列表时返回未定义的值，*minWith* 也一样。因此，*minWith* 仅在应用于有限非空列表时才返回已定义的值。如果有多个具有最小代价的解，则上面的定义选择列表中的第一个解。改变 *smaller* 为

$$smaller\ f\ x\ y = \textbf{if}\ f\ x < f\ y\ \textbf{then}\ x\ \textbf{else}\ y$$

它表示选择代价最小的最后一个解。因此，*minWith* 返回的结果取决于生成解的顺序。这一事

实将严重限制我们对贪心算法进行等式推理的能力，我们会在章末谈到这一点。函数的解是一个有限的组件列表（不管它们是什么），并返回一个有限的非空解集列表。解集的构造可以通过多种方式实现，但目前我们只关注使用 $foldr$ 的这一种：

$$candidates :: [\,Component\,] \to [\,Candidate\,]$$

$$candidates\ xs = foldr\ step\,[\,c_0\,]\,xs$$

$$\textbf{where}\ step\ x\ cs = concatMap\,(\,extend\ x\,)\,cs$$

这里的 c_0 是个空组件列表的默认部分解项。我们可以写成

$$candidates = foldr\,(\,concatMap\ \cdot\ extend\,)\,[\,c_0\,]$$

但是 $step$ 显然是一个更短的名字。$extend$ 的类型是

$$extend :: Component \to Candidate \to [\,Candidate\,]$$

这个函数接受一个组件和一个解项，并返回一个扩展解项的有限列表。最终解是在所有组件都处理完之后构造的解。如果解项是某个列表的排列，那么 c_0 就是空列表，而 $extend\ x$ 就是将 x 插入给定排列的所有方式的列表。例如

$$extend\ 1\,[\,2,\ 4,\ 3\,] = [\,[\,1,\ 2,\ 4,\ 3\,],\ [\,2,\ 1,\ 4,\ 3\,],\ [\,2,\ 4,\ 1,\ 3\,],\ [\,2,\ 4,\ 3,\ 1\,]\,]$$

下面的内容假设 $extend\ x$ 返回所有 x 的非空有限的解集。

一个用于计算 mcc（最小代价候选项）的贪心算法是成功地将 $minWith\ cost$ 与 $candidate$ 融合的结果。从操作上讲，我们不是要构建完整的解集列表，然后选择一个最佳的解，而是在每一步构建一个单一的最佳的解。我们在第 1 章中遇到了 $foldr$ 的融合规则，而在这里它又出现了。我们有

$$h\,(foldr\ f\ e\ xs) = foldr\ g\ e'\ xs$$

对于所有有限列表 xs，提供 $e' = h\ e$ 和融合条件

$$h\,(f\ x\ y) = g\ x\,(h\ y)$$

对所有的 x 和 y 都成立，对于我们的问题，$h = minWith\ cost$ 和 $f = step$，但是 g 是未知的。融合条件为

$$minWith\ cost\,(step\ x\ cs) = gstep\ x\,(minWith\ cost\ cs)$$

对于某些函数 $gstep$（一个"贪心步骤"）。为了观察它是否成立，并发现过程中的 $gstep$，我们可以推理如下：

$$minWith\ cost\,(step\ x\ cs)$$

$= \quad \{step\ 的定义\}$

$$minWith\ cost\,(concatMap\,(extend\ x\,)cs)$$

$= \quad \{分配律\}$

$$minWith\ cost\,(map\,(minWith\ cost\ \cdot\ extend\ x\,)cs)$$

$= \quad \{定义\ gstep\ x = minWith\ cost\ \cdot\ extend\ x\}$

$$minWith\ cost\,(map\,(gstep\ x\,)cs)$$

$= \quad \{贪心条件（见下文）\}$

$$gstep\ x\,(minWith\ cost\ cs)$$

第二步中用到的分配律是

$$minWith\ f(concat\ xss) = minWith\ f(map(minWith\ f)xss)$$

假设 xss 是由有限非空列表组成的有限列表。同样

$$minWith\ f(concatMap\ g\ xs) = minWith\ f(map(minWith\ f \cdot g)xs)$$

假设 xs 是一个有限列表，而 g 返回有限的非空列表。分配律的证明留作练习 7.3。

总结这个简短的计算，我们已经证明

$$mcc = foldr\ gstep\ c_0\ \textbf{where}\ gstep\ x = minWith\ cost \cdot extend\ x$$

假设以下贪心条件成立：

$$minWith\ cost(map(gstep\ x)cs) = gstep\ x(minWith\ cost\ cs)$$

这一切看起来都很简单，那现在让我们来看一些具体的例子。

7.2 贪心排序算法

以下是 $sort$ 函数的一种说明，该函数按升序对列表进行排序：

$$sort :: Ord\ a \Rightarrow [a] \rightarrow [a]$$
$$sort = minWith\ ic \cdot perms$$

函数 $ic :: Ord\ a\ [a] \rightarrow Int$，是"逆序数对个数"的缩写，用于计数一个列表中逆序数对的个数。逆序的概念是排列组合性质研究中最先出现的概念之一。逆序数对是一对不在顺序位置上的元素，若 x 出现在列表中的 y 之前但是又有 $x>y$，那么 (x, y) 是逆序的。例如，$ic\ [7, 1, 2, 3] = 3$，$ic\ [3, 2, 1, 7] = 3$。

我们定义 ic 为

$$ic :: Ord\ a \Rightarrow [a] \rightarrow Int$$
$$ic\ xs = length[(x, y) \mid (x, y) \leftarrow pairs\ xs,\ x > y]$$
$$pairs :: [a] \rightarrow [(a, a)]$$
$$pairs\ xs = [(x, y) \mid x:ys \leftarrow tails\ xs,\ y:zs \leftarrow tails\ ys]$$

函数 $pairs$ 返回列表中所有元素对的列表，元素对按照元素在列表中出现的顺序排列。那么 ic 则计算第一个元素大于第二个元素的数对的数量。逆序数对个数最小为 0，这个列表是升序排列的。两个不同的排列不能都是升序的，所以一个列表中只有一种排列能使 ic 最小，即顺序排列。

函数 $perms$ 可以用多种方式定义，包括分而治之的算法（请参阅练习）。这里的第一种方法在第 1 章中使用过：

$$perms :: [a] \rightarrow [[a]]$$
$$perms = foldr(concatMap \cdot extend)[[\ ]]$$
$$extend :: a \rightarrow [a] \rightarrow [[a]]$$
$$extend\ x[\ ]\quad = [[x]]$$
$$extend\ x(y:xs) = (x:y:xs):map(y:)(extend\ x\ xs)$$

函数 $extend$ 在列表中所有可能的位置插入一个新元素。特别地，对于函数 $gstep$，

$$gstep\ x = minWith\ ic \cdot extend\ x$$

在列表中插入一个新元素，以减少结果的逆序数对个数。比如

$$gstep\ 6[7,\ 1,\ 2,\ 3] = [7,\ 1,\ 2,\ 3,\ 6]$$

$$gstep\ 6[3,\ 2,\ 1,\ 7] = [3,\ 2,\ 1,\ 6,\ 7]$$

第一个列表的逆序数对个数为 4，第二个列表的逆序数对个数为 3。排序的贪心条件是断言（对于所有的 x 和 xss）：

$$minWith\ ic(map(gstep\ x)xss) = gstep\ x(minWith\ ic\ xss)$$

然而，这种说法是错误的。设 $xss = [[7,\ 1,\ 2,\ 3],\ [3,\ 2,\ 1,\ 7]]$。我们有

$$minWith\ ic\ xss = [7,\ 1,\ 2,\ 3]$$

因为两个列表都有逆序对数 3 和 $minWith$ 返回拥有最小逆序对数的第一个列表。因此

$$gstep\ 6(minWith\ ic\ xss) = [7,\ 1,\ 2,\ 3,\ 6]$$

逆序对数为 4，而

$$minWith\ ic(map(gstep\ 6)xss) = [3,\ 2,\ 1,\ 6,\ 7]$$

逆序对数为 3。因此，贪心的条件失效了。当然，如果我们交换 xss 中的两个列表的顺序，贪心条件是成立的，但是如果 xss 是一个更长的排列列表呢？我们不清楚是否总能重新排序解集列表以确保贪心条件成立。无论如何，这样的一步都是错误的，因为我们的目的应该是独立地找到一个代价最低的解。因此，我们似乎进退两难。

　　有三种解决方法可以帮助我们摆脱这种棘手的局面。现在我们将介绍其中的两个，第三个留到本章的末尾进行讲解。

　　第一个方法是使用上下文敏感的融合。我们在练习 1.17 中讨论过这个问题，但这里还是最重要的一点。虽然融合条件

$$h(f\ x\ y) = g\ x(h\ y)$$

对于所有的 x 和 y 都足以建立 $foldr$ 的融合规则，但是它不是必要的。所有需要证明的是，所有形式为 $y = foldr\ f\ e\ xs$ 的 x 和 y 的融合条件都成立。这个版本的融合条件被称为上下文敏感融合。这意味着，在排序的情况下，我们实际上要证明的只是上下文敏感的融合条件：

$$minWith\ ic(map(gstep\ x)(perms\ xs)) = gstep\ x(minWith\ ic(perms\ xs))$$

　　该条件适合所有的 x 和 xs。幸运的是，这个条件确实成立。证明的依据是基于一个事实：有一种使 ic 最小的唯一排列，即逆序数对个数为 0 的有序排列

$$Ic\ xs = 0 \Rightarrow ic(gstep\ x\ xs) = 0$$

有时上下文敏感的融合还不足以构成贪心条件。这种情况发生在没有代价最低的唯一解的情况下。第二种摆脱困境的方法是改变代价函数。假设你在爬山，你想要到达最高点（当然最高点有时可能也不止一个），你在每一步都可以选择最陡峭的上升路径，而这是一种可能有效也可能无效的策略。然而，也可能出现这样的情况：在攀登过程中你发现了一个独特的、视野最好的点，而那个点恰好也是最高点。你可以在每一步都调整策略，尽量选择最能改善视野较好的路径。当第一种策略不起作用时，这种策略可能会奏效。在下面的章节中，我们将看到许多运用这种技巧的例子。

在排序的情况下，有一个简单的替代 ic 的方法，实际上是一种可以一举完成的替代方法。它是用 id 代替 ic 的恒等函数。我们没有要求代价函数必须返回单个数值。我们有 $minWith\ id = minimum$，所以 $sort = minimum \cdot perms$。换句话说，排序排列是字典序最小排列。在这种情况下，上下文敏感的贪心条件为

$$minimum(map(gstep\ x)(perms\ xs)) = gstep\ x(minimum(perms\ xs))$$

其中 $gstep\ x\ xs = minimum\ (extend\ x\ xs)$。和前面一样，贪心条件仍然成立，因为排序的排列是使 id 最小的唯一排列，以及

$$sorted\ xs \Rightarrow sorted(gstep\ x\ xs)$$

当 xs 是一个排序列表时，我们可以这样定义 $gstep\ xxs$：

$$gstep\ x[\ ] \qquad = [x]$$
$$gstep\ x(y:xs) = \textbf{if}\ x \leqslant y\ \textbf{then}\ x:y:xs\ \textbf{else}\ y:gstep\ x\ xs$$

结果为 $sort = foldr\ gstep\ [\ ]$，是一种简单的排序算法，通常被称为插入排序。

插入排序并不是唯一的贪心排序算法。下面是第 1 章中对 $perms$ 的另一个定义：

$$perms[\ ] = [[\ ]]$$
$$perms\ xs = concatMap\ subperms(picks\ xs)$$
$$\qquad\qquad \textbf{where}\ subperms(x,\ ys) = map(x:)(perms\ ys)$$
$$picks[\ ] \qquad = [\ ]$$
$$picks(x:xs) = (x,\ xs):[(y,\ x:ys)\mid(y,\ ys) \leftarrow picks\ xs]$$

函数 $picks$ 以所有可能的方式从列表中选择任意元素，并返回元素和剩下的元素。这个版本的 $perms$ 是递归定义的，而不是通过使用 $foldr$ 来定义的。然而，把 $minimum$ 和 $perms$ 融合起来是很简单的。首先，我们有

$$minimum(perms[\ ]) = minimum[[\ ]] = [\ ]$$

其次，对于非空的 xs，我们的推导如下：

$minimum(perms\ xs)$
$=\quad \{上述的\ perms\ 定义\}$
$minimum(concatMap\ subperms(picks\ xs))$
$=\quad \{分配律\}$
$minimum(map(minimum \cdot subperms)(picks\ xs))$
$=\quad \{声明：见下文\}$
$minimum(subperms(minimum(picks\ xs)))$
$=\quad \{假设(x,\ ys) = minimum(picks\ xs)\}$
$minimum(subperms(x,\ ys))$
$=\quad \{subperms\ 的定义\}$
$minimum(map(x:)(perms\ ys))$
$=\quad \{因为在非空列表中,\ minimum \cdot map(x:) = (x:) \cdot minimum\}$
$x:minimum(perms\ ys)$

我们推断

$$minimum \cdot map\ f = f \cdot minimum$$

其中，$f = minimum \cdot subperms$。如果 f 是一个单调函数，即 $x \leqslant y \Rightarrow fx \leqslant fy$，则这个推断是成立的，这个证明留作练习。假设 (x_1, ys_1) 和 (x_2, ys_2) 是同一列表的两个选择，证明 $minimum \cdot subperms$。很容易验证

$$(x_1, ys_1) \leqslant (x_2, ys_2) \Rightarrow x_1 : sort\ ys_1 \leqslant x_2 : sort\ ys_2$$

但是，正如我们所看到的，$minimum(subperms(x, ys)) = x : sort\ ys$。因此，我们已经证明

$$sort[\ ] = [\ ]$$

$$sort\ xs = x : sort\ ys\ \textbf{where}\ (x, ys) = pick\ xs$$

其中 $pick\ xs = minimum\ (pick\ xs)$。函数 $picks$ 需要二次方时间，但它可以用线性时间来实现，见练习 7.10。其结果是另一个著名的排序算法，称为选择排序。插入排序和选择排序在最坏的情况下都需要二次方时间，所以它们并不快。但它们都很简单。

7.3　硬币兑换问题

我们的第二个问题是硬币兑换。假设你是一家超市的收银员，要给顾客 2.56 的零钱。你会怎么做？可以思考一下再回答这个问题。

我们无法为你回答这个问题，因为我们不知道你所处的国家和使用的货币（尽管我们在问题的陈述中假定是十进制货币）。现有硬币可能的面额是必须了解的。在美国，硬币的面值为 1 美分（1c）、5 美分（5c）、10 美分（10c）、25 美分（25c）、50 美分（50c）和 1 美元（$1）。在英国，面值分别是 1 便士、2 便士、5 便士、10 便士、20 便士、50 便士、1 英镑和 2 英镑（即使在采用十进制之后的 50 年里，英国硬币仍没有别名）。在采用十进制之前，英国的货币体系非常奇怪，包括半便士（0.5d）、1 便士（1d）、3 便士（3d）、6 便士（6d）、1 先令（12d）、弗罗林（24d）和半克朗（30d）。幸运的是，现在这套复杂的体系已成为历史。请注意，无论采用哪种货币体系，一定要有一种可以兑换一单位货币的硬币，不管是 1 便士、半便士还是 1 美分。

我们也不能回答这个问题，除非你说明将采取什么规则来兑换。你是想尽量减少硬币的数量，还是尽量减少硬币的总重量？虽然有些人喜欢随身携带大量零钱，但放在口袋或手提包里的硬币可能会很重，所以最小重量可能就是我们需要的标准。英国和美国硬币的克重见下表：

	1	2	5	10	20	25	50	100	200
英国	3.56	7.12	3.25	6.5	5.0	—	8.0	9.5	12.0
美国	2.5	—	5.0	2.27	—	5.67	11.54	8.1	—

调查显示，对于英国货币，每一特定面额的硬币的重量不超过小面额硬币的价值。但这并不足以证明将硬币数量最小化也能使总重量最小化。以美元计算，两个 25 美分硬币重 11.34g，比半美元（11.54g）还轻。25 美分和 5 美分总共重 10.67g，而 3 个 1 角硬币只有 6.81g。当然，对于美国货币来说，减少硬币的数量并不能减少它们的总重量。而对于英国货

币来说，这种方法则是正确的，我们可以通过穷举搜索来进行核查（参见练习）。

有一个可以显著最小化硬币数量的贪心算法：在每一步中，只要它不大于剩余的数量，就给客户一枚价值最大的硬币。世界各地的收银员经常采用这种策略。\$2.56（美元）意味着 5 枚硬币：

$$2 \times \$1 + 1 \times 50c + 1 \times 5c + 1 \times 1c$$

£2.56（英镑）意味着 4 枚硬币：

$$1 \times £2 + 1 \times 50p + 1 \times 5p + 1 \times 1p$$

贪心算法一定有效吗？答案是不一定——这取决于货币体系。1971 年英国实行十进制之前，用一种贪心算法来找 48 便士的零钱，需要使用 3 枚硬币——1 枚半克朗、1 枚 1 先令和 1 枚 6 便士，然而使用 2 弗罗林也同样足够了。另一个感谢十进制的理由。举个简单的例子，对于面额 [4, 3, 1]，贪心算法会给出 3 枚硬币换 6 个单位，而 2 枚面额为 3 的硬币就足够了。

为了说明这个问题，假设我们得到了一个按递减顺序排列的面额列表，以面额为 1 结束。例如

$$\textbf{type } Denom = Nat$$
$$\textbf{type } Tuple = [Nat]$$
$$usds,\ ukds :: [Denom]$$
$$usds = [100,\ 50,\ 25,\ 10,\ 5,\ 1]$$
$$ukds = [200,\ 100,\ 50,\ 20,\ 10,\ 5,\ 2,\ 1]$$

根据定义，元组是一个自然数的列表，与命名列表的长度相同，表示给定的变化。例如，[2, 1, 0, 0, 1, 1] 代表美元的 2.56 美元。一个元组表示的数量是由

$$amount :: [Denom] \rightarrow Tuple \rightarrow Nat$$
$$amount\ ds\ cs = sum(zipWith(\times)ds\ cs)$$

元组中硬币的数量，即其计数，由 $count = sum$ 定义。我们现在可以定义

$$mkchange :: [Denom] \rightarrow Nat \rightarrow Tuple$$
$$mkchange\ ds = minWith\ count \cdot mktuples\ ds$$

函数 $mktuples$ 提供了以给定面额兑换的所有可能方式。一个简单的定义是

$$mktuples :: [Denom] \rightarrow Nat \rightarrow [Tuple]$$
$$mktuples[1]n = [[n]]$$
$$mktuples(d:ds)n = [c:cs \mid c \leftarrow [0..n\ div\ d],\ cs \leftarrow mktuples\ ds(n - c \times d)]$$

假设最后一枚硬币的面额是 1，因此，如果只用这枚硬币来找 n 个零钱，我们需要用 n 枚硬币。否则，对于下一个面额 d，可以选择范围为 $0 \ll c \ll \lfloor n/d \rfloor$ 中的任意数字 c。计算的其余部分是剩余面额和剩余金额 $n-c\ d$ 的递归调用。另一个基于 $foldr$ 的 $mktuples$ 的合理定义在练习 7.14 中给出。

函数 $mktuples$ 可以返回一个很长的解的元组列表。例如

$$length(mktuples\ usds\ 256) = 6620$$
$$length(mktuples\ ukds\ 256) = 223195$$

因此，基于上述 *mkchange* 定义的计算相当缓慢。

mkchange 还有一个需要考虑的重要特性：与排序的情况不同，可能有多个具有最小计数的元组。例如，以面额 [7, 3, 1] 为例。然后 [6, 4, 0] 和 [7, 1, 2] 都是最小计数为 10 的 54 个零钱单位的元组。*minWith* 的定义在上一节的解集中选择的是具有最少计数的第一个元组。这意味着上面的 *mkchange* 定义返回 [6, 4, 0]（为什么?）但是贪心算法，如前文所述，选择第二个元组 [7, 1, 2]。这些结果是不同的，我们似乎又卡住了。可以通过修改 *mktuples* 的定义以不同的顺序生成元组来解决这个困难。但是负负不得正，这不是我们应该走的路。如我们所见，一种选择是改变代价函数。

这次我们用 *maxWith id* 替换 *minWith count*。因此我们定义

$$mkchange \; ds = maximum \cdot mktuples \; ds$$

因为 *maxwithid = maximum*。*mkchange* 没有选择计数最小的元组，而是选择字典序最大的元组。最大的元组是否也具有最小计数则取决于硬币的面额。我们稍后会再回到这个基本问题上来。请注意，虽然可能有多个具有最小计数的元组，但总有一个唯一的最大元组。

我们来计算一下。基本情况

$$mkchange\,[\,1\,]\,n = [\,n\,]$$

是直接的。对于归纳步骤，我们首先重写 *mktuple* 的定义，以避免明确的列表推导式：

$$mktuples\,[\,1\,]\,n = [\,[\,n\,]\,]$$
$$mktuples\,(\,d : ds\,)\,n = concatMap\,(extend\;ds)\,[\,0 \mathbin{..} n \text{ div } d\,]$$
$$\textbf{where } extend\;ds\;c = map\,(c :)\,(mktuples\;ds\,(n - c \times d\,))$$

这个转化过程简单明了，省略了许多细节。与列表推导式相比，*concatMap* 等高阶函数的优势在于，它可以更简单地描述规则。特别是

$$maximum\,(concatMap\;f\;xs) = maximum\,(map\,(maximum \cdot f)\,xs)$$
$$maximum\,(map\,(x :)\,xs) = x : maximum\;xs$$

对于所有有限的非空列表。第一条定律是前一节分配律的一个实例。和前面一样，只有当 *f* 返回一个有限的非空列表时，它才有效。在这里这并不是一个问题，因为 *extend* 确实返回这样一个列表。如果 *xs* 是空列表，则第二个选项无效（为什么?），但这也不是问题，因为 *mktuples* 返回一个非空列表。

我们现在推论如下

$$\begin{aligned}
&mkchange\,(d : ds\,)\,n \\
={} &\{\text{定义}\} \\
&maximum\,(mktuples\,(d : ds\,)\,n) \\
={} &\{\text{在 } m = n \text{ div } d \text{ 时，} mktuples \text{ 的定义}\} \\
&maximum\,(concatMap\,(extend\;ds)\,[\,0 \mathbin{..} m\,]) \\
={} &\{\text{上述的第一条定律}\} \\
&maximum\,(map\,(maximum \cdot extend\;ds)\,[\,0 \mathbin{..} m\,])
\end{aligned}$$

我们继续讨论内部的项：

$$maximum(extend\ ds\ c)$$
$$=\quad \{extend\ 的定义\}$$
$$maximum(map(c:)(mktuples\ ds(n-c\times d)))$$
$$=\quad \{上述的第二条定律\}$$
$$c:maximum(mktuples\ ds(n-c\times d))$$
$$=\quad \{mkchange\ 的定义\}$$
$$c:mkchange\ ds(n-c\times d)$$

因此

$$maximum(map(maximum\cdot extend\ ds)[0..m])$$
$$=\quad \{上文\}$$
$$maximum[c:mkchange\ ds(n-c\times d)\mid c\leftarrow[0..m]]$$
$$=\quad \{\text{lexicographic maximum 的定义}\}$$
$$m:mkchange\ ds(n-m\times d)$$

这里给出了贪心算法：

$$mkchange::[Denom]\to Nat\to Tuple$$
$$mkchange[1]n\quad=[n]$$
$$mkchange(d:ds)n=c:mkchange\ ds(n-c\times d)\ \textbf{where}\ c=n\ \text{div}\ d$$

在每一步中，选择下一个面额的硬币的最大数目。例如

$$mkchange\ ukds\ 256\quad=[1,0,1,0,0,1,0,1]$$
$$mkchange\ usds\ 256\quad=[2,1,0,0,1,1]$$
$$mkchange[7,3,1]54=[7,1,2]$$

从最小化计数的角度来看，上面的所有计算对于 $mkchange$ 的早期定义都是有效的，除了最后一步。

最后且至关重要的一点是，我们要重新讨论 $mkchange$ 何时会产生具有最小计数的元组的问题。同样，什么时候字典序最大的元组也是有最小计数的?

让我们来证明英国货币的情况也是如此（美元的情况稍微简单一些，我们将其留作练习）。设 $[c_8,c_7,\cdots,c_1]$ 是一个具有最小计数的元组，$[g_8,g_7,\cdots,g_1]$ 是贪心算法返回的元组，即字典序最大的元组。目的是显示 $c_j=g_j$，$1\leqslant j\leqslant 8$，因此英国货币的最大元组是具有最小计数的唯一元组。对于贪心算法奏效的其他货币来说，情况未必如此。变化量中的 A 满足

$$A=200c_8+100c_7+50c_6+20c_5+10c_4+5c_3+2c_2+c_1$$
$$A=200g_8+100g_7+50g_6+20g_5+10g_4+5g_3+2g_2+g_1$$

我们首先证明 $c_1=g_1$ 和 $c_2=g_2$。首先，$0\leqslant g_1<2$，否则我们可以增加 g_2 来获得 1 个字典序更大的元组。还有 $0\leqslant c_1<2$，否则我们可以增加 c_2 以获得一个更大的元组，但计数更小。下一步是证明 $0\leqslant 2c_2+c_1<5$ 和 $0\leqslant 2g_2+g_1<5$。这是通过如下方式实现的：如果 $2c_2+c_1\geqslant 5$，则有一个更大

的、用于相同金额、使用相同或更小的计数的元组。详情参见练习 7.15。第二个不等式的证明是一样的。结果我们有

$$A \bmod 5 = 2c_2 + c_1 = 2g_2 + g_1$$

所以 $2(c_2 - g_2) = g_1 - c_1 < 2$；因此 $c_1 = g_1$，$c_2 = g_2$。接着，令

$$B = (A - (2c_2 + c_1))/5$$

我们有

$$B = 40c_8 + 20c_7 + 10c_6 + 4c_5 + 2c_4 + c_3$$

$$B = 40g_8 + 20g_7 + 10g_6 + 4g_5 + 2g_4 + g_3$$

现在令 $0 \ll g_3 < 2$，否则我们可以增加 g_4 来获得一个更大的元组。令 $0 \ll c_3 < 2$，否则将出现一个计数较小的元组。因此

$$B \bmod 2 = c_3 = g_3$$

下一步，令 $C = (B - c_3)/2$。然后

$$C = 20c_8 + 10c_7 + 5c_6 + 2c_5 + c_4$$

$$C = 20g_8 + 10g_7 + 5g_6 + 2g_5 + g_4$$

与第一步相同的推理表明，$c_4 = g_4$ 和 $c_5 = g_5$。下一步，设 $D = (C - (2c_5 + c_4))/5$，则

$$D = 4c_8 + 2c_7 + c_6$$

$$D = 4g_8 + 2g_7 + g_6$$

与第二步相同的参数显为 $c_6 = g_6$。设置 $E = (D - c_6)/2$

我们有

$$E = 2c_8 + c_7$$

$$E = 2g_8 + g_7$$

现在我们可以再次重复第一步的论证来证明 $c_7 = g_7$ 和 $c_8 = g_8$。

　　这种关于货币的冗长推理没有捷径可走，每种面额都必须分开处理。毕竟，只有在更大的面额下，这个论点才会失效。从本质上讲，同样的论点也适用于美元。它也适用于某些基数的连续幂，或者更普遍地说，当每个单位是下一个较低单位的倍数时，该论点才适用。但似乎没有办法概括出一个通用的简单规律来说明它何时会起作用。

7.4　T_EX 中的十进制小数

　　第 3 个涉及数字列表的问题与 Knuth 的排版系统 T_EX 有关，本书就是使用该系统排版而成的。T_EX 的源语言是十进制的。例如，可以使用 \hspace{0.2134156in} 来获得一个宽度为│　　　│的空格。但 T_EX 内部使用整数运算，所有小数都可表示为 $1/2^{16} = 1/65536$ 的整数倍数。例如，0.2134156 用整数 13986 表示，较短的小数 0.21341 也是如此。因此，这是一个将小数转换为其最接近的内部表示形式的问题，相反，也可以是将一个内部表示形式

转换为其最短的小数形式的问题。在任何一个方向上，T_EX 都只允许有限精度的整数算法，即 Int 算法。第一个方向很简单，但另一个方向涉及贪心算法。

让我们先考虑一下由外部到内部的问题。将 $Digit$ 作为 Int 的同义词，限制为 $0 \le d < 10$ 范围内的数字 d，小数部分表示范围为 $0 \le r < 1$ 的实数 r 可以转换为浮点数（见练习 1.11）

$$fraction :: [Digit] \to Double$$
$$fraction = foldr\ shiftr\ 0$$
$$shiftr :: Digit \to Double \to Double$$
$$shiftr\ d\ r = (fromIntegral\ d + r)/10$$

例如，将 $0.d_1 d_2 d_3$ 转换为实数

$$(d_1 + (d_2 + (d_3 + 0)/10)/10)/10 = \frac{d_1}{10} + \frac{d_2}{100} + \frac{d_3}{1000}$$

在 Haskell 中需要 $fromIntegral$ 的转换函数来将一个整数（这里是一个数字）转换为一个浮点数，然后再将其添加到另一个浮点数。这样的转换函数可能会使算术运算变得不够清晰，从现在起，我们将在算法推理中忽略它们。

函数 $scale$ 将结果 r 转换为最接近 2^{16} 的倍数，即

$$\lfloor 2^{16}r + 1/2 \rfloor = \left\lfloor \frac{2^{17}r + 1}{2} \right\rfloor$$

因此，由于 $2^{17} = 131072$，我们可以定义

$$scale :: Double \to Int$$
$$scale\ r = \lfloor (131072 \times r + 1)/2 \rfloor$$

外部到内部的 T_EX 问题现在由下式定义：

$$intern :: [Digit] \to Int$$
$$intern = scale \cdot fraction$$

由此可见，$intern$ 使用分数运算来计算结果，而要求是只使用有限精度的整数运算。所以仍然有一个问题需要解决。

解决方案是尝试使用 $foldr$ 的融合定律将 $scale$ 和 $fraction$ 融合成一个函数。但结果证明这是不可能的（参见练习 7.19）。我们能做的最好的就是将 $scale$ 分解成两个函数，并将其中一个与 $fraction$ 融合。对于所有的整数 a 和 b，$b > 0$，以及实数 x，

$$\left\lfloor \frac{x + a}{b} \right\rfloor = \left\lfloor \frac{\lfloor x \rfloor + a}{b} \right\rfloor \tag{7.1}$$

我们将使用底函数规则的证明留作练习（见练习 4.1）。特别地，当 $x = 131072r$，$a = 1$ 以及 $b = 2$ 时，可以得出

$$scale = halve \cdot convert$$

其中

$$halve\ n = (n + 1)\ div\ 2$$
$$convert\ r = \lfloor 131072 \times r \rfloor$$

可以融合转换和分数。我们有

$$convert \cdot foldr\ shiftr\ 0 = foldr\ shiftn\ 0$$

只要我们能找到一个满足融合条件的函数 shiftn

$$convert(shiftr\ d\ r) = shiftn\ d(convert\ r)$$

为了找到 shiftn，我们要推理

$$convert(shiftr\ d\ r)$$
$$=\quad \{定义\}$$
$$\lfloor 131072 \times (d + r)/10 \rfloor$$
$$=\quad \{(7.1)\}$$
$$(131072 \times d + \lfloor 131072 \times r \rfloor)\operatorname{div} 10$$
$$=\quad \{convert\ 的定义\}$$
$$(131072 \times d + convert\ r)\operatorname{div} 10$$

因此，我们定义

$$shiftn\ d\ n = (131072 \times d + n)\operatorname{div} 10$$

我们已经证明了

$$intern :: [Digit] \to Int$$
$$intern = halve \cdot foldr\ shiftn\ 0$$

这就解决了从外部到内部的问题。在此计算过程中可能出现的最大整数为 1310720，因此 Int 运算就足够了。注意，我们没有利用 131072 的任何性质，除了它是一个正整数。但是对于 2^{17}，算法可以进行优化：除了前 17 位之外，分数中的所有其他数字都可以丢弃，因为它们不会影响答案。相关证明留作练习 7.20。

另一个解决方向是在 $0 \leqslant n < 2^{16}$ 范围内找到一个内部表示为 n 的最短的十进制分数。同样，只允许有限精度的整数运算。现在，我们已经知道如何设置问题了：

$$extern :: Int \to [Digit]$$
$$extern\ n = minWith\ length(externs\ n)$$

其中 n 被限制在一个范围内：$0 \leqslant n < 2^{16}$。理想情况下，函数 externs n 应该返回一个包含所有内部值为 n 的有限小数的列表。问题是，这是一个无限列表，因此任何 extern 的执行都不能终止。例如，17 位小数 0.01525115966796875 和 5 位小数 0.01526 的内部值都是 1000，以及在这些边界之间的任何小数。有时，就像这里一样，解的集合是无限的。尽管可以使用数学表达，但不能将选择一个最佳的表达式表述为可执行的表达式。

如上所述，一种解决方案是只生成长度不超过 17 的小数。实际上，它只生成长度不超过 5 的小数就足够了（参见练习 7.22），而在 T_EX 的第一个实现过程中也会选择长度为 5 的小数。所以，这种选择并不令人满意（用户要求 0.4 点的规则，却被告知 T_EX 实际上排的是 0.39999 点的规则），因此 Knuth 实现了一个贪心算法。

相反，我们将研究另一种生成可能小数的有限列表的方法，该列表保证包含所有最短的小数，这就是贪心算法。要确定列表，请注意当且仅当 scale（小数 ds）= n 时，小数 ds 是 externs n 的元素。下面将 131072 缩写为 w，则我们可以得到

$$scale\ r = n \Leftrightarrow 2n - 1 \leq wr < 2n + 1$$

因为比例 $r = \lfloor (w\ r + 1)/2 \rfloor$。这就建议将 externs 概括为函数，比如 decimals，它以一个区间作为参数：

$$externs\ n = decimals(2n - 1,\ 2n + 1)$$

这里，如果 a<b 和 b>0，则 decimals（a，b）的值满足以下条件的任何小数列表 ds：

$$a \leq w \times fraction\ ds < b$$

只要它包含所有满足约束条件的最短小数。现在来看小数 decimals 的定义，首先

$$a \leq w \times fraction[\ ] < b \Leftrightarrow a \leq 0 < b$$

因此，我们可以设置小数（a，b）= [[]]，如果 a≤0。其次，我们有

$$a \leq w \times fraction(d : ds) < b$$
$$\Leftrightarrow \quad \{fraction\ 的定义\}$$
$$a \leq w \times shiftr\ d(fraction\ ds) < b$$
$$\Leftrightarrow \quad \{shiftr\ 的定义，记\ r = fraction\ ds\}$$
$$a \leq w(d + r)/10 < b$$
$$\Leftrightarrow \quad \{算术运算\}$$
$$10a - wd \leq wr < 10b - wd$$
$$\Leftrightarrow \quad \{因为\ 0 \leq r < 1(如果\ P \Rightarrow Q)，P \Leftrightarrow P \wedge Q\}$$
$$(10a/w - 1 < d < 10b/w) \wedge (10a - wd \leq wr < 10b - wd)$$
$$\Leftrightarrow \quad \{因为\ d\ 是整数\}$$
$$(\lfloor 10a/w \rfloor \leq d \leq \lfloor 10b/w \rfloor) \wedge (10a - wd \leq wr < 10b - wd)$$
$$\Leftrightarrow \quad \{因为\ d\ 是数位\}$$
$$(max\ 0\lfloor 10a/w \rfloor \leq d \leq min\ 9\lfloor 10b/w \rfloor\ \wedge$$
$$(10a - wd \leq wr < 10b - wd)$$

因此

$$a \leq w \times fraction(d : ds) < b$$
$$\Leftrightarrow \quad l \leq d \leq u \wedge 10a - wd \leq fraction\ ds < 10b - wd$$

其中 $l = max\ 0\lfloor 10\ a/w \rfloor$ 和 $u = min\ 9\lfloor 10\ b/w \rfloor$。这可以给出小数 decimals 的如下定义：

$$decimals :: (Int,\ Int) \rightarrow [[Digit]]$$
$$decimals(a,\ b) =$$

if $a \leq 0$ **then**$[[\ ]]$

else$[d : ds \mid d \leftarrow [l..u],\ ds \leftarrow decimals(10 \times a - w \times d,\ 10 \times b - w \times d)]$

where $w = 131072$

$l = 0\ max((10 \times a)\operatorname{div} w)$

$u = 9\ min((10 \times b)\operatorname{div} w)$

根据这个定义，我们判断 *externs n* 返回一个由所有小数 *ds* 组成的列表，对于 *ds* 的任何前缀 *ds′*，有 *intern ds* = *n* 但是对于 *ds* 的任何真前缀 *ds′*，有 *intern ds′* < *n*。为了证明这一点，请注意由 *decimals*(*a*, *b*) 产生的连续区间有下界：

$$a, 10a - wd_1, 10(10a - wd_1) - wd_2, \cdots$$

这个数列的第 *k* 项是

$$10^k a - w(10^{k-1} d_1 + \cdots + 10^0 d_k) = 10^k(a - w \times \textit{fraction ds})$$

因此小数 (*a*, *b*) 产生一个最短的 *ds* 列表，使得 *a* ≤ *wr*，其中 *r* = *fraction ds*。此外，当且仅当 *n* ≤ 缩放比例 *r* 时，2*n*-1 ≤ *w r*，因此 *externs n* 生成了小数 *ds*，这些小数以 *n* 为比例，但 *ds* 的前缀没有。

然而，上述 *decimals* 的定义包含了一个我们在二分查找的定义中遇到过的错误：数字可能会变得非常大，而 *Int* 的运算不能胜任这项工作。相反，我们必须转向 *Integer* 运算，并将 *decimals* 定义为具有类型的函数

$$\textit{decimals} :: (\textit{Integer}, \textit{Integer}) \to [[\textit{Digit}]]$$

产生这个错误的原因以及对 *decimals* 和 *externs* 的必要修改将留作练习。

既然我们已经确保了 *externs* 返回一个有限列表，那么我们可以返回考虑 *extern*。就像在硬币兑换问题中一样，可能有多个具有相同内部表示的最短分数。例如，0.05273 和 0.05274 都是内部表示为 3456 的最短分数。上面的 *extern* 定义返回第一个分数，而贪心算法返回第二个分数。解决方法还是改变代价函数。

extern 可以重新定义为

$$\textit{extern} = \textit{maximum} \cdot \textit{externs}$$

和硬币兑换问题一样，我们切换到选择词法上最大的小数部分。稍后将给出 *externs* 返回的最大小数是最短小数的证明。

我们将省略给出以下贪心算法的计算：

$$\textit{extern} :: \textit{Int} \to [\textit{Digit}]$$
$$\textit{extern n} = \textit{decimal}(2 \times n - 1, 2 \times n + 1)$$

其中

$$\textit{decimal} :: (\textit{Int}, \textit{Int}) \to [\textit{Digit}]$$
$$\textit{decimal}(a, b) = \textbf{if } a \leq 0 \textbf{ then}[\,]$$
$$\qquad\qquad \textbf{else } d : \textit{decimal}(10 \times a - w \times d, 10 \times b - w \times d)$$
$$\qquad\qquad \textbf{where } d = (10 \times b)\,\textbf{div}\,w$$
$$\qquad\qquad w = 131072$$

请注意，*Integer* 算术运算再次被 *Int* 算术运算取代。对所有的小数 (*a*, *b*) 调用 *b* < *w*。*n* < 2^{16} 时，我们有

$$2n + 1 \leq 2(2^{16} - 1) + 1 = 2^{17} - 1 < 2^{17} = w$$

所以最初的证明是成立的。更进一步，

$$10b - w\lfloor 10b/w \rfloor = 10b \bmod w < w$$

所以这个断言对于递归调用是成立的。对于 $b<w$，我们有 $0 \leqslant \lfloor 10\,b/w \rfloor < 10$，所以 d 总是一个有效的数字。

还有待证明的是，最大的小数也是最短的小数。我们通过证明如果 ds_1 和 ds_2 是 $decimals(a, b)$ 中的两个不同的小数，则 $ds_1 < ds_2 \Rightarrow ds_2$ 的长度 $< ds_1$ 的长度。我们在前面看到，如果 $decimals(a, b)$ 产生一个小数 ds，那么它不能同时生成一个 ds 的真前缀。因此 ds_1 不能是 ds_2 的前缀。现在，根据词法顺序的定义，我们有 $ds_1 = us + d_1 : vs_1$，$ds_2 = us + d_2 : vs_2$，其中 $d_1 < d_2$。设 k 为 us 的长度，n 为 us 的位数组成的 10 进制整数。很容易看出 $d_1 : vs_1$ 和 $d_2 : vs_2$ 都在

$$decimals(10^k \times a - 131072 \times n, \; 10^k \times b - 131072 \times n)$$

但是 $d_1 < d_2$，这意味着 $[d_2]$ 也在此列表中。并且由于 $[d_2]$ 和 $d_2 : vs_2$ 不能同时在列表中，除非 vs_2 是空列表，所以我们得出的结论是 $ds_2 = us + [d_2]$，该长度不超过 ds_1。

7.5 不确定性函数和精化

通过将代价函数转换为另一个保证线性顺序的函数，使得最小和最大元素是唯一的，从而成功解决了本章中提到的三个问题。然而，这种方法并非总是可行。在一般情况下，要建立一个如下形式的（上下文敏感的）贪心条件：

$$gstep\ x(minWith\ cost(candidates\ xs))$$
$$= minWith\ cost(map(gstep\ x)(candidates\ x))$$

当有一个以上的解具有最小代价时，我们必须对所有的解 c 和 c' 证明它有很强的性质：

$$cost\ c \leqslant cost\ c' \Leftrightarrow cost(gstep\ x\ c) \leqslant cost(gstep\ x\ c') \tag{7.2}$$

要了解原因，请观察，如果 c 是第一个返回的解，那么 $gstep\ x\ c$ 必须是最小代价扩展解列表中具有最小代价的第一解。这是我们定义的 $minWith$，它选择解列表中代价最小的第一个元素。为了确保列表中较早的解 c' 的扩展有更大的代价，我们必须证明对于所有解 c 和 c'，

$$cost\ c' > cost\ c \Rightarrow cost(gstep\ x\ c') > cost(gstep\ x\ c) \tag{7.3}$$

为确保扩展的解 c' 在后面列表中没有更小的代价，我们必须证明对于所有解 c 和 c'，

$$cost\ c \leqslant cost\ c' \Rightarrow cost(gstep\ x\ c) \leqslant cost(gstep\ x\ c') \tag{7.4}$$

（7.3）和（7.4）的合取是（7.2）。

然而（7.2）的证明过于困难，以至于在实践中很少成立。如果 $minWith$ 要以最小代价返回列表中的最后一个元素，则需要上述的类似条件。我们真正需要的是另一种推理形式，它允许我们仅从简单的单调性条件（7.4）中建立必要的融合条件。然而事实是，用 $minWith$ 的任何定义进行等式推理都不足以提供它。

因此，对于 $minWith$ 我们必须放弃上述等式推理。一种通用的方法是用关系型框架代替函数型框架，并考虑在另一种关系中包含一种关系。但就我们的目的而言，这个解决方案太极端了，更类似于心脏移植，而不是一管偶尔用的溶剂。另一种选择（如果可以顺利工作的话）

是引入 *minWith* 的一个不确定变量，并用一个表达式推理另一个表达式的精化，而不是使两个表达式相等。

假设我们引入 *MinWith cost* 作为一个不确定函数，其规范由以下断言来指定，当 *xs* 是一个定义良好的值的有限非空列表，*x* 是 *xs* 中的一个元素，且 *xs* 中的所有元素 *y* 都有 *x* 的代价小于或等于 *y* 的代价。注意首字母大写：*MinWith* 不是 Haskell 的一部分。我们并不打算用不确定函数来扩展 Haskell。相反，*MinWith* 只是扩展了我们的规范能力，不会出现在最终的算法中。

我们写 *x*←*MinWith cost xs* 意味着 *x* 是 *xs* 的最小代价下的一个可能的情况。符号"←"被解读为"精化"。将 *MinWith cost xs* 视为 *xs* 中代价最小的元素的集合，并将←解释为集合成员关系。这种情况类似于顺序表示法，其中 $O(g(n))$ 被解释为一组函数，$f(n) = O(g(n))$ 中的等号作为集合成员。例如，1←*MinWith cost* [1, 2] 是一个真断言，前提是 $cost 1 \leqslant cost 2$。另一方面，*MinWith cost* [] 和 *MinWith cost* [1, ⊥, 2] 都没有明确定义。

更一般地说，如果 E_1 和 E_2 可能是同一类型 T 的不确定性表达式，那么我们写 $E_1 \leftarrow E_2$，表示对于所有类型 T 的值 v，有

$$v \leftarrow E_1 \Rightarrow v \leftarrow E_2$$

因此 $E_1 \leftarrow E_2$ 中的符号←应该被认为是集合包含。这种情况类似于 $2n^2 + O(n^2) = O(n^2)$ 这样的断言，其中＝号实际上意味着集合包含。

接下来，假设 E 和 E_1 可能是不确定的表达式。然后我们解释 $x \leftarrow E(E_1)$ 表示存在一个 y，使得 $y \leftarrow E_1$ 和 $x \leftarrow E(y)$。因此，我们有

$$E_1 \leftarrow E_2 \Rightarrow E(E_1) \leftarrow E(E_2)$$

从而所有表达式在精化下都是单调的。

例如，考虑贪心条件

$$gstep\ x(MinWith\ cost(candidates\ xs))$$
$$\leftarrow MinWith\ cost(map(gstep\ x)(candidates\ xs))$$

首先，只有解集 *xs* 是定义良好的值的有限非空列表，并且 *gstep x* 在定义良好的参数上返回定义良好的结果时，这个断言才有意义。在以下情况下，断言成立：

$$c \leftarrow gstep\ x(MinWith\ cost(candidates\ xs))$$

如果存在 *c* = *gstep x c′*，对于某些 *c′*，则 *c′*← *MinWith cost*(*candidates xs*)。通过贪心条件判断，在 *list cs* = *candidates xs* 中存在最小代价成立的某个解 *c′*，使得 *gstep x c′* 是 *map*(*gstep x*) *cs* 中代价最小的解。与之前版本的贪心条件不同，这个断言遵循简单单调条件（7.4）。为了详细说明这些细节，假设 *c′* 是 *cs* 中的一个候选解，且代价最小。

我们只需要证明对于 *cs* 中的所有候选项 *c′*，在假设 $cost\ c' \leqslant cost\ c''$ 的情况下

$$cost(gstep\ x\ c') \leqslant cost(gstep\ x\ c'')$$

这与（7.4）是一致的。

接下来，我们定义两个相同类型的不确定表达式，如果它们都具有相同的精化集，则它们相等。因此

$$E_1 = E_2 \Leftrightarrow E_1 \leftarrow E_2 \wedge E_2 \leftarrow E_1$$

例如，考虑分配律

$$MinWith\ cost(concat\ xss) = MinWith\ cost(map(MinWith\ cost)xss)$$

其中 xss 是有限非空列表的有限非空列表。这里的等号意味着没有对一边的精化的同时另一边也没有精化。我们将断言

$$xs \leftarrow map(MinWith\ cost)xss$$

这可以理解为：如果 $xss = [xs_1, xs_2, \cdots, xs_n]$ 是由定义良好的值组成的有限非空列表，则 $xs = [x_1, x_2, \cdots, x_n]$，其中 $x_j \leftarrow MinWith\ cost\ xs_j$。分配律成立的证明请参见练习 7.23。

我们还想要什么呢？我们当然想要一个 $foldr$ 融合法则的精化版本，即对于所有有限列表 xs，

$$foldr\ gstep\ c_0\ xs \leftarrow MinWith\ cost(foldr\ fstep[c_0]xs)$$

条件是对于所有的 x 和所有形如 $ys = foldr\ fstep[c_0]xs$ 的 ys，

$$gstep\ x(MinWith\ cost\ ys) \leftarrow MinWith\ cost(fstep\ x\ ys)$$

下面是融合定律的证明。基本情况比较直接，归纳步骤如下：

$$foldr\ gstep\ c_0(x:xs)$$

$= \quad \{foldr\ 的定义\}$

$$gstep\ x(foldr\ gstep\ c_0\ xs)$$

$\leftarrow \quad \{精化的归纳性和单调性\}$

$$gstep\ x(MinWith\ cost(foldr\ fstep[c_0]xs))$$

$\leftarrow \quad \{融合条件\}$

$$MinWith\ cost(fstep\ x(foldr\ fstep[c_0]xs))$$

$= \quad \{foldr\ 的定义\}$

$$MinWith(foldr\ fstep[c_0](x:xs))$$

让我们看看重新计算 mcc 的贪心算法还需要什么。这一次我们从规范开始：

$$mcc\ xs \leftarrow MinWith\ cost(candidates\ xs)$$

对于融合条件，我们推论，有 $cs = candidates\ xs$，

$$MinWith\ cost(fstep\ x\ cs)$$

$= \quad \{使用\ fstep = concatMap \cdot extend\}$

$$MinWith\ cost(concatMap(extend\ x)cs)$$

$= \quad \{分配律\}$

$$MinWith\ cost(map(MinWith\ cost \cdot extend\ x)cs)$$

$\rightarrow \quad \{假设\ gstep\ x\ xs \leftarrow MinWith\ cost(extend\ x\ xs)\}$

$$MinWith\ cost(map(gstep\ x)cs)$$

$\rightarrow \quad \{贪心条件\}$

$$gstep\ x(MinWith\ cost(candidates\ xs))$$

我们写入 $E_1 \rightarrow E_2$ 作为 $E_2 \leftarrow E_1$ 的替代。第二步利用分配律，第三步利用精化的单调性。正如

我们上面所看到的，贪心条件源自 (7.4)。

我们引入了一个单不确定性函数 *MinWith cost*，这对于下面两章来说就足够了。在本书关于细化算法的第四部分中，我们将需要另一个不确定性函数 *ThinBy*，该函数将以与 *MinWith* 相同的方式处理，即简单地说明关于精化的有效推理规则。

7.6　总结

让我们总结一下本章的要点：

1. 贪心算法来自一个函数的成功融合，该函数选择了一个最佳解和一个函数生成所有解集，或至少所有可能成为最佳解的集合。

2. 最佳解有时可以用不同的方式来定义。例如在爬山时候，最高点也可以是视野最好的点，你可以选择最大化高度或最大化视野。无论哪种情况，结果都是一样的。

3. 有时贪心条件的简单陈述过于强大，因为它没有考虑上下文。

4. 虽然在特殊情况下有可能证明上下文敏感的融合条件成立，通常是通过改变代价函数，但一般情况下，为了证明贪心算法有效，人们可能必须用精化推理代替等价推理。

章节注释

插入排序和选择排序都是众所周知的排序算法，尽管它们通常不被描述为贪心算法。Knuth 在文献 [6] 中开始了对逆序的研究，在那里可以找到许多有趣的逆序特性。

硬币兑换的问题由来已久。最近的文献包括文献 [1, 5]。T_EX 问题首先在文献 [7] 中被讨论，题目是"一个证明不成立的简单程序"，并在文献 [3] 中被进一步讨论。值得注意的是，这两个问题都采用了完全相同的计算。

有关如何推理函数设置中的非确定性的更多信息，请参见文献 [4]。关于不确定性函数和精化的文章很多，还有很多形式化这些概念的方法。一种方法是把一个不确定的函数看作一个关系，而精化是把一个关系包含到另一个关系中。在文献 [2] 中描述了在类别设置下的关系型编程方法；这本书里还提及了一个有关 T_EX 问题的例子。另一种方法是在文献 [8] 和之前的文献 [9] 中给出的，我们或多或少地遵循了上面的语法变化。这两篇文章讲述了在不确定函数和精化中可能出现的陷阱，如果不多加注意，就会陷入其中。

参考文献

[1] Michal Adamaszek and Anna Niewiarowska. Combinatorics of the change-making problem. *European Journal of Combinatorics*, 31 (1)：47–63, 2010.

[2] Richard S. Bird and Oege de Moor. *The Algebra of Programming*. Prentice-Hall, Hemel Hemp-

stead，1997.

[3] Richard S. Bird. Two greedy algorithms. *Journal of Functional Programming*，2（2）：237–244，1992.

[4] Richard Bird and Florian Rabe. How to calculate with nondeterministic functions. In G. Hutton，editor，*Mathematics of Program Construction*，volume 11825 of *Lecture Notes in Computer Science*. Springer-Verlag，Cham，pages 138–154，2019.

[5] Xuan Cai. Canonical coin systems for change-making problems. In *Hybrid Intelligent Systems*，IEEE，pages 499–504，2009.

[6] Donald E. Knuth. *The Art of Computer Programming*，volume 3：Sorting and Searching. Addison-Wesley，Reading，MA，second edition，1998.

[7] Donald E. Knuth. A simple program whose proof isn't. In W. H. J. Feijen，A. J. M. van Gasteren，D. Gries，and J. Misra，editors，*Beauty is Our Business*：A Birthday Salute to Edsger W. *Dijkstra*. Springer-Verlag，Berlin，1990.

[8] Joseph M. Morris and Malcolm Tyrrell. Dually nondeterministic functions. *ACM Transactions on Programming Languages and Systems*，30（6）：34，2008.

[9] Joseph M. Morris and Alexander Bunkenburg. Specificational functions. *ACM Transactions on Programming Languages and Systems*，21（3）：677–701，1999.

练习

练习 7.1 *Data. List* 库给出了一个函数：
$$minimumBy :: (a \rightarrow a \rightarrow Ordering) \rightarrow [a] \rightarrow a$$
请用 *minimumBy* 定义 *minWith*。

练习 7.2 写出一个函数 *minsWith f* 的定义，这个函数返回所有使 *f* 最小化的有限非空列表中的所有元素。特别地，语句 *x←MinWith f xs* 可以读作 $x \in minsWith\ f\ xs$。

练习 7.3 求证：如果 *f* 是满足结合律的，那么对所有非空列表 *xs* 和 *ys*：
$$foldr1\ f(xs \mathbin{+\mkern-8mu+} ys) = f(foldr1\ f\ xs)(foldr1\ f\ ys)$$
因此，假设 *xss* 只包含非空列表，请证明：
$$foldr1\ f(concat\ xss) = foldr1\ f(map(foldr1\ f)xss)$$
最后，假设 *xss* 只包含非空列表，请证明：
$$minWith\ f(concat\ xss) = minWith\ f(map(minWith\ f)xss)。$$

练习 7.4 写出 *perms* 的一个分治法定义。

练习 7.5 为什么定律
$$minimum \cdot map(x:) = (x:) \cdot minimum$$
在空列表上无效？

练习 7.6　请证明：如果 f 是单调的，则在非空列表上 $minimum \cdot map\ f = f \cdot minimum$。并说明单调条件是否是必需的。

练习 7.7　给定 $gstep\ x = minimum \cdot extend\ x$，推导 $gstep$ 的一个递归定义。

练习 7.8　假定 $gstep$ 同前一题的定义，请证明：

$$minimum(map(gstep\ x)xss) = gstep\ x(minimum\ xss)$$

假设 xss 中的所有列表有相同的长度。请举一个例子说明：如果 xss 可以包含不同长度的列表，则条件不成立。

练习 7.9　假设 (x_1, ys_1) 和 (x_2, ys_2) 取自同一个列表，请证明：

$$(x_1, ys_1) \leqslant (x_2, ys_2) \Rightarrow x_1 : sort\ ys_1 \leqslant x_2 : sort\ ys_2$$

练习 7.10　写出一个计算 $pick$ 的线性时间算法。

练习 7.11　考虑对列表 $[3, 4, 2, 5, 1]$ 进行插入排序。记住，Haskell 是一门懒惰的语言，继续执行下列计算步骤序列，直到获得结果的第 1 个元素：

$$gstep\ 3(gstep\ 4(gstep\ 2(gstep\ 5(gstep\ 1[\ ]))))$$
$$gstep\ 3(gstep\ 4(gstep\ 2(gstep\ 5(1:[\ ]))))$$
$$gstep\ 3(gstep\ 4(gstep\ 2(1:gstep\ 5[\ ])))$$

现在回答下列问题：在非空列表上计算 $head \cdot isort$ 需要多长时间？排序 $[3, 4, 2, 5, 1]$ 的精确比较序列是什么？插入排序实际上是通过在每一步插入 1 个新的元素到 1 个已经排好序的列表中实现的吗？

练习 7.12　解释为什么 $mkchange\ [7, 3, 1]\ 54 = [6, 4, 0]$，其中

$$mkchange\ ds = minWith\ count \cdot mktuples\ ds$$

对 $mktuples$ 的定义做什么改变会生成 $[7, 1, 2]$？

练习 7.13　以下是基于硬币重量的硬币兑换方式：

$$\textbf{type}\ Weights = [Int]$$
$$weight :: Weights \rightarrow Tuple \rightarrow Int$$
$$weight\ ws\ cs = sum(zipWith(\times)ws\ cs)$$
$$mkchangew :: Weights \rightarrow [Denom] \rightarrow Nat \rightarrow Tuple$$
$$mkchangew\ ws\ ds = minWith(weight\ ws) \cdot mktuples\ ds$$

在英国，最小化硬币的个数同时也会最小化硬币的重量。我们可以简单地通过穷举测试来证明这一点：

$$ukws = [1200, 950, 800, 500, 650, 325, 712, 356]$$
$$test\ = [n \mid n \leftarrow [1..200], mkchange\ ukds\ n \neq mkchangew\ ukws\ ukds\ n]$$

我们只需要检查最多到 2 英镑的总额。但 $test$ 返回一个从 2 开始的非空列表，因为

$$mkchange\ ukds\ 2 \qquad = [0, 0, 0, 0, 0, 0, 1, 0]$$
$$mkchangew\ ukws\ ukds\ 2 = [0, 0, 0, 0, 0, 0, 0, 2]$$

一个 2 磅的硬币重量等同于 2 个 1 磅的硬币。所以到底是哪里出错了？应该如何修正该测试？

练习 7.14 将 *mktuples* 函数表示为 *foldr* 的实例。(提示:维护一个 *pair* 列表,其中,一个 *pair* 由一个元组和一个剩余量组成,然后在最后选择一个剩余量为 0 的 *pair* 的第一个组件。)写下相关的贪心算法。当我们讨论针对同一问题的精化算法时,我们将使用这样的定义。

练习 7.15 考虑面额 $[5, 2, 1]$ 和一个有最小个数的最大元组 $[c_3, c_2, c_1]$。请证明:如果 $2c_2 + c_1 \geq 5$,那么对于同样的数额会有更大的元组但同时有更小的个数。如果面额为 $[4, 3, 1]$,是否必须要求 $3c_2 + c_1 < 4$?

练习 7.16 考虑 UR(United Region,联合地区)的货币,面额是 $[100, 50, 20, 15, 5, 2, 1]$。请仔细解释,为何贪心算法适用于英国货币,但不适用于 UR 货币。贪心算法对 UR 货币有效吗?

练习 7.17 求证:如果每个面额都是下一个较小面额的倍数,那么贪心算法是有效的。

练习 7.18 使用地板规则证明 (7.1)。

练习 7.19 我们计算出:

$$intern = halve \cdot foldr\ shiftn\ 0$$

假设对一些函数 *op*,有 *halve* · *foldr shiftn* 0=*foldr op* 0,相关的融合条件是

$$halve(shiftn\ d\ n) = op\ d(halve\ n)$$

对所有 n=*foldr shiftn* 0 *ds* 的 n。使用地板规则,我们有

$$halve(shiftn\ d\ n) = (2^{17} \times d + n + 10)\operatorname{div} 20$$

现在,因为 *halve*(2×n) = *halve*(2×n-1)。融合条件要求

$$(2^{17} \times d + 2 \times n + 10)\operatorname{div} 20 = (2^{17} \times d + 2 \times n + 9)\operatorname{div} 20$$

你的任务是找到一个两位十进制数 *ds*,其中 n=*foldr shiftn* 0 *ds*,使得上述声明在 d=0 时是错误的。

练习 7.20 为什么除了输入的前 17 位之外,其他数字都可以忽略?

练习 7.21 为什么 *decimals* 的第一个定义存在漏洞?提示:正如第 1 章中所说,Haskell 只能保证 *Int* 型覆盖范围 $[-2^{29}, 2^{29}]$。如果 Haskell 编译器允许 *Int* 型覆盖范围 $[-2^{63}, 2^{63}]$,那么这个漏洞是否仍然存在?给出解决该问题的 *decimals* 和 *externs* 的修订版本。

练习 7.22 对 $n < 2^{16}$,整数 D,其中

$$D = \left\lfloor 10^5 \frac{n}{2^{16}} + \frac{1}{2} \right\rfloor$$

满足 $D < 10^5$ 且有最多 5 位。基于这一事实,说明 *extern n* 有最多 5 位。

练习 7.23 为了验证 *MinWith cost* 的分配律,我们需要说明,如果 x←*MinWith*(*concat xss*),那么存在一个列表 *xs* 使得

$$xs \leftarrow map(MinWith\ cost)xss \bigwedge x \leftarrow MinWith\ cost\ xs$$

相反,我们同样也需要说明

$$xs \leftarrow map(MinWith\ cost)xss \wedge x \leftarrow MinWith\ cost\ xs$$

$$\Rightarrow x \leftarrow MinWith\ cost\,(concat\ xss)$$

求证这两个声明。

练习 7.24 假设 $MCC\ xs = MinWith\ cost$（$candidates\ xs$）。请说明

$$foldr\ gstep\ e\ xs \leftarrow MCC\ xs$$

假设对所有的 $candidates\ c$，$componets\ x$ 和 $componets\ xs$ 列表，$e \leftarrow MCC[\ ]$ 且

$$c \leftarrow MCC\ xs \Rightarrow gstep\ x\ c \leftarrow MCC(x:xs)$$

练习 7.25 通过 $Flip\ x = MinWith(const\ 0)[x,\ not\ x]$

$$定义\ Flip :: Bool \rightarrow Bool$$

下列哪些断言是正确的？

$$id \leftarrow Flip \qquad not \leftarrow Flip \qquad not \cdot not = not \qquad Flip \cdot Flip = Flip$$

Chapter 8 第8章

树的贪心算法

接下来的 2 个问题是关于树的。对于两种不同的代价（cost）定义，这些问题涉及最低代价构建树的任务。第一个问题与我们之前在二分查找和排序中看到的树构造算法相关。第二个问题是哈夫曼编码树，其在有效压缩数据方面具有重要的实际意义。与前一章的问题不同，这两个贪心树的构造算法需要我们推理不确定函数 *MinWith*，来证明它们是有效的。

8.1 最小高度树

在这一章中，我们将集中讲一种称为"叶子标记树"的树：

$$\textbf{data } Tree\ a = Leaf\ a \mid Node\ (Tree\ a)\ (Tree\ a)$$

因此，叶子标记树是一种仅在叶子节点存储信息的二叉树。本质上，这种树虽然有一个额外的构造函数 *Null*，但我们在 5.2 节的归并排序中其实描述过它。

叶子标记树的大小是它的叶子的数量：

$$size :: Tree\ a \to Nat$$
$$size\ (Leaf\ x) \quad = 1$$
$$size\ (Node\ u\ v) = size\ u + size\ v$$

树的高度由以下定义：

$$height\ (Leaf\ x) \quad = 0$$
$$height\ (Node\ u\ v) = 1 + height\ u \max height\ v$$

对于一个大小为 n，高度为 h 的叶子标记树，我们有 $h < n \leqslant 2^h$，所以 $h \geqslant \lceil \log n \rceil$。

树的边界是叶子标签从左到右排列的列表：

$$fringe :: Tree\ a \rightarrow [\,a\,]$$
$$fringe(Leaf\ x)\quad = [\,x\,]$$
$$fringe(Node\ u\ v) = fringe\ u \mathbin{+\mkern-10mu+} fringe\ v$$

因此，边界本质上就是我们之前所说的 *flatten* 函数。注意，树的边界总是一个非空列表。

　　考虑以下问题：使用给定的列表作为边界，构建一棵最小高度的树。我们已经想到了解决这个问题的两种方法，这两种方法都可以在线性时间内实现。第一个解决方案是使用 5.2 节中介绍的分治法或自上而下的方法：

$$mktree :: [\,a\,] \rightarrow Tree\ a$$
$$mktree[\,x\,] = Leaf\ x$$
$$mktree\ xs\quad = Node(mktree\ ys)(mktree\ zs)$$
$$\textbf{where}(ys,\ zs) = splitAt(length\ xs\ \text{div}\ 2)xs$$

这个定义并不需要线性时间，但是很容易将其转换成一个需要线性时间的定义。正如我们在 5.2 节的归并排序处理中看到的那样，可以通过串联技术来避免重复进行二分运算。此外，我们有自底向上的方法，同样也在 5.2 节中描述过：

$$mktree = unwrap \cdot until\ single(pairWith\ Node) \cdot map\ Leaf$$

这 2 种方法会构建不同的树，但都有最低的高度。为了证明这个性质对于 *mktree* 的第 1 个定义是成立的，让 $H(n)$ 表示输入的长度为 n 的 *mktree* 的高度。然后 H 满足递归式 $H(1) = 0$ 和 $H(n) = 1 + H(\lceil n/2 \rceil)$，同时可能的最小高度的解是 $H(n) = \lceil \log n \rceil$（见练习 8.1）。至于为什么自底向上的方法也能产生最小高度的树，则留作练习。

　　现在让我们稍微改变一下这个问题：给定一个非空的自然数列表，我们能否找到一个线性时间算法，以最小的代价和给定的列表作为边界，同时满足：

$$cost :: Tree\ Nat \rightarrow Nat$$
$$cost(Leaf\ x)\quad = x$$
$$cost(Node\ u\ v) = 1 + cost\ u\ \text{max}\ cost\ v$$

函数 *cost* 的定义与高度 *height* 相同，除非叶子的"高度"（height）是其标签值，而不是 0。实际上，如果将每片叶子替换为一棵树，该树的高度由该叶子的标签值给出，那么问题实际上是以下形式：给定一棵树的列表及其高度，我们是否可以找到一个线性时间算法，在不更改组件树的形状或顺序的情况下，将他们组合成一棵树，并使树的高度最小？要了解该问题，请考虑具有相同边界的两棵树：

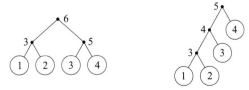

其中每个节点都带有其代价（cost）的标签。左边的树的代价为 6，而右边的树的代价最低为 5。如何以最小的代价构造树并不是显而易见的，至少效率不高，而这就是贪心算法发挥作用的地方。我们从规范开始，然后给出算法。

该规范被表述为改进之一：

$$mct :: [\,Nat\,] \to Tree\ Nat$$

$$mct\ xs \leftarrow MinWith\ cost(mktrees\ xs)$$

对于有限的非空列表 xs，其中 $mktrees\ xs$ 是带有边界 xs 的所有可能的树的列表。换句话说，mct xs 是具有最低代价的 $mktrees\ xs$ 的某些元素。

函数 $mktrees$ 可以通过多种方式定义。我们将给出两种归纳定义，其他可能的定义将在练习中讨论。第一种方法是定义

$$mktrees :: [\,a\,] \to [\,Tree\ a\,]$$

$$mktrees[\,x\,] \quad = [\,Leaf\ x\,]$$

$$mktrees(\,x : xs\,) = concatMap(\,extend\ x\,)(\,mktrees\ xs\,)$$

函数 $extend$ 返回一个可以将新元素添加为树中最左侧叶子的所有方式的列表：

$$extend :: a \to Tree\ a \to [\,Tree\ a\,]$$

$$extend\ x(\,Leaf\ y\,) \quad = [\,Node(\,Leaf\ x\,)(\,Leaf\ y\,)\,]$$

$$extend\ x(\,Node\ u\ v\,) = [\,Node(\,Leaf\ x\,)(\,Node\ u\ v\,)\,] \mathbin{+\!\!+}$$

$$[\,Node\ u'v \mid u' \leftarrow extend\ x\ u\,]$$

例如，将 $extend\ x$ 应用于这棵树

将产生下面 3 棵树

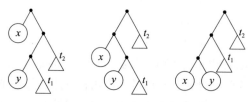

我们本可以采用 $mktrees[\,] = [\,]$，从而将 $mktrees$ 定义为 $foldr$ 的一个实例。但是 $MinWith$ 没有在空列表上定义，我们必须将输入限制为非空列表。Haskell 标准库没有为非空列表提供一个通用的 $folder$ 函数（函数 $foldr1$ 不够通用），但是如果我们通过以下方式定义 $foldrn$

$$foldrn :: (\,a \to b \to b\,) \to (\,a \to b\,) \to [\,a\,] \to b$$

$$foldrn\ f\ g[\,x\,] \quad = g\ x$$

$$foldrn\ f\ g(\,x : xs\,) = f\ x(foldrn\ f\ g\ xs)$$

那么上面的 $mktrees$ 的定义可以用以下形式重构

$$mktrees = foldrn(\,concatMap \cdot extend\,)(\,wrap \cdot Leaf\,)$$

其中 $wrap$ 将一个值转换为一个单例列表。

构造树的第二种归纳方式是建立一个森林，而森林由树的列表构成：

$$\textbf{type } Forest\ a = [\,Tree\ a\,]$$

可以使用以下方法将森林"卷"成一棵树：

$$rollup :: [\,Tree\ a\,] \rightarrow Tree\ a$$

$$rollup = foldl1\ Node$$

函数 $foldl1$ 是 Haskell 的预定义的函数，用于从左到右折叠一个非空列表。例如

$$rollup[\,t_1,\ t_2,\ t_3,\ t_4\,] = Node(Node(Node\ t_1\ t_2)\,t_3)\,t_4$$

与函数 $rollup$ 相对应的是函数 $spine$，定义如下：

$$spine :: Tree\ a \rightarrow [\,Tree\ a\,]$$

$$spine(Leaf\ x) \quad = [\,Leaf\ x\,]$$

$$spine(Node\ u\ v) = spine\ u \mathbin{+\!\!+} [\,v\,]$$

这个函数返回树的最左边的叶子，然后沿着从树的最左边的叶子到根的路径列出右边的子树的列表。假设森林中的第一棵树是一片叶子，我们有

$$spine(rollup\ ts) = ts$$

这时我们可以定义

$$mktrees :: [\,a\,] \rightarrow [\,Tree\ a\,]$$

$$mktrees = map\ rollup \cdot mkforests$$

其中 $mkforests$ 构建这个森林：

$$mkforests :: [\,a\,] \rightarrow [\,Forest\ a\,]$$

$$mkforests = foldrn(concatMap \cdot extend)(wrap \cdot wrap \cdot Leaf)$$

$$extend :: a \rightarrow Forest\ a \rightarrow [\,Forest\ a\,]$$

$$extend\ x\ ts = [\,Leaf\ x : rollup(take\ k\ ts) : drop\ k\ ts \mid k \leftarrow [\,1.. length\ ts\,]\,]$$

$extend$ 的新版本可以说比以前更简单。它的工作机制是：通过将森林的某些初始部分合成一棵树，并添加新的叶子，使之成为新森林中的第一棵树。例如

$$
\begin{aligned}
extend\ x[\,t_1,\ t_2,\ t_3\,] = [\,&[\,Leaf\ x,\ t_1,\ t_2,\ t_3\,], \\
&[\,Leaf\ x,\ Node\ t_1\ t_2,\ t_3\,], \\
&[\,Leaf\ x,\ Node(Node\ t_1\ t_2)\,t_3\,]\,]
\end{aligned}
$$

$mktrees$ 的两个版本的函数的区别仅仅在于它们以不同的顺序生成树。稍后我们将回到 $spine$ 和 $rollup$。

现在让我们看看 $mktrees$ 的第一个定义，即直接表示为 $foldrn$ 实例的定义。为了将在 mct 的定义中的两个组成函数结合，我们可以使用 $foldrn$ 的结合律。该定律的上下文相关版本指出：

$$foldrn\ f_2\ g_2\ xs \leftarrow M(foldrn\ f_1\ g_1\ xs)$$

对于所有有限的非空列表，条件是 $g_2\ x \leftarrow M(g_1\ x)$ 和

$$f_2\ x(M(foldrn\ f_1\ g_1\ xs)) \leftarrow M(f_1\ x(foldrn\ f_1\ g_1\ xs))$$

对于我们的问题，$M = MinWith\ cost$，$f_1 = concatMap \cdot extend$，$g_1 = wrap \cdot leaf$。

由于 $Leaf\ x = MinWith\ cost[Leaf\ x]$，我们可以取 $g_2 = Leaf$。对于第二个结合条件，我们必须找到一个函数，例如 $gstep$，以便

$$gstep\ x(MinWith\ cost(mktrees\ xs))$$
$$\leftarrow MinWith\ cost(concatMap(extend\ x)(mktrees\ xs))$$

正如我们在上一章末所看到的，如果单调性条件

$$cost\ t \leqslant cost\ t' \Rightarrow cost(gstep\ x\ t) \leqslant cost(gstep\ x\ t')$$

对于 $mktrees\ xs$ 中的所有树 t 和 t' 都成立，则满足该结合条件。然而，不存在满足单调性条件的函数 $gstep$。考虑如下两棵树 t_1 和 t_2：

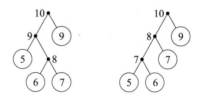

以及另外 3 棵树：

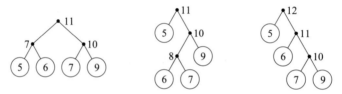

它们是可以用边 [5，6，7，9] 构建的 5 棵树。每棵树的子树都标有它们的代价，因此 t_1 和 t_2 都具有最小的可能代价 10。但是，对于 $gstep$ 的任何定义，单调性条件

$$cost\ t_1 \leqslant cost\ t_2 \Rightarrow cost(gstep\ x\ t_1) \leqslant cost(gstep\ x\ t_2)$$

均不满足。例如，$x=8$。以最佳方式将 8 加到 t_1 可以得到代价为 11 的树，而以最佳方式将 8 加到 t_2 可以得到代价为 10 的树。因此，我们无法定义一个满足结合条件的函数 $gstep$。即使有改进版本，我们似乎又卡住了。

唯一的解决办法是改变代价函数，而字典序再次拯救了我们。请注意，沿着 t_2 的左脊向下阅读的代价列表 [10，8，7，5] 在字典序上小于 t_1 左脊上的 [10，9，5]。字典序代价，用 $lcost$ 表示，被定义为

$$lcost :: Tree\ Nat \rightarrow [Nat]$$
$$lcost = reverse \cdot scanl1\ op \cdot map\ cost \cdot spine$$
$$\textbf{where}\ op\ x\ y = 1 + (x\ max\ y)$$

沿着左脊的树的代价通过 $scanl1\ op$ 从左到右累积，然后将其反转。例如，$spine\ t_2$ 具有树代价 [5，6，7，9]，累加给出列表 [5，7，8，10]，将其反转得到 t_2 的词法代价。最小化 $lcost$ 的同时也最小化了 $cost$（为什么?），因此我们可以将第二个结合条件修改为

$$gstep\ x(MinWith\ lcost(mktrees\ xs))$$
$$\leftarrow MinWith\ lcost(concatMap(extend\ x)(mktrees\ xs))$$

这次我们可以证明

$$lcost\ t_1 \leqslant lcost\ t_2 \Rightarrow lcost(gstep\ x\ t_1) \leqslant lcost(gstep\ x\ t_2)$$

其中 *gstep* 指定为

$$gstep\ x\ ts \leftarrow MinWith\ lcost(extend\ x\ ts)$$

为了给出 *gstep* 的构造定义并证明单调性成立，请考虑图 8.1 中的两棵树，其中 t_1 是叶子。左侧的树是将森林 $[t_1,\ t_2,\ \cdots,\ t_n]$ 卷成一棵树的结果。

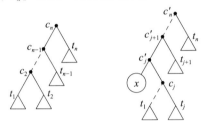

图 8.1 将 x 插入到一棵树中

右边的树是通过将森林的前 j 个元素卷起来之后把 x 作为新叶子添加而获得的。这些树标记了代价信息，对于 $2 \leqslant k \leqslant n$，

$$c_1 = cost\ t_1$$

$$c_k = 1 + (c_{k-1}\ \max\ cost\ t_k)$$

尤其有一点需要强调，$[c_1,\ c_2,\ \cdots,\ c_n]$ 是严格递增的。右边的代价也有类似的定义，对于 $j+1 \leqslant k \leqslant n$，

$$c'_j = 1 + (x\ \max\ c_j)$$

$$c'_k = 1 + (c'_{k-1}\ \max\ cost\ t_k)$$

这里我们也特别要注意到，由于添加新叶子无法减小代价，在 $j \leqslant k \leqslant n$ 时，有 $c_k \leqslant c'_k$。

目的是通过选择 j 以最小化 $[c'_n,\ c'_{n-1},\ \cdots,\ c'_j,\ x]$ 来定义 *gstep*。例如，考虑具有代价 $[5,\ 2,\ 4,\ 9,\ 6]$ 的 5 棵树 $[t_1,\ t_2,\ \cdots,\ t_5]$。然后

$$[c_1,\ c_2,\ \cdots,\ c_5] = [5,\ 6,\ 7,\ 10,\ 11]$$

取 $x = 8$。有 5 种可能的方法可以将 x 添加到森林中，即通过卷起 j 棵树，其中 $1 \leqslant j \leqslant 5$。在这里，左侧为代价，右侧为累积代价：

$$[8,\ 5,\ 2,\ 4,\ 9,\ 6] \longrightarrow [8,\ 9,\ 10,\ 11,\ 12,\ 13]$$

$$[8,\ 6,\ 4,\ 9,\ 6] \longrightarrow [8,\ 9,\ 10,\ 11,\ 12]$$

$$[8,\ 7,\ 9,\ 6] \longrightarrow [8,\ 9,\ 10,\ 11]$$

$$[8,\ 10,\ 6] \longrightarrow [8,\ 11,\ 12]$$

$$[8,\ 11] \longrightarrow [8,\ 12]$$

使 *lcost* 最小的森林是第 3 个森林，其字典序代价与 $[8,\ 9,\ 10,\ 11]$ 相反。

我们认为 j 的最佳选择是 $1 \leqslant j < n$ 范围内的最小值（如果存在），从而

$$1 + (x\ \max\ c_j) < c_{j+1} \tag{8.1}$$

如果不存在这样的 j，则选择 $j=n$。例如，有

$$[c_1, c_2, c_3, c_4, c_5] = [5, 6, 7, 10, 11]$$

且 $x=8$，满足（8.1）的最小解 j 为 $j=3$，则结果为

$$[x, 1+(x \max c_3), c_4, c_5] = [8, 9, 10, 11]$$

另一方面，对于 $x=9$，我们有 $j=5$，结果为

$$[x, 1+(x \max c_5)] = [9, 12]$$

为了证明（8.1），假设对于 j 和 k 都成立，其中 $1 \leqslant j < k < n$。然后，设置 $c'_j = 1+(x \max c_j)$ 和 $c'_k = 1+(x \max c_k)$，这两个序列

$$as = [x, c'_j, c_{j+1}, \cdots, c_{k-1}, c_k, c_{k+1}, \cdots, c_n]$$
$$bs = \qquad\qquad\qquad [x, c'_k, c_{k+1}, \cdots, c_n]$$

因为 $c_k < c'_k$，所以 $reverse\ as < reverse\ bs$。因此，$j$ 的值越小，代价越低。

为了证明 $gstep\ x$ 关于 $lcost$ 是单调的，假设

$$lcost\ t_1 = [c_n, c_{n-1}, \cdots, c_1]$$
$$lcost\ t_2 = [d_m, d_{m-1}, \cdots, d_1]$$

其中 $lcost\ t_1 \leqslant lcost\ t_2$。如果这些代价相等，那么向任一棵树添加新叶子的代价也是相等的。否则，如果 $lcost\ t_1 < lcost\ t_2$，那么我们删除公共前缀，例如一个长度为 k 的序列，则我们剩下两棵树 t'_1 和 t'_2 分别为

$$lcost\ t'_1 = [c_p, \cdots, c_1]$$
$$lcost\ t'_2 = [d_q, \cdots, d_1]$$

其中 $p=n-k$，$q=m-k$ 并且 $c_p < d_q$。足以表明

$$lcost(gstep\ x\ t'_1) \leqslant lcost(gstep\ x\ t'_2)$$

首先，假设（8.1）满足 t'_1 且 $j<p$。然后

$$lcost(gstep\ x\ t'_1) = [c_p, \cdots, c_{j+1}, 1+(x \max c_j), x]$$

但是 $c_p < d_q$，并且由于 $gstep\ x\ t'_2$ 只会增加 t'_2 的代价，因此在这种情况下有

$$lcost(gstep\ x\ t'_1) < lcost\ t'_2 \leqslant lcost(gstep\ x\ t'_2)$$

在第二种情况下，假设（8.1）对 t'_1 不成立。则在这种情况下，

$$lcost(gstep\ x\ t'_1) = [1+(x \max c_p), x]$$

现在，在 $1+(x \max c_p) < d_q$ 的情况下，

$$lcost(gstep\ x\ t'_1) < lcost\ t'_2 \leqslant lcost(gstep\ x\ t'_2)$$

或 $1+(x \max c_p) \geqslant d_q$，在这种情况下，$x \geqslant d_{q-1}$ 和 $1+(x \max d_{q-1}) \geqslant d_q$。这意味着（8.1）对于 t'_2 也不成立，所以我们有

$$lcost(gstep\ x\ t'_1) = [1+(x \max c_p), x]$$
$$\leqslant [1+(x \max d_q), x] = lcost(gstep\ x\ t'_2)$$

这就完成了单调性的证明。

下一个任务是实现 $gtep$。我们可以通过论证以下内容来重写（8.1）：

$$1 + (x \max c_j) < c_{j+1}$$
$$\Leftrightarrow 1 + (x \max c_j) < 1 + (c_j \max cost\ t_{j+1})$$
$$\Leftrightarrow (x \max c_j) < cost\ t_{j+1}$$

因此，$mct = foldrn\ gstep\ Leaf$，其中

$$gstep :: Nat \to Tree\ Nat \to Tree\ Nat$$
$$gstep\ x = rollup \cdot add\ x \cdot spine$$

其中 add 的定义如下

$$add\ x\ ts = Leaf\ x : join\ x\ ts$$
$$join\ x[u] \qquad = [u]$$
$$join\ x(u : v : ts) = \textbf{if}\ x \max cost\ u < cost\ v$$
$$\textbf{then}\ u : v : ts\ \textbf{else}\ join\ x(Node\ u\ v : ts)$$

但是，与其在每一步都计算 $spine$，然后再卷起 $spine$，不如在计算结束时卷起整个森林。这个步骤需要的是满足如下等式的函数 $hstep$ 和 g

$$foldrn\ gstep\ Leaf = rollup \cdot foldrn\ hstep\ g$$

我们可以通过 $foldrn$ 的结合定律得出 $hstep$ 和 g。注意，这里我们在非结合或 $fission$ 方向上应用 $foldrn$ 的结合定律，将一个折叠分为两部分。

首先，我们要求 $rollup \cdot g = Leaf$。由于 $rollup[Leaf\ x] = Leaf\ x$，我们就可以通过 $g = wrap \cdot Leaf$ 定义 g。

其次，我们需要

$$rollup(hstep\ x\ ts) = gstep\ x(rollup\ ts)$$

对所有的 x 和所有的 ts，有形式 $ts = foldrn\ hstep\ g\ xs$。现在，

$$gstep\ x(rollup\ ts)$$
$$= \quad \{gstep\ 的定义\}$$
$$rollup(add\ x(spine(rollup\ ts)))$$
$$= \quad \{将\ ts\ 的第一个元素用作叶子\}$$
$$rollup(add\ x\ ts)$$

因此，如果 ts 的第一个元素是叶子，我们可以采用 $hstep = add$。但是，对于某些 xs，$ts = foldrn\ add\ (wrap \cdot Leaf)\ xs$，从 add 的定义可以立即看出，ts 的第一个元素确实是叶子。

现在，我们有 $mct = rollup \cdot foldrn\ add(wrap \cdot Leaf)$。作为最后一步，可以通过将森林中的每棵树与其代价配对来消除对代价的重复计算。这就得出了最终的算法：

$$\textbf{type}\ Pair = (Tree\ Nat,\ Nat)$$
$$mct :: [Nat] \to Tree\ Nat$$
$$mct = rollup \cdot map\ fst \cdot foldrn\ hstep(wrap \cdot leaf)$$
$$hstep :: Nat \to [Pair] \to [Pair]$$
$$hstep\ x\ ts = leaf\ x : join\ x\ ts$$

$$join :: Nat \rightarrow [\,Pair\,] \rightarrow [\,Pair\,]$$
$$join\ x\,[\,u\,] \qquad = [\,u\,]$$
$$join\ x\,(u : v : ts) = \textbf{if}\ x\ \text{max}\ snd\ u < snd\ v$$
$$\textbf{then}\ u : v : ts\ \textbf{else}\ join\ x\,(node\ u\ v : ts)$$

函数 *leaf* 和 *node* 是智能构造函数：

$$leaf :: Nat \rightarrow Pair$$
$$leaf\ x = (Leaf\ x,\ x)$$
$$node :: Pair \rightarrow Pair \rightarrow Pair$$
$$node\,(u,\ c)\,(v,\ d) = (Node\ u\ v,\ 1 + c\ \text{max}\ d)$$

例如，应用于列表 $[5, 3, 1, 4, 2]$ 的贪心算法会产生森林：

$$[\,Leaf\ 2\,]$$
$$[\,Leaf\ 4,\ Leaf\ 2\,]$$
$$[\,Leaf\ 1,\ Node(Leaf\ 4)(Leaf\ 2)\,]$$
$$[\,Leaf\ 3,\ Leaf\ 1,\ Node(Leaf\ 4)(Leaf\ 2)\,]$$
$$[\,Leaf\ 5,\ Node(Node(Leaf\ 3)(Leaf\ 1))(Node(Leaf\ 4)(Leaf\ 2))\,]$$

然后将最终森林汇总为代价为 7 的最终树。

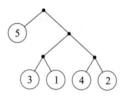

现在，我们考虑 *mct* 运行时间的估算。这里的关键指标是使用 *join* 的次数。我们可以通过归纳证明，对长度为 n 的列表进行一系列 *hstep* 操作，返回长度为 m 的森林，涉及至多 $2n-m$ 次 *join* 调用。在基本情况 $n=1$ 和 $m=1$ 下是显而易见的。对于归纳步骤，请注意将 *join* 应用于长度为 m' 的列表并返回长度为 m 的列表称为 $m'-m$ 次。因此，使用将 *hstep* 应用于长度为 $n-1$ 的列表并返回长度为 m 的森林的归纳步骤最多涉及 $2(n-1)-m'$ 次 *join* 调用，我们将 *hstep* 应用于长度为 n，返回长度为 m 的森林最多包含

$$(2(n-1)-m') + 1 + (m'-m) \leqslant 2n - m$$

次 *join* 调用，这样得到了相应的归纳结果。因此，该算法的时间代价是线性的。

在解决构建最小代价树的问题之前，还有一个要点需要注意。通过观察可得，当输入是一个完全由 0 组成的列表时，构建最小代价树意味着构建最小高度树。由此可见，贪心算法在代价为树的高度的情况下，进行小的修改同样也是有效的。对贪心算法的更改将留作练习。

8.2 哈夫曼编码树

我们的第二个例子是哈夫曼编码树。年长的计算机用户非常清楚，通常而言，尽可能紧

凑地存储信息文件是非常有必要的。假设要存储的信息是由一系列字符组成的文本。Haskell 在内部使用 Unicode 的 *Char* 数据类型，但是标准文本 I/O 函数假设文本是 8 位字符的序列，因此 n 个字符的文本包含 $8n$ 位的信息。每个字符都用一个固定长度的码来表示，因此可以通过对每一组连续的 8 位进行解码来恢复文本中的字符。

减少编码文本所需的总比特数的一个想法是放弃定长码的概念，转而寻求一种基于文本中字符出现的相对频率的编码方案。其基本思想是取一段文本样本，估计每个字符出现的次数，然后为频繁出现的字符选择短代码，为较少出现的字符选择长代码。举个例子，如果我们这样编码

$$'t' \rightarrow 0$$
$$'e' \rightarrow 10$$
$$'x' \rightarrow 11$$

然后 "text" 可以编码为长度为 6 的位序列 010110。但是，选择编码的方式以确保编码的文本能够唯一地解码是很重要的。为了解释这点，假设编码为

$$'t' \rightarrow 0$$
$$'e' \rightarrow 10$$
$$'x' \rightarrow 1$$

在这个方案下，"text" 将被编码为长度为 5 的序列 01010。然而，字符串 "tee" 也将被编码为 01010。显然这不是我们想要的。防止出现这种问题的最简单的方法是选择代码，使任何一个代码都不是其他代码的前缀——无前缀代码。

除了要求解码的唯一性，我们还希望编码是最优的。最优编码方案是最小化编码文本的预期长度。更准确地说，如果字符 $c_j(1 \leqslant j \leqslant n)$ 的出现频率为 p_j，那么我们希望选择长度为 l_j 的编码，使

$$\sum_{j=1}^{n} P_j l_j$$

尽可能小。

我们将一种构造满足前缀性质的最优编码的方法称为哈夫曼编码。每个字符都存储在二叉树的叶子中，二叉树的结构由计算得到的频率决定。字符 c 的编码是描述树中到包含 c 的叶子的路径的二值序列。例如，在树

$$Node(Node(Leaf\,'b')(Leaf\,'e'))(Leaf\,'t')$$

中，字符 b 用 00 编码，字符 e 用 01 编码，字符 t 用 1 编码。显然，这样的方案会产生无前缀的代码。

实现哈夫曼编码的问题有四个方面：(i) 从样本中收集信息；(ii) 建立二叉树；(iii) 编码文本；(iv) 解码位序列。我们只处理建立树的问题。

因此，假设在分析了样本之后，我们得到了一组对：

$$[(c_1, w_1), (c_2, w_2), \cdots, (c_n, w_n)]$$

其中对于 $1 \leq j \leq n$，c_j 是字符，w_j 是正整数，称为权重（weight），表示文本中字符的频率。因此，字符 c_j 出现的相对频率为 w_j/W，其中 $W = \sum w_j$。我们设 $w_1 \leq w_2 \leq \cdots \leq w_n$，使权重按升序给出。

就树而言，我们希望最小化的代价函数可以用以下方式定义。根据定义，叶子的深度是从树的根到叶子的路径长度。我们可以用如下方式来定义树中叶子的深度列表：

$$depths :: Tree\ a \rightarrow [\,Nat\,]$$
$$depths = from\ 0$$
$$\textbf{where}\ from\ n(Leaf\ x) = [\,n\,]$$
$$from\ n(Node\ u\ v) = from(n+1)u \mathbin{+\!\!+} from(n+1)v$$

现在介绍以下类型：

$$\textbf{type}\ Weight = Nat$$
$$\textbf{type}\ Elem\quad = (\,Char,\ Weight\,)$$
$$\textbf{type}\ Cost\quad = Nat$$

并且用如下方式定义代价：

$$cost :: Tree\ Elem \rightarrow Cost$$
$$cost\ t = sum[\,w \times d \mid ((\_,\ w),\ d) \leftarrow zip(fringe\ t)(depths\ t)\,]$$

代价的另一种定义如下所示，它的推导留作练习：

$$cost(Leaf\ e)\quad = 0$$
$$cost(Node\ u\ v) = cost\ u + cost\ v + weight\ u + weight\ v$$
$$weight :: Tree\ Elem \rightarrow Nat$$
$$weight(Leaf(c,\ w)) = w$$
$$weight(Node\ u\ v)\quad = weight\ u + weight\ v$$

现在我们可以按照上一节的内容来指定

$$huffman :: [\,Elem\,] \rightarrow Tree\ Elem$$
$$huffman \leftarrow MinWith\ cost \cdot mktrees$$

其中 *mktrees* 将用一个给定的列表作为边界来构建所有树。但是这个规范太严格了——它不要求输入列表是边界，只要求它的某些排列是边界。（然而，在第 14 章中，我们将考虑需要输入作为边界的问题。）纠正这个定义的一种方法是用 *concatMap mktrees · perms* 替换 *mktrees*。另一种方式，也是我们将要采用的方法，是设计 *mktrees* 的新版本。这个版本将构建所有的无序二叉树。在一棵无序二叉树中，一个节点的两个子节点被看作是两棵树的集合，而不是一个有序对。节点对 (u, v) 和节点对 (v, u) 是等价的。例如，有 12 棵边为 $[1, 2, 3]$ 排列的有序二叉树，其中有 6 种排列，每一种都有 2 棵树，但本质上不同的无序树只有 3 棵：

$$Node(Node(Leaf\ 1)(Leaf\ 2))(Leaf\ 3)$$
$$Node(Node(Leaf\ 1)(Leaf\ 3))(Leaf\ 2)$$
$$Node(Node(Leaf\ 2)(Leaf\ 3))(Leaf\ 1)$$

每棵树都可以以 3 种方式翻转（翻转顶部树的子树，左边子树的子树，或者两者都翻转）来得到 12 棵不同的有序二叉树。对于哈夫曼编码而言，考虑无序树就足够了，因为两个兄弟字符的编码除了最后一位之外都相同，而且哪个兄弟在左边并不重要。为了计算所有无序的哈夫曼树，我们可以从一个按权重排序的叶子列表开始，然后重复组合成对的树，直到只剩下一棵树。以所有可能的方式选择成对的树，然后将组合的树对放回列表以保持权重顺序。因此，在一个无序树节点 $u\ v$ 中，我们可以假设 $cost\ u \leqslant cost\ v$ 而不失一般性。

下面是一个基于此想法的实例。只显示权重，考虑以下 4 棵树的权重顺序列表：

$$[Leaf\ 3,\ Leaf\ 5,\ Leaf\ 8,\ Leaf\ 9]$$

作为第一步，我们可以选择通过组合第一棵和第三棵树（在 6 个可能的选择中）来给出

$$[Leaf\ 5,\ Leaf\ 9,\ Node(Leaf\ 3)(Leaf\ 8)]$$

权重为 11 的新树被放置在列表的最后，以保持权重顺序。下一步我们可以选择合并前两棵树（在三种可能的选择中），得到

$$[Node(Leaf\ 3)(Leaf\ 8),\ Node(Leaf\ 5)(Leaf\ 9)]$$

下一步是强制的，因为只剩下 2 棵树，我们最终得到一棵单例树：

$$[Node(Node(Leaf\ 3)(Leaf\ 8))(Node(Leaf\ 5)(Leaf\ 9))]$$

它的边是 [3，8，5，9]。这种自底向上的建造树的方法将生成 $6 \times 3 = 18$ 棵树，比 4 个元素的无序树的总数还要多，因为有些树，如上面的树，会生成 2 次（参见练习）。然而，树的列表包含了所有需要的东西。

现在来看细节。我们定义

$$mktrees :: [Elem] \rightarrow [Tree\ Elem]$$

$$mktrees = map\ unwrap \cdot mkforests \cdot map\ Leaf$$

$mkforests$ 在其中构建森林列表，每个森林包含一棵单例树。

在定义这个函数时，使用 $until$：

$$mkforests :: [Tree\ Elem] \rightarrow [Forest\ Elem]$$

$$mkforests = until(all\ single)(concatMap\ combine) \cdot wrap$$

函数 $mkforests$ 输入一个树列表，通过应用 $wrap$ 将它们转换为一个森林的单例列表，然后以各种可能的方式重复组合两棵树，直到每个森林都简化为一棵树。然后，打开每个单独的森林，给出树的最终列表。$combine$ 函数定义如下：

$$combine :: Forest\ Elem \rightarrow [Forest\ Elem]$$

$$combine\ ts = [insert(Node\ t_1\ t_2)us \mid ((t_1,\ t_2),\ us) \leftarrow pairs\ ts]$$

$$pairs :: [a] \rightarrow [((a,\ a),\ [a])]$$

$$pairs\ xs = [((x,\ y),\ zs) \mid (x,\ ys) \leftarrow picks\ xs,\ (y,\ zs) \leftarrow picks\ ys]$$

函数 $picks$ 在第一章中进行过定义。函数 $insert$（其定义将留作练习）将树插入到树列表中，以保持权重顺序。因此，$combine$ 以所有可能的方式从森林中选择一对树，将它们组合成一棵新树，并将新树插入到剩余的树中。

定义 *mkforests* 的另一种方法是使用函数 *apply*。回想一下练习 1.13 的答案，它给出了以下 *apply* 的定义：

$$apply :: Nat \rightarrow (a \rightarrow a) \rightarrow a \rightarrow a$$

$$apply\ n\ f = \textbf{if}\ n == 0\ \textbf{then}\ id\ \textbf{else}\ f \cdot apply(n-1)f$$

因此，*apply n* 对给定值应用函数 *n* 次。*mkforest* 的另一种定义是

$$mkforests :: [\ Tree\ Elem\ ] \rightarrow [\ Forest\ Elem\ ]$$

$$mkforests\ ts = apply(length\ ts - 1)(concatMap\ combine)[\ ts\ ]$$

这两个定义给出了相同的结果，因为在每个步骤中，每个森林中的树的数量都减少 1，因此将 *n* 棵树的初始森林减少到一个单例森林列表中，恰好需要 *n*−1 步。

现在问题的形式是

$$huffman :: [\ Elem\ ] \rightarrow Tree\ Elem$$

$$huffman \leftarrow MinWith\ cost \cdot mktrees$$

由于 *mktrees* 是用 *until* 定义的，我们将力求以相同形式构建 *huffman* 的构造性定义。我们的任务是找到一个函数 *gstep*，使

$$unwrap(until\ single\ gstep(map\ Leaf\ xs)) \leftarrow MinWith\ cost(mktrees\ xs)$$

对于所有类型为 [*Elem*] 的有限非空列表 *xs*。更通常地说，我们将寻找一个函数 *gstep*，使

$$unwrap(until\ single\ gstep\ ts) \leftarrow MinWith\ cost(map\ unwrap(mkforests\ ts))$$

适用于所有有限的非空树列表 *ts*。这种形式的问题在接下来的章节中也会出现，所以让我们暂停一下，再多讲一点贪心算法的理论。

另一种广义贪心算法

假设在这一节中，候选列表是由某个类型 *State* 的函数

$$candidates :: State \rightarrow [\ Candidate\ ]$$

给出的。对于哈夫曼编码，状态是树的列表，候选是树：

$$candidates\ ts = map\ unwrap(mkforests\ ts)$$

对于下一章的问题，状态是值的组合。

本节的目的是给出改进

$$extract(until\ final\ gstep\ sx) \leftarrow MinWith\ cost(candidates\ sx) \qquad (8.2)$$

适用于所有状态为 *sx* 的条件。左边的函数有以下几种：

$$gstep \quad :: State \rightarrow State$$

$$final \quad :: State \rightarrow Bool$$

$$extract :: State \rightarrow Candidate$$

换句话说，(8.2) 指出，对任何初始状态 *sx* 反复应用贪心步骤，会产生一个最终状态，从这个状态中可以提取出候选的 *x*，使得 *x* 具有候选 *sx* 中的最小代价属性。为了使改进有意义，假设左边对于任何初始状态都返回一个有意义的值。与 7.1 节中通用贪心算法的公式不同，我

们不知道候选算法是如何构造的。

为简明起见，定义

$$MCC\ sx\quad = MinWith\ cost(candidates\ sx)$$
$$mincost\ sx = minimum(map\ cost(candidates\ sx))$$

特别地，对于候选项 sx 中的所有 x，我们有

$$x \leftarrow MCC\ sx \Leftrightarrow cost\ x = mincost\ sx$$

有两个条件可以保证（8.2）。第一个是

$$final\ sx \Rightarrow extract\ sx \leftarrow MCC\ sx \tag{8.3}$$

当 $final = single$ 并且 $extract = unwrap$ 时，因为 $map\ unwrap(mkforests[t]) = [t]$ 和 $MinWith\ cost[t] = t$，所以这个条件适用于哈夫曼编码。

第二个条件是贪心条件。我们可以用两种方式来表述。第一种方式是

$$not(final\ sx) \Rightarrow (\exists x : x \leftarrow MCC(gstep\ sx) \wedge x \leftarrow MCC\ sx) \tag{8.4}$$

用爬山法的术语来说，贪心的条件是，从任何还没有到达山顶的起点，都有一条通往最高点的路，而这条路是从贪心的步骤开始的。

表述贪心条件的第二种方式似乎更强：

$$not(final\ sx) \Rightarrow MCC(gstep\ sx) \leftarrow MCC\ sx \tag{8.5}$$

然而，还有一个额外的附带条件，（8.4）就意味着（8.5）。附加条件是，向一个状态申请 $gstep$ 可能会减少最终解的数量，但不会引入新的解。

$$candidates(gstep\ sx) \subseteq candidates\ sx \tag{8.6}$$

假设 $x \leftarrow MCC(gstep\ sx)$ 和 $x \leftarrow MCC\ sx$。然后，根据 MCC 和 $mincost$ 的定义，有

$$mincost(gstep\ sx) = cost\ x = mincost\ sx$$

现在假设 $y \leftarrow MCC(gstep\ sx)$，那么根据（8.6），$y \in candidates\ sx$。那么

$$cost\ y = mincost(gstep\ sx) = mincost\ sx$$

和 $y \leftarrow MCC\ sx$。虽然一般来说，$E_1 \leftarrow E_2$ 比仅仅断言存在某个值 v，使得 $v \leftarrow E_1 \wedge v \leftarrow E_2$ 的表述更强，但并不适用于这里。

为了证明（8.2），假设 k 是最小的整数（假设存在），使得 $apply\ k\ gstep\ sx$ 是最终状态。这意味着

$$until\ final\ gstep\ sx = apply\ k\ gstep\ sx$$

由此可得对于 $0 \leqslant j < k$，$apply\ j\ gstep\ sx$ 并不是最终状态，因此，通过更强的贪心条件，我们有

$$MCC(apply(j+1)gstep\ sx) \leftarrow MCC(apply\ j\ gstep\ sx)$$

$0 \leqslant j < k$。因此 $MCC(apply\ k\ gstep\ sx) \leftarrow MCC\ sx$。此外，通过（8.3）我们得到

$$extract(apply\ k\ gstep\ sx) \leftarrow MCC(apply\ k\ gstep\ sx)$$

（8.2）成立。

这种关于贪心算法的推理是非常普遍的。然而，与通过融合产生的贪心算法不同，它没有给出关于 $gstep$ 可能采取何种形式的提示。

哈夫曼编码（续）

回到哈夫曼编码，其中候选是树，仍然需要定义 $gstep$ 并证明贪心条件成立。对于哈夫曼编码，我们有

$$MCC\ ts = MinWith\ cost(map\ unwrap(mkforests\ ts))$$

我们取 $gstep$ 为将森林中权重最小的两棵树组合起来的函数。因为树的权重是按顺序排列的，这意味着

$$gstep(t_1 : t_2 : ts) = insert(Node\ t_1\ t_2)\ ts$$

对于贪心条件，令 $ts = [t_1,\ t_2,\ \cdots,\ t_n]$ 是按权重顺序排列的树的列表，权重为 $[w_1,\ w_2,\ \cdots,\ w_n]$。任务是构造一棵树 t，其中

$$t \leftarrow MCC(gstep\ ts)\ \bigwedge\ t \leftarrow MCC\ ts$$

假设 $t' \leftarrow MCC\ ts$，我们通过对 t 进行树变化来构造 t'。ts 中的每棵树都作为 t' 的子树出现在某处，所以想象 t_i 在 t' 的深度 d_i 处出现，其中 $1 \leqslant i \leqslant n$。现在，在 t' 的子树中，将有一对最大深度的兄弟树。这样的兄弟树可能不止有一对，但至少有一对。假设这两棵树是 t_i 和 t_j，设 $d = d_i = d_j$。然后 $d_1 \leqslant d$ 和 $d_2 \leqslant d$。另外，可以选择 t_i 和 t_j 作为构建 t 的第一步。在不丧失一般性的前提下，设 $w_1 \leqslant w_i$ 和 $w_2 \leqslant w_j$。通过交换 t_i 和 t_1，t_j 和 t_2 来构造 t。那么 t 就可以通过贪心的第一步得到。此外

$$cost\ t' - cost\ t = d_1 w_1 + d_2 w_2 + d(w_i + w_j) - (d_1 w_i + d_2 w_j + d(w_1 + w_2))$$
$$= (d - d_1)(w_i - w_1) + (d - d_2)(w_j - w_2)$$
$$\geqslant 0$$

但是 $cost\ t'$ 是尽可能小的，所以 $cost\ t' = cost\ t$。因此 $t \leftarrow MCC\ ts$ 和 $t \leftarrow MCC(gstep\ ts)$。

同样的树操作可以用来证明更强的贪心条件是由一个直接论证成立的。假设 $t \leftarrow MCC(gstep\ ts)$，但 t 不是 $MCC\ ts$ 中的一个值，即存在一个 $cost\ t' < cost\ t$ 的树 $t' \leftarrow MCC\ ts$。我们现在将这个操作应用到 t' 来生成另一棵树 $t'' \leftarrow MCC(gstep\ ts)$，其中 $cost\ t = cost\ t'' \leqslant cost\ t'$，两者矛盾。

下面是我们推导出的贪心算法：

$$huffman\ es = unwrap(until\ single\ gstep(map\ Leaf\ es))$$
$$\textbf{where}\ gstep(t_1 : t_2 : ts) = insert(Node\ t_1\ t_2)\ ts$$

尽管算法很简单，但它还不够高效。效率低下有两个原因。首先，函数 $insert$ 在每一步都重新计算权重，这是一个可以轻松通过元组化来解决的效率问题。更严重的问题是，虽然找到两棵权重最小的树是一个使用常数时间的操作，但在最坏的情况下，将组合的树插入森林可能需要使用线性时间。这意味着贪心算法在最坏情况下需要二次时间。最后一步是展示如何将其简化为线性时间。

线性时间算法背后关键的观察结果是，在任何 $gstep$ 调用中，传递给 $insert$ 的参数的权重至少与之前的任何参数一样大。假设我们合并了两棵权重为 w_1 和 w_2 的树，随后又合并了两棵权重为 w_3 和 w_4 的树。我们有 $w_1 \leqslant w_2 \leqslant w_3 \leqslant w_4$，并且满足 $w_1 + w_2 \leqslant w_3 + w_4$。这提示我们将非叶子树维护为一个简单的队列，其中元素被添加到队列的后面，只从前面删除。因此，我们不维

护单个列表，而是维护两个列表，第一个是叶子列表，第二个是节点树队列。由于元素从不添加到第一个列表中，而只是从前面删除，所以第一个列表也可以是一个队列。但是一个简单的列表就足够了。为了区别于第二个列表，我们将第一个列表称为堆栈。在每一步中，*gstep* 从堆栈或队列中选择两个权重最低的树，组合它们，并将结果添加到队列的末尾。在算法结束的时候，队列将包含一棵单一的树，即贪心算法的解。图 8.2 只显示了权重，并给出了该方法如何工作的一个例子。只有在各种队列操作花费固定时间时，该方法才是可行的。但是我们已经在第 3 章中遇到了对称列表，它完全满足要求。

详情如下。首先，我们建立栈队列的 *SQ* 类型：

$$\textbf{type } SQ\ a \quad = (Stack\ a,\ Queue\ a)$$

$$\textbf{type } Stack\ a = [\,a\,]$$

$$\textbf{type } Queue\ a = SymList\ a$$

现在我们可以定义

$$huffman :: [\,Elem\,] \to Tree\ Elem$$

$$huffman = extractSQ \cdot until\ singleSQ\ gstep \cdot makeSQ \cdot map\ leaf$$

权重的堆栈	组合权重的队列
1, 2, 4, 4, 6, 9	
4, 4, 6, 9	1 + 2
4, 6, 9	4 + (1 + 2)
9	4 + (1 + 2), 4 + 6
	4 + 6, 9 + (4 + (1 + 2))
	(4 + 6) + (9 + (4 + (1 + 2)))

图 8.2　堆栈和队列操作示例

右边的分量函数是根据如下树和权重的类型定义的：

$$\textbf{type } Pair = (Tree\ Elem,\ Weight)$$

首先，函数 *leaf* 和 *node*（在 *gstep* 的定义中需要）是正确使用权重信息的智能构造函数：

$$leaf :: Elem \to Pair$$

$$leaf(c,\ w) = (Leaf(c,\ w),\ w)$$

$$node :: Pair \to Pair \to Pair$$

$$node(t_1,\ w_1)(t_2,\ w_2) = (Node\ t_1\ t_2,\ w_1 + w_2)$$

接下来，函数 *makeSQ* 初始化一个堆栈队列：

$$makeSQ :: [\,Pair\,] \to SQ\ Pair$$

$$makeSQ\ xs = (xs,\ nilSL)$$

回顾之前提及的函数 *nilSL*，它将返回一个空的对称列表。

接下来，函数 *singleSQ* 确定栈队列是否是单例，*extractSQ* 提取树：

$$singleSQ :: SQ\ a \to Bool$$

$$singleSQ(xs,\ ys) = null\ xs \wedge singleSL\ ys$$

$$extractSQ :: SQ\ Pair \to Tree\ Elem$$

$$extractSQ(xs,\ ys) = fst(headSL\ ys)$$

函数 *singleSL* 用于测试对称列表是否为单例。其定义留作练习，最后，我们定义

$$gstep :: SQ\ Pair \to SQ\ Pair$$
$$gstep\ ps = add(node\ p_1\ p_2)\ rs$$
$$\textbf{where}\ (p_1,\ qs) = extractMin\ ps$$
$$(p_2,\ rs) = extractMin\ qs$$
$$add :: Pair \to SQ\ Pair \to SQ\ Pair$$
$$add\ y(xs,\ ys) = (xs,\ snocSL\ y\ ys)$$

仍然需要定义 *extractMin* 来从堆栈队列中提取权重最小的树：

$$extractMin :: SQ\ Pair \to (Pair,\ SQ\ Pair)$$
$$extractMin(xs,\ ys)$$
$$\mid nullSL\ ys\quad\ = (head\ xs,\ (tail\ xs,\ ys))$$
$$\mid null\ xs\qquad\ = (headSL\ ys,\ (xs,\ tailSL\ ys))$$
$$\mid snd\ x \leqslant snd\ y = (x,\ (tail\ xs,\ ys))$$
$$\mid otherwise\qquad = (y,\ (xs,\ tailSL\ ys))$$
$$\textbf{where}\ x = head\ xs;\quad y = headSL\ ys$$

如果堆栈和队列都非空，则从两个列表中选择具有最小权重的树。如果堆栈和队列中的一个为空，则从另一个组件进行选择。

哈夫曼编码的线性时间算法依赖于输入按权重升序排序的假设。如果不是这样，那么需要花费 $O(n\ \log n)$ 步来排序。严格地说，这意味着哈夫曼编码实际上需要 $O(n\ \log n)$ 步。还有一种运行时间与此相当的算法，那就是使用优先队列。我们会在后面的章节（特别是第六部分）中用到优先队列，因此我们现在将介绍优先队列。

8.3　优先队列

优先队列是一个数据结构 *PQ*，用于维护一个值列表，以便以下两个操作最多花费列表长度的对数时间：

$$insertQ :: Ord\ p \Rightarrow a \to p \to PQ\ a\ p \to PQ\ a\ p$$
$$deleteQ :: Ord\ p \Rightarrow PQ\ a\ p \to ((a,\ p),\ PQ\ a\ p)$$

函数 *insertQ* 输入一个值和一个优先级，并以给定优先级将该值插入到队列中。*deleteQ* 函数输入一个非空队列，并提取优先级最小的值，返回该值及其优先级，以及剩余的队列。在一个 *max-priority queue* 中，*deleteQ* 函数会提取一个具有最大优先级的值。

除了上面的两个函数外，我们还需要一些关于优先队列的其他函数，包括

$$emptyQ\quad :: PQ\ a\ p$$
$$nullQ\quad\ :: PQ\ a\ p \to Bool$$
$$addListQ :: Ord\ p \Rightarrow [(a,\ p)] \to PQ\ a\ p \to PQ\ a\ p$$
$$toListQ\quad :: Ord\ p \Rightarrow PQ\ a\ p \to [(a,\ p)]$$

常量 *emptyQ* 表示一个空队列，*nullQ* 测试是否为空队列。函数 *addListQ* 一次性添加一个值–优先级的数据对（下面简称值–优先级对）的列表，而 *toListQ* 则按照优先级的顺序返回一个值–优先级对列表。函数 *addListQ* 可以根据 *insertQ* 进行定义（请参阅练习）。

优先级队列的一个简单实现是按照优先级升序将队列维护为一个列表。但是，正如我们在哈夫曼算法中看到的，这意味着插入是一个线性时间操作。更好的方法是使用堆，类似于 5.3 节中所描述的堆。使用堆可以保证插入或删除操作的对数时间。

堆的相关数据类型如下：

$$\textbf{data}\ PQ\ a\ p\ =\ Null\ |\ Fork\ Rank\ a\ p\,(PQ\ a\ p)\,(PQ\ a\ p)$$
$$\textbf{type}\ Rank\qquad =\ Nat$$

因此，队列就是一棵二叉树。（我们使用 *Fork* 作为构造函数而不是 *Node*，以避免与哈夫曼树的名称冲突，但仍然使用 'nodes' 而不是 'forks'。）堆条件是，将队列展开，返回一个按优先级升序排列的元素列表：

$$toListQ :: Ord\ p \Rightarrow PQ\ a\ p \rightarrow [\,(a,\ p)\,]$$
$$toListQ\ Null\qquad\quad = [\,]$$
$$toListQ\,(Fork\_x\ p\ t_1\ t_2) = (x,\ p) : mergeOn\ snd\,(toListQ\ t_1)\,(toListQ\ t_2)$$

mergeOn 的定义留作练习。因此，队列是一个堆，其中节点上的元素的优先级不大于其每个子树中的优先级。队列中的每个节点存储一条附加信息，即该节点的秩。根据定义，树的秩就是树中从根到空树的最短路径的长度。队列不仅仅是一个堆，而是一种被称为左倾堆的变体。如果任意节点的左子树的秩不小于其右子树的秩，那么这棵树就是左倾的。这个属性使左边的堆更高，这也是它名字的由来。左倾性的一个简单结果是，从树的根到一个空节点的最短路径总是沿着树的右脊展开。我们把它留作练习来证明，对于一棵大小为 n 的树，这个长度最大为 $\lfloor \log(n + 1) \rfloor$。

我们可以通过一个智能构造函数 *fork* 来维护秩信息：

$$fork :: a \rightarrow p \rightarrow PQ\ a\ p \rightarrow PQ\ a\ p \rightarrow PQ\ a\ p$$
$$fork\ x\ p\ t_1\ t_2$$
$$\qquad |\ r_2 \leqslant r_1\ \ = Fork\,(r_2 + 1)\,x\ p\ t_1\ t_2$$
$$\qquad |\ otherwise = Fork\,(r_1 + 1)\,x\ p\ t_2\ t_1$$
$$\qquad \textbf{where}\ r_1 = rank\ t_1;\ \ r_2 = rank\ t_2$$
$$rank :: PQ\ a\ p \rightarrow Rank$$
$$rank\ Null\qquad\quad = 0$$
$$rank\,(Fork\ r\_\ \_\ \_\ \_) = r$$

为了保持左倾树的性质，如果左树的秩比右树的秩低，则交换这两棵子树。

两个左倾堆可以通过函数 *combineQ* 组合成一个，其中

$$combineQ :: Ord\ p \Rightarrow PQ\ a\ p \rightarrow PQ\ a\ p \rightarrow PQ\ a\ p$$

$$combineQ\ Null\ t = t$$

$$combineQ\ t\ Null = t$$

$$combineQ(Fork\ k_1\ x_1\ p_1\ l_1\ r_1)(Fork\ k_2\ x_2\ p_2\ l_2\ r_2)$$

$$\mid p_1 \leqslant p_2\ = fork\ x_1\ p_1\ l_1(combineQ\ r_1(Fork\ k_2\ x_2\ p_2\ l_2\ r_2))$$

$$\mid otherwise = fork\ x_2\ p_2\ l_2(combineQ(Fork\ k_1\ x_1\ p_1\ l_1\ r_1)r_2)$$

在最坏的情况下，$combineQ$ 会遍历这两棵树的右脊。因此，$combineQ$ 在两个秩最多为 r 的左倾堆上的运行时间为 $O(\log r)$。现在我们可以定义插入和删除操作（函数 $emptyQ$ 和 $nullQ$ 留作练习）：

$$insertQ :: Ord\ p \Rightarrow a \rightarrow p \rightarrow PQ\ a\ p \rightarrow PQ\ a\ p$$

$$insertQ\ x\ p\ t = combineQ(fork\ x\ p\ Null\ Null)t$$

$$deleteQ :: Ord\ p \Rightarrow PQ\ a\ p \rightarrow ((a,\ p),\ PQ\ a\ p)$$

$$deleteQ(Fork\_x\ p\ t_1\ t_2) = ((x,\ p),\ combineQ\ t_1\ t_2)$$

这两种操作都在队列大小上花费对数时间。综上所述，通过使用有 n 个元素的优先队列而不是有序列表，我们可以将插入时间从 $O(\log n)$ 减少到 $O(n)$。这样做的代价是，找到最小值的时间从 $O(1)$ 增加到 $O(\log n)$。

最后，下面是使用优先队列的哈夫曼算法的实现：

$$huffman :: [Elem] \rightarrow Tree\ Elem$$

$$huffman = extract \cdot until\ singleQ\ gstep \cdot makeQ \cdot map\ leaf$$

$$extract :: PQ(Tree\ Elem)Weight \rightarrow Tree\ Elem$$

$$extract = fst \cdot fst \cdot deleteQ$$

$$gstep :: PQ(Tree\ Elem)Weight \rightarrow PQ(Tree\ Elem)Int$$

$$gstep\ ps = insertQ\ t\ w\ rs$$

$$\textbf{where}\ (t,\ w)\ \ = node\ p_1\ p_2$$

$$(p_1,\ qs) = deleteQ\ ps$$

$$(p_2,\ rs) = deleteQ\ qs$$

$$makeQ :: Ord\ p \Rightarrow [(a,\ p)] \rightarrow PQ\ a\ p$$

$$makeQ\ xs = addListQ\ xs\ emptyQ$$

$$singleQ :: Ord\ p \Rightarrow PQ\ a\ p \rightarrow Bool$$

$$singleQ = nullQ \cdot snd \cdot deleteQ$$

在不假设输入按权重排序的情况下，该算法运行 $O(n \log n)$ 步。

章节注释

最小代价树问题最早在文献 [1] 中描述。另一种构建最小代价树的方法是使用 Hu-Tucker[2]

或 Garsia-Wachs 算法[5]。Hu-Tucker 算法之所以适用，是因为 *cost* 是文献［2］中定义的常规代价函数。但 Hu-Tucker 算法的最佳实现需要 $\theta(n \log n)$ 步。我们将在 14.6 节中讨论 Garsia-Wachs 算法。

哈夫曼算法是贪心算法研究中最受欢迎的算法。它首次出现在文献［3］。在文献［4］中描述了基于队列的线性时间贪心算法，它也展示了如何将该算法推广到 k-ary 树，而不仅仅是二叉树。如果坚持认为树的边就是给定的字符-权重对所给出的顺序，那么可以使用 Garsia-Wachs 算法来构建，得到的树被称为 Hu 字母树。

优先队列有很多实现，包括左倾堆、斜堆和最大避免堆。这些实现都可以在文献［6，7］中找到。

参考文献

［1］Richard Bird. *Pearls of Functional Algorithm Design*. Cambridge University Press, Cambridge，2010.

［2］Te Chiang Hu. *Combinatorial Algorithms*. Addison-Wesley，Reading，MA，1982.

［3］David A. Huffman. A method for the construction of minimum-redundancy codes. *Proceedings of the IRE*，40（9）：1098-1101，1952.

［4］Donald E. Knuth. *The Art of Computer Programming*，volume 1：Fundamental Algorithms. Addison-Wesley，Reading，MA，third edition，1997.

［5］Donald E. Knuth. *The Art of Computer Programming*，volume 3：Sorting and Searching. Addison-Wesley，Reading，MA，second edition，1998.

［6］Chris Okasaki. *Purely Functional Data Structures*. Cambridge University Press，Cambridge，1998.

［7］Chris Okasaki. Fun with binary heap trees. In J. Gibbons and O. de Moor，editors，*The Fun of Programming*，pages 1-16. Palgrave，Macmillan，Hampshire，2003.

练习

练习 8.1　考虑递归 $H(1) = 0$ 和 $H(n) = 1 + H(\lceil n/2 \rceil)$。通过归纳证明 $H(n) = \lceil \log n \rceil$。

练习 8.2　证明 8.1 节的自底向上算法：

$$mktree = unwrap \cdot until\ single(pairWith\ Node) \cdot map\ Leaf$$

会生成一棵有最小高度的树。

练习 8.3　我们在 8.1 节中声明最小化 *lcost* 也会同时最小化 *cost*，为什么这是正确的？

练习 8.4　为什么声明 *rollup* $\cdot$ *spine* = *id* 并不适用于所有可能的树的列表？

练习 8.5　*foldrn* 的（上下文无关的）融合规则断言：

$$foldrn\ f_2\ g_2\ xs \leftarrow M(foldrn\ f_1\ g_1\ xs)$$

对所有有限的列表 xs，假设

$$g_2\, x \qquad \leftarrow M(g_1\, x)$$
$$f_2\, x\, (M\, y) \leftarrow M(f_1\, x\, y)$$

证明这一结果。

练习 8.6　仔细研究 8.1 节最后的贪心算法，建立最小高度树。

练习 8.7　函数 $splits :: [a] \to [([a], [a])]$ 将列表 xs 划分成所有的列表对 (ys, zs)，使 $xs =$ $ys \!+\!\!+\! zs$。函数 $splitsn$ 也类似，只是它将一个列表分割成成对的非空列表。请给出 $splits$ 和 $splitsn$ 的递归定义。

练习 8.8　使用 $splitsn$，给出 8.1 节中函数 $mktrees$ 的一个递归定义。写出函数 $T(n)$ 的递归关系，该函数计算有 n 个叶子的树的数量。它可以表示为

$$T(n) = \frac{1}{n}\binom{2n-1}{n-1}$$

这些值称为卡特兰数（Catalan number）。

练习 8.9　这里有关于 8.1 节中函数 $mktrees$ 的另一种定义，这种定义与哈夫曼编码中使用的定义类似：

$$mktrees :: [a] \to [Tree\, a]$$
$$mktrees = map\ unwrap \cdot until\,(all\ single)\,(concatMap\ combine) \cdot$$
$$wrap \cdot map\ Leaf$$
$$combine :: Forest\, a \to [Forest\, a]$$
$$combine\ xs = [ys \!+\!\!+\! [Node\ x\ y] \!+\!\!+\! zs \mid (ys, x : y : zs) \leftarrow splits\ xs]$$

函数 $combine$ 以所有可能的方式将森林中相邻的两棵树组合起来。不断重复这个过程，直到只剩下一个单一的森林，即只包含一棵树的森林。最后提取出树，给出树的列表。这种方法可能多次生成同一棵树，但仍然生成了所有可能的树。写出这个版本的 $mktrees$ 的相关贪心算法（不需要证明）。

练习 8.10　在哈夫曼编码中，为什么 $cost$ 的第二个递归定义遵循第一个的定义？

练习 8.11　定义哈夫曼算法中使用的函数 $insert$。

练习 8.12　给出两种方式，从 $[Leaf\ 3, Leaf\ 5, Leaf\ 8, Leaf\ 9]$ 生成 $[Node(Node(Leaf\ 3)$ $(Leaf\ 8))(Node(Leaf\ 5)(Leaf\ 9))]$。

练习 8.13　按哈夫曼算法的规范生成的树的数量由下列式子给出：

$$\text{对 } n \geq 2, \binom{n}{2}\binom{n-1}{2}\cdots\binom{2}{2}$$

请说明这一数量等同于

$$\frac{n!\,(n-1)!}{2^{n-1}}$$

练习 8.14　定义 $MCC\ k\ xs = MinWith\ cost\ (apply\ k\ fstep\ [xs])$。请说明

$$apply\ k\ gstep\ xs \leftarrow MCC\ k\ xs$$

假设 $MCC\ k\ (gstep\ xs) \leftarrow MCC\ (k+1)\ xs$。

练习 8.15　定义函数 $singleSL :: SymList\ a \rightarrow Bool$ 来确定对称列表是否是单例列表。

练习 8.16　使用 $insertQ$ 定义 $addListQ$。

练习 8.17　定义 $mergeOn$。

练习 8.18　请说明，对于 8.3 节中讨论的树，一个大小为 n 的树的秩最大为 $\lfloor \log(n+1) \rfloor$。

练习 8.19　定义 $emptyQ$ 和 $nullQ$。

Chapter 9　第9章

图的贪心算法

在这一章中，我们将考虑两个问题，它们的解集是图，确切地说是被称为生成树的特殊形式的图。第一个问题是关于以最小代价计算连通图的生成树，而第二个问题是从给定的起始顶点到其他所有顶点的最短路径，计算由边确定最短路径的有向图的生成树。所有这些术语都会在下面给出详细说明。接着用最短路径算法解决另一个问题——慢跑者问题，它帮助计算机计算总代价最小的循环路径。

9.1　图和生成树

首先介绍一些术语。有两种类型的图：有向图（directed graph）和无向图（undirected graph）。无向图也称为图（graph）。某些定义对有向图和图来说略有不同，因此最好将它们视为独立的种类，尽管它们密切相关。最小代价生成树问题处理无向图，而最短路径问题处理有向图。

根据定义，有向图 D 是一对 (V, E)，其中 V 是一组顶点，也称为节点，E 是一组边。边由一对顶点 (u, v) 组成，其中 u 是边的源点，v 是目标顶点。这种边从 u 指向 v。有向图可能有自环边，即形如 (u, u) 的边。因为 E 是一个集合，不能包含同一条边多于一次，因此具有相同的源点和目标顶点的边最多只有一条。因此，n 个顶点的有向图的边不能多于 n^2 条或 $n(n-1)$ 条（如果没有自环边的话）。

无向图 G 也由一对顶点和边 (V, E) 给出，但这次每条边都是正好有 2 个顶点的集合 $\{u, v\}$。因此，图不能有自环。为了方便表示，我们把这组顶点写成 (u, v)，但是我们认为 (u, v) 和 (v, u) 是相同的边。有 n 个顶点的无向图不能有超过 $n(n-1)/2$ 条边。在具有 n 个顶点和 e 条边的稀疏图或者有向图中，我们有 $e = O(n)$，而在稠密图或有向图中，我们有 $e = \Omega(n^2)$。某些算法更适用于稀疏图，而另一些算法则更适用于稠密图。

在本章中，我们需要带标签的无向图和有向图。根据定义，带标签的无向图或有向图是每条边都包含一个标签的图，这个标签通常称为其权重。为简化起见，假定权重为整数。边的权重与边一起记录，因此对于无向图和有向图，相关类型声明都是

$$\textbf{type } Graph = ([\,Vertex\,], [\,Edge\,])$$
$$\textbf{type } Edge = (Vertex, Vertex, Weight)$$
$$\textbf{type } Vertex = Int$$
$$\textbf{type } Weight = Int$$

我们还将确定这些定义：

$$nodes(vs, es) = vs$$
$$edges(vs, es) = es$$
$$source(u, v, w) = u$$
$$target(u, v, w) = v$$
$$weight(u, v, w) = w$$

将图形表示为顶点和边的列表反映了图的数学定义并且适用于许多问题。对于其他问题，这样一种表示更好：将图视为类型是 $Vertex \rightarrow [(Vertex, Weight)]$ 的邻接函数。此函数的域是顶点集，并且对每个顶点 u，应用于 u 的函数的值是 (v, w) 对的集合，使得 (u, v, w) 是带标签的边。假设顶点由 1 到 n 范围内的某个整数 n 命名，那么邻接函数的一种简单实现是使用数组，因此图的另一种描述为

$$\textbf{type } AdjArray = Array\ Vertex[(Vertex, Weight)]$$

我们将这两种描述之间的转换留作练习。邻接图的数组表示可用于第六部分中的某些问题。

图或有向图中的路径是一个顶点序列 $[v_0, v_1, \cdots, v_k]$，满足 (v_j, v_{j+1}) 是一条边（在有向图的情况下，从 v_j 指向 v_{j+1}），其中 $0 \leqslant j < k$。这条路径连接 v_0 和 v_k。图或有向图中的循环路径（也称为圈）是路径 $[v_0, v_1, \cdots, v_0]$，其边和顶点都与两个端点不同。在图中，路径 $[v_0, v_1, v_0]$ 不是循环，因为 (v_0, v_1) 和 (v_1, v_0) 是相同的边。因此，图中的循环路径长度大于 2。若在图或有向图中没有循环路径，则为无环图；若图中存在从一个顶点到其他所有顶点的一条路径，则为连通图。在无环图中，任意两个顶点之间最多存在一条路径。

连通的无环图称为树，一组树称为森林：

$$\textbf{type } Tree = Graph$$
$$\textbf{type } Forest = [\,Tree\,]$$

因此，这里的树不是前几章中使用的数据类型，而仅仅是一种特殊类型的图的同义词。每一个图都可以分解为其连通分量的集合。

图 $G = (V, E)$ 的生成森林是一组不相交的树

$$(V_1, E_1), (V_2, E_2), \cdots, (V_k, E_k)$$

其中 $V = \cup_{1 \leqslant i \leqslant k} V_i$ 且其边 $E' = \cup_{1 \leqslant i \leqslant k} E_i$ 构成 E 的最大子集，即在不构成循环图的情况下，不

能再添加任何其他边。如果 G 是连通的，则生成森林由单棵生成树组成。具有 n 个顶点的连通的生成树正好有 $n-1$ 条边（为什么?）。最后，连接图 G 的最小代价生成树（MCST）是 G 的生成树 T，其中 T 中边的权重之和尽可能小。我们的目标是找到计算连通图的 MCST 的高效方法。归纳计算非连通图的最小代价生成森林的方法则留作练习。

为了给这些定义增添一些活力，请考虑一个拥有指定城镇和道路网络的国家。把城镇看作顶点，每条道路都是连接两个城镇的边。每条道路都可以沿任意方向行驶，因此图是无向的。我们假设两个给定的城镇之间仅有一条道路，道路的权重就是其长度。该网络可能是连通的，因为每两个城镇之间有一条路线（路径），但也可能不是连通的。例如，国家可以由几个没有桥梁连接的岛屿组成。如果所有城镇都通过道路连通，则 MCST 是一种没有循环路径且连接所有城镇⊖的总代价最低的道路网络。

找到 MCST 并不能帮助我们规划最短路线。在 MCST 中，两个城镇之间的路径不一定是它们之间的最短路线。我们将在第 9.5 节中考虑规划最短路线的问题。对于一个表面上类似的问题，即给定一个连通图和一个顶点子集 T，目的是找到一个包含 T 中每个顶点的最小代价树，找到一个 MCST 是没有帮助的。此问题称为 Steiner 树问题，它更具挑战性，而且超出了本书的范围。

以下是用标准方式表示的 MCST 问题的规范：

$$mcst :: Graph \rightarrow Tree$$
$$mcst \leftarrow MinWith\ cost \cdot spats$$

函数 $cost$ 返回树的边的权重之和：

$$cost :: Tree \rightarrow Int$$
$$cost = sum \cdot map\ weight \cdot edges$$

函数 $spats$（"生成树"的缩写）生成给定连通图的所有生成树。对于具有 n 个顶点的图（V, E），这意味着查找所有大小为 $n-1$ 的 E 的子集，且该子集既是非循环的又是连通的。定义 $spats$ 的一种方法是将边逐个添加到最初的空集中，并确保在每个步骤中这组边是非循环的，即森林。只有在添加最后一条边的最后一步，才保证把森林合并成一棵树（当然，前提是图是连通的）。另一种方法是逐个添加边，但要确保每个步骤的边集都是非循环且连通的，即树。这两种生成树的方法导致了两种不同的贪心算法，分别称为 Kruskal 算法和 Prim 算法。让我们逐个进行研究。

9.2　Kruskal 算法

在 Kruskal 算法中，$spats$ 的定义与哈夫曼算法中的 $mktrees$ 的定义非常相似，区别在于它在状态列表上工作，而不是在树的列表上工作。每个状态都是由森林和边列表组成的对，从

⊖　尽管允许有自行车道。

该列表中我们可以选择下一条边：

$$\textbf{type } State = (Forest, [Edge])$$
$$spats :: Graph \rightarrow [Tree]$$
$$spats = map\ extract \cdot until(all\ done)(concatMap\ steps) \cdot wrap \cdot start$$
$$extract :: State \rightarrow Tree$$
$$extract([t], \_) = t$$
$$done :: State \rightarrow Bool$$
$$done = single \cdot fst$$
$$start :: Graph \rightarrow State$$
$$start\ g = ([([v], []) \mid v \leftarrow nodes\ g], edges\ g)$$

起始状态由树的森林组成，每棵树都是有单个顶点且不包含边的图，以及图的全部边集。最终状态为由单棵树和其构造中未使用的边列表组成的对。函数 $extract$ 会进入最终状态，丢弃未使用的边，并提取生成树。

这使我们有了 $steps :: State \rightarrow [State]$ 的定义，它采用森林以及边的列表，并选择每条可能添加到森林中且不会生成循环的边。如果一条边的端点属于不同的树，则可以添加此边。其结果是将两棵树合并为一棵更大的树。因此，我们定义

$$steps :: State \rightarrow [State]$$
$$steps(ts, es) = [(add\ e\ ts, es') \mid (e, es') \leftarrow picks\ es, safeEdge\ e\ ts]$$

回想一下函数 $picks :: [a] \rightarrow [(a, [a])]$，以所有可能方式选择非空列表中的元素，同时返回该元素和其余的列表。函数 $safeEdge$ 的定义为

$$safeEdge :: Edge \rightarrow Forest \rightarrow Bool$$
$$safeEdge\ e\ ts = find\ ts(source\ e) \neq find\ ts(target\ e)$$
$$find :: Forest \rightarrow Vertex \rightarrow Tree$$
$$find\ ts\ v = head[t \mid t \leftarrow ts, any(==v)(nodes\ t)]$$

$find\ ts\ v$ 的值是森林 ts 中唯一包含 v 顶点的树。在最坏的情况下，每个 $find$ 操作都需要 $\Theta(n)$ 步，因为图的每个顶点都可能需要被检查。稍后将给出更有效的定义。最后，函数 add 将两棵树组合在一起，并将结果添加到森林：

$$add :: Edge \rightarrow Forest \rightarrow Forest$$
$$add\ e\ ts = (nodes\ t_1 ++ nodes\ t_2, e : edges\ t_1 ++ edges\ t_2) : rest$$
$$\textbf{where } t_1 = find\ ts(source\ e)$$
$$t_2 = find\ ts(target\ e)$$
$$rest = [t \mid t \leftarrow ts, t \neq t_1 \wedge t \neq t_2]$$

接下来的每一个 add 操作，比如 $find$，都需要 $O(n)$ 步（忽略树比较）。同样，稍后将给出更有效的定义。

计算最小代价生成树的贪心算法是按照上一章的理论给出的路径得到的。首先，定义

$$MCC = MinWith\ cost \cdot map\ extract \cdot until(all\ done)(concatMap\ steps) \cdot wrap$$

回想一下，我们有

$$extract(until\ done\ gstep\ sx) \leftarrow MCC\ sx$$

对于所有状态 sx，前提是满足两个条件。第一个条件是

$$done\ sx \Rightarrow extract\ sx \leftarrow MCC\ sx$$

这种情况源于 MCC 的定义，因为

$$extract([t],\ es) = t \leftarrow MCC([t],\ es)$$

第二个条件是贪心条件：存在树 t，使得

$$t \leftarrow MCC(gstep\ sx) \wedge t \leftarrow MCC\ sx$$

为了验证贪心条件，我们必须选择 $gstep$ 的定义。显而易见的选择是通过定义 $gstep$ 来选择最小权重的安全边。假设列表的边是按权重的升序排列的，那么我们可以如下定义 $gstep$：

$$gstep :: State \to State$$
$$gstep(ts,\ e:es) = \textbf{if}\ t_1 \neq t_2\ \textbf{then}(ts',\ es)\ \textbf{else}\ gstep(ts,\ es)$$
$$\textbf{where}\ t_1\ = find\ ts(source\ e)$$
$$t_2\ = find\ ts(target\ e)$$
$$ts'\ = (nodes\ t_1 +\!\!+ nodes\ t_2,\ e:edges\ t_1 +\!\!+ edges\ t_2):rest$$
$$rest = [t \mid t \leftarrow ts,\ t \neq t_1 \wedge t \neq t_2]$$

函数 $gstep$ 选择端点位于不同树 t_1 和 t_2 中的第一条边，并将 t_1 和 t_2 合并为一棵树。

现在，要验证贪心条件，考虑一个由森林 ts 和未使用边的列表 es 组成的状态 $sx = (ts, es)$。让 e 成为 ts 树中代价最小的安全边元素。假设 $t \leftarrow MCC\ sx$。如果 t 包含边 e，则 t 始终可以通过将选择边 e 作为第一步来进行构建。因此，$t \leftarrow MCC(gstep\ sx)$ 且满足贪心条件。否则，t 不包含 e，将 e 添加到 t 会生成（唯一）循环。删除循环中的任意边 e'，并将其替换为 e。结果是另一个具有代价 $t' \leqslant cost\ t$ 的生成树 t'，因为权重 $e \leqslant weight\ e'$。此外，由于 t' 包含 e，以及 t' 可以通过在第一步选择边 e 来构建，所以我们可以使用 $t = t'$ 来满足贪心条件。

因此，给出 Kruskal 算法的一种方法是：

$$kruskal :: Graph \to Tree$$
$$kruskal = extract \cdot until\ done\ gstep \cdot start$$
$$start\ g = ([([v],\ [\,]) \mid v \leftarrow nodes\ g],\ sortOn\ weight(edges\ g))$$

Haskell 库 $Data.List$ 中的函数 $sortOn$ 见练习 5.12。还有另一种方法可以定义该算法，即写成：

$$kruskal :: Graph \to Tree$$
$$kruskal\ g = extract(apply(n-1)gstep(start\ g))$$
$$\textbf{where}\ n = length(nodes\ g)$$

给定一个具有 n 个顶点的连通图，我们知道 $gstep$ 会被应用 $n-1$ 次。

我们还要计算函数的时间复杂度。假设图具有 n 个顶点和 e 条边。若图为连通图，且任何

两个顶点之间最多只有一条边，则有 $n-1 \leqslant e \leqslant n(n-1)/2$。对边排序需要 $O(e \log e)$ 步。正如我们所看到的，每个查找和添加操作都需要执行 $O(n)$ 步。最坏情况下，所有的边 e 都要被考虑到，因此有 $2e$ 次查找调用和 $n-1$ 次添加调用，总运行时间为 $O(e \log e + en + n^2) = O(en)$。

此算法的瓶颈在于 *find* 和 *add* 的时间复杂度。这些函数的更快实现利用了一种特殊的数据结构来计算不相交集。下面我们将转到这个话题。

9.3　不相交集和联合查找算法

Kruskal 算法的计算代价部分在于维护不相交集的集合，即森林中树的顶点。最初，每个顶点都属于一个单独的集合。每一个并集操作将不相交集的数量减少 1。函数 *find* 必须发现集合中的哪个集合包含给定顶点。我们可以通过定义 *find* 来返回集合的名称，而不是返回整个集合。集合的名称是集合中的某个指定顶点。设 *DS* 是一种数据类型，用于将不相交的顶点集 v 保持在 $1 \leqslant v \leqslant n$ 范围内。我们需要在 *DS* 上进行以下三个操作，其中 *Name* 是 *Vertex* 的同义词：

$$startDS \quad :: Nat \to DS$$
$$findDS \quad :: DS \to Vertex \to Name$$
$$unionDS :: Name \to Name \to DS \to DS$$

函数 *startDS* 采用正整数 n 并返回 n 个单例集合。每个集合包含范围 $1 \leqslant v \leqslant n$ 中的唯一顶点 v。函数 *findDS* 获取顶点 v 并返回包含 v 的集合的名称。函数 *unionDS* 接受两个不同的名称，并将集合中的两个命名集合替换为一个具有适当选择的名称的集合，实际上是较大集合的名称。

下面是使用这三个函数的 Kruskal 算法的实现。不相交的顶点集从森林的树中分离出来，所有树的边被组合成一个集合。因此，我们将状态更改为

$$\textbf{type } State = (DS, [Edge], [Edge])$$

然后我们可以定义

$$kruskal :: Graph \to Tree$$
$$kruskal \; g = extract(apply(n-1)gstep \; s)$$
$$\textbf{where } extract(\_, es, \_) = (nodes \; g, es)$$
$$n = length(nodes \; g)$$
$$s = (startDS \; n, [\,], sortOn \; weight(edges \; g))$$

修订的 *gstep* 定义如下：

$$gstep :: State \to State$$
$$gstep(ds, fs, e:es) = \textbf{if } n_1 \neq n_2 \textbf{then}(unionDS \; n_1 \; n_2 \; ds, e:fs, es)$$
$$\textbf{else } gstep(ds, fs, es)$$
$$\textbf{where } n_1 = findDS \; ds(source \; e)$$
$$n_2 = findDS \; ds(target \; e)$$

在上述 Kruskal 算法的简单实现中，操作 *starDS*、*findDS* 和 *unionDS* 都会执行 $O(n)$ 步。但是我们可以用另外两个实现做得更好，我们称这两个实现为实现 *A* 和实现 *B*。在实现 *A* 中，最坏情况下函数 *find DS* 执行 $O(\log n)$ 步，而 *unionDS* 执行 $O(n)$ 步。回顾 Kruskal 算法可能要调用 $2e$ 次 *findDS* 和 $n-1$ 次 *unionDS*，这意味着总运行时间为 $O(e \log n + n^2)$，比 $O(en)$ 运行时间显著改进。在实现 *B* 中，函数 *findDS* 执行 $O(\log 2n)$ 步，但 *unionDS* 仅执行 $O(\log n)$ 步。这意味着总运行时间为 $O(e \log 2n + n\log n)$，再次改进了 $O(en)$ 运行时间。

这些时间界并不是最好的。我们还可以构造 *findDS* 和 *unionDS* 的实现，使一个包含 $O(e)$ 次 *find* 操作和最多 $n-1$ 次 *union* 操作的序列需要 $O(e \log n)$ 步。然而，这种实现在纯函数条件下似乎不可能实现，因为它依赖于具有恒定时间更新函数的可变数组。虽然可以用一元编程来处理可变的数据结构，但我们选择不这样做。所谓的联合寻找（union-find）问题是一个众所周知的例子，在这个问题中，最好的纯函数解决方案的复杂性似乎不如最好的命令式解决方案的复杂性。

DS 的实现 *A* 也使用数组，但数组是不可变的。回顾 3.3 节中的以下三个函数：

$$listArray :: Ix\ i \Rightarrow (i,\ i) \to [e] \to Array\ i\ e$$
$$(!)\quad :: Ix\ i \Rightarrow Array\ i\ e \to i \to e$$
$$(//)\quad :: Ix\ i \Rightarrow Array\ i\ e \to [(i,\ e)] \to Array\ i\ e$$

第一个函数根据一对边界和按索引排序的值列表构造数组，第二个是数组查找函数，第三个是更新函数。生成数组需要线性时间，查找需要恒定时间，但即使在单个位置更新，更新也需要线性时间。我们将使用以下三种操作的定制版本：

$$fromList :: [a] \to Array\ Vertex\ a$$
$$fromList\ xs = listArray(1,\ length\ xs)\ xs$$
$$index :: Array\ Vertex\ a \to Vertex \to a$$
$$index\ a\ v = a!v$$
$$update :: Vertex \to a \to Array\ Vertex\ a \to Array\ Vertex\ a$$
$$update\ v\ x\ a = a //[(v,\ x)]$$

以下是基于数组的 *DS* 定义：

type *Size = Nat*

data *DS = DS*{*names :: Array Vertex Vertex*, *sizes :: Array Vertex Size*}

该实现由两个数组组成，一个用于命名集合中的集合，一个用于计算大小。这些集合本身可以根据如下事实确定：两个元素具有相同名称（当且仅当它们位于同一个集合）。

startDS 的定义为

$$startDS :: Nat \to DS$$
$$startDS\ n = DS(fromList[1..n])(fromList(replicate\ n\ 1))$$

回想一下，我们假设顶点被标记为从 1 到 n 的某个 n。初始时每个集合都是大小为 1 的单个集合。集合的名称是其唯一占用者的值。一般情况下，集合的名称是一个值 k，使得

$$index(names\ ds)\ k = k$$

names 数组中的每个条目可以是一个名称，也可以是另一个具有相同属性的顶点。因此，我们可以通过回溯 *names* 数组，直到找到指向自身的条目，来找到包含指定顶点的集合的名称。这为我们提供了 *findDS* 的定义：

$$findDS :: DS \rightarrow Vertex \rightarrow Name$$

$$findDS\ ds\ x = \textbf{if}\ x == y\ \textbf{then}\ x\ \textbf{else}\ findDS\ ds\ y$$

$$\textbf{where}\ y = index(names\ ds)\ x$$

此操作的时间复杂度取决于顶点与包含它的集合的名称的距离。我们将演示如何保持此距离。最后，*unionDS* 定义为

$$unionDS :: Name \rightarrow Name \rightarrow DS \rightarrow DS$$

$$unionDS\ n_1\ n_2\ ds = DS\ ns\ ss$$

$$\textbf{where}(ns,\ ss) =$$

$$\quad \textbf{if}\ s_1 < s_2$$

$$\quad \textbf{then}(update\ n_1\ n_2(names\ ds),\ update\ n_2(s_1 + s_2)(sizes\ ds))$$

$$\quad \textbf{else}(update\ n_2\ n_1(names\ ds),\ update\ n_1(s_1 + s_2)(sizes\ ds))$$

$$s_1 = index(sizes\ ds)\ n_1$$

$$s_2 = index(sizes\ ds)\ n_2$$

unionDS 的前两个参数名称不同，不是任意顶点。首先，计算与这两个名称对应的集合大小，然后用大集合的名称重命名小集合，这样小集合就会被大集合所吸收。最后，较大集合的大小相应增加。维护大小信息唯一但关键的目的是确保查找集合名称时使用的 *findDS* 操作的数量尽量少。若第一次查找没有得到集合名称，则是因为集合被更大的集合吸收了。一个大小为 1 的集合被大小至少为 1 的集合吸收，接着又被一个至少为 2 的集合吸收，再接着又被一个大小至少为 4 的集合吸收，以此类推。由此可以得出，如果在搜索集合 S 的名称时有 k 次查找，那么 S 的大小至少为 2^{k-1}。这就得到了界 $k \leqslant \lfloor \log n \rfloor + 1$。图 9.1 给出了具有 7 个顶点的 Union-Find 的使用示例。请注意，第二行只正确地显示了集合名称的大小；例如，在 *unionDS* 1 2 之后，名称为 1 的集合具有正确的大小 2，但是与 2 相关联的大小（不再是名称）仍然是 1。在 4 个 *union* 操作结束时，我们有

	1	2	3	4	5	6	7
startDS 7	1	2	3	4	5	6	7
	1	1	1	1	1	1	1
unionDS 1 2	1	1	3	4	5	6	7
	2	1	1	1	1	1	1
unionDS 6 7	1	1	3	4	5	6	6
	2	1	1	1	1	2	1
unionDS 3 6	1	1	6	4	5	6	6
	2	1	1	1	1	3	1
unionDS 1 6	6	1	6	4	5	6	6
	2	1	1	1	1	5	1

图 9.1　具有 7 个顶点的 Union-Find 示例。每次操作后，两行显示结果的名称和大小

$$map(findDS\ ds)[1..7] = [6,\ 6,\ 6,\ 4,\ 5,\ 6,\ 6]$$

因此，不相交集合的集合将减少为三个集合：名称为 6 的集 {1, 2, 3, 6, 7}，以及名称分别为 4 和 5 的单例集 {4} 和 {5}。特别地，要找到包含 2 的集合的名称，我们必须运行 *findDS*

三次：

$$findDS\ ds\ 2 = findDS\ ds\ 1 = findDS\ ds\ 6 = 6$$

但包含 2 的集合是一个大小为 5 的集合，且 $\lceil log5 \rceil + 1 = 3$，这正是上面预测的界。

DS 的第二个实现（实现 B）使用了第 3 章中提到的随机访问列表的数据结构。这次我们有

$$\textbf{data}\ DS = DS\{names :: RAList\ Vertex,\ sizes :: RAList\ Size\}$$

$startDS$ 的定义为

$$startDS :: Nat \to DS$$
$$startDS\ n = DS(toRA[1..n])(toRA(replicate\ n\ 1))$$
$$toRA :: [a] \to RAList\ a$$
$$toRA = foldr\ consRA\ nilRA$$

除了下列更改外，$findDS$ 和 $unionDS$ 的定义保持不变：

$$index\ xs\ x\quad = lookupRA(x-1)xs$$
$$update\ n_1\ n_2\ xs = updateRA(n_1-1)n_2\ xs$$

因为随机访问列表中的位置是从 0 而不是 1 开始索引的。

现在我们可以重新说明各种运行时间。$unionDS$ 的实现包括两次查找和两次更新，实现 A 总共需 $O(n)$ 步，实现 B 总共需 $O(\log n)$ 步。实现 A 执行 $findDS$ 需要 $O(\log n)$ 步，而实现 B 需要 $O(\log^2 n)$ 步。在实现 A 中，Kruskal 算法在稀疏图上的总运行时间为 $O(n^2)$ 步，在稠密图上为 $O(n^2 \log n)$ 步。实现 B 在稀疏图上的总运行时间为 $O(n\log^2 n)$ 步，在稠密图为 $O(n^2\log^2 n)$ 步。因此，实现 B 更适合于稀疏图，而实现 A 更适合于稠密图。

9.4　Prim 算法

Prim 算法与 Kruskal 算法之间的唯一区别在于，Prim 算法每个步骤构建的是树，而不是森林。以下是修订后的状态定义和 $spats$：

$$\textbf{type}\ State = (Tree, [Edge])$$
$$spats :: Graph \to [Tree]$$
$$spats\ g = map\ fst(until(all\ done)(concatMap\ steps)[start\ g])$$
$$\textbf{where}\ done(t, es) = (length(nodes\ t) == length(nodes\ g))$$
$$start\ g = (([head(nodes\ g)], []),\ edges\ g)$$

这一次，启动状态通过将任意选择的 g 的第一个顶点作为初始树来定义。函数 $steps$ 实际上与 Kruskal 算法相同，即

$$steps :: State \to [State]$$
$$steps(t, es) = [(add\ e\ t, es') \mid (e, es') \leftarrow picks\ es,\ safeEdge\ e\ t]$$

add 和 $safeEdge$ 的不同定义除外。这次 $sageEdge$ 确定边在树中是否仅有一个端点：

$$safeEdge :: Edge \rightarrow Tree \rightarrow Bool$$

$$safeEdge\ e\ t = elem(source\ e)(nodes\ t) \neq elem(target\ e)(nodes\ t)$$

函数 *add* 将向树中添加边：

$$add :: Edge \rightarrow Tree \rightarrow Tree$$

$$add\ e(vs,\ es) = \textbf{if}\ elem(source\ e)vs\ \textbf{then}(target\ e : vs,\ e : es)$$

$$\textbf{else}(source\ e : vs,\ e : es)$$

贪心算法与 Kruskal 算法相同。首先，定义

$$MCC = MinWith\ cost \cdot map\ fst \cdot until(all\ done)(concatMap\ steps) \cdot wrap$$

然后我们有了

$$extract(until\ done\ gstep\ sx) \leftarrow MCC\ sx$$

如果我们可以证明存在一棵树 t，且

$$t \leftarrow MCC(gstep\ sx)\ \wedge\ t \leftarrow MCC\ sx$$

与以前一样，我们可以通过定义 *gstep* 选择最小权重的安全边来建立贪心条件。假设边列表按权重的升序排列，这意味着

$$gstep(t,\ e : es) = \textbf{if}\ safeEdge\ e\ t\ \textbf{then}(add\ e\ t,\ es)\ \textbf{else}\ keep\ e(gstep(t,\ es))$$

$$\textbf{where}\ keep\ e(t,\ es) = (t,\ e : es)$$

keep 函数是必需的，因为与 Kruskal 算法不同，对于一条不能在某一步添加到树中的边，可以在树长大一些的时候再进行添加。

这一条件的证明也与 Kruskal 的证明非常相似，但值得详细说明。考虑不完整状态 $sx = (t_1,\ es)$，可以将更多的边添加到 t_1，并使 e 成为最小权重的 es 的元素（t_1 的安全边）。不失一般性，假设源 e 是 t_1 的顶点，而目标 e 不是 t_1 的顶点。现在让 $t_2 \leftarrow MCC\ sx$。如果 t_2 包含边 e，则 t_2 可以通过选择 e 作为第一步来构建。因此，$t_2 \leftarrow MCC(gstep\ sx)$，我们可以选择 $t = t_2$ 以满足贪心条件。否则，t_2 不包含 e，把 e 添加到 t_2 将创建（唯一）循环。这次我们必须更加小心。在选择 t_2 的边时，可以用 e 替换它。在循环中必须存在边 e'，使得源 e' 是 t_1 的顶点，而目标 e' 不是 t_1 的顶点。否则 e 将不是 t_1 的安全边。在 t_2 中用 e 替换 e' 给出另一棵树 t_3，其代价不大于代价 t_2。现在我们可以取 $t = t_3$ 来满足贪心条件。

贪心算法可以用与第一个版本的 Kruskal 算法几乎相同的方式表示。

$$prim :: Graph \rightarrow Tree$$

$$prim\ g = fst(until\ done\ gstep(start\ g))$$

$$\textbf{where}\ done(t,\ es) = (length(nodes\ t) == length(nodes\ g))$$

作为一种选择，我们可以写为

$$prim\ g = fst(apply(n-1)gstep(start\ g))$$

$$\textbf{where}\ n = length(nodes\ g)$$

有一个更有效的终止条件定义。然而，这个版本的 Prim 算法的主要问题是它的效率不是很高。在步骤 k，当树有 k 个顶点和 $k-1$ 条边时，在找到安全边之前需要检查的边的数量是

$O(e - k)$。这意味着 gstep 需要执行 $O(k(e - k))$ 步，因为 safeEdge 需要执行 $O(k)$ 步。对所有步求和，Prim 算法的总运行时间为

$$\sum_{k=1}^{n-1} O(k(e - k)) = \sum_{k=1}^{n-1} O(k\,e) = O(e\,n^2)$$

相较而言，第一版的 Kruskal 算法需要 $O(e\,n)$ 步，通过使用具有对数时间的成员存在性测试的集合的有效实现，可以改进用时。这会将 safeEdge 和 add 操作的时间减少到 $O(\log k)$ 步，总时间减少到 $O(e\,n \log n)$ 步。但结果仍然比 Kruskal 算法差。

　　实际上，我们可以通过减少每步必须考虑的边数来将 Prim 算法的运行时间减少到 $O(n^2)$。其思想是，对于树外的每个顶点 v 保持最多一条边，该边是将 v 连接到某个树顶点的权重最小的边之一。当使用新顶点更新树时，下一步的候选边也可以被更新。因此在每个阶段，候选边数量为 $O(n)$。结果将是针对稀疏图和稠密图执行 $O(n^2)$ 步的 Prim 算法的一个版本，这要优于 Kruskal 算法的 $O(e \log n + n^2)$ 步。

　　要实现这一理念，我们需要两个数组。首先我们假设顶点由范围 1 到 n 中的某个整数 n 命名，因此它们可以用作数组索引。状态被重新定义为

$$\textbf{type } State = (Links, [Vertex])$$
$$\textbf{type } Links = Array\ Vertex(Vertex, Weight)$$

状态的第一个分量现在是数组，而不是树。对于不在树上的顶点 v，它的条目是一对 (u, w)，其中边 (u, v, w) 是连接 v 到树上任意顶点 u 的权重最小的边。顶点 u 称为 v 的父节点。因此，定义

$$parent :: Links \to Vertex \to Vertex$$
$$parent\ ls\ v = fst(ls\,!\,v)$$
$$weight :: Links \to Vertex \to Weight$$
$$weight\ ls\ v = snd(ls\,!\,v)$$

如果没有边连接 v 到树形顶点，那么 v 的父节点就是 v 本身，其权重是无限大的。除了根以外，树中顶点 v 的父节点是 v 被添加到树中时连接到的树的顶点。

　　状态的第二个分量是顶点列表，而不是边。这些是新顶点，即树中尚未存在的顶点。例如，在以下状态下，树顶点是 $[1, 2, 3, 4, 5]$，而 $[6, 7, 8]$ 是新顶点：

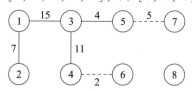

连接 4 和 6 的虚线表示连接顶点 6 到树的权重最小边是 $(4, 6, 2)$。同样，连接 7 到树的权重最小边是 $(5, 7, 5)$。顶点 8 没有与树相连的边。在这种状态下，第一个分量是数组

	1	2	3	4	5	6	7	8
parent	1	1	1	3	3	4	5	8
weight	0	7	15	11	4	2	5	∞

第二个数组是固定的，只用于确定边的权重（以恒定时间表示），这样就不必每次都对边进行搜索：

$$\textbf{type } \textit{Weights} = \textit{Array}(\textit{Vertex}, \textit{Vertex})\textit{Weight}$$

我们将定义 $\textit{weights} :: \textit{Graph} \rightarrow \textit{Weights}$ 留作练习 9.9。Prim 算法的最终版本现在可以表示为

$$\textit{prim} :: \textit{Graph} \rightarrow \textit{Tree}$$
$$\textit{prim } g = \textit{extract}(\textit{apply}(n-1)(\textit{gstep wa})(\textit{start } n))$$
$$\textbf{where } n = \textit{length}(\textit{nodes } g)$$
$$wa = \textit{weights } g$$

在初始状态下，所有顶点都是新的，并且除了顶点 1 以外的所有顶点都具有无限权重：

$$\textit{start} :: \textit{Nat} \rightarrow \textit{State}$$
$$\textit{start } n = (\textit{array}(1, n)((1, (1, 0)) : [(v, (v, \textit{maxInt})) \mid v \leftarrow [2..n]]), [1..n])$$
$$\textit{maxInt} :: \textit{Int}$$
$$\textit{maxInt} = \textit{maxBound}$$

$\textit{Int}$ 的最大可能元素 $\textit{maxInt}$ 表示无限权重。顶点 1 的权重为 0，每个条目的默认父顶点是顶点本身。函数 $\textit{gstep}$ 定义为

$$\textit{gstep} :: \textit{Weights} \rightarrow \textit{State} \rightarrow \textit{State}$$
$$\textit{gstep wa}(ls, vs) = (ls', vs')$$
$$\textbf{where } (\_, v) = \textit{minimum}[(\textit{weight } ls\ v, v) \mid v \leftarrow vs]$$
$$vs' = \textit{filter}(\neq v)vs$$
$$ls' = \textit{accum better } ls[(u, (v, wa!(u, v))) \mid u \leftarrow vs']$$
$$\textit{better}(v_1, w_1)(v_2, w_2) = \textbf{if } w_1 \leqslant w_2 \textbf{ then}(v_1, w_1) \textbf{ else}(v_2, w_2)$$

函数 $\textit{gstep}$ 选择一个离树最近的新顶点 v，并通过 v 替换新顶点 u 的每个父节点来更新连接，如果替换后产生了到树的较轻连接，则用边 (u, v) 的权重来更新连接。最后，函数 $\textit{extract}$ 从最终状态提取出最终树：

$$\textit{extract} :: \textit{State} \rightarrow \textit{Tree}$$
$$\textit{extract}(ls, \_) = (\textit{indices } ls, [(u, v, w) \mid (v, (u, w)) \leftarrow \textit{assocs } ls, v \neq 1])$$

每个 $\textit{gstep}$ 操作都需要 $O(n)$ 步，因此修改了的 prim 定义需要 $O(n^2)$ 步。正如我们将在下面的章节中看到的，本质上相同的算法可用于计算有向图上的最短路径。

9.5　单源最短路径

现在我们转向有向图和最短路径。从一个点到另一个点的概念涉及旅行的方向，所以带有向边的图是研究最短路线的合适基础。转用有向图并不会造成损失，因为一个图总是可以被建模为有向图，方法是将每条无向边表示为两条有向边，每条边具有相同的权重。我们可以用最短路径算法解决的典型问题是：给定一个城市的街道网络，可能包括单行道，开车从

一个地址到另一个地址的最短路线是什么？

一般情况下，一条路线的代价是该路线经过的边的长度（即权重）之和，但也有需要其他聚合函数的例子。例如，如果你是一个徒步旅行者，路线是步道，最好的路线可能是一条最浅的上坡路。每条步道都与它的梯度值相关，一条路线的代价是沿路径的单个梯度的最大值。在这种情况下，对于不舒服的步行者来说，最好的路线是将梯度代价降到最低。举个反例，由于道路上有桥梁，一些道路可能有高度限制。此时，对于较高车辆的驾驶员来说，最佳路线是使沿途桥梁的最低高度最大化的路线。在接下来的内容中，我们将关注距离及其和，然而我们将要描述的算法（Dijkstra 算法的一个版本）却非常适用于其他情况。

要找到从 A 到 B 的最短路径 P，必然要找到从 A 到 P 沿途每个节点的最短路径：最短路径也有最短的子路径。在最坏的情况下，只有找到从 A 到网络中其他所有节点的路径后，才能发现到 B 的路径。换句话说，该算法可能必须计算以 A 为根的最短路径生成树（SPST）。注意，SPST 与 MCST 是不同的。在这一节中，我们将为任何有向图寻找一个 SPST，对于这些有向图，从给定的源顶点到其他任一顶点都有一条路径。该算法可以修改为：一旦发现到给定目的地的最短路径就终止。

到目前为止，我们对边的权重没有任何假设，为简单起见，假设它们都是整数。但从现在开始，我们需要假设权重不为负。在负权重的情况下，循环的代价是负的，这就允许路径的代价是无穷小。有些算法可以处理负权重（只要不存在负代价的循环），但我们描述的算法不行。稍后我们将看到为什么我们需要这个假设。

这个问题的另一个特点是，与 MCST 的情况不同，以 A 为根的 SPST 的最优性不能用单个数值来表示。树的代价取决于从 A 到树上所有其他顶点的路径代价。要说明一棵树不比另一棵树差，最显而易见的方法是要求到第一棵树中每个顶点的距离不大于第二棵树中相应的距离。这个条件在树上定义了一个先序，但不是一个完全先序。

最后要记住的一点是，我们将讨论的算法并不是汽车导航系统中那种计算现实中最短路线的算法。实际的公路网是以实际距离为基础的，路网中相邻的城镇的间距比被长途路线隔开的城镇的间距或多或少要近一些。这意味着某些启发式方法可以被用来快速地找到最短路线。根据这种方法得到的算法称为 A＊搜索算法，我们将在第 16 章进行讨论。

9.6 Dijkstra 算法

我们的最短路径生成树算法是 Dijkstra 算法的一个版本，它使用的状态定义与 Prim 算法的最终版本基本相同，只是连接数组中的边权重被替换为距离，其中源顶点 1 到顶点 v 的距离是沿着从 1 到 v 的路径的边的权重之和：

$$\textbf{type } State \quad = (Links, \; [Vertex])$$
$$\textbf{type } Links \quad = Array \; Vertex(Vertex, \; Distance)$$
$$\textbf{type } Distance = Int$$

$$parent :: Links \rightarrow Vertex \rightarrow Vertex$$
$$parent\ ls\ v = fst(ls\,!\,v)$$
$$distance :: Links \rightarrow Vertex \rightarrow Distance$$
$$distance\ ls\ v = snd(ls\,!\,v)$$

例如，状态

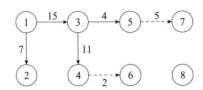

中新加入的顶点为 [6, 7, 8]，用数组表示为

	1	2	3	4	5	6	7	8
parent	1	1	1	3	3	4	5	8
distance	0	7	15	26	19	28	24	∞

特别地，离树最近的新加入的顶点是顶点 7，与顶点 1 的距离为 15+4+5 = 24。

除了一两个小的变化外，Dijkstra 算法与 Prim 算法相同：

$$dijkstra :: Graph \rightarrow Tree$$
$$dijkstra\ g = extract(apply(n - 1)(gstep\ wa)(start\ n))$$
$$\textbf{where}\ n\ = length(nodes\ g)$$
$$wa = weights\ g$$

函数 weights 的定义必须与 Prim 算法中的不同，因为我们现在处理的是有向图（参见练习 9.9）。函数 start 和 extract 与 Prim 算法中的函数完全相同，gstep 定义为

$$gstep :: Weights \rightarrow State \rightarrow State$$
$$gstep\ wa(ls,\ vs) = (ls',\ vs')$$
$$\textbf{where}\ (d,\ v) = minimum[\,(distance\ ls\ v,\ v)\,\mid v \leftarrow vs\,]$$
$$vs'\qquad = filter(\neq v)vs$$
$$ls'\qquad = accum\ better\ ls[\,(u,\ (v,\ sum\ d(wa\,!\,(v,\ u))))\mid u \leftarrow vs'\,]$$
$$\textbf{where}\ sum\ d\ w = \textbf{if}\ w == maxInt\ \textbf{then}\ maxInt\ \textbf{else}\ d + w$$
$$better(v_1,\ d_1)(v_2,\ d_2) = \textbf{if}\ d_1 \leqslant d_2\ \textbf{then}(v_1,\ d_1)\,\textbf{else}(v_2,\ d_2)$$

gstep 的每次应用都会选择一个与源顶点 1 距离最小的新顶点 v。有 n-1 个新顶点，因此 gstep 被应用 n-1 次。选择 v 后，函数 gstep 更新每个新顶点 u 的父节点和距离，只要有一条通往 u 的路径更短即可。例如在上面的例子中，添加 7 作为新的树节点，距离为 24，我们可能会找到一条边 (7, 6, 1)，所以从 1 到新顶点 6 的距离可以减少到 24+1，这比当前的最佳距离 28 更好。请注意，gstep 定义中函数 sum 的必要性。如果 (v, u) 不是边，则它的权重是 maxInt，那么 u 到源顶点的新距离也应该是 maxInt。对于任何有限距离 d，这需要 d+maxInt = maxInt，这个方程在 Haskell 中不成立。

函数 *extract* 将生成树提取为图，但更好的结果是返回从源节点到彼此顶点的实际路径：

type *Path* = ([*Vertex*], *Distance*)

extract :: *State* → [*Path*]

extract(*ls*, _) = [(*reverse*(*getPath ls v*), *distance ls v*) | *v* ← *indices ls*]

getPath ls v   = **if** *u* == *v* **then** [*u*] **else** *v* : *getPath ls u*

   where *u* = *parent ls v*

让我们通过一个例子来展示 Dijkstra 算法在实践中是如何工作的。考虑图 9.2 的有向图，其中 *n* = 6。有一条从源顶点 1 到其他每个顶点的路径，因此可以构造一个以顶点 1 为根的 SPST。图 9.3 显示了 *n*−1 步的贪心过程的序列。左边的顶点是每一步开始时找到的顶点。

顶点	1	2	3	4	5	6
1	1	2	3	4	5	6
	0	∞	∞	∞	∞	∞
2	1	1	1	4	5	6
	0	7	10	∞	∞	∞
3	1	1	2	2	5	6
	0	7	9	16	∞	∞
6	1	1	2	2	3	3
	0	7	9	16	13	10
5	1	1	2	2	6	3
	0	7	9	16	11	10
4	1	1	2	5	6	3
	0	7	9	12	11	10

图 9.2　一个有向示例图　　　　图 9.3　贪心算法执行五步序列图

图 9.3 中的最终距离是从源顶点 1 到所有顶点的最短路径的代价。特别地，到顶点 4 的最短路径的代价为 12，并且路径为 [1, 2, 3, 6, 5, 4]。生成树如图 9.4 所示。

Dijkstra 算法是否正确工作还有待证明。我们没有给出所有最短路径生成树列表的定义，因此我们无法获得基于前一章讲述的通用贪心条件的证明。相反，我们可以给出一个直接的证明。我们证明，在每一步，状态中记录的树上每个顶点的距离确实是到源顶点的最短距离。如果

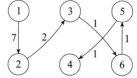

图 9.4　从源顶点 1 到所有顶点的最短路径生成树

$$(ls, vs) = apply\ k\ (gstep\ wa)\ (start\ n)$$

那么对于所有树顶点 *v*（那些不在 *vs* 中的），我们有

$$distance\ ls\ v = shortest\ g\ v$$

其中 *shortest g v* 是图中 *g* 从源顶点到 *v* 的最短路径的代价。该断言是通过对 *k* 进行归纳来证明的。基本情况 *k* = 0 是直接的，因为唯一的树顶点是源顶点 1，最短路径是距离为 0 的空路径。对于归纳步骤，可以设 *v* 是由 *gstep* 选择的顶点，*P* 是图中从源顶点到 *v* 的最短距离。这样的路径必须包含一个新的顶点，因为 *v* 本身是新的。假设 (*x*, *y*, *w*) 是 *P* 中 *y* 为新边的第一条

边。由于 x 是树的顶点，且树顶点的距离一旦设置就永远不会改变，我们可以通过归纳得出

$$distance\ ls\ x = shortest\ g\ x$$

选择 x 后，函数 $gstep$ 更新到每个新顶点的距离，包括 y。由于这些距离永远不会增加，我们有

$$distance\ ls\ y \leqslant distance\ ls\ x + w = shortest\ g\ x + w = shortest\ g\ y$$

由于计算出的距离永远不会短于可能的最短距离，我们可以得到 $distance\ ls\ y = shortest\ g\ y$。我们现在可以推断

$$distance\ ls\ v$$
$$\leqslant \quad \{定义\ v\ 为距离新的\ y\ 最近的新顶点\}$$
$$distance\ ls\ y$$
$$= \quad \{同上\}$$
$$shortest\ g\ y$$
$$\leqslant \quad \{因为\ P\ 遍历\ y\}$$
$$shortest\ g\ v$$

因此，与之前相同，$distance\ ls\ y = shortest\ g\ y$。注意，在最后一步，我们利用了边权重不为负的事实，因此路径 P 到 y 的初始部分的代价不会超过 P 本身。

我们已经介绍了 Dijkstra 算法作为 Prim 算法的变体，但还有另一种表达 Dijkstra 算法的方法，即作为广度优先搜索的一个版本。我们将在第六部分讨论这个主题（详见第 16 章）。

9.7 慢跑者问题

最后，这是 Dijkstra 算法的一个应用。请考虑一个不情愿的慢跑者所面临的困境——他愿意进行锻炼，但希望尽可能少地忍受锻炼带来的不愉快。慢跑者要在一个人行道网络中跑步，每个人行道都有一些非负的不受欢迎程度，比如它的长度。从某个特定的点开始，我们称之为"家"，慢跑者希望规划一条环形路线，没有人行道被跨越一次以上，且走过的道路的总体不受欢迎程度最小。我们假设人行道的不受欢迎程度与行进方向无关，因此我们处理的是无向的人行道网络。这样的路线将是网络中的一个循环，即由不同顶点（人行道交叉点）和不同边（为什么？）组成的圆形路径。

抽象地说，问题是在给定图 $G = (V, E)$ 和指定的主顶点 a 的情况下确定一个循环，该循环在 a 处开始和结束，且总代价最小，其中每个单独的人行道的代价是某个给定的正值。由于任何人行道都不能多次通过，因此循环中必须至少有三条不同的边。下面我们假设 G 是一个连通图并且存在这样的循环。例如，该图有来自源节点 1 的 5 个可能的循环，每个循环都可以沿任一方向行进：1231、12341、1241、12431、1341。

计算图 G 中最小慢跑路径 J 的一种简单方法是观察从 a 到最后一个顶点（例如 x）再通过边 (x, a) 返回到 a 的 J 定义的路径 P，它必须是修改后的图 $G(x)$ 中从 a 到 x 的最短路径。其中 a 和 x 之间的边被删除了。如果有更短的路径，那么也会有更短的循环。这意味着可以在 $G(x)$ 上使用 Dijkstra 算法来找到 P，前提是 G 中的每个无向边都被两个具有相同权重的有向边替换。然后可以通过在 x 与 a 相关的所有图 $G(x)$ 上运行 Dijkstra 算法来找到可能的最佳慢跑路径。由于 Dijkstra 算法可能需要 $\Theta(n^2)$ 步，如果有 $\Theta(n)$ 条边射入到 a 上，则该方法可能需要 $\Theta(n^3)$ 步。该算法对图和有向图同样有效。尽管如此，这个方法似乎需要做很多重复的工作，因此有必要问一问，是否有一种方法可以通过仅使用一次 Dijkstra 算法来解决慢跑者的问题。答案是肯定的。

设 T 为以顶点 a 为根的图 G 的最短路径生成树。我们将证明 G 存在某个最小慢跑路径 J，其性质是 J 的所有组成边除一条外都在 T 中。由于 T 是非循环的，因此必须至少有一条这样的边。此属性称为单边属性。

设 J 是具有最少非 T 边数的最小慢跑路径。假设 x 是 J 中的第一个顶点，使得 x 的边不在 T 中，并让 y 是最后一个顶点，使得到 y 的边不在 T 中。不排除 $x = a$ 的情况，也不排除 $y = a$，但 x 和 y 必须是不同的顶点。由于图是无向图，因此 x 和 y 有双重角色。下图中实线是 T 中的路径：

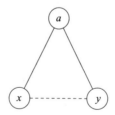

我们的目的是表明虚线是单个非 T 边。使用符号 $(u \cdots v)_G$ 来表示从 u 到 v 的路径，其顶点和边在 G 中，我们有

$$J = (a \cdots x)_T (x \cdots y)_J (y \cdots a)_T$$

由于 J 是一个循环，其中除了 a 之外没有顶点重复，因此 x 和 y 在 T 中除了 a 之外没有共同的祖先，即

$$(a \cdots x)_T \cap (y \cdots a)_T = (a)$$

现在我们证明，在路径 $(x \cdots y)_J$ 上有一些中间顶点 z 的假设导致了一个矛盾。假设存在这样的 z，如下图所示：

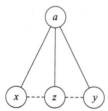

考虑由 $J' = (a \cdots x)_T (x \cdots z)_J (z \cdots a)_T$ 定义的慢跑 J'。慢跑路径 J' 的非 T 边比 J 少。此外，由于 T 是无向图的最短路径生成树，我们有

$$cost \mid (z \cdots a) T \mid \leq cost(z \cdots y)_J (y \cdots a)_T$$

因此，

$$cost \ J' = cost(a \cdots x)_T + cost(x \cdots z)_J + cost(z \cdots a)_T$$
$$\leq cost(a \cdots x)_T + cost(x \cdots z)_J + cost(z \cdots y)_T + cost(y \cdots a)_T$$
$$\leq cost \ J$$

这与 J 是具有最少非 T 边的最短慢跑路径的假设相矛盾。所以不存在这样的顶点 z。

现在我们准备好描述算法了。像之前一样，假设主顶点是顶点 1，并让 T 是源顶点为 1 的最短路径生成树。根据单边属性，我们必须找到一条边 $e = (x, y)$，$x < y$，使得：（i）e 不是 T 的边；（ii）e 在添加到 T 时创建一个包含顶点 1 的循环；（iii）e 最小化 T 中从顶点 1 到顶点 x 的距离、e 的权重以及 T 中从顶点 y 到顶点 1 的距离（由于图是无向图，因此与从 1 到 y 的距离一样）之和。事实上，没有必要坚持 (x, y) 是一条真正的边，因为如果不是，那么它的权重是无限的，并且不能最小化总和。我们将满足前两个属性的任何对 (x, y) 称为候选对。

我们可以通过考虑两种情况来识别候选对。在第一种情况下，$x = 1$，所以 y 不能直接连接到 T 中的顶点 1，也就是说，T 中 y 的父节点不能为 1。在第二种情况下，x 和 y 都不是顶点 1。在这种情况下，将 T 的子树定义为删除 T 的所有与顶点 1 相关的边产生的树。在这种情况下，如果 x 和 y 属于不同的子树，则 (x, y) 是候选对。将 x 所属子树的根称为 x 的根。如果它们有不同的根，那么一对顶点在第二种情况下是候选对。

例如，在下面的生成树中，两棵子树的根是 2 和 3，候选对是 $(1, 4)$，$(1, 5)$，$(1, 6)$，$(2, 3)$，$(2, 4)$，$(2, 5)$ 和 $(2, 6)$：

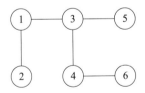

然而，$(3, 6)$，$(4, 5)$，$(5, 6)$ 都不是候选对，因为这些对具有相同的根，即 3。顶点的根可以通过 Dijkstra 算法构造的连接数组计算得出：

$$root :: Links \to Vertex \to Vertex$$
$$root \ ls \ v = \textbf{if} \ p == 1 \ \textbf{then} \ v \ \textbf{else} \ root \ ls \ p$$
$$\textbf{where} \ p = parent \ ls \ v$$

一种更好的方法（留作练习）是在连接数组中使用第三个分量，该分量计算与每个顶点关联的根，并在处理顶点时更新该分量。通过这种方式，我们可以确保 $root$ 的求值需要常数时间。现在我们可以定义

$$candidate :: Links \rightarrow (Vertex, Vertex) \rightarrow Bool$$

$$candidate\ ls(x, y) = \textbf{if}\ x == 1\ \textbf{then}\ parent\ ls\ y \neq 1\ \textbf{else}\ root\ ls\ x \neq root\ ls\ y$$

慢跑者问题现在可以通过如下定义来解决：

$$jog :: Graph \rightarrow [Edge]$$

$$jog\ g = getPath\ ls\ wa(bestEdge\ ls\ wa)$$

$$\textbf{where}\ ls = fst(apply(n-1)(gstep\ wa)(start\ n))$$

$$wa = weights\ g$$

$$n = length(nodes\ g)$$

函数 $gstep$ 和 $start$ 与 Dijkstra 算法中的相同，而权重与 Prim 算法中的相同，因为图是无向图。函数 $bestEdge$ 定义为

$$bestEdge :: Links \rightarrow Weights \rightarrow (Vertex, Vertex)$$

$$bestEdge\ ls\ wa =$$

$$minWith\ cost[(x, y) \mid x \leftarrow [1..n],\ y \leftarrow [x+1..n],\ candidate\ ls(x, y)]$$

$$\textbf{where}\ n = snd(bounds\ ls)$$

$$cost(x, y) = \textbf{if}\ w == maxInt\ \textbf{then}\ maxInt$$

$$\textbf{else}\ distance\ ls\ x + w + distance\ ls\ y$$

$$\textbf{where}\ w = wa!(x, y)$$

如果 (x, y) 不是边，那么它的权重是 $maxInt$，那么 $cost\ (x, y)$ 也应该是 $maxInt$。函数 $getPath$ 定义为

$$getPath :: Links \rightarrow Weights \rightarrow (Vertex, Vertex) \rightarrow [Edge]$$

$$getPath\ ls\ wa(x, y) =$$

$$reverse(path\ x) + [(x, y, wa!(x, y))] + [(v, u, w) \mid (u, v, w) \leftarrow path\ y]$$

$$\textbf{where}\ path\ x = \textbf{if}\ x == 1\ \textbf{then}[]\ \textbf{else}\ (p, x, wa!\ (p, x)): path\ p$$

$$\textbf{where}\ p = parent\ ls\ x$$

构建数组并确定最佳候选边需要 $O(n^2)$ 步，因此，慢跑者问题可以在这个时间内解决。

章节注释

有关最小代价生成树问题的有趣历史，请参见文献 [4]。Cayley 公式的 4 个证明（见答案 9.3）可以在文献 [1] 中找到。介绍中提到的 Steiner 树问题在文献 [7] 中进行了研究。

文献 [8] 中提出并分析了一种快速的联合查找算法。Kruskal 算法在文献 [5] 中有描述，Prim 算法在文献 [6] 中有描述。Prim 算法或许应该被称为 Jarník 算法，因为它在 1930 年由 Vojtěch Jarník 发明，1957 年被 Prim 重新发现，1959 年再次被 Dijkstra 发现。这些算法的替代描述可以在大多数算法设计教科书中找到。Dijkstra 的最短路径算法在文献 [3] 的一篇短文中有所描述。慢跑者问题取自文献 [2]，其中还讨论了涉及有向图的第二个版本。

参考文献

［1］Martin Aigner and Günter M. Ziegler. *Proofs from The Book*. Springer-Verlag, Berlin, third edition, 2004.

［2］Richard S. Bird. The jogger's problem. *Information Processing Letters*, 13（2）：114-117, 1981.

［3］Edsger W. Dijkstra. A note on two problems in connexion with graphs. *Numerische Mathematik*, 1（1）:269-271, 1959.

［4］Ronald L. Graham and Pavol Hell. On the history of the minimum spanning tree problem. *Annals of the History of Computing*, 7（1）：43-57, 1985.

［5］Joseph B. Kruskal. On the shortest spanning subtree of a graph and the traveling salesman problem. *Proceedings of the American Mathematical Society*, 7（1）：48-50, 1956.

［6］Robert C. Prim. Shortest connection networks and some generalizations. *Bell Systems Technical Journal*, 36（6）：1389-1401, 1957.

［7］Hans Jürgen Prömel and Angelika Steger. *The Steiner Tree Problem*. Springer-Verlag, Berlin, 2002.

［8］Robert E. Tarjan. Efficiency of a good but not linear set union algorithm. *Journal of the ACM*, 22（2）:215-225, 1975.

练习

练习 9.1　请回答有关图和有向图的一些问题：

1. 为什么一个含有 n 个顶点的有向图可以包含最多 n^2 条边，而一个图最多可以包含 $n(n-1)/2$ 条边呢？
2. 有向图可以有一个长度为 2 的循环吗？
3. 为什么在非循环图中，任意两个顶点之间最多只有一条路径？非循环有向图是否正确？
4. 带标签的图在两个顶点之间可以有多条边吗？
5. 为什么连接图的生成森林必然是生成树？
6. 为什么 n 个顶点的连通图的生成树恰好有 $n-1$ 条边？
7. n 个顶点的图的最长可能循环中的最大边数是多少？

练习 9.2　假设顶点由 1 到 n 标注，定义函数

$$toAdj \quad :: Graph \to AdjArray$$
$$toGraph :: AdjArray \to Graph$$

用于将有向图转换为其邻接表示，反之亦然。

练习 9.3　为下图绘制所有生成树：

练习9.4 给下图的边 AB 和 CD 分配权重，以显示最小生成树中从 A 到 D 的路径不一定是从 A 到 D 的最短路径。

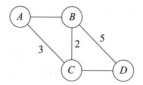

练习9.5 这是一种可能用于计算最小生成树的分治算法。将图的顶点 V 分成大小相差最大为 1 的两组 V_1 和 V_2。令 E_i 为端点在 V_i 中的边的集合。递归找到一个 $G_1 = (V_1, E_1)$ 和 $G_2 = (V_2, E_2)$ 的最小生成树。最后，选择一条权重最小的边，其端点之一在 V_1 中，另一个端点在 V_2 中，并将其添加到两个最小生成树中以形成单个 MCST。该算法可行吗？

练习9.6 如果 Kruskal 算法在给定的森林中创建循环，即使它也会在任何后续森林中创建循环，Kruskal 算法规范中的函数 *steps* 也不会丢弃边。写出一个会丢弃这些边的 *steps*。

练习9.7 如果输入不是连通图，Kruskal 算法的输出是什么？调整算法以找到未连接图的最小生成森林。

练习9.8 为什么 Kruskal 算法规范中检验 $t_1 \neq t_2$ 足以确定森林中的两棵树是否不同？毕竟，树 $t_1 = ([1, 2], [(1, 2, 3)])$ 和 $t_2 = ([2, 1], [(1, 2, 3)])$ 是同一棵树，但检验 $t_1 \neq t_2$ 返回 *True*。此外，可以提高检验效率吗？

练习9.9 当输入是无向图时，构造 Prim 算法中所用的函数 *weights*。当输入是有向图时，其定义是什么？

练习9.10 考虑寻找最大代价生成树的问题。这个问题有贪心算法吗？

练习9.11 下面是生成树的最短路径的规范：

$$spst \leftarrow MinWith\ cost \cdot spats$$

函数 *spats* 返回有向图的所有生成树。给出 *spats* 的定义。要定义 *cost*，我们需要计算从源顶点到树中所有其他顶点的路径。定义一个函数

$$pathsFrom :: Vertex \rightarrow Tree \rightarrow [Path]$$

其中 *Path* 是 $[Edge]$ 的同义词，这样 *pathsFrom* 1 t 返回从源顶点 1 到树中每个其他顶点的路径。最后定义

$$cost :: Tree \rightarrow [Distance]$$

使得 $cost\ t = [d_2, \cdots, d_n]$，其中 d_v 是从源顶点 1 到顶点 v 的距离。

练习9.12 为了找到 A 和 B 之间的最短路径，假设我们同时计算了从 A 到各个城镇的最短路径，以及从各个城镇到 B 的最短路径，当在两个方向上都找到了一些中间城镇 C 时就停止。这个想法行得通吗？

练习9.13 举一个例子说明：即使没有负长度的循环，Dijkstra 的算法也不能用负长度计算。

练习9.14 如何修改 Dijkstra 算法，使其在找到给定顶点的最短路径后立即停止？

练习 9.15 在慢跑者问题中，我们可以在连接数组中使用第三个分量，以表示与每个顶点相关联的根：

$$\textbf{type } Links = Array\ Vertex(Vertex,\ Vertex,\ Distance)$$

$$\textbf{type } State = (Links,\ [Vertex])$$

$$parent :: Links \rightarrow Vertex \rightarrow Vertex$$

$$parent\ ls\ v = u\ \textbf{where}(u,\ \_,\ \_) = ls\,!\,v$$

$$root :: Links \rightarrow Vertex \rightarrow Vertex$$

$$root\ ls\ v = r\ \textbf{where}(\_,\ r,\ \_) = ls\,!\,v$$

$$distance :: Links \rightarrow Vertex \rightarrow Distance$$

$$distance\ ls\ v = d\ \textbf{where}(\_,\ \_,\ d) = ls\,!\,v$$

开始状态由下式给出：

$$start :: Nat \rightarrow State$$

$$start\ n =$$

$$(array(1,\ n)((1,\ (1,\ 1,\ 0)) : [(v,\ (v,\ v,\ maxInt))\ |\ v \leftarrow [2..n]]),\ [1..n])$$

请给出 $gstep :: Weights \rightarrow State \rightarrow State$ 的修改后的定义。

第四部分 *Part 4*

减而治之

在贪心算法不可行的时候，我们可以使用一个强大的策略来解决优化问题。这种策略被称为减而治之，使用它的算法称为简化算法。

简化背后的原理非常简单：如果在每个步骤中保留一个最佳候选对象不能保证产生一个总的最佳候选对象，那么也许可以考虑保留候选对象的子集。只要我们能够快速识别出那些永远无法成长为完全成熟的最佳候选对象的部分候选对象，本着长远的考虑，我们可以选择移除它们。企业成功的关键因素是最终剩下的那群人的规模。当所有可能的候选集合与输入长度成指数关系时，我们想要的是一个更小的子集，比如一个线性或二次型的子集。在第 7 章的 $T_{E}X$ 问题中，我们已经遇到了计算外函数时简化的一个简单实例。为了使外函数成为可计算的函数，我们将一个无限的候选集合精简为一个有限集合。

因此，简化算法处于贪心算法和穷举搜索算法这两个极端之间。然而，在算法文献中，简化算法在传统上通常不被视为一种单独的设计技术。相反，容易简化的问题通常通过一种相关的技术来解决，称为动态规划，这是我们将在第五部分讨论的主题。正如我们将要看到的，动态规划可以看作是分治策略的一种推广。虽然简化算法和动态规划算法的渊源不同，但这两种技术往往可以应用于同一问题。简化算法的重要性在于，许多传统上被视为动态规划范例的算法也可以被表述为简化算法，而且往往更高效。

第10章 *Chapter 10*

简化算法介绍

在本章中，我们将探讨简化的基本理论，并讨论三个简单的例子。就像我们目前看到的大多数算法一样，使简化成为可行设计技术的关键步骤中包含融合。为了实现融合，我们需要考虑进行改进，以及另一个称为 *ThinBy* 的不确定函数。本章第一节列举了我们需要这个函数具备的基本属性。本章以一个通用的简化算法结束，该算法覆盖了关于如何引入简化的大部分要点。

10.1　基本理论

简化算法背后的理论全都围绕一个非确定性函数展开：

$$ThinBy :: (a \rightarrow a \rightarrow Bool) \rightarrow [a] \rightarrow [a]$$

这个函数接受一个比较函数和一个列表作为参数，并返回一个列表作为其结果。它由两个属性指定：首先，如果 ys 是表达式 $ThinBy(\leqslant)xs$ 的一个可能输出，也就是说，

$$ys \leftarrow ThinBy(\leqslant)xs$$

则 ys 是 xs 的一段子序列；其次，对于 xs 中的每一个 x，我们都可以在 ys 中找出一个元素 y 符合 $y \leqslant x$，如下所示：

$$ys \sqsubseteq xs \ \wedge \ \forall x \in xs : \exists y \in ys : y \leqslant x$$

其中 $ys \sqsubseteq xs$ 表示 ys 是 xs 的一个子序列。我们假设 $\leqslant$ 是一种先序，是一种自反的和传递的关系。但我们不做假设 $\leqslant$ 是完全先序，也就是说，我们并不假设对于所有的 x 和 y，要么 $x \leqslant y$，要么 $y \leqslant x$ 成立。对于全函数 $cost :: Ordb \Rightarrow a \rightarrow b$ 而言，任何形如

$$x \leqslant y = (cost \ x \leqslant cost \ y)$$

的定义意味着 $\leqslant$ 是一个完全先序。但对于简化的目的来说，使用完全先序存在诸多限制。这

就是为什么我们选择用比较函数，而不是用代价函数作为我们简化构建的基础。

下面是一个例子。假设 ≤ 定义于一组数字：

$$(a, b) \leqslant (c, d) = (a \geqslant c) \wedge (b \leqslant d)$$

这样 ≤ 是一种先序，实际上是偏序，因为它也是反对称的，即对于所有 x 和 y，$x \leqslant y \wedge y \leqslant x \Rightarrow x = y$，但是 ≤ 并不是完全先序。例如，$(4, 3)$ 和 $(5, 4)$ 在 ≤ 下是不可比较的。现在考虑表达式

$$ThinBy(\leqslant)[(1, 2), (4, 3), (2, 3), (5, 4), (3, 1)]$$

这个表达式有 4 种可能的改进：

$$[(4, 3), (5, 4), (3, 1)]$$
$$[(4, 3), (2, 3), (5, 4), (3, 1)]$$
$$[(1, 2), (4, 3), (5, 4), (3, 1)]$$
$$[(1, 2), (4, 3), (2, 3), (5, 4), (3, 1)]$$

ThinBy 最有效的实现是返回最短长度子序列，但是计算这样的序列（参见练习）可能涉及平方次 ≤ 的求值。相反，我们更喜欢 *ThinBy* 的次优实现，它只需要线性时间。一种合法但毫无意义的实现方式是取 $thinBy(\leqslant) = id$，然而，改进法则 $id \leftarrow ThinBy \leqslant$ 在建立 *ThinBy* 的其他属性时非常有用。

ThinBy 的一个合理的实现是定义

$$thinBy(\leqslant) = foldr\ bump\ [\ ]$$
$$\textbf{where}\ bump\ x[\ ]\quad = [x]$$
$$bump\ x(y : ys)$$
$$|\ x \leqslant y\quad = x : ys$$
$$|\ y \leqslant x\quad = y : ys$$
$$|\ otherwise = x : y : ys$$

这个函数从右到左处理列表。如果 $x \leqslant y$，每个新元素 x 都可以"撞击"当前第一个元素 y；如果 $y \leqslant x$，则被 y 碰撞；否则，它将被添加到列表中。例如

$$thinBy(\leqslant)[(1, 2), (4, 3), (2, 3), (5, 4), (3, 1)] = [(1, 2), (4, 3), (5, 4), (3, 1)]$$

在本例中，如果第一分量或者第二分量中的列表元素按升序排列，则简化更为有效：

$$thinBy(\leqslant)[(1, 2), (2, 3), (3, 1), (4, 3), (5, 4)] = [(3, 1), (4, 3), (5, 4)]$$
$$thinBy(\leqslant)[(3, 1), (1, 2), (2, 3), (4, 3), (5, 4)] = [(3, 1), (4, 3), (5, 4)]$$

我们可以通过循序渐进的方式构建候选者来保持顺序，在每一步合并子列表，而不是全面排序。这就是我们坚持简化一个列表 *xs* 应该返回一个 *xs* 的子序列最主要的原因——元素的相对顺序没有改变。还有其他一些 *thinBy* 合理的定义，其中有一个是从左到右处理元素；具体的例子可以参见练习。

除了恒等律之外，还有另外 6 个关于简化的基本法则，部分法则在计算中比其他的法则更有用。对这 6 个法则的证明留作练习。

第一个法则是：

$$ThinBy(\leqslant) = ThinBy(\leqslant) \cdot ThinBy(\leqslant)$$

换句话说，将列表简化两次得到的结果可能与简化一次的得到的结果相同。这个法则在理论上很有趣，但没有多少实际用途。

相比之下，下一个法则被用作遵守于每一个推导的第一步。这个法则被称为简化引入，表明，如果 $x \leqslant y \Rightarrow cost\, x \leqslant cost\, y$，则

$$MinWith\ cost = MinWith\ cost \cdot ThinBy(\leqslant)$$

简化引入就是能够让我们把一个优化问题变为简化问题的法则。

接下来的一个法则叫做简化消除法则。假设 $cost\, x \leqslant cost\, y \Rightarrow x \leqslant y$，则

$$wrap \cdot MinWith\ cost \leftarrow ThinBy(\leqslant)$$

简化消除是简化引入的对偶，它的附带条件也是如此。

而下一个法则也出现在几乎所有涉及合并的简化计算中。这就是分配律，它表明

$$ThinBy(\leqslant) \cdot concat = ThinBy(\leqslant) \cdot concatMap(ThinBy(\leqslant))$$

换句话说，我们可以通过简化每个列表来简化多个列表中每个列表的连接，把结果连接起来，然后再简化。不进行最后的简化的话，该法则就只是一种改进。也就是说

$$concatMap(ThinBy(\leqslant)) \leftarrow ThinBy(\leqslant) \cdot concat$$

这个版本不够强大，不能提供太多实际帮助。

现在我们再看简化映射法则，它有两种形式。首先，若 $x \leqslant y \Rightarrow f\, x \leqslant f\, y$，则

$$map\, f \cdot ThinBy(\leqslant) \leftarrow ThinBy(\leqslant) \cdot map\, f$$

其次，若 $f\, x \leqslant f\, y \Rightarrow x \leqslant y$，则

$$ThinBy(\leqslant) \cdot map\, f \leftarrow map\, f \cdot ThinBy(\leqslant)$$

由此得出，若 $x \leqslant y \Leftrightarrow x \leqslant f\, y$，则

$$map\, f \cdot ThinBy(\leqslant) = ThinBy(\leqslant) \cdot map\, f$$

对简化映射法的引用通常依赖于上下文。例如，若 $p\, x \wedge p\, y \Rightarrow (x \leqslant y \Leftrightarrow f\, x \leqslant f\, y)$，则

$$map\, f \cdot ThinBy(\leqslant) \cdot filter\, p = ThinBy(\leqslant) \cdot map\, f \cdot filter\, p$$

在下一节中，我们将看到这个上下文敏感版本的示例。

最后一条法则是简化过滤法则：若 $(x \leqslant y \wedge p\, y) \Rightarrow p\, x$，则

$$ThinBy(\leqslant) \cdot filter\, p = filter\, p \cdot ThinBy(\leqslant)$$

我们将首先探索一些样本问题，之后再回到简化理论，看看简化对有效函数算法的研究有什么贡献。

10.2　分层网络中的路径

我们要解决的第一个问题是最短路径问题。考虑图 10.1 中的有向图。从上到下，这个图形由许多层组成，每一层由许多顶点组成，每条边从一层到下面的另一层。在这个例子中，

每一层中有相同数量的顶点，但这不是必需的。每条边都是由三元组（u，v，w）组成，其中 u 是边的源顶点，v 是目标顶点，w 是一个数值权重，不一定是正的。我们假设至少有一条路径从顶层一些点到底层的一些点（在例子里有 27 条这样的路径）。问题是找到一个总权重最小的。例如，答案是总权重为 7 的路径 [(4，7，2)，(7，11，2)，(11，16，3)]。很容易看出 Dijkstra 算法可以用来解决这个问题，至少权重是非负的情况下可以解决。想象一个顶点 U 到顶层的每个顶点的权重为零，以及另一个对底层的每个顶点到其的边的权重都是零的顶点 V。然后 U 到 V 的最短路径包括从顶层到底层的最短路径。Dijkstra 算法共进行 $O(n^2)$ 步，其中 n 为网络中顶点的总数，但可以通过简化算法来减少这一时间。

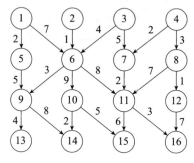

图 10.1　一个分层网络

为了计算简化算法，假设分层网络由一组包含若干边的列表给出，每个列表描述了两个相邻层之间的边：

$$\textbf{type } Net \quad = [[Edge]]$$
$$\textbf{type } Path \quad = [Edge]$$
$$\textbf{type } Edge \quad = (Vertex,\ Vertex,\ Weight)$$
$$\textbf{type } Vertex = Int$$
$$\textbf{type } Weight = Int$$

我们将使用以下选择器函数：

$$source,\ target :: Edge \rightarrow Vertex$$
$$source(u,\ v,\ w) = u$$
$$target(u,\ v,\ w) = v$$
$$weight :: Edge \rightarrow Weight$$
$$weight(u,\ v,\ w) = w$$

我们的问题是计算 mcp（一个最小代价路径）：

$$mcp :: Net \rightarrow Path$$
$$mcp \leftarrow MinWith\ cost \cdot paths$$

路径上的代价函数定义为

$$cost :: Path \rightarrow Int$$
$$cost = sum \cdot map\ weight$$

函数 *paths* 可以用笛卡儿积函数 *cp* 定义：

$$cp :: [[a]] \rightarrow [[a]]$$

$$cp = foldr\ op\ [\ [\ ]\ ]\ \textbf{where}\ op\ xs\ yss = [\ x : ys \mid x \leftarrow xs,\ ys \leftarrow yss\ ]$$

例如：

$$cp[\text{"abc"}, \text{"de"}, \text{"f"}] = [\text{"adf"}, \text{"aef"}, \text{"bdf"}, \text{"bef"}, \text{"cdf"}, \text{"cef"}]$$

我们有

$$paths :: Net \rightarrow [\ Path\ ]$$

$$paths = filter\ connected \cdot cp$$

其中 *connected* 是谓词：

$$connected :: Path \rightarrow Bool$$

$$connected[\ ] \qquad = True$$

$$connected(e : es) = linked\ e\ es \wedge connected\ es$$

并且 *linked* 是谓词

$$linked :: Edge \rightarrow Path \rightarrow Bool$$

$$linked\ e_1[\ ] \qquad = True$$

$$linked\ e_1(e_2 : es) = target\ e_1 == source\ e_2$$

作为第一步，我们可以融合 *filter* 和 *cp*，得到 *paths* 的另一个定义：

$$paths = foldr\ step\ [\ [\ ]\ ]$$

$$\textbf{where}\ step\ es\ ps = [\ e : p \mid e \leftarrow es,\ p \leftarrow ps,\ linked\ e\ p\ ]$$

融合步骤的细节留作练习。我们也可以把 *step* 改写成等价的形式：

$$step\ es\ ps = concat[\ cons\ e\ ps \mid e \leftarrow es\ ]$$

$$\textbf{where}\ cons\ e\ ps = [\ e : p \mid p \leftarrow ps,\ linked\ e\ p\ ]$$

　　现在我们触及了问题的核心。一个贪心算法每一步都保持一条路径是不可能的，因为一层上的最小代价路径的源可能不在上一层边的目标顶点之间。所以我们引入了简化。简化引入法则里我们可以改写规范为

$$mcp \leftarrow MinWith\ cost \cdot ThinBy(\leqslant) \cdot paths$$

只要我们定义 $\leqslant$，使得 $p_1 \leqslant p_2 \Rightarrow cost\ p_1 \leqslant cost\ p_2$。对于 $\leqslant$ 的一种合适的选择是部分先序：

$$(\leqslant) :: Path \rightarrow Path \rightarrow Bool$$

$$p_1 \leqslant p_2 = source(head\ p_1) == source(head\ p_2) \wedge cost\ p_1 \leqslant cost\ p_2$$

换句话说，当从下到上构建路径时，如果存在另一条具有相同源顶点且代价更低的路径，则保留路径是没有意义的。

现在的目标是融合 *ThinBy* $\leqslant$ 和 *paths*。这意味着找到一个函数 *tstep*，从而使得如下融合条件成立：

$$tstep\ es(ThinBy(\leqslant)ps) \leftarrow ThinBy(\leqslant)(step\ es\ ps)$$

　　我们可以通过以下论证来使得融合条件成立：

$$ThinBy(\leqslant)(step\ es\ ps)$$

$=\quad\{step\ 的定义\}$

$$ThinBy(\leqslant)(concat[cons\ e\ ps\mid e\leftarrow es])$$

$=\quad\{分配律\}$

$$ThinBy(\leqslant)(concat[ThinBy(\leqslant)(cons\ e\ ps)\mid e\leftarrow es])$$

$=\quad\{声明：见下文\}$

$$ThinBy(\leqslant)(concat[cons\ e(ThinBy(\leqslant)ps)\mid e\leftarrow es])$$

$=\quad\{step\ 的定义\}$

$$ThinBy(\leqslant)(step\ es(ThinBy(\leqslant)ps))$$

$\rightarrow\quad\{定义\ tstep\ es\ ps\leftarrow ThinBy(\leqslant)(step\ es\ ps)\}$

$$tstep\ es(ThinBy(\leqslant)ps)$$

我们可以表明

$$foldr\ tstep[[\ ]]\leftarrow ThinBy(\leqslant)\cdot foldr\ step[[\ ]]$$

此时

$$tstep\ es\ ps\leftarrow ThinBy(\leqslant)(step\ es\ ps)$$

第三步中的声明是断言

$$ThinBy(\leqslant)(cons\ e\ ps)=cons\ e(ThinBy(\leqslant)ps)$$

其证明如下：

$$ThinBy(\leqslant)\cdot cons\ e$$

$=\quad\{cons\ 的定义\}$

$$ThinBy(\leqslant)\cdot map(e:)\cdot filter(linked\ e)$$

$=\quad\{简化映射法；见下文\}$

$$map(e:)\cdot ThinBy(\leqslant)\cdot filter(linked\ e)$$

$=\quad\{简化过滤法；见下文\}$

$$map(e:)\cdot filter(linked\ e)\cdot ThinBy(\leqslant)$$

$=\quad\{cons\ 的定义\}$

$$cons\ e\cdot ThinBy(\leqslant)$$

简化过滤法则满足使用条件，因为

$$p_1\leqslant p_2\wedge linked\ e\ p_2\Rightarrow linked\ e\ p_1$$

简化映射法则满足使用条件，因为

$$e:p_1\leqslant e:p_2\Leftrightarrow p_1\leqslant p_2$$

假设 $linked\ e\ p_1$ 和 $linked\ e\ p_2$ 为真。因此，上述计算中对简化映射法则的使用依赖于上下文。

综上所述，我们得到了最终的算法：

$$mcp=minWith\ cost\cdot foldr\ tstep[[\ ]]$$

$$\textbf{where }tstep\ es\ ps=thinBy(\leqslant)[e:p\mid e\leftarrow es,\ p\leftarrow ps,\ linked\ e\ p]$$

其中 *minWith* 是 *MinWith* 的一个实现，*thinBy* 是 *ThinBy* 的一个合适的实现。作为进一步的优化，我们可以将路径与它们的代价进行串联，以避免重新计算代价。

还有一个更重要的优化。如果对每个边列表进行排序，使具有相同源顶点的边同时出现，简化将是最有效的。然后用第一部分中给出的 *thinBy* 定义进行简化，每个源顶点只会产生一条路径。例如，在图 10.1 所示的网络中，第一步将产生 4 个单例路径：

$$[[(9, 13, 4)], [(10, 14, 2)], [(11, 16, 3)], [(12, 16, 7)]]$$

因为每个层有 4 个顶点，所以每一个额外的步骤也将产生 4 个路径。至于运行时间，我们可以观察到，因为每一步得到的路径数最多是当前层中的顶点数，每一步的代价最多与两层之间的边数与下层顶点数的乘积成正比。如果每一层不超过 k 个顶点，则运行时间为 $O(ek)$ 步，其中 e 为边的总数。如果有 d 层，那么 $e \leq (d-1)k^2$。此外，顶点总数 n 最多为 dk。因此简化算法需要 $O(dk^3)$ 步，而 Dijkstra 算法需要 $O(d^2k^2)$ 步。因此，当网络深度大于网络宽度时，简化算法更优。通过重命名顶点，使每一层的顶点都以 1 到 k 标记，并在每一步使用一个数组存储最佳路径，就有可能在运行时间上剔除 k 的系数，从而给出最优的 $O(dk^2)$ 算法。这个扩展留作练习 10.14。

10.3 再论硬币兑换

接下来，我们将回顾第 7 章的硬币兑换问题。贪心算法并不能保证为所有可能的面额产生最小数量的硬币。而且贪心算法并不适用于 UR 货币的面额（见练习 7.16）。然而，UR 是一个富裕的国家，能够负担得起自动兑换系统。我们应该设计怎样的算法来保证，对于任何可能的面额集合，都能给出最小的硬币数量？

一个答案便是简化算法。为了进行简化步骤，我们需要用一个使用合适的高阶函数（例如某种类型的折叠）的定义替换第 7 章中给出的 *mktuples* 的递归定义。正如我们将在第 5 部分中看到的，直接使用递归定义会导致通过动态规划解决问题，但简化通常涉及与一个高阶函数（如 fold）的融合步骤。为了与本章的其他算法兼容，我们选择了 *foldr*，因此面额顺序是从右到左的。我们仍然希望按照价值递减的顺序来考虑面额，所以我们采用货币递增的顺序；例如

$$ukds = [1, 2, 5, 10, 20, 50, 100, 200]$$
$$urds = [1, 2, 5, 15, 20, 50, 100]$$

下面展示的是相关定义：

type *Denom* = *Nat*
type *Coin* = *Nat*
type *Residue* = *Nat*
type *Count* = *Nat*
type *Tuple* = ([*Coin*], *Residue*, *Count*)

下面是我们需要的选择器函数：

$$coins :: Tuple \rightarrow [\,Coin\,]$$
$$coins(cs,\ \_,\ \_) = cs$$
$$residue :: Tuple \rightarrow Residue$$
$$residue(\_,\ r,\ \_) = r$$
$$count :: Tuple \rightarrow Count$$
$$count(\_,\ \_,\ k) = k$$

此时，一个元组包含三样东西：对于给定的面额列表 $[\,d_1,\ d_2,\ \cdots,\ d_k\,]$ 的硬币数量列表 $[\,c_k,\ c_{k-1},\ \cdots,\ c_1\,]$，归还这些硬币后的剩余金额 r，以及使用的硬币数量。函数 $mktuples$ 被重新定义如下：

$$mktuples :: Nat \rightarrow [\,Denom\,] \rightarrow [\,Tuple\,]$$
$$mktuples\ n = foldr(concatMap \cdot extend)[\,([\,],\ n,\ 0)\,]$$
$$extend :: Denom \rightarrow Tuple \rightarrow [\,Tuple\,]$$
$$extend\ d(cs,\ r,\ k) = [\,(cs \mathbin{+\!\!+} [\,c\,],\ r - c \times d,\ k + c) \mid c \leftarrow [\,0\,..\,r\ \mathrm{div}\ d\,]\,]$$

我们一开始没有硬币，只有余数 n，也就是需要的零钱量。每一步我们都要考虑下一个更低的面额，并考虑这个面额的硬币数量的每一种可能的选择。计算新的余量和数量，然后进入下一步。$mktuples$ 计算返回的值比第 7 章中返回的值要多得多，因为它返回所有的部分元组，包括那些有非 0 余量的元组。例如

$$length(mktuples\ 256\ ukds) = 10640485$$

函数 $mkchange$ 现在的声明为

$$mkchange :: Nat \rightarrow [\,Denom\,] \rightarrow [\,Coin\,]$$
$$mkchange\ n \leftarrow coins \cdot MinWith\ cost \cdot mktuples\ n$$

其中

$$cost :: Tuple \rightarrow (Residue,\ Count)$$
$$cost\ t = (residue\ t,\ count\ t)$$

具有最小代价的候选项是指余量尽可能小，且在这些候选项中计数最小的候选项。由于我们假设有一个值为 1 的面额，因此有一个余量为 0 的候选项，所以最小成本的候选项的残差为 0，计数也最小。

正如在分层网络问题中，我们现在引入一个简化步骤，写成

$$mkchange\ n \leftarrow coins \cdot MinWith\ cost \cdot ThinBy(\leqslant) \cdot mktuples\ n$$

其中先序 $\leqslant$ 必须满足

$$t_1 \leqslant t_2 \Rightarrow cost\ t_1 \leqslant cost\ t_2$$

$\leqslant$ 的正确选择如下：

$$(\leqslant) :: Tuple \rightarrow Tuple \rightarrow Bool$$
$$t_1 \leqslant t_2 = (residue\ t_1 == residue\ t_2)\ \bigwedge\ (count\ t_1 \leqslant count\ t_2)$$

换句话说，如果存在另一个元组，其余量相同但数量更小，那么保留这个元组是没有意义的。这听起来很合理，但另一个更有力的说法也许会被认为是正确的，即如果存在另一个元组，其余量和计数都比较小，那么保留这个元组就没有意义了。但是，这个说法是错误的（见练习 10.16）。

现在的目标是融合 $ThinBy(\leqslant)$ 和 $mktuples$。要想成功，我们必须先验证融合条件

$$tstep\ d(ThinBy(\leqslant)ts) \leftarrow ThinBy(\leqslant)(step\ d\ ts)$$

对于某些函数，$tstep$ 满足

$$tstep\ d\ ts \leftarrow ThinBy(\leqslant)(step\ d\ ts)$$

这意味着我们必须验证以下条件：

$$ThinBy(\leqslant)(step\ d(ThinBy(\leqslant)ts)) \leftarrow ThinBy(\leqslant)(step\ d\ ts) \tag{10.1}$$

其中 $step = concatMap \cdot extend$。遵循与分层网络问题完全相同的路径，我们推理

$$ThinBy(\leqslant)(step\ d\ ts)$$
$$= \quad \{step\ 的定义\}$$
$$ThinBy(\leqslant)(concatMap(extend\ d)ts)$$
$$= \quad \{分配律\}$$
$$ThinBy(\leqslant)(concatMap(ThinBy(\leqslant) \cdot extend\ d)ts)$$

然而，计算进行不下去了，因为

$$ThinBy(\leqslant) \cdot extend\ d = extend\ d$$

其原因是 $extend\ d\ t$ 中的元组有不同的余量，简化不能消除任何元组。

相反，我们必须后退一步，找到（10.1）所支持的另一种证据。为此，我们需要一个关键的事实：如果 $t_1 \leqslant t_2$，那么

$$\forall e_2 \in extend\ d\ t_2 : \exists e_1 \in extend\ d\ t_1 : e_1 \leqslant e_2 \tag{10.2}$$

为证明（10.2），设 $t_1 = (cs_1, r, k_1)$，$t_2 = (cs_2, r, k_2)$，其中 $t_1 \leqslant t_2$，所以 $k_1 \leqslant k_2$。假设 $e_2 = (cs_2 \mathbin{+\!\!+} [c], r - c \times d, k_2 + c)$。那么 $e_1 = (cs_1 \mathbin{+\!\!+} [c], r - c \times d, k_1 + c)$ 在 $extend\ d\ t_1$ 和 $e_1 \leqslant e_2$ 中，结果成立。

现在证明（10.1）。有 $us \leftarrow ThinBy(\leqslant)ts \wedge vs \leftarrow ThinBy(\leqslant)(step\ d\ us)$。我们必须证明 $vs \leftarrow ThinBy(\leqslant)(step\ d\ ts)$，即

$$vs \sqsubseteq step\ d\ ts \ \wedge \ \forall w \in step\ d\ ts : (\exists v \in vs : v \leqslant w)$$

回想一下，$\sqsubseteq$ 表示子序列关系。对于第一个合取值，我们可以推理如下：

$$vs$$
$$\sqsubseteq \quad \{vs\ 和\ ThinBy\ 的定义\}$$
$$step\ d\ us$$
$$\sqsubseteq \quad \{因为\ xs \sqsubseteq ys \Rightarrow step\ d\ xs \sqsubseteq step\ d\ ys\}$$
$$step\ d\ ts$$

对于第二个合取值，假设 $w \in extend\ d\ t$，其中 $t \in ts$。由于当 $u \preccurlyeq t$ 存在 $u \in us$，并根据（10.2）所示，当 $e \preccurlyeq w$，存在 $e \in extend\ d\ u$。但是根据 vs 的定义，当 $v \preccurlyeq e$ 时，存在 $v \in vs$，所以（10.1）依赖于 $\preccurlyeq$ 的传递性。

　　总结一下，我们已经证明了

$$foldr\ tstep\ [\,(\,[\,]\,,\ n\,,\ 0\,)\,] \leftarrow ThinBy(\preccurlyeq) \cdot mktuples\ n$$

其中

$$tstep\ d \leftarrow ThinBy(\preccurlyeq) \cdot concatMap(extend\ d)$$

与分层网络问题一样，如果将具有相同余量的元组集中在一起，简化步骤将更加有效。这可以通过保持元组的余量递减顺序来实现。因为 $extend$ 按照这个顺序产生元组，所以按照以下方法定义 $tstep$ 就足够了：

$$tstep\ d = thinBy(\preccurlyeq) \cdot mergeBy\ cmp \cdot map(extend\ d)$$
$$\textbf{where}\ cmp\ t_1\ t_2 = residue\ t_1 \geqslant residue\ t_2$$

我们把 $mergeby :: (a \rightarrow a \rightarrow Bool) \rightarrow [\,[\,a\,]\,] \rightarrow [\,a\,]$ 的定义留作练习。完整的算法现在写为

$$mkchange :: Nat \rightarrow [\,Denom\,] \rightarrow [\,Coin\,]$$

$$mkchange\ n = coins \cdot minWith\ cost \cdot foldr\ tstep\ [\,(\,[\,]\,,\ n\,,\ 0\,)\,]$$

$mkchange$ 的运行时间是 $O(n^2 k)$ 步，其中 n 是需要改变的量，k 是面额的数目。每一步中，候选项数量最多为 $n+1$，因为每个候选项最多有一个剩余量 r 且 $0 \leqslant r \leqslant n$。有余量 r 的候选项有 $O(r)$ 个扩展，所以在简化之前可能有 $O(n^2)$ 个新的候选项。因此处理每个面额需要 $O(n^2)$ 步，总共有 k 步。

　　最后，硬币兑换的问题可以看作是一个分层网络问题的实例。每一层都包含一个顶点，表示余量和目前所涉及的面额。层与层之间的边对应着下一个面额的硬币数目的选择。例如，用面额 $[1,2,5,10]$ 兑换 17 的前三层网络如图 10.2 所示。这两个问题之间的联系不是偶然的，因为所有涉及折叠的简化算法都可以视为一类有向无环图上的最短路径问题。将在稍后讨论动态规划时，我们会更详细地加以研究这种联系。

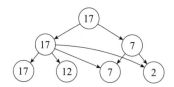

图 10.2　分层网络中的硬币兑换

10.4　背包问题

　　本章的最后一个问题就是著名的背包问题。这个问题通常作为动态规划策略的一个模型实例给出，但我们将给出一个简化算法。动态规划的解决方案（见第 13 章）有更多的限制，因为它依赖于某些数量是整数。

现在我们来看一个情景。假设一个小偷在晚上带着一个背包来到你的房间。他环顾房间，发现了以下物品：

物品	价值	重量	价值/重量
笔记本电脑	30	14	2.14
电视机	67	31	2.16
珠宝	19	8	2.38
唱片收藏	50	24	2.08

这里的每一项都有一个整数价值和权重，一般来说，价值和权重可以是任意的正实数。小偷想把房间里的所有东西都偷走，但他的背包只能承受有限的重量。假设背包的最大重量是 50 个单位，那么小偷应该偷什么物品才能让他的收获价值最大化？

他可以决定按价值递减的顺序来打包物品。可得

$$swag = 电视 + 笔记本电脑（价值 97，重量 45）$$

他可以决定按重量升序打包物品。可得

$$swag = 珠宝 + 笔记本电脑 + cd（价值 99，重量 46）$$

他可以决定按价值/重量比降序打包物品。可得

$$swag = 珠宝 + 电视（价值 86，重量 39）$$

每一个策略当然都是贪心策略，即通过一系列局部最优决策来获得全局最优。对于本例而言，最佳策略是第二种策略，但我们很容易通过举例说明背包问题中按重量升序排列并不总是最佳策略。事实上，贪心算法并不适用于解决这个问题。

上述场景就是著名的 0/1 背包问题：要么选择一个物品，要么不选择。在更一般的整数背包问题中，场景会是一个仓库，而不是房间。仓库里有很多独立物品，小偷可以根据背包的容量任意选择每一种物品的数量。这个问题也不适用贪心算法。然而，在背包问题的一个版本中，贪心算法是有效的。这就是所谓的部分背包问题，在这个问题中，物品就像金粉一样，每个被选择物品的比例都是任意的。在接下来的内容中，我们将集中讨论背包问题的 0/1 版本，并将剩下的两个版本留作练习。

我们从定义各种类型和选择器函数开始：

$$\textbf{type } Name \quad = String$$
$$\textbf{type } Value \quad = Nat$$
$$\textbf{type } Weight \quad = Nat$$
$$\textbf{type } Item \quad = (Name, Value, Weight)$$
$$\textbf{type } Selection = ([Name], Value, Weight)$$

每个物品都有一个名称、一个值和一个权重。一个选择就是一个三元组，由项目名称列表、选择的总值和总权重组成。我们将需要以下三个选择器函数，其中的最后两个可以应用到物品和选择，因此给出了一个多态类型：

$$name :: Item \rightarrow Name$$
$$name(n, \_, \_) = n$$
$$value :: (a, Value, Weight) \rightarrow Value$$
$$value(\_, v, \_) = v$$
$$weight :: (a, Value, Weight) \rightarrow Weight$$
$$weight(\_, \_, w) = w$$

我们现在可以指定 *swag* （"*swag*" 的意思是被小偷拿走的钱或物品）：

$$swag :: Weight \rightarrow [Item] \rightarrow Selection$$
$$swag\ w \leftarrow MaxWith\ value \cdot filter(within\ w) \cdot selections$$

不确定性函数的最大代价 *MaxWith cost* 双倍于最小代价 *MinWith cost*，因为改进可能存在于那些最大代价而非最小代价中。赃物 *swag* 的第一个参数是背包能承受的最大重量。*w* 中的术语由下述定义：

$$within :: Weight \rightarrow Selection \rightarrow Bool$$
$$within\ w\ sn = weight\ sn \leqslant w$$

有两种定义 *selections* 的合理方法。一种方法是

$$selections :: [Item] \rightarrow [Selection]$$
$$selections = foldr(concatMap \cdot extend)[([\,], 0, 0)]$$
$$\quad\quad \textbf{where}\ extend\ i\ sn = [sn, add\ i\ sn]$$
$$add :: Item \rightarrow Selection \rightarrow Selection$$
$$add\ i(ns, v, w) = (name\ i : ns, value\ i + v, weight\ i + w)$$

另一种方法留作练习 10.21。在每个步骤中，我们可以通过忽略或包含下一个物品来扩展一个选择。选择函数返回给定物品列表的所有可能的子序列，因此对于一个有 n 个物品的列表，则有 2^n 个选择。

第一步，我们将过滤器 *filter* 与选择器 *selections* 融合以获得一个新函数，我们将其称为 *choices*：

$$choices :: Weight \rightarrow [Item] \rightarrow [Selection]$$
$$choices\ w = foldr(concatMap \cdot extend)[([\,], 0, 0)]$$
$$\quad\quad \textbf{where}\ extend\ i\ sn = filter(within\ w)[sn, add\ i\ sn]$$

choices 函数只生成总重量不超过背包承载能力的选择。仅这一步就可以显著减少必须考虑的选择的数量，但我们可以通过简化步骤做得更好。我们把规则重写为

$$swag\ w \leftarrow MaxWith\ value \cdot ThinBy(\leqslant) \cdot choices\ w$$

其中先序 $\leqslant$ 的合适选择如下：

$$(\leqslant) :: Selection \rightarrow Selection \rightarrow Bool$$
$$sn_1 \leqslant sn_2 = value\ sn_1 \geqslant value\ sn_2 \wedge weight\ sn_1 \leqslant weight\ sn_2$$

总之，如果在同一个列表中有另一个值更大、权重更小的选择，保留物品列表中的选择是没

有意义的。我们有 $sn_1 \leqslant sn_2 \Rightarrow valuesn_1 \geqslant valuesn_2$，在 *MaxWith* 的情况下，这是简化引入步骤的必要条件。

我们现在可以将 *ThinBy* 和 *choices* 融合在一起，得到新的定义：

$$swag\ w = maxWith\ value \cdot foldr\ tstep\big[([\,],\ 0,\ 0)\big]$$
$$\textbf{where}\ tstep\ i\quad = thinBy(\leqslant) \cdot concatMap(extend\ i)$$
$$extend\ i\ sn = filter(within\ w)\big[sn,\ add\ i\ sn\big]$$

得出定义的细节留作练习 10.20。与本章的其他简化算法一样，如果选择能够保持有序，简化步骤将更加有效。我们可以按值递减或者权重递增的顺序列出选择。由于 *extend* 按权重递增的顺序产生选择，我们选择后者。

swag 的结果算法如下：

$$swag\ w = maxWith\ value \cdot foldr\ tstep\big[([\,],\ 0,\ 0)\big]$$
$$\textbf{where}\ tstep\ i\quad = thinBy(\leqslant) \cdot mergeBy\ cmp \cdot map(extend\ i)$$
$$extend\ i\ sn = filter(within\ w)\big[sn,\ add\ i\ sn\big]$$
$$cmp\ sn_1\ sn_2 = weight\ sn_1 \leqslant weight\ sn_2$$

这就是背包问题的最终算法。至于其运行时间，假设所有的权重都是整数。每一个简化步骤都将把相同权重的选择集中在一起，并删除其中除 1 个以外的所有选择，从而保持一个最多包含 $w+1$ 个选择的列表，每个选择的权重从 0 到 w 不等。在最坏的情况下，这个列表可以用 $\Theta(w)$ 步计算。需要处理的商品有 n 个，因此运行时间为 $O(nw)$ 步。这似乎说明算法是线性时间的。然而，如果权重是任意正实数，就不能保证每一步只保持 $w+1$ 个选择。事实上，所有的 2^n 选择可能都必须保留，每个选择都有不同的总权重和值。这意味着对于非整数型权重，算法可以是 n 的指数。

10.5　一种通用的简化算法

最后两个例子看起来非常相似（在练习 10.20 中更是如此），所以让我们通过解决一个抽象的问题来结束这一章，当候选项以以下方式表达时，这个问题抓住了简化背后的所有基本思想：

$$candidates :: [Data] \to [Candidate]$$
$$candidates = foldr(concatMap \cdot extend)[anon]$$

这里 *anon* 是一些最初的候选项。

考虑如下形式的规范：

$$best :: [Data] \to Candidate$$
$$best \leftarrow MinWith\ cost \cdot filter\ good \cdot candidates$$

为了解决这个问题，有四个常规步骤计算简化算法。第一步是将 *filter good* 与 *candicates* 融合。这一步在以下条件下是可能的：

$$good(extend\ d\ x) \Rightarrow good\ x$$

换句话说，如果一个候选项是坏的，那么任何候选项的拓展都不会是好的。候选项 *anon* 必须是好的，否则就没有其他好的候选项。

现在我们可以推理

$$filter\ good\ \cdot\ concatMap(extend\ d)$$

$$=\quad \{因为\ filter\ p\ \cdot\ concatMap = concatMap(filter\ p)\}$$

$$concatMap(filter\ good\ \cdot\ extend\ d)$$

$$=\quad \{假设\}$$

$$concatMap(filter\ good\ \cdot\ extend\ d)\ \cdot\ filter\ good$$

这就建立了融合条件：

$$filter\ good\ \cdot\ foldr(concatMap\ \cdot\ extend)[anon] = foldr\ step[anon]$$

其中

$$step\ d = concatMap(filter\ good\ \cdot\ extend\ d)$$

第二步是引入简化。假设 ≤ 是一个比较函数，对于所有好的候选项 x 和 y，任何 $x \leq y \Rightarrow cost\ x \leq cost\ y$。我们可以使用简化引入法则来优化 *best* 的规则：

$$best \leftarrow MinWith\ cost\ \cdot\ ThinBy(\leq)\ \cdot\ foldr\ step[anon]$$

第三步是融合 *ThinBy* ≤ 和 *foldr*。在以下条件下：

$$tstep\ d \leftarrow ThinBy(\leq)\ \cdot\ step\ d$$

我们有

$$foldr\ tstep[anon] \leftarrow ThinBy(\leq)\ \cdot\ foldr\ step[anon]$$

假设如下融合条件成立：

$$tstep\ d\ \cdot\ ThinBy(\leq) \leftarrow ThinBy(\leq)\ \cdot\ step\ d$$

根据上面 *tstep* 的规范，附带条件如下：

$$ThinBy(\leq)\ \cdot\ step\ d\ \cdot\ ThinBy(\leq) \leftarrow ThinBy(\leq)\ \cdot\ step\ d$$

其中，正如我们在 10.3 节（10.1）中看到的，这是从以下假设中得出的：

$$x \leq y \Rightarrow \forall v \in goodext\ d\ y : \exists u \in goodext\ d\ x : u \leq v$$

其中 $goodext\ d\ x = filter\ good\ (extend\ d\ x)$。作为结果我们有

$$best = minWith\ cost\ \cdot\ foldr\ step[anon]$$

$$\textbf{where}\ step\ d = thinBy(\leq)\ \cdot\ concatMap(filter\ good\ \cdot\ extend\ d)$$

第四步，也是最后一步，是通过保证候选项有序，使简化更有效。假设 *value* 是某个关于候选项的函数，这样 *extend* 就会产生新的候选项，比如说，按顺序递增的 *value* 值。然后我们有最终的算法

$$best = minWith\ cost\ \cdot\ foldr\ step[anon]$$

$$\textbf{where}\ step\ d\ = thinBy(\leq)\ \cdot\ mergeBy\ cmp\ \cdot\ map(filter\ good\ \cdot\ extend\ d)$$

$$cmp\ x\ y = value\ x \leq value\ y$$

通过或多或少的努力，可以将本章中的三个问题重新表述为这个一般方案的实例，但这种重

新表述并没有显著地增加对这三个算法的理解。重要的是简化算法的推导遵循一条或多或少符合标准的路径。

章节注释

简化算法的理论在文献［2］中有描述，并由 Sharon Curtis 和 Shin-Cheng Mu 在他们的博士论文中进一步发展[3,7]。通用简化定理以及一些应用出现在文献［4］和文献［5］中。背包问题由来已久，详见文献［6］。文献［1］中有一种用于此问题的简化方法。

参考文献

［1］Joachim H. Ahrens and Gerd Finke. Merging and sorting applied to the zero-one knapsack problem. *Operations Research*, 23（6）：1099−1109, 1975.

［2］Richard S. Bird and Oege de Moor. *The Algebra of Programming*. Prentice-Hall, Hemel Hempstead, 1997.

［3］Sharon Curtis. *A Relational Approach to Optimization Problems*. DPhil thesis, Oxford University Computing Laboratory, 1996. Technical Monograph PRG−122.

［4］Oege de Moor. A generic program for sequential decision processes. In *Programming Languages*：*Implementations*, *Logics and Programs*, volume 982 of *Lecture Notes in Computer Science*, pages 1−23, Springer-Verlag, Berlin, 1995.

［5］Oege de Moor. Dynamic programming as a software component. In *Circuits*, *Systems*, *Computers and Communications*, IEEE, 1999. Invited talk.

［6］Silvano Martello and Paolo Toth. *Knapsack Problems*：*Algorithms and Computer Implementations*. John Wiley and Sons, Chichester, 1990.

［7］Shin-Cheng Mu. *A Calculational Approach to Program Inversion*. DPhil thesis, Oxford University Computing Laboratory, 2003. Research Report PRG-RR-04-03.

练习

练习 10.1　$ThinBy(\leqslant)[\,]$ 是否被有效定义了？

练习 10.2　为 $thinBy(\leqslant)$ 设计一个能够从左到右处理列表的线性时间算法。

练习 10.3　这是一个计算最短简化的 $thinBy$ 版本的规范：

$$thinBy(\leqslant)\,xs \leftarrow MinWith\,length(candidates(\leqslant)xs)$$

请给出候选项的定义。你可以假设一个函数 $subseqs::[a]\to[[a]]$，这个函数返回一个序列的所有子序列。

练习 10.4 在前一个练习的基础上，给出 *thinBy* 的一个二次时间算法。不需要解释。

练习 10.5 优化法则 *id* ← *ThinBy*(≤) 对 ≤ 的所有可能定义都有效吗？

练习 10.6 给出一种 *ThinBy* 的 *thinBy* 实现，其中的方程 *thinBy*(≤) = *thinBy*(≤) · *thinBy*(≤) 不成立。

练习 10.7 *ThinBy* 的幂等性被归结于如下两个改进：

$$ThinBy(\leqslant) \leftarrow ThinBy(\leqslant) \cdot ThinBy(\leqslant)$$
$$ThinBy(\leqslant) \cdot ThinBy(\leqslant) \leftarrow ThinBy(\leqslant)$$

第一个改进很简单。为什么？对于第二个改进，我们必须对于所有 *xs* 都进行验证，如果 *ys* ← *ThinBy*(≤) *xs* ∧ *zs* ← *ThinBy*(≤) *ys*，那么 *zs* ← *ThinBy*(≤) *xs*。为什么这个论述是正确的？

练习 10.8 简化引入法则也可以理解为两个改进：

$$MinWith\ cost \leftarrow MinWith\ cost \cdot ThinBy(\leqslant)$$
$$MinWith\ cost \cdot ThinBy(\leqslant) \leftarrow MinWith\ cost$$

第一个改进很容易。为什么？证明第二个改进适用于条款 $x \leqslant y \Rightarrow cost\ x \leqslant cost\ y$。

练习 10.9 证明简化消除法则，即

$$wrap \cdot MinWith\ cost \leftarrow ThinBy(\leqslant)$$

在 $cost\ x \leqslant cost\ y \Rightarrow x \leqslant y$ 的情况下成立。

练习 10.10 证明简化过滤法则，即

$$filter\ p \cdot ThinBy(\leqslant) = ThinBy(\leqslant) \cdot filter\ p$$

在 $x \leqslant y \land p\ y \Rightarrow p\ x$ 的情况下成立。

练习 10.11 证明简化映射法则，即

$$map\ f \cdot ThinBy(\leqslant) \leftarrow ThinBy(\leqslant) \cdot map\ f$$

在 $x \leqslant y \Rightarrow f\ x \leqslant f\ y$. 的情况下成立。

练习 10.12 举一个例子证明下面的法则不成立：

$$ThinBy(\leqslant) \cdot concat = concatMap(ThinBy(\leqslant))$$

练习 10.13 对于分层网络问题，证明

$$filter\ connected \cdot foldr\ op[[\ ]] = foldr\ step[[\ ]]$$

其中

$$op\ es\ ps = [\ e : p\ |\ e \leftarrow es,\ p \leftarrow ps\ ]$$
$$step\ es\ ps = [\ e : p\ |\ e \leftarrow es,\ p \leftarrow ps,\ linked\ e\ p\ ]$$

练习 10.14 假设在分层网络问题中存在一些 *k*，使得每一层的顶点都用 1 到 *k* 范围内的整数标记。这总是可以通过重命名顶点来实现，因此在假设中没有通用性的损失。然后，从每个顶点 *j* 出发的最优路径可以存储为索引从 1 到 *k* 数组的第 *j* 个元素。依此想法可以推导出下面这个版本的 *mcp*：

$$mcp :: Nat \rightarrow Net \rightarrow Path$$
$$mcp\ k = snd \cdot minWith\ fst \cdot elems \cdot foldr\ step\ start$$

$$\textbf{where}\ start \qquad = array(1,\ k)\big[(v,\ (0,\ [\ ]))\ \big|\ v \leftarrow [1..k]\big]$$

$$step\ es\ pa = accumArray\ better\ initial(1,\ k)(map\ insert\ es)$$

$$\textbf{where}\ initial \qquad\qquad = \dots$$

$$insert(u,\ v,\ w) = \dots$$

$$better(c_1,\ p_1)(c_2,\ p_2) = \textbf{if}\ c_1 \leqslant c_2\ \textbf{then}(c_1,\ p_1)\,\textbf{else}(c_2,\ p_2)$$

通过给出 *initial* 和 *insert* 的定义来完成算法。

练习 10.15　给出 $mergeBy :: (a \to a \to Bool) \to [[a]] \to [a]$ 的定义。

练习 10.16　在硬币兑换的问题中，假设我们定义 ≼ 为

$$t_1 \preccurlyeq t_2 = (residue\ t_1 \leqslant residue\ t_2)\ \wedge\ (count\ t_1 \leqslant count\ t_2)$$

现在考虑当金额为 13 且面额为 [1, x, 5, 10] 时生成的元组列表。处理面值 [5, 10] 后，([1, 0], 3, 1) 和 ([0, 1], 8, 1) 都在这个列表中。在 ≼ 条件下，简化可以消除后者。为什么这样做是错的？（提示：选择 x。）

练习 10.17　我们在硬币兑换问题中定义了扩展函数：

$$extend\ d(cs,\ r,\ k) = \big[(cs \mathbin{+\!\!+} [c],\ r - c \times d,\ k + c)\ \big|\ c \leftarrow [0..r\ \text{div}\ d]\big]$$

如果 $cs \mathbin{+\!\!+} [c]$ 被更高效的 $c\ .\ cs$ 所取代，应该如何重新定义 *mkchange*？

练习 10.18　硬币兑换问题的最终算法是

$$mkchange\ n = coins \cdot minWith\ cost \cdot foldr\ tstep\big[([\ ],\ n,\ 0)\big]$$

还有什么可能的额外简化？

练习 10.19　在背包问题的 *choices* 定义中，我们定义了局部函数：

$$extend\ i\ sn = filter(within\ w)\big[sn,\ add\ i\ sn\big]$$

对这个定义，有什么小优化是可能的？

练习 10.20　为了融合 $ThinBy(\leqslant)$ 和背包问题中的 *choices*，我们必须验证融合条件

$$ThinBy(\leqslant)(step\ i(ThinBy(\leqslant)sns)) \leftarrow ThinBy(\leqslant)(step\ i\ sns)$$

其中 $step\ i = concatMap \cdot extend\ i$。证明这个条件成立。

练习 10.21　还有另一种定义函数 *selections* 的方法，即

$$selections :: [Item] \to [Selection]$$

$$selections = foldr\ step\big[([\ ],\ 0,\ 0)\big]$$

$$\textbf{where}\ step\ i\ sns = sns \mathbin{+\!\!+} map(add\ i)sns$$

写下这个版本的 *selections* 的最终简化算法。

练习 10.22　背包问题是用 *MaxWith* 值指定的。但小偷可能更喜欢既有最大价值又有最小重量的选择。如何修改规范，从而把这方面考虑进去？

练习 10.23　在整数背包问题中，选择具有类型

$$\textbf{type}\ Selection = ([(Nat,\ Name)],\ Value,\ Weight)$$

除了每个物品的名称之外，还有一个物品被选中次数的计数。我们可以指定 *swag*：

$$swag :: Weight \to [Item] \to Selection$$

$$swag\ w \leftarrow extract \cdot MaxWith\ value \cdot choices\ w$$

其中 *extract* 只保留所选项：

$$extract :: Selection \to Selection$$

$$extract(kns, \ v, \ w) = (filter \ nonzero \ kns, \ v, \ w)$$

$$\textbf{where} \ nonzero(k, \ n) = k \neq 0$$

定义 *choices*，并写出一个整数背包问题的简化算法。

练习 10.24　为什么不可能为部分背包问题写一个可执行的规范？然而，我们可能证明贪心算法是有效的。该方法是按照值重比的递减顺序来考虑商品。在每一步中，如果满足权重约束，则选择全部数量的下一种商品，否则尽可能选择下一种商品可选的最大比例，算法终止。那样的话，最多可以用整个背包的容量。如果所有权重都是整数，则可以用有理数表示贪心算法。因此，Selections 具有类型

type *Selection* = ([(*Rational*, *Name*)], *Value*, *Weight*)

type *Value* = *Rational*

type *Weight* = *Rational*

写出具有以下类型的 *gswag* 函数的定义：

$$gswag :: Weight \to [\ Item \ ] \to [\ (\ Rational, \ Name \ ) \ ]$$

提示：一个答案是按照值与权重比率的递增顺序对值进行排序，然后从右到左进行处理。

第11章 *Chapter 11*

片段和子序列

根据定义，一个列表的片段是列表的连续子序列。因此，"arb" 是 "barbara" 的一个片段，而 "bab" 是一个子序列，但不是连续的。以一个片段开头称为前缀或初始片段，以列表结尾的段称为后缀或尾段。在一些文献中，段也称为因子或子串，但是对于连续的子序列，我们将保留"段"一词。列表可以具有指数数量的子序列，但只能是片段的二次数。

计算中涉及段和子序列的问题比比皆是。例如，它们出现在基因组学、文本处理、数据挖掘和数据压缩中。以上这些领域的书中都有关于"串理论"的文章，多年来，人们对许多有趣、微妙而且有用的算法进行了讨论和分析。在本章中，我们将注意力集中在三个简单的问题上，一个涉及片段，两个涉及子序列。片段问题是三个问题中最复杂的一个，因此我们将从与子序列有关的两个问题开始。

11.1 最长上升子序列

给定一个有序类型的元素序列，函数 lus 计算一些最长的子序列，这些元素严格按升序排列（换句话说，是最长上升子序列）：

$$lus :: Ord\ a \Rightarrow [a] \rightarrow [a]$$
$$lus \leftarrow MaxWith\ length \cdot filter\ up \cdot subseqs$$

例如，"lost" 是 "longest" 的最长升序。可以通过以下方式定义测试：

$$up :: Ord\ a \Rightarrow [a] \rightarrow Bool$$
$$up\ xs = and(zipWith(<)xs(tail\ xs))$$

函数 $subseqs$ 可以通过多种方式定义（参见练习）。这里有两种基于 $foldr$ 的定义。第一种定义如下：

$$subseqs :: [a] \rightarrow [[a]]$$
$$subseqs = foldr\ step\ [[\,]]$$
$$\textbf{where}\ step\ x\ xss = xss \mathbin{+\!\!+} map\ (x:)\ xss$$

第二种定义如下：

$$subseqs :: [a] \rightarrow [[a]]$$
$$subseqs = foldr\ (concatMap \cdot extend)\ [[\,]]$$
$$\textbf{where}\ extend\ x\ xs = [xs,\ x:xs]$$

第二种定义本质上是在上一章的背包问题中定义选择的方法。为了保证多样化，我们将采用第一个定义。在这两种情况下，*lus* 的直接实现都会导致算法具有指数时间，这仅仅是因为必须检查指数数量的子序列。我们的目标是做得更好，实际上，该问题有 $O(n \log n)$ 时间算法。

标准解法的第一步是将 *filter up* 和 *subseqs* 融合起来，得到

$$lus \leftarrow MaxWith\ length \cdot foldr\ step\ [[\,]]$$
$$\textbf{where}\ step\ x\ xss = xss \mathbin{+\!\!+} map\ (x:)\ (filter\ (ok\ x)\ xss)$$
$$ok\ x\ ys\quad = null\ ys \lor x < head\ ys$$

每个步骤仅保留上升子序列。如果 *ys* 是空序列或其第一个元素大于 *x*，则可以将元素 *x* 添加到上升子序列 *ys* 的前面。

下一步是查看贪心算法是否可行。我们可以在每个步骤中保持唯一的最常上升子序列吗？不，因为"ab"是"xab"唯一的最长升序子序列，而"uvwxab"的最长升序子序列是"uvwx"，因此"x"不能从视线中消失，我们需要保持不止一个升序。如果从左到右处理输入，类似的问题也存在，因此失败的原因不是使用了 *foldr*。相同的问题表明，也不能使用分治算法：我们可以将输入分为两部分，并为每一部分计算最长上升子序列，但是这两个升序不能提供足够的信息来确定整个输入的最长升序。这一切都意味着我们需要保留不止一名候选人。因此，我们引入了一个简化步骤：

$$lus \leftarrow MaxWith\ length \cdot ThinBy\ (\preccurlyeq) \cdot foldr\ step\ [[\,]]$$

为了使引入的简化步骤有效，我们需要保证

$$xs \preccurlyeq ys \Rightarrow length\ xs \geq length\ ys$$

但是我们还需要什么呢？好吧，当从右到左建立上升子序列时，如果一个上升子序列显然不短于另一个序列，并且它的第一个元素（如果存在）更大，则该序列更好。例如，"jot"比起"dot"而言是一个更好的选择，因为我们能够在为前者增加更多的前缀的同时保持其上升子序列的形态（"ijot"是升序，而"idot"不是）。我们还希望保留空序列作为候选序列。所有这些都表明，$\preccurlyeq$ 应该这样定义：

$$[\,] \quad\quad \preccurlyeq [\,] \quad\quad = True$$
$$(x:xs) \preccurlyeq [\,] \quad\quad = False$$
$$[\,] \quad\quad \preccurlyeq (y:ys) = False$$
$$(x:xs) \preccurlyeq (y:ys) = x \geq y \land length\ xs \geq length\ ys$$

第一和第四子句确保 ≤ 是自反的，且长度条件成立。

下一步是融合 $ThinBy(\leqslant)$ 和 $foldr\ step[[]]$。为此，我们做如下推导：

$$ThinBy(\leqslant)(step\ x\ xss)$$

= 　{$step$ 的定义}

$$ThinBy(\leqslant)(xss ++ map(x:)(filter(ok\ x)xss))$$

= 　{$ThinBy$ 的分配律}

$$ThinBy(\leqslant)(ThinBy(\leqslant)xss ++ ThinBy(\leqslant)(map(x:)(filter(ok\ x)xss)))$$

→ 　{简化映射法(见下文)}

$$ThinBy(\leqslant)(ThinBy(\leqslant)xss ++ map(x:)(ThinBy(\leqslant)(filter(ok\ x)xss)))$$

= 　{简化过滤法(见下文)}

$$ThinBy(\leqslant)(ThinBy(\leqslant)xss ++ map(x:)(filter(ok\ x)(ThinBy(\leqslant)xss)))$$

简化映射法和简化过滤法依赖于以下事实：

$$xs \leqslant ys \qquad\qquad \Rightarrow x:xs \leqslant x:ys$$
$$xs \leqslant ys \wedge ok\ x\ ys \Rightarrow ok\ x\ xs$$

其证明留作练习。因此，可以这样定义 $tstep$

$$tstep\ x\ xss = thinBy(\leqslant)(step\ x\ xss)$$

我们有

$$foldr\ tstep[[]] \leftarrow ThinBy(\leqslant) \cdot foldr\ step[[]]$$

如此 $lus \leftarrow MaxWith\ length \cdot foldr\ tstep[[]]$。最后，通过以长度的升序维护子序列，可以使简化过程更有效。所有这些都会很快导致

$$lus = last \cdot foldr\ tstep[[]]$$
$$tstep\ x\ xss = thinBy(\leqslant)(mergeBy\ cmp[xss,\ yss])$$
$$\textbf{where}\ yss = map(x:)(filter(ok\ x)xss)$$
$$cmp\ xs\ ys = length\ xs \leqslant length\ ys$$

忽略长度计算，该版本的 lus 使用 $O(nr)$ 步，其中 n 是输入的长度，r 是最长升序的长度。每个阶段最多保留 $r+1$ 个上升子序列，并且可以在 $O(r)$ 个步骤里进行更新。

为了发现进一步优化的途径，我们需要更仔细地研究计算。可以观察到，在一个典型的阶段中，将维护一个列表的上升子序列 $[xs_0,\ xs_1,\ \cdots,\ xs_k]$，其中 xs_j 的长度为 j，并且当 $1 \leqslant j < k$ 时，$head\ xs_j > head\ xs_{j+1}$。将 $tstep\ x$ 应用于此列表后，我们获得一个新列表

$$[xs_0,\ \cdots,\ xs_j,\ x:xs_j,\ xs_{j+2},\ \cdots,\ xs_k]$$

这里 $head\ xs_j > x \geqslant head\ xs_{j+1}$（假设 xs_0 和 xs_{k+1} 的 $head$ 分别为无穷大和无穷小）。例如，由于

$$foldr\ tstep[[]]\texttt{"ripper"} = [\texttt{""},\ \texttt{"r"},\ \texttt{"pr"},\ \texttt{"ipr"}]$$

我们得到

$$foldr\ tstep[[]]\texttt{"kripper"} = [\texttt{""},\ \texttt{"r"},\ \texttt{"pr"},\ \texttt{"kpr"}]$$
$$foldr\ tstep[[]]\texttt{"cripper"} = [\texttt{""},\ \texttt{"r"},\ \texttt{"pr"},\ \texttt{"ipr"},\ \texttt{"cipr"}]$$
$$foldr\ tstep[[]]\texttt{"tripper"} = [\texttt{""},\ \texttt{"t"},\ \texttt{"pr"},\ \texttt{"ipr"}]$$

这意味着可以将 *tstep* 重新定义为

$$tstep\ x([\ ]:xss) = [\ ]:search\ x[\ ]xss$$

$$\textbf{where}\ search\ x\ xs[\ ] \qquad = [x:xs]$$

$$search\ x\ xs(ys:xss)$$

$$\qquad |\ head\ ys > x = ys:search\ x\ ys\ xss$$

$$\qquad |\ otherwise \qquad = (x:xs):xss$$

此版本的 *tstep* 通过从左到右的线性搜索找到所需的插入点：第一个 *ys*，其中 *head ys* ≤ *x* 被替换为 *x : xs*，其中 *xs* 是紧接 *ys* 的升序。如果没有这样的 *ys*，则将 *x : xs* 添加到列表的末尾，如上面的 "cripper" 示例中所示。不再进行长度计算，因此 *lus* 的运行时间为 $O(nr)$ 步。在命令式环境中，可以通过使用数组和二进制搜索来定位所需的插入点，将运行时间缩短至 $O(nlogr)$ 步。但是，由于还必须在每个步骤中更新数组，并且数组更新在纯函数背景中花费线性时间，因此该解决方案不会缩短运行时间。另一种选择是使用平衡二叉搜索树，我们将其留作练习 11.6。

11.2　最长公共子序列

找到两个序列的最长公共子序列的问题在计算中有许多应用，这大致是因为这样的子序列是两个序列的相似程度的有用度量。在本节中，我们考虑一个函数

$$lcs :: Eq\ a \Rightarrow [a] \rightarrow [a] \rightarrow [a]$$

因此 *lcs xs ys* 返回 *xs* 和 *ys* 的最长公共子序列。这个问题很有趣，因为有多种解决方法。我们从问题的说明开始，实际上是两个规范。首先是定义

$$lcs\ xs\ ys \leftarrow MaxWith\ length(intersect(subseqs\ xs)(subseqs\ ys))$$

其中 *sub xs ys* 返回两个列表的公共元素。

第二个规范，也是我们将要使用的一个规范，是定义

$$lcs\ xs \leftarrow MaxWith\ length \cdot filter(sub\ xs) \cdot subseqs$$

其中，测试 *sub xs ys* 确定 *ys* 是否为 *xs* 的子序列：

$$sub\ xs \qquad [\ ] \qquad = True$$

$$sub[\ ] \qquad (y:ys) = False$$

$$sub(x:xs)(y:ys) = \textbf{if}\ x == y\ \textbf{then}\ sub\ xs\ ys\ \textbf{else}\ sub\ xs(y:ys)$$

第一个规范保持了 *xs* 和 *ys* 之间的对称性，而第二个规范则破坏了它。第二个规范的优点是，它使我们处于熟悉的范围内，可以简化出简化算法。

对于满足于递归作为基本工具的函数式程序员，有一种简单的方法可以解决该问题，即编写

$$lcs[\,] \qquad ys \qquad = [\,]$$
$$lcs\ xs \qquad [\,] \qquad = [\,]$$
$$lcs(x:xs)(y:ys) = \textbf{if } x == y \textbf{ then } x : lcs\ xs\ ys$$
$$\textbf{else } longer(lcs(x:xs)ys)(lcs\ xs(y:ys))$$

返回两个列表中的较长者。该解决方案很有吸引力，因为它没有子序列、过滤器或相交运算，并且可以通过从 lcs 的对称规范开始并考虑可能出现的各种情况来证明其合理性。但是，此解决方案要花费指数时间，其原因是它涉及多次计算同一子问题的解决方案。解决此问题的方法是通过动态规划，因此我们将在本书的下一部分中返回此解决方案。

对于数学家来说，还有另一种解决问题的方法。数学家喜欢将没有解决方案的问题简化为有解决方案的问题。在这里，我们也可以这样做。在读完上一节之后，我们知道用于计算最长上升子序列的函数 lus 可以被相当有效地解决，并且只需多动一下脑筋就可以根据 lus 计算 lcs。该解决方案采用以下形式：

$$lcs\ xs\ ys = decode(lus(encode\ xs\ ys))\ ys$$

我们将 xs 和 ys 编码为一个有序字母上的单个列表，解决此编码列表上最长的上序问题，然后对结果进行解码。这是我们编码这两个序列的方式。假设 ys 是列表

0	1	2	3	4	5
'b'	'a'	'a'	'b'	'c'	'a'

元素的位置记录在元素上方。令 xs 为字符串 "baxca"。对于 xs 中的每个字母，我们记录该字母在 ys 中的位置，但顺序相反。因此

$$posns\ 'b' = [3, 0],\ posns\ 'a' = [5, 2, 1],\ posns\ 'x' = [\,],$$
$$posns\ 'c' = [4], \qquad posns\ 'a' = [5, 2, 1]$$

编码的字符串是这些位置的连接 $[3, 0, 5, 2, 1, 4, 5, 2, 1]$。此列表最长上升子序列为 $[0, 1, 4, 5]$，它解码为 "baca"，即 xs 和 ys 的最长的公共子序列。我们将其留作练习来说明该技巧为何起作用，并提供 $encode$ 和 $decode$ 的定义。在最坏的情况下，当两个输入的长度均为 n 时，编码字符串的长度可能为 $\Theta(n^2 n^2)$，因此 lus 的计算可能会采取 $\Theta(n^2 n^2 \log n)$ 步。简化方法可使这种最坏情况的时间降低到 $\Theta(n^2 n^2)$ 步。

标准方法的第一步是融合 $filter(sub\ xs)$ 和 $subseqs$。此步骤的成功来源于 $sub\ xs(y:ys) \Rightarrow sub\ xs\ ys$ 的事实。换句话说，如果 $y:ys$ 是 xs 的子序列，那么 ys 也是如此。这是融合步骤的结果：

$$lcs\ xs \leftarrow MaxWith\ length \cdot foldr\ step[[\,]]$$
$$\textbf{where } step\ y\ yss = yss + filter(sub\ xs)(map(y:)yss)$$

除了在最后进行过滤外，我们还可以在每个步骤中进行过滤。

下一步是检查贪心算法是否可行。"abc" 和 "cab" 的最长公共子序列是 "ab"，不能向左扩展到 "abc" 和 "abcab" 的最长公共子序列，即 "abc"。因此，我们不能在每个步骤中都只维护一个子序列，而必须引入细化。为了确定保留哪些子序列，我们需要知道每个子序列在 xs 中的位置。一个子序列可以在一个序列中出现多次，例如，"ba" 在 "baabca"

中出现了4次，分别出现在位置 $[0, 1]$，$[0, 2]$，$[0, 5]$，$[3, 5]$。当从右到左构建子序列时，即在子序列的前面添加元素时，我们想要的是字典序上最大的位置，即上例中的 $[3, 5]$。这样的选择为在序列的最前面添加公共元素提供了最大的自由度。在计算中我们不需要完整的位置，只需要第一个元素的位置即可。因此，我们想要的 "ba" 位置为3，即 "baabca" 中最后一次出现 "ba" 的位置的最右边位置。空序列在 "baabca" 中最右边的位置是6。如果 ys 不是 xs 的子序列，我们将序列 ys 在序列 xs 中的位置设置为-1。位置的定义则留作练习。

如果存在另一个子序列，其长度和位置至少与另一个子序列一样大，则可以丢弃该子序列。因此，对于固定 xs，我们可以定义

$$ys \preccurlyeq zs = length\ ys \geqslant length\ zs \wedge position\ xs\ ys \geqslant position\ xs\ zs$$

现在可以应用简要介绍定律了，因为 $lcs\ xs$ 是对

$$MaxWith\ length \cdot ThinBy(\preccurlyeq) \cdot foldr\ step[\ [\ ]\ ]$$

的一个改进。下一步是将 $ThinBy$ 与 $foldr$ 融合在一起。通过在每个步骤中合并，我们可以使子序列的位置按升序排列，从而使长度按降序排列。此外，如果丢弃所有带有负位置的序列，则可以从计算中删除 $filter(sub\ xs)$。这样就有

$$lcs\ xs = head \cdot foldr\ tstep[\ [\ ]\ ]$$

$$\textbf{where}\ tstep\ y\ yss = thinBy(\preccurlyeq)(mergeBy\ cmp[\ yss, zss\ ])$$

$$\textbf{where}\ zss\qquad = dropWhile\ negpos(map(y:)yss)$$

$$negpos\ ys = position\ xs\ ys < 0$$

$$ys \preccurlyeq zs\quad = length\ ys \geqslant length\ zs\ \wedge$$

$$position\ xs\ ys \geqslant position\ xs\ zs$$

$$cmp\ ys\ zs = position\ xs\ ys \leqslant position\ xs\ zs$$

最终的优化是避免位置和长度的多次计算。为此，我们用四元组 (p, k, ws, us) 表示 xs 的子序列，其中

$$p = position\ xs\ us$$

$$k = length\ us$$

$$ws = reverse(take\ p\ xs)$$

例如，"ba" 作为 "baabca" 的子序列的表示是四元组 $(3, 2, "aab", "ba")$。替换 $(x:)$ 的函数 $cons\ x$ 定义为

$$cons\ x(p, k, ws, us) = (p - 1 - length\ as, k + 1, tail\ bs, x:us)$$

$$\textbf{where}(as, bs) = span(\neq x)ws$$

例如：

$$cons\ \text{'b'}(3, 2, \text{"aab"}, \text{"ba"}) = (0, 3, \text{""}, \text{"bba"})$$

$$cons\ \text{'x'}(3, 2, \text{"aab"}, \text{"ba"}) = (-1, 3, \bot, \text{"bba"})$$

如果 $x:us$ 不是 xs 的子序列，则第一个分量为负，第三个分量未定义。现在我们可以定义

$$lcs\ xs = ext \cdot head \cdot foldr\ tstep\ start$$

$$\mathbf{where}\ start\qquad = \big[\,(length\ xs,\ 0,\ reverse\ xs,\ [\,])\,\big]$$

$$tstep\ y\ yss = thinBy\,(\leqslant)\,(mergeBy\ cmp\,[\,yss,\ zss\,])$$

$$\mathbf{where}\ zss\qquad = dropWhile\ negpos\,(map\,(cons\ y)\,yss)$$

$$negpos\ ys = psn\ ys\ <\ 0$$

$$q_1 \leqslant q_2\quad = psn\ q_1 \geqslant psn\ q_2 \wedge lng\ q_1 \geqslant lng\ q_2$$

$$cmp\ q_1\ q_2 = psn\ q_1 \leqslant psn\ q_2$$

其中 ext、psn 和 lng 是选择器函数

$$ext(p,\ k,\ ws,\ us) = us$$

$$psn(p,\ k,\ ws,\ us) = p$$

$$lng(p,\ k,\ ws,\ us) = k$$

该算法使用 $O(mn)$ 个步骤，其中 m 和 n 分别是 xs 和 ys 的长度。

11.3　和最大子段

我们的第三个问题很容易陈述，但很难解决，至少不能通过有效的算法解决。给定正整数和负整数的列表，问题很简单，就是返回列表中具有最大可能总和的段，但要注意该段不要太长。因此，我们要计算 mss，其中

$$mss :: Nat \rightarrow [\,Integer\,] \rightarrow [\,Integer\,]$$

$$mss\ b \leftarrow MaxWith\ sum \cdot filter\,(short\ b) \cdot segments$$

短的定义为

$$short :: Nat \rightarrow [\,a\,] \rightarrow Bool$$

$$short\ b\ xs = (length\ xs \leqslant b)$$

例如

$$mss\ 3\,[\,1,\ -2,\ 3,\ 0,\ -5,\ 3,\ -2,\ 3,\ -1\,] = [\,3,\ -2,\ 3\,]$$

函数段的定义如下。mss 的直接计算需要 $O(bn)$ 步。在长度为 n 的列表中有 $\Theta(bn)$ 个短片段，这一次我们可以生成所有片段以及它们的和。找到一个具有最大和数的算法需要线性时间，因此该算法需要 $O(bn)$ 步。但是，b 可能会很大，并且 $O(n)$ 在算法上的界限要好得多。本节的目的是描述具有这种限制的算法。该算法很有趣，因为要实现所需的效率需要对表示形式进行重大更改，但是从本质上讲，它仍然是一种简化算法。

首先，这是 $segments$ 的一种定义：

$$segments :: [\,a\,] \rightarrow [\,[\,a\,]\,]$$

$$segments = concatMap\ inits \cdot tails$$

因此，列表的段是通过采用所有后缀的所有前缀来获得的。正如我们将会看到的，这导致了一种算法，该算法从右到左处理输入。我们也可以选择采用所有前缀的所有后缀，在这种情

况下，算法从左到右进行。函数 *init* 和 *tails* 在第 2 章中进行了讨论，并在 *Data. List* 库中提供。这两个函数都包含作为前缀或后缀的空列表，因此空列表在长度为 n 的列表的段中出现 $n+1$ 次。对仅产生非空段的 *init* 和 *tails* 的定义进行简单的修改。但是，允许将空段作为候选对象意味着在负列表中具有最大总和的短段是空序列。

我们现在可以推导

$$MaxWith\ sum \cdot filter(short\ b) \cdot segments$$
$$=\quad \{segments\ 的定义\}$$
$$MaxWith\ sum \cdot filter(short\ b) \cdot concatMap\ inits \cdot tails$$
$$=\quad \{因为\ filter\ p \cdot concat = concat \cdot map(filter\ p)\}$$
$$MaxWith\ sum \cdot concatMap(filter(short\ b) \cdot inits) \cdot tails$$
$$=\quad \{分配律\}$$
$$MaxWith\ sum \cdot map(MaxWith\ sum \cdot filter(short\ b) \cdot inits) \cdot tails$$
$$\rightarrow\quad \{msp\ b \leftarrow MaxWith\ sum \cdot filter(short\ b) \cdot inits\}$$
$$MaxWith\ sum \cdot map(msp\ b) \cdot tails$$

总结一下这个计算，我们已经表明

$$mss\ b \leftarrow MaxWith\ sum \cdot map(msp\ b) \cdot tails$$
$$msp\ b \leftarrow MaxWith\ sum \cdot filter(short\ b) \cdot inits$$

新函数 *msp* 计算具有最大和的短前缀。例如：

$$msp\ 4[-2,\ 4,\ 4,\ -5,\ 8,\ -2,\ 3,\ 1] = [-2,\ 4,\ 4]$$
$$msp\ 6[-2,\ 4,\ 4,\ -5,\ 8,\ -2,\ 3,\ 1] = [-2,\ 4,\ 4,\ -5,\ 8]$$

新的 *mss* 形式则需要用到扫描引理，这是处理涉及段的问题时必不可少的工具。答案 1. 12 中曾提及扫描引理，我们在这里再次提及：

$$map(foldr\ op\ e) \cdot tails = scanr\ op\ e$$

应用于长度为 n 的列表时，左侧需要 *op* 的 $\Theta(n^2)$ 次应用，而右侧只需要 $\Theta(n)$ 次应用。函数 *scanr* 是数据库 *Data. List* 中的 Haskell 函数，其定义基本如下：

$$scanr :: (a \rightarrow b \rightarrow b) \rightarrow b \rightarrow [a] \rightarrow [b]$$
$$scanr\ op\ e[\ ] \quad = [e]$$
$$scanr\ op\ e(x:xs) = op\ x(head\ ys) : ys\ \textbf{where}\ ys = scanr\ op\ e\ xs$$

例如：

$$scanr(\oplus)e[x,\ y] = [x \oplus (y \oplus e),\ y \oplus e,\ e]$$

稍后，我们将需要伴随而来的函数 *scanl*：

$$scanl :: (b \rightarrow a \rightarrow b) \rightarrow b \rightarrow [a] \rightarrow [b]$$
$$scanl\ op\ e[\ ] \quad = [e]$$
$$scanl\ op\ e(x:xs) = e : scanl\ op(op\ e\ x)xs$$

例如：

$$scanl(\oplus)e[x,\ y] = [e,\ e \oplus x,\ (e \oplus x) \oplus y]$$

扫描引理建议我们寻找使用 *foldr* 的 *msp* 定义。然后，我们将获得使用 *scanr* 的 *mss* 定义。更准确地说，如果我们可以找到形式如下的 *msp* 的定义：

$$msp\ b = foldr(op\ b)[\ ]$$

我们就可以改进 *mss* 为

$$mss\ b \leftarrow MaxWith\ sum \cdot scanr(op\ b)[\ ]$$

碰巧有一个这样的 *msp* 定义，但它没有帮助：

$$msp\ b = foldr(op\ b)[\ ]\ \textbf{where}\ op\ b\ x\ xs = msp\ b(x:xs)$$

它不能用作 *msp* 的合法 Haskell 定义，因为它是循环的。实际上，它无非是声明了 $msp\ b\ (x:xs)$ 是 $x:msp\ b\ xs$ 的前缀。练习 11.13 要求证明这一断言。

相反，我们将遵循标准的简化方法。第一步是将 *filter*（*short b*）与 *inits* 融合在一起，从而仅产生短前缀。函数 *inits* 可以用 *foldr* 表示：

$$inits :: [a] \to [[a]]$$

$$inits = foldr\ step[[\ ]]\ \textbf{where}\ step\ x\ xss = [\ ] : map(x:)xss$$

由于 *xss* 的元素是以长度从 0 到 *k* 递增的顺序列出的，其中 *k* 是 *xss* 的长度，我们有

$$filter(short\ b)(step\ x\ xss) = \textbf{if}\ length(last\ xss) == b$$
$$\textbf{then}\ [\ ] : map(x:)(init\ xss)$$
$$\textbf{else}\ [\ ] : map(x:)xss$$

换句话说，如果将新元素添加到列表的前面会使其长度超过 *b*，那么我们可以简单地切去最后一个列表。然后使用 *foldr* 融合法则，得出

$$msp\ b \leftarrow MaxWith\ sum \cdot foldr(op\ b)[[\ ]]$$

这里

$$op\ b\ x\ xss = [\ ] : map(x:)(cut\ b\ xss)$$

$$cut\ b\ xss = \textbf{if}\ length(last\ xss) == b\ \textbf{then}\ init\ xss\ \textbf{else}\ xss$$

稍后我们将看到如何使 *cut* 的计算效率更高。

下一步是引入简化，优化 *msp* 为

$$msp\ b \leftarrow MaxWith\ sum \cdot ThinBy(\leqslant) \cdot foldr(op\ b)[[\ ]]$$

一个合适的前序 ≤ 的选择是

$$xs \leqslant ys = (sum\ xs \geqslant sum\ ys) \wedge (length\ xs \leqslant length\ ys)$$

换句话说，如果存在另一个较短且总和至少相同的前缀，则没有必要保留前缀。例如，最理想的简化

$$foldr(op\ 7)[[\ ]][-2,\ 4,\ 4,\ -5,\ 8,\ -2,\ 3,\ 9]$$

会产生前缀

$$[\ ],\ [-2,\ 4],\ [-2,\ 4,\ 4],\ [-2,\ 4,\ 4,\ -5,\ 8],\ [-2,\ 4,\ 4,\ -5,\ 8,\ -2,\ 3]$$

长度最大为 7，和分别为 0，2，6，9，10。这些前缀按照长度递增的顺序以及和递增的顺序排列。

下一步，融合的另一种用法是，在每个步骤中进行简化，而不是仅在最后简化一次。可以通过利用前缀严格按长度增加顺序和严格按和增加顺序的事实来实现简化。这意味着我们仅需删除总和小于或等于零的非空前缀即可。可以给出

$$msp\ b\qquad = last \cdot foldr(op\ b)[[\ ]]$$
$$op\ b\ x\ xss = [\ ] : thin(map(x:)(cut\ b\ xss))$$
$$thin\qquad\quad = dropWhile(\lambda xs.\ sum\ xs \leq 0)$$

换句话说，我们从列表的末尾开始剪裁，以使前缀保持简短，而从列表的前部剪裁以保持总和为正数。总和最大的前缀是序列中的最后一个前缀。现在我们可以定义

$$mss\ b = maxWith\ sum \cdot map\ last \cdot scanr(op\ b)[[\ ]]$$

但是，op 的定义不足以用于最终算法。即使忽略切割和细化的代价，map 操作也意味着长度为 k 的列表上 op 的计算需要 $O(k)$ 步。在最坏的情况下，当输入为正数列表时，我们有 $k=b$，因此对于长度为 n 的输入，mss 的总运行时间为 $O(bn)$ 步。这并不比以前更好。达到 $O(n)$ 步的时间界限的方法是更改前缀列表的表示。

这个想法很简单：用前缀的差异表示前缀列表。例如，与其维护列表

$$[[\ ],\ [-2,\ 4],\ [-2,\ 4,\ 4],\ [-2,\ 4,\ 4,\ -5,\ 8],\ [-2,\ 4,\ 4,\ -5,\ 8,\ -2,\ 3]]$$

我们不如维护最后一个元素的分区 $[[-2,\ 4],\ [4],\ [-5,\ 8],\ [-2,\ 3]]$。更确切地说，假设我们定义了抽象函数

$$abst :: [[a]] \rightarrow [[a]]$$
$$abst = scanl(+\!\!+)[\ ]$$

然后

$$abst[[-2,\ 4],\ [4],\ [-5,\ 8],\ [-2,\ 3]]$$
$$=[[\ ],\ [-2,\ 4],\ [-2,\ 4,\ 4],\ [-2,\ 4,\ 4,\ -5,\ 8],\ [-2,\ 4,\ 4,\ -5,\ 8,\ -2,\ 3]]$$

以及 $last \cdot abst = concat$。要实现表示形式的更改，我们需要一个函数 opR，以便

$$abst(opR\ b\ x\ xss) = op\ b\ x(abst\ xss)$$

然后，根据 $foldr$ 的融合法则，我们有

$$abst \cdot foldr(opR\ b)[\ ] = foldr(op\ b)[[\ ]]$$

因为 $abst[\ ] = [[\ ]]$。请注意，我们试图在反融合或裂变方向上应用法则，将右侧的折叠分为两个函数。要定义 opR，我们需要函数

$$cutR\ b\ xss = \textbf{if}\ length(concat\ xss) == b\ \textbf{then}\ init\ xss\ \textbf{else}\ xss$$

作为 cut 的替代品。函数 $cutR$ 满足

$$cut\ b(abst\ xss) = abst(cutR\ b\ xss)$$

我们还需要 $thin$ 的替代品，我们将其称为 $thinR$。该函数将满足

$$[\ ] : thin(map(x:)(abst\ xss)) = abst(thinR\ x\ xss)$$

我们现在可以通过以下方式定义 opR：

$$opR\ b\ x\ xss = thinR\ x(cutR\ b\ xss)$$

该选择的有效证明如下：

$$abst(opR\ b\ x\ xss)$$

$$=\quad\{opR\ 的定义\}$$

$$abst(thinR\ x(cutR\ b\ xss))$$

$$=\quad\{上文\ thinR\ 的属性\}$$

$$[\ ]:thin(map(x:)(abst(cutR\ b\ xss)))$$

$$=\quad\{上文\ cutR\ 的属性\}$$

$$[\ ]:thin(map(x:)(cut\ b(abst\ xss)))$$

$$=\quad\{op\ 的定义\}$$

$$op\ b\ x(abst\ xss)$$

现在，把所有东西放在一起，我们有

$$mss\ b$$

$$=\quad\{借助\ msp\ 定义\ mss\}$$

$$maxWith\ sum\cdot map(msp\ b)\cdot tails$$

$$=\quad\{借助\ foldr\ 定义\ msp\}$$

$$maxWith\ sum\cdot map(last\cdot foldr(op\ b)[[\ ]])$$

$$=\quad\{opR\ 的定义\}$$

$$maxWith\ sum\cdot map(last\cdot abst\cdot foldr(opR\ b)[\ ])\cdot tails$$

$$=\quad\{扫描引理\}$$

$$maxWith\ sum\cdot map(last\cdot abst)\cdot scanR(opR\ b)[\ ]$$

$$=\quad\{因为\ last\cdot abst=concat\}$$

$$maxWith\ sum\cdot map\ concat\cdot scanR(opR\ b)[\ ]$$

因此

$$mss\ b=maxWith\ sum\cdot map\ concat\cdot scanr(opR\ b)[\ ]$$

还需要给出 $thinR$ 的定义：

$$thinR\ x\ xss=add[x]xss$$

$$\textbf{where}\ add\ xs\ xss$$

$$|\ sum\ xs>0=xs:xss$$

$$|\ null\ xss\quad=[\ ]$$

$$|\ otherwise\quad=add(xs\ \text{++}\ head\ xss)(tail\ xss)$$

例如：

$$add[-5][[-2,\ 3],\ [6],\ [-1,\ 4]]=add[-5,\ -2,\ 3][[6],\ [-1,\ 4]]$$

$$=add[-5,\ -2,\ 3,\ 6][[-1,\ 4]]$$

$$=[[-5,\ -2,\ 3,\ 6],\ [-1,\ 4]]$$

如果当前段具有正和，则将其添加到段列表的前面；否则将其与下一段连接，并重复该过程。

如果没有段具有正和，则返回空列表。函数 *add* 类似于我们在 1.5 节中考虑的函数 *collapse*。

　　最后一步是确保有效执行所有的 *length*、*concat*、*init*、*sum* 和 ++ 操作。首先，我们将分区和分段及其总和与长度进行元组化。其次，由于分区是在两端处理的，因此我们需要对称列表（请参阅第 3 章）以确保 *init* 和 *cons* 操作花费固定的时间。最后，为了提高段连接效率，我们引入了一个累积函数。以下是相关定义：

$$\textbf{type } Partition = (\, Sum,\; Length,\; SymList\ Segment\,)$$
$$\textbf{type } Segment\ \ = (\, Sum,\; Length,\; [\,Integer\,] \rightarrow [\,Integer\,]\,)$$
$$\textbf{type } Sum\ \ \ \ \ \ \ = Integer$$
$$\textbf{type } Length\ \ \ = Nat$$

我们使用函数 *sumP*、*lenP* 和 *segsP* 提取分区的组成部分，并使用 *sumS*、*lenS* 和 *segS* 提取段的组成部分。函数 *opR* 替换为 *opP*，由 *opP* 定义

$$opP\ b\ x\ xss = thinP\ x(\,cutP\ b\ xss\,)$$

其中 *cutP* 定义为

$$cutP :: Length \rightarrow Partition \rightarrow Partition$$
$$cutP\ b\ xss = \textbf{if } lenP\ xss == b\ \textbf{then } initP\ xss\ \textbf{else } xss$$
$$initP :: Partition \rightarrow Partition$$
$$initP(\,s,\; k,\; xss\,) = (\,s - t,\; k - m,\; initSL\ xss\,)\,\textbf{where}(\,t,\; m,\; \_\,) = lastSL\ xss$$

而 *thinP* 定义为

$$thinP :: Integer \rightarrow Partition \rightarrow Partition$$
$$thinP\ x\ xss = add(\,x,\; 1,\; (\,[\,x\,]\ ++\,)\,)\,xss$$
$$add :: Segment \rightarrow Partition \rightarrow Partition$$
$$add\ xs\ xss\ \left|\ sumS\ xs > 0\ = consP\ xs\ xss\right.$$
$$\left|\ lenP\ xss == 0 = emptyP\right.$$
$$\left|\ otherwise\ \ \ \ \ = add(\,catS\ xs(\,headP\ xss\,)\,)(\,tailP\ xss\,)\right.$$

辅助函数定义为

$$consP :: Segment \rightarrow Partition \rightarrow Partition$$
$$consP\ xs(\,s,\; k,\; xss\,) = (\,sumS\ xs + s,\; lenS\ xs + k,\; consSL\ xs\ xss\,)$$
$$emptyP :: Partition$$
$$emptyP = (\,0,\; 0,\; nilSL\,)$$
$$headP :: Partition \rightarrow Segment$$
$$headP\ xss = headSL(\,segsP\ xss\,)$$
$$tailP :: Partition \rightarrow Partition$$
$$tailP(\,s,\; k,\; xss\,) = (\,s - t,\; k - m,\; tailSL\ xss\,)\,\textbf{where}(\,t,\; m,\; \_\,) = headSL\ xss$$
$$catS :: Segment \rightarrow Segment \rightarrow Segment$$
$$catS(\,s,\; k,\; f\,)(\,t,\; m,\; g\,) = (\,s + t,\; k + m,\; f \cdot g\,)$$

现在，*mss* 的最终定义为

$$mss\ b = extract \cdot maxWith\ sumP \cdot scanr(opP\ b)\ emptyP$$
$$extract :: Partition \rightarrow [Integer]$$
$$extract = concatMap(flip\ segS[\ ]) \cdot fromSL \cdot segsP$$

我们有翻转 *segS*[ ]*xs = segS xs*[ ]，因此在计算的最后，我们将段的累积函数应用于空列表，并将结果连接起来以产生最终答案。

现在要估算程序的用时了。除了 *add* 之外，*opP* 中出现的所有其他函数都需要花费固定的时间。*add* 函数需要额外的步数，该步数与删除的段数成正比。但是删除的段总数不能超过添加的段总数。对于长度为 *n* 的输入，该总数最多为 *n*。因此 *add* 需要摊销固定的时间。正如我们一开始就承诺的那样，计算 *extract* 可能需要 $O(b)$ 步，因此计算具有最大总和的短片段的总时间为 $O(n + b) = O(n)$ 步。

章节注释

关于串理论的书籍很多，包括文献［1，2，6］。这三篇文章都讨论了最长的公共子序列问题以及其他相关问题，例如，编辑距离问题和最佳对齐问题。Gusfield[6] 描述了本章中使用的将最长公共子序列问题简化为最长上升子序列的问题。在形式化程序设计中，升序问题是一个受欢迎的示例，用于显示循环不变式的使用，并且在文献［5，4］以及许多其他地方都对其进行了讨论。

最大和短段问题在文献［7］中进行了讨论。在文献［3］和文献［8］中有关于寻找具有各种属性的段的其他问题的讨论。

参考文献

［1］Maxime Crochemore, Christof Hancart, and Thierry Lecroq. *Algorithms on Strings*. Cambridge University Press, Cambridge, 2007.

［2］Maxime Crochemore and Wojciech Rytter. *Jewels of Stringology*. World Scientific Publishing, Singapore, 2003.

［3］Sharon Curtis and Shin-Cheng Mu. Calculating a linear-time solution to the densest-segment problem. *Journal of Functional Programming*, 25：e22, 2015.

［4］Edsger W. Dijkstra and Wim H. J. Feijen. *A Method of Programming*. Addison-Wesley, Reading, MA, 1988.

［5］David Gries. *The Science of Programming*. Springer, New York, 1981.

［6］Dan Gusfield. *Algorithms on Strings*, *Trees*, *and Sequences*. Cambridge University Press, Cambridge, 1997.

[7] Yaw-Ling Lin，Tao Jiang，and Kun-Mao Chao. Efficient algorithms for locating the length-constrained heaviest segments with applications to biomolecular sequence analysis. *Journal of Computer and System Sciences*，65（3）：570-586，2002.

[8] Hans Zantema. Longest segment problems. *Science of Computer Programming*，18（1）：39-66，1992.

练习

练习 11.1 n 个不同元素的列表中有多少段和子序列？有多少最多不超过 b 的段数？

练习 11.2 写下子序列的定义，该定义以长度的升序生成子序列。不允许使用长度计算。

练习 11.3 在最长序列问题中，我们给出了 ≤ 和 *ok* 的定义，我们声称

$$xs \leqslant ys \qquad\qquad \Rightarrow x : xs \leqslant x : ys$$
$$xs \leqslant ys \wedge ok\ x\ ys \Rightarrow ok\ x\ xs$$

证明这些定义。

练习 11.4 最长序列问题的定义 ≤ 可以替换为 $xs \leqslant ys = length\ xs \geqslant length\ ys \wedge xs \geqslant ys$ 吗？

练习 11.5 假设我们将升序定义为元素仅微弱增加的升序。因此，我们将 *up* 改变为读

$$up\ xs = and(zipWith(\leqslant)xs(tail\ xs))$$

写下 *tstep* 的定义，其中 $lwus = last \cdot folder\ tstep\ [[\ ]]$。

练习 11.6 如本章所述，最长上升子序列问题可以通过使用平衡的二分搜索树以 $O(n \log r)$ 步解决。以下三个练习的目的是构建这样的解决方案，其内容取决于 4.3 节和 4.4 节，因此请先重新阅读这些部分。

回顾定义

$$\textbf{data}\ Tree\ a = Null\ |\ Node\ Int(Tree\ a)a(Tree\ a)$$

从 4.3 节开始。$xss = [xs_0，xs_1，\cdots，xs_k]$ 的升序列表由树 $[a]$ 类型的树 t 表示，使得 $t = xss$ 变平。最左边的值 xs_0 是空序列。作为热身练习，定义函数 *rmost*，该函数返回最后一个条目 xs_k。

练习 11.7 接下来，*lus* 的新定义采用以下形式：

$$lus :: Ord\ a \Rightarrow [a] \rightarrow [a]$$
$$lus = rmost \cdot foldr\ update(Node\ 1\ Null[\ ]Null)$$
$$\textbf{where}\ update\ x\ t = modify\ x(split\ x\ t)$$

$split\ x\ t$ 的值是一对树，其中第一棵树是其标签由空列表组成并列出 $y : xs$ 的树，其中 $y > x$，第二棵树是当 $y \leqslant x$ 标签为列表 $y : xs$ 的树。该函数的定义与 4.4 节完全相同：

$$split :: Ord\ a \Rightarrow a \rightarrow Tree[a] \rightarrow (Tree[a]，Tree[a])$$
$$split\ x\ t = sew(pieces\ x\ t[\ ])$$

但是，片段的定义是不同的。这次我们有

$$pieces :: Ord\ a \Rightarrow a \rightarrow Tree[a] \rightarrow [Piece[a]] \rightarrow [Piece[a]]$$

如 4.4 节所述，我们有

$$\textbf{data } Piece\ a = LP(Tree\ a)\ a \mid RP\ a(Tree\ a)$$

回想一下，左片 *LP l x* 缺少其右子树，而右片 *RP x r* 缺少其左子树。*x t ps* 的定义不同，这是因为 *t* 的标签（除最左边的标签 [ ] 以外）以递减顺序而不是递增顺序排列。给出块的修改定义。

练习 11.8　*sew* 的定义与 4.4 节中的定义相同，因此仍需定义修改 $x(t_1, t_2)$。如果 t_2 不为 *Null*，则 *Modify* 返回一棵树，该树是通过将 t_2 的最左边的标签替换为 *x : xs* 来组合 t_1 和从 t_2 获得的修改后的树而得到的，其中 *xs* 是 t_1 的最右边的标签。如果 t_2 为 *Null*，则创建一个标签为 *x : xs* 的新节点。作为最后一项任务，请根据 4.4 节中的组合函数来定义修改。

练习 11.9　写下下面的 *encode* 和 *decode* 的定义

$$lcs\ xs\ ys = decode(lus(encode\ xs\ ys))\ ys$$

证明每个编码 *xs ys* 的升序对应于相同长度的 *xs* 和 *ys* 的共同子序。

练习 11.10　定义函数位置的一种方法是使用辅助函数：

$$position\ xs\ ys = help(length\ xs)(reverse\ xs)(reverse\ ys)$$

定义 *help*，如果 *ys* 不是 *xs* 的子序列，请确保结果为负。

练习 11.11　回想一下，对于给定的 *xs*，最长公共子序列问题的预序定义为

$$ys \leqslant zs = length\ ys \geqslant length\ zs \wedge position\ xs\ ys \geqslant position\ xs\ zs$$

这表明

$$ys \leqslant zs \wedge sub\ xs\ zs \Rightarrow sub\ xs\ ys$$
$$ys \leqslant zs \qquad\qquad \Rightarrow y:ys \leqslant y:zs$$

因此证明

$$tstep\ y(ThinBy(\leqslant)yss) \leftarrow ThinBy(\leqslant)(step\ y\ yss)$$

其中 *tstep y yss←ThinBy*（≤）（*step y yss*）。

练习 11.12　将 *tails* 表示为 *scanr* 实例，将 *inits* 表示为 *scanl* 实例。

练习 11.13　证明 *msp b(x : xs)* 是 *x : msp b xs* 的前缀。

练习 11.14　一个类似于段的但简单得多的问题是：找到一个最大和没有长度限制的段：

$$mss \leftarrow MaxWith\ sum \cdot segments$$

写下针对

$$mss \leftarrow MaxWith\ sum \cdot map\ msp \cdot tails$$

的 *msp* 定义。找到一个 *msp = folder step* [ ] 的函数步骤，从而构造一个简单的 *mss* 线性时间算法。

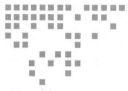

Chapter 12 第12章

划分

根据定义，非空列表的划分是将列表分成非空的片段。例如，["par", "tit", "i", "on"] 是字符串 "partition" 的一个划分。划分出现在各种各样的问题中。例如，前一章的分段问题涉及对列表的前缀进行划分，从而提高效率。在归并排序的一个版本中，输入在归并之前被划分为非递减的元素。在运筹学中，通常可以根据活动划分来指定一系列活动的计划。划分还会出现在各种数据压缩和文本处理算法中。这一章我们只举两个例子，第一个是简单的调度问题，而第二个则涉及将段落分割成行。

12.1 划分的生成方法

首先，让我们看看可以生成一个列表的所有划分的一些方法。一个类型为 $[A]$ 的列表的划分具有类型 $[[A]]$，所以一个划分的列表具有类型 $[[[A]]]$。为了提高可读性，我们引入类型同义词

$$\textbf{type } Partition\ a\ = [Segment\ a]$$
$$\textbf{type } Segment\ a\ \ = [a]$$

那么，一个划分的列表拥有了可读性更高的类型名 $[Partition\ a]$。根据定义，在这种情况下 xss 是 xs 的划分。

$$concat\ xss = xs\ \wedge\ all(not\ \cdot\ null)\,xss$$

特别地，空列表是空列表的唯一划分。下面的 $parts$ 递归的定义可从上述公式中推导出来：

$$parts :: [a] \rightarrow [Partition\ a]$$
$$parts[\,] = [[\,]]$$
$$parts\ xs = [ys : yss \mid (ys,\ zs) \leftarrow splits\ xs,\ yss \leftarrow parts\ zs]$$

每个划分的生成方式是：将输入列表的一个非空前缀作为第一个段落，然后在其后加上一个由剩余后缀组成的划分。函数 *splits* 将一个非空列表 *xs* 拆分为一对列表（*ys*，*zs*），这样 *ys* 就是非空的，并且 *ys* ++ *zs* = *xs*：

$$splits :: [a] \rightarrow [([a], [a])]$$
$$splits[\,] \quad = [\,]$$
$$splits(x : xs) = ([x], xs) : [(x : ys, zs) \mid (ys, zs) \leftarrow splits\ xs]$$

还有其他定义 *parts* 的方法，包括基于 *foldr* 或 *foldl* 的归纳定义。用 *foldr* 表示的 *parts* 的一种定义是：

$$parts :: [a] \rightarrow [Partition\ a]$$
$$parts = foldr(concatMap \cdot extendl)[[\,]]$$

其中，*extendl* 扩展了左边的划分：

$$extendl :: a \rightarrow Partition\ a \rightarrow [Partition\ a]$$
$$extendl\ x[\,] \quad = [cons\ x[\,]]$$
$$extendl\ x\ p \quad = [cons\ x\ p,\ glue\ x\ p]$$
$$cons,\ glue :: a \rightarrow Partition\ a \rightarrow Partition\ a$$
$$cons\ x\ p \quad = [x] : p$$
$$glue\ x(s : p) = (x : s) : p$$

有两种方法可以扩展一个非空划分，在左边添加一个新元素：开始一个新的片段，或者将元素"粘"到第一个片段上（如果这样的片段存在）。

相应地，用 *foldl* 表示的 *parts* 的定义为：

$$parts :: [a] \rightarrow [Partition\ a]$$
$$parts = foldl(concatMap \cdot extendr)[[\,]]$$

其中，这一次 *extendr* 扩展了右边的一个划分：

$$extendr :: a \rightarrow Partition\ a \rightarrow [Partition\ a]$$
$$extendr\ x[\,] = [snoc\ x[\,]]$$
$$extendr\ x\ p \quad = [snoc\ x\ p,\ bind\ x\ p]$$
$$snoc,\ bind :: a \rightarrow Partition\ a \rightarrow Partition\ a$$
$$snoc\ x\ p = p ++ [[x]]$$
$$bind\ x\ p = init\ p ++ [last\ p ++ [x]]$$

snoc 和 *bind* 函数是 *cons* 和 *glue* 的相对应的变型（*bind* 具有可读的优点，而 *eulg* 没有）。当然，*snoc* 和 *bind* 的时间代价不是一个常量，但是我们可以在需要的时候处理这个问题。

用 *foldr* 还是 *foldl* 来定义 *parts* 都是可行的，但对于某些问题来说，选择合适的方式是很重要的。可以说，关于划分的许多问题，都要求划分的所有组成片段都满足某些性质。考虑如何证明：

$$filter(all\ ok) \cdot parts = foldr(concatMap \cdot okextendl)[[\,]]$$

那么 *okextendl*，即 *ok* 的左扩展的定义是

$$okextendl\ x = filter(ok \cdot head) \cdot extendl\ x$$

上下文相关的融合条件是

$$filter(all\ ok)(concatMap(extendl\ x)ps) =$$
$$concatMap(okextendl\ x)(filter(all\ ok)ps)$$

对于相同列表中的所有划分 *ps*。为了证明它，需要假设 *ok* 是后缀封闭的，也就是说，如果 *ok*(*xs* ⧺ *ys*) 成立，那么 *ok ys* 成立。它的细节留作练习。相应地，如果我们从 *foldl* 的部分定义开始，那么必需的假设是 *ok* 是前缀封闭的，也就是说如果 *ok*(*xs* ⧺ *ys*) 成立，那么 *ok ys* 成立。许多谓词，包括下面几节中使用的谓词，都是前缀封闭的和后缀封闭的，因此可以自由选择采用哪个 *parts* 的定义。但有时这些属性中只有一个是成立的，这就决定了应该采用哪个 *parts* 的定义。

12.2　管理两个银行账户

第一个问题是调度问题，下面先来介绍这个调度问题。Zakia 有两个网上银行账户，一个是活期账户，一个是储蓄账户。Zakia 只在固定的、已知的交易序列（存款和取款）中使用活期账户，比如工资、定期付款订单和水电费账单。出于安全原因，Zakia 的活期账户的金额中绝不可以超过 *C*。*C* 是一个固定的金额，假设它至少和任何单一交易的金额一样大。为了维持这种安全状况，Zakia 希望在活期账户和存款账户之间建立一个自动转账序列，以便在每一组交易开始时，资金可以转入或转出活期账户，以应付下一组交易。为了尽量减少交易，Zakia 希望这样的转换次数尽可能少。

抽象一点说，问题就是将找到一个最短的划分，将正整数和负整数列表转换为 *safe* 片段。一个片段 [x_1, x_2, ⋯, x_k] 是安全的，如果存在一个数量 *r*，即在这样的序列开始时活期账户中的剩余部分，使得所有的总和

$$r,\ r + x_1,\ r + x_1 + x_2,\ \cdots,\ r + x_1 + x_2 + \cdots + x_k$$

在 0 和给定的边界 *C* 之间。例如，如果 *C*=100，序列 [-20, 40, 60, -30] 是安全的，因为我们可以取 *r*=20。但是 [40, -50, 10, 80, 20] 是不安全的，因为 *r* 必须至少大于 10 来处理第一次提款，并且 10+40-50+10+80+20 = 110，这个结果大于 *C*。我们将把以下说明留作一个练习：如果一个片段是安全的，那么这个片段的每个前缀和后缀都是安全的。

为简化安全条件，设 *m* 和 *n* 为和 *r*, x_1, x_1+x_2, ⋯, $x_1+x_2+\cdots+x_k$ 的和的最大值和最小值，那么 *n*≤0≤*m*。那么它要求存在一个 *r* 使 0≤*r*+*n*≤*C* 和 0≤*r*+*m*≤*C*。这两个条件等价于 *m*≤*C*+*n*（见练习）。因此，假设 *C* 被设为全局值 *c*，我们可以定义：

$$safe :: Segment\ Int \rightarrow Bool$$
$$safe\ xs = maximum\ sums \leqslant c + minimum\ sums$$
$$\textbf{where}\ sums = scanl(+)0\ xs$$

函数 msp（最小安全分区）现在可以由以下指定：

$$msp :: [Int] \to Partition\ Int$$

$$msp \leftarrow MinWith\ length \cdot filter(all\ safe) \cdot parts$$

msp 函数返回一个划分，而不是在两个账户之间必须进行的转账序列。我们将把它留作为一个练习来展示如何从最终的划分来计算转账。

标准步骤的第一步是将过滤操作与分区产生融合。因为 $safe$ 既是前缀闭合的也是后缀闭合的，所以我们可以使用 $parts$ 的任何一种定义。根据 $foldr$ 选择 $parts$ 的定义，我们得到

$$msp \leftarrow MinWith\ length \cdot safeParts$$

$safeParts$ 的定义如下

$$safeParts \qquad = foldr(concatMap \cdot safeExtendl)[[\,]]$$

$$safeExtendl\ x = filter(safe \cdot head) \cdot extendl\ x$$

每一步只计算安全划分。假设每个单元素事务都是安全的，那么一个新的交易总是可以开启一个新的片段。但是，只有在结果是安全的情况下，它才能粘接在一个片段上，这意味着这个片段自身也是安全的。

下一步是简化。在这样做之前，我们应该首先检查贪心算法是否可行。例如，考虑事务 $[4, 4, 3, -3, 5]$。取 $C = 10$，有两个长度最短的安全分区 $[[4], [4, 3, -3, 5]]$ 和 $[[4, 4], [3, -3, 5]]$。前者可以通过粘合 5 扩展到长度为 2 的安全分区 $[[5, 4], [4, 3, -3, 5]]$，而后者不能，因为 $[5, 4, 4]$ 不是安全段落。因此，我们不能成功维护任意最短的安全划分。但这就留下了一个使用修改过的 $cost$ 函数的贪心算法的可能性。

$$cost\ p = (length\ p, length(head\ p))$$

换句话说，我们可以维护一个最短的划分，它的第一个片段也尽可能短。这样的定义是完全可以接受的，因为最小化 $cost$ 也可以最小化 $length$。回顾贪心算法的标准计算，我们可以推出：

$$MinWith\ cost \cdot concatMap(safeExtendl\ x)$$
$$= \quad \{分配\ MinWith\ cost\}$$
$$MinWith\ cost \cdot map(MinWith\ cost \cdot safeExtendl\ x)$$
$$\to \quad \{有\ add\ x \leftarrow MinWith\ cost \cdot safeExtendl\ x\}$$
$$MinWith\ cost \cdot map(add\ x)$$
$$\to \quad \{贪心条件(见下文)\}$$
$$add\ x \cdot MinWith\ cost$$

add 的定义可以简化为

$$add\ x[\,] \qquad = [[x]]$$
$$add\ x(s:p) = \textbf{if}\ safe(x:s)\textbf{then}(x:s):p\ \textbf{else}[x]:s:p$$

换句话说，一个代价更小的划分是通过粘合而不是开始一个新片段来产生。如果，上下文相

关的贪心条件成立：

$$cost\ p_1 \leqslant cost\ p_2 \Rightarrow cost(add\ x\ p_1) \leqslant cost(add\ x\ p_2)$$

对于同一列表的任何两个划分 p_1 和 p_2，它们的所有片段都是安全的。

要查看贪心条件是否成立，要考虑 $q_1 = add\ x\ p_1$ 和 $q_2 = add\ x\ p_2$ 的 4 个可能值，即

$$q_1 = cons\ x\ p_1 \qquad q_2 = cons\ x\ p_2 \tag{12.1}$$
$$q_1 = cons\ x\ p_1 \qquad q_2 = glue\ x\ p_2 \tag{12.2}$$
$$q_1 = glue\ x\ p_1 \qquad q_2 = cons\ x\ p_2 \tag{12.3}$$
$$q_1 = glue\ x\ p_1 \qquad q_2 = glue\ x\ p_2 \tag{12.4}$$

首先，假设 $|p_1| < |p_2|$，为简便起见，其中 $|p|$ 缩写为 $length\ p$。除 (12.2) 外，$|q_1| < |q_2|$。但是在这种情况下，我们有 $|q_1| \leqslant |q_2|$ 和 $|head\ q_1| < |head\ q_2|$，因此，对于 q_1 和 q_2 的所有值，有 $cost\ q_1 \leqslant cost\ q_2$。

其次，假设 $|p_1| = |p_2|$ 和 $|s_1| \leqslant |s_2|$，其中 $s_1 = head\ p_1$，$s_2 = head\ p_2$。假设 p_1 和 p_2 是划分为同一列表的安全片段，那么，s_1 是 s_2 的前缀。这里不会出现情况 (12.2)。在其余三种情况下，很容易得出 $cost\ q_1 \leqslant cost\ q_2$。因此，贪心条件确实成立了。

这意味着下面的贪心算法解决了银行账户问题：

$$msp :: [Int] \rightarrow Partition\ Int$$
$$msp = foldr\ add\ [\ ]$$
$$\textbf{where}\ add\ x\ [\ ] \quad = [[x]]$$
$$add\ x\ (s:p) = \textbf{if}\ safe(x:s)\ \textbf{then}\ (x:s):p\ \textbf{else}\ [x]:s:p$$

忽略计算 $safe$ 的代价的话，这就是一个线性时间算法。我们可以通过元组化的方法使 $safe$ 的计算花费常数时间，这里将其留作练习。

从银行账户问题中得到的教训是，在开始简化之前，最好先检查贪心算法是否适用于这个问题。但是，出于兴趣，假设我们已经采取了简化策略。那我们将有

$$msp \leftarrow MinWith\ length \cdot ThinBy(\leqslant) \cdot safeParts$$

在这里必须选择这样的 $\leqslant$ 使得

$$p_1 \leqslant p_2 \Rightarrow length\ p_1 \leqslant length\ p_2$$

$\leqslant$ 的明智选择是部分先序

$$p_1 \leqslant p_2 = length\ p_1 \leqslant length\ p_2 \wedge length(head\ p_1) \leqslant length(head\ p_2)$$

通过这种选择，可以建立融合条件

$$ThinBy(\leqslant) \cdot step\ x \rightarrow ThinBy(\leqslant) \cdot step\ x \cdot ThinBy(\leqslant)$$

这里 $step\ x = concatMap(safeExtendl\ x)$，因此

$$msp = minWith\ length \cdot foldr\ tstep\ [[\ ]]$$
$$\textbf{where}\ tstep\ x = thinBy(\leqslant) \cdot concatMap(safeExtendl\ x)$$

该算法在每一步都会简化。而且，通过归纳可以证明，根据第 8 章给出的 $ThinBy$ 的定义，每个阶段最多保留两个划分。因此，基于 $\leqslant$ 的简化算法几乎与贪心算法一样有效。

还有一个有趣的地方。贪心算法和简化算法都可能返回一个计划表，在这个计划表中，转账在必要之前发生。例如，当 $C = 100$ 时，我们得到

$$msp[50, 20, 30, -10, 40, -90, -20, 60, 70, -40, 80]$$
$$= [[50], [20, 30, -10, 40, -90], [-20, 60], [70], [-40, 80]]$$

而另一种解决方案是

$$[[50, 20, 30, -10], [40, -90], [-20, 60], [70, -40], [80]]$$

它的长度也为 5，对于 Zakia 的银行使用的跟踪软件来说，它似乎不那么可疑，因为这些软件可能会合理地认为只有在必要时才会发生转账。我们将这个问题留作练习 12.12。

12.3 段落问题

段落问题就是用最好的方式将文本分割成多行。首先，我们介绍以下类型同义词：

$$\textbf{type } Text = [Word]$$
$$\textbf{type } Word = [Char]$$
$$\textbf{type } Para = [Line]$$
$$\textbf{type } Line = [Word]$$

假设文本由非空的单词序列组成，每个单词都是非空的，且非空格的字符序列。因此，一个段落至少包含一行。

段落的主要约束是所有行必须符合指定的宽度。为简单起见，我们假设一个全局定义的值 $maxWidth$ 给出一行可以拥有的最大宽度。我们不会选用的一个合理泛化是允许不同的行具有不同的最大宽度。例如，报纸上的段落经常以不同的宽度排列，以配合不同轮廓的图片。相反，我们指定

$$para :: Text \rightarrow Para$$
$$para \leftarrow MinWith\ cost \cdot filter(all\ fits) \cdot parts$$

函数 $fits$ 决定一行是否符合所需的宽度：

$$fits :: Line \rightarrow Bool$$
$$fits\ line = width\ line \leqslant maxWidth$$
$$width :: Line \rightarrow Nat$$
$$width = foldrn\ add\ length\ \textbf{where}\ add\ w\ n = length\ w + 1 + n$$

$foldrn$ 函数是一种常用的对非空列表的折叠方式，在第 8 章中有定义。由单个单词组成的一行的宽度是单词的长度，而由至少两个单词组成的一行的宽度是单词的长度加上单词间的空格数之和。当每个字符（包括空格字符）都有相同的宽度时，这个定义是合适的，但它也可以适用于字符有不同宽度的字体。假设没有单个单词超过最大的行宽，那么 $para$ 对于每一个输入都是良定义的。

现在，还需要定义 $cost$，并根据 $foldr$ 或者 $foldl$ 来定义 $parts$。由于 $fits$ 的谓词是前缀封闭的

和后缀封闭的，所以这似乎是一个自由的选择。然而，如果我们使用 *foldr*，那么我们就会得到一个就像 Zakia 的银行账户问题一样的解决方案，允许第一行较短，以确保后续行更长。这样一个段落的出现可能会显得很奇怪，因此我们会使用 *foldl*。

这意味着我们可以将数据筛选与生成划分结合，从而得到

$$para \leftarrow MinWith\ cost \cdot fitParts$$

其中

$$fitParts = foldl(flip(concatMap \cdot fitExtend))[[\ ]]$$
$$\textbf{where}\ fitExtend\ x = filter(fits \cdot last) \cdot extendr\ x$$

每一步只生成那些行符合最大宽度的分区。

最后，我们应该如何定义一个段落的代价？这个问题至少有 5 个合理的答案。首先，我们可以定义

$$cost_1 = length$$

在这里，最好的段落是行数最少的一段。我们也可以定义

$$cost_2 = sum \cdot map\ waste \cdot init$$
$$\textbf{where}\ waste\ line = maxWidth - width\ line$$

在这里，一个段落的代价是每行的总和，除最后一行之外（在这里，空间的浪费并不影响整体表现），其他行都有代价。

第三种定义是对浪费的空间的平方求和：

$$cost_3 = sum \cdot map\ waste \cdot init$$
$$\textbf{where}\ waste\ line = (optWidth - width\ line)^2$$

该定义依赖于另一个全局定义的常量 *optWidth*，它的值最大为 *maxWidth*，并指定了段落中每一行的最佳宽度。在这个版本中，与 TEX 中使用的类似，与 $cost_2$ 相比，只偏离最佳宽度一点点的行受到的惩罚要轻一些。最后，代价的另外两个定义是

$$cost_4 = foldr\ max\ 0 \cdot map\ waste \cdot init$$
$$\textbf{where}\ waste\ line = maxWidth - width\ line$$
$$cost_5 = foldr\ max\ 0 \cdot map\ waste \cdot init$$
$$\textbf{where}\ waste\ line = (optWidth - width\ line)^2$$

这里，最大代价被最小化了。需要使用 *foldr max 0* 而不是 *maximum* 来确保由单行组成的段落的代价为 0。代价的最后 4 个定义假设一个段落是一个非空的行序列（空列表上没有定义 *init*），但是我们也可以将空段落的代价设置为 0。

对于段落问题，显然也可以采用一个贪心算法：

$$greedy = foldl\ add[\ ]$$
$$\textbf{where}\ add[\ ]w = snoc\ w[\ ]$$
$$add\ p\ w = head(filter(fits \cdot last)[bind\ w\ p,\ snoc\ w\ p])$$

该算法的原理是将每个单词添加到当前段落最后一行的末尾，直到没有更多的单词可以匹配

为止，在这种情况下，将开始一个新的行。我们将在练习中讨论一个更高效的版本。这个算法基本上是微软文字处理软件和许多其他文字处理软件所使用的算法。

那么，贪心算法适用于哪种代价定义呢？答案是代价必须满足两个性质。首先，如果 $fits$ 为真，在一行末尾添加一个新单词永远不会比添加一个新行更糟：

$$fits(last(bind\ w\ p)) \Rightarrow cost(bind\ w\ p) \leq cost(snoc\ w\ p)$$

第二，我们现在应该已经很熟悉了，应该满足以下贪心条件：

$$cost\ p_1 \leq cost\ p_2 \Rightarrow cost(add\ p_1\ w) \leq cost(add\ p_2\ w)$$

当一个段落的代价仅仅是行数时，贪心条件就不成立了（请参阅练习），但是如果我们通过重新定义 $cost1$ 来加强这个度量，贪心条件就成立了。比如，我们可以这样重新定义：

$$cost_1\ p = (length\ p,\ width(last\ p))$$

也就是说，最好的段落应该尽量减少行数，并且在这些段落中，最后一行要最短。这个证明类似于银行账户问题中的证明。如上文所述，设 $q_1 = add\ p_1\ w$ 和 $q_2 = add\ p_2\ w$，有 4 种可能的情况：

$$q_1 = bind\ w\ p_1 \qquad q_2 = bind\ w\ p_2 \tag{12.5}$$

$$q_1 = bind\ w\ p_1 \qquad q_2 = snoc\ w\ p_2 \tag{12.6}$$

$$q_1 = snoc\ w\ p_1 \qquad q_2 = bind\ w\ p_2 \tag{12.7}$$

$$q_1 = snoc\ w\ p_1 \qquad q_2 = snoc\ w\ p_2 \tag{12.8}$$

假如 $cost_1 p_1 \leq cost_1 p_2$，如果 $|p_1| \leq |p_2|$，其中 $|p|$ 为 $length\ p$ 的缩写，则除（12.7）的情况外，均有 $|q_1| < |q_2|$。但是在（12.7）中我们有

$$|q_1| \leq |q_2| \wedge width(last\ q_1) < width(last\ q_2)$$

这意味着 $cost_1 q_1 < cost_1 q_2$，其次，假设

$$|p_1| = |p_2| \wedge width(last\ p_1) \leq width(last\ p_2)$$

在这里，（12.7）不会出现。在（12.5）和（12.8）中，我们有

$$|q_1| = |q_2| \wedge width(last\ q_1) = width(last\ q_2)$$

在（12.6）中，我们有 $|q_1| < |q_2|$，所以在任何情况下 $cost_1 q_1 \leq cost_1 q_2$，因此，贪心算法将最大减少段落中的行数。

贪心算法也适用于 $cost_2$，代价函数将除最后一行外的每一行浪费的总和相加。我们声明

$$cost_1\ p_1 \leq cost_1\ p_2 \Rightarrow cost_2\ p_1 \leq cost_2\ p_2$$

为了证明，假设 p_1 由一行 $[l_{1,1},\ l_{1,2},\ \cdots,\ l_{1,k}]$ 组成，用 $w_{1,j}$ 作为 $l_{1,j}$ 的宽度，则 $maxWidth$ 缩写为 M，我们有

$$cost_2\ p_1 = (M - w_{1,1}) + (M - w_{1,2}) + \cdots + (M - w_{1,k-1})$$
$$= (k-1)M - (T - (w_{1,k} + k - 1))$$

其中 T 是文本的总宽度。因此 $(T - (w_{1,k} + k - 1))$ 是除最后一行外所有行的宽度之和，因为 $k-1$ 个词间空格被新行替换。同样，如果 p_2 由行 $[l_{2,1},\ l_{2,2},\ \cdots,\ l_{2,m}]$ 组成。那么

$$cost_2\, p_2 = (m-1)M - (T-(w_{2,m}+m-1))$$

假设 $cost_1 p_1 \leqslant cost_1 p_2$，那么 $(k,\ w_{1,k}) \leqslant (m,\ w_{2,m})$。如果 $k<m$，那么

$$cost_2\, p_2 \geqslant cost_2\, p_1 + M + w_{2,m} - w_{1,k} > cost_2\, p_1$$

由于 $w_{1,k}<M$，从另一方面来说，如果 $k=m$ 且 $w_{1,k} \leqslant w_{2,m}$，那么

$$cost_2\, p_2 = cost_2\, p_1 + w_{2,m} - w_{1,k} \geqslant cost_2\, p_1$$

两种情况我们都有 $cost_2 p_1 \leqslant cost_2 p_2$

　　然而，贪心算法并不适用于上述代价的其他定义。以 $maxWidth=10$ 和 $optWidth=8$ 为例，考虑这两个划分

$$p_1 = [[w_6,\ w_1],\ [w_5,\ w_3],\ [w_4],\ [w_7]]$$
$$p_2 = [[w_6],\ [w_1,\ w_5],\ [w_3,\ w_4],\ [w_7]]$$

其中每个单词 w_1 的长度为 $w_i=i$，划分 p_1 是由贪心算法得出的。我们有

$$cost_3\, p_1 = sum[(8-8)^2,\ (8-9)^2,\ (8-4)^2] = 17$$
$$cost_3\, p_2 = sum[(8-6)^2,\ (8-7)^2,\ (8-8)^2] = 5$$
$$cost_4\, p_1 = maximum[10-8,\ 10-9,\ 10-4] = 6$$
$$cost_4\, p_2 = maximum[10-6,\ 10-7,\ 10-8] = 4$$
$$cost_5\, p_1 = maximum[8-8,\ 8-9,\ 8-4] = 4$$
$$cost_5\, p_2 = maximum[8-6,\ 8-7,\ 8-8] = 2$$

在所有这些对代价的度量中，p_2 是一个比 p_1 更好的划分，所以贪心算法不会产生最佳的解决方案。这意味着我们需要一个简化算法来处理这些特定的代价函数。

　　一般情况下，我们将描述一个对于可接受的代价函数的稀疏算法，如果

$$cost\ p_1 \leqslant cost\ p_2 \wedge width(last\ p_1) = width(last\ p_2)$$

那么

$$cost(bind\ w\ p_1) \leqslant cost(bind\ w\ p_2) \wedge cost(snoc\ w\ p_1) \leqslant cost(snoc\ w\ p_2)$$

由于易于检验，上述代价函数都是容许的代价函数。

　　假设 p_1 和 p_2 满足这两个条件：

$$q_2 = init\ p_2 \mathbin{+\!\!+} [last\ p_2 \mathbin{+\!\!+} [l_0]] \mathbin{+\!\!+} [l_1] \mathbin{+\!\!+} \cdots \mathbin{+\!\!+} [l_k]$$
$$q_1 = init\ p_1 \mathbin{+\!\!+} [last\ p_1 \mathbin{+\!\!+} [l_0]] \mathbin{+\!\!+} [l_1] \mathbin{+\!\!+} \cdots \mathbin{+\!\!+} [l_k]$$

那么，对于到整个段落的任何实现，都有类似的实现。此外，$cost q_1 \leqslant cost q_2$。因此，部分段落 p_2 永远不会产生比 p_1 更好的解，可以从计算中去除。要注意，这个结论取决于 p_1 和 p_2 的最后一行有相同的宽度：如果 p_1 的最后一行的宽度小于 p_2，然后每个 p_2 有效实现的仍然是 p_1 的有效实现，但后者的代价不小于前者的代价。

　　总之，所有这些都意味着用 $\leqslant$ 简化是可以的

$$p_1 \leqslant p_2 = cost\ p_1 \leqslant cost\ p_2 \wedge width(last\ p_1) == width(last\ p_2)$$

然而，我们可以通过按最后一行宽度的递增顺序保持划分列表 ps 来自定义简化步骤，而不是

使用 *thinWith*（≤）。那么 *map*（*bindw*）*ps* 中的划分也是按这种顺序。此外，*map*（*snocw*）*ps* 中的划分都有相同的最后一行，即尽可能最短的一行。简化这个列表意味着只保留单个划分

$$minWith\ cost(map(snoc\ w)ps)$$

当开始新的一行时，简化可以通过以下定义来实现：

$$para = minWith\ cost \cdot foldl\ tstep[[\ ]]$$
$$\textbf{where}\ tstep[[\ ]]w\ = [[[w]]]$$
$$tstep\ ps\ w\ \ = minWith\ cost(map(snoc\ w)ps):$$
$$filter(fits \cdot last)(map(bind\ w)ps)$$

容易得出，在每个步骤中最多保留 $M = maxWidth$ 划分，因为最后一行的宽度不能超过 M。关于如何记录 *cost* 和 *width*，以及如何高效地实现 *snoc* 和 *bind*，以保证 *tstep* 有 $O(M)$ 的时间复杂度，我们把它留作练习。那么，n 个单词的段落问题则需要 $O(Mn)$ 步。对于某些代价的特定定义，可以用更复杂的算法来消除这个边界对 M 的依赖，但在这里我们就不做详细讨论了。

章节注释

管理两个银行账户的问题是 Hans Zantema 提出的安全货车问题的改进版本，这个在文献 [2] 的 7.5 节中进行了讨论。关于段落问题的文章很多，包括文献 [1] 和文献 [3] 两篇。在文献 [3] 中，一些对于 *cost* 的定义向我们展示了如何在运行时间内消除对最大行宽的依赖。有关 T_EX 中使用的换行算法的详细讨论，请参见文献 [4]。

参考文献

[1] Richard S. Bird. Transformational programming and the paragraph problem. *Science of Computer Programming*，6（2）：159−189，1986.

[2] Richard S. Bird and Oege de Moor. *The Algebra of Programming*. Prentice-Hall，Hemel Hempstead，1997.

[3] Oege de Moor and Jeremy Gibbons. Bridging the algorithm gap：A linear-time functional program for paragraph formatting. *Science of Computer Programming*，35（1）：3−27，1999.

[4] Donald E. Knuth and Michael F. Plass. Breaking paragraphs into lines. *Software：Practice and Experience*，11（11）：1119−1184，1981.

练习

练习 12.1　一个长度为 $n>0$ 的列表有多少个划分？

练习 12.2　为什么条件 *parts*[ ]＝[[ ]] 在 *parts* 的第一个定义中是必要的？

练习 12.3 根据 *foldr* 给出另一个 *parts* 的定义，即在每个步骤在 *glue* 操作之前执行所有的 *cons* 操作。

练习 12.4 假如 *ok* 是后缀关闭的，给出详细的证明（提示：按照列表推导来表示融合条件可能是最好的）。

$$filter(all\ ok) \cdot parts = foldr(concatMap \cdot okextendl)[[\ ]]$$

练习 12.5 下列非空正数序列的谓词中，哪些是前缀封闭的，哪些是后缀封闭的？

$$leftmin\ xs\ = all(head\ xs \leqslant)xs$$
$$rightmax\ xs = all(\leqslant last\ xs)xs$$
$$ordered\ xs\ = and(zipWith(\leqslant)xs(tail\ xs))$$
$$nomatch\ xs = and(zipWith(\neq)xs[0..])$$

这些谓词都适用于单例列表吗？

练习 12.6 如果 $n \leqslant 0 \leqslant m$，证明

$$(\exists r : 0 \leqslant r + n \leqslant C \wedge 0 \leqslant r + m \leqslant C) \Leftrightarrow m \leqslant C + n$$

练习 12.7 请证明银行账户问题中的谓词 *safe* 既是前缀封闭的，也是后缀封闭的。

练习 12.8 假设 $C = 10$。当 *msp* 是银行账户问题的贪心算法，且 *msp* 由原始条件定义时，$msp[2, 4, 50, 3]$ 的值是多少？

练习 12.9 在银行账户问题中 *add* 函数的时间代价不是一个常数，对于其的安全测试表面时间复杂度为线性的。但是我们可以用一个三元组来表示 p 的划分：

$$(p, minimum(sums(head\ p)), maximum(sums(head\ p)))$$

其中 $sums = scanl(+)0$。请写出一个 *msp* 的新定义，保证其时间复杂度是线性的。

练习 12.10 函数 *msp* 返回一个划分，而不是为了使账户平衡进行的转账。写出如何通过计算每个片段的非负数对 (n, r) 来定义

$$transfers :: Partition\ Int \rightarrow [Int]$$

其中，n 是活期账户中必须有的最小值，以确保该片段是安全的。r 是该片段中交易后的剩余。

练习 12.11 考虑银行账户问题的简化算法。假设在计算的某个点上有两种形式的划分 $[y]:ys:p$ 和 $(y:ys):p$。这可能早在第 2 步就会发生，即生成分区。说明添加新元素 x 并简化结果将产生一个单分区，或上述形式的两个分区。

练习 12.12 Zakia 如何解决银行账户问题的既定解决方案的可疑特征，即在绝对必要之前进行转账？

练习 12.13 指定归并排序中使用的 *runs* 函数

$$runs :: Ord\ a \Rightarrow [a] \rightarrow Partition\ a$$
$$runs \leftarrow MinWith\ length \cdot filter(all\ ordered) \cdot parts$$

不要回头看归并排序一节，写出贪心算法，并说明为什么贪心算法有效。

练习 12.14 说明当一个段落的 *cost* 仅仅只是行数时，贪心条件失败。

练习 12.15 分段问题的贪心算法可以通过两步来实现，以提高求解效率。这个练习展示第一

步，下面的练习展示第二步。考虑以下指定的 *help* 函数：

$$p \mathbin{+\!\!+} help\ l\ ws = foldl\ add(p \mathbin{+\!\!+} [l])\ ws$$

请证明

$$greedy(w:ws) = help[w]\ ws$$
$$\textbf{where}\ help\ l[\,] \qquad = [l]$$
$$help\ l(w:ws) = \textbf{if}\ width\ l' \leq maxWidth$$
$$\textbf{then}\ help\ l'ws\ \textbf{else}\ l:help[w]ws$$
$$\textbf{where}\ l' = l \mathbin{+\!\!+} [w]$$

练习 12.16 对于第二步，请在累积函数参数的帮助下，记录其宽度并消除连接。

练习 12.17 在段落问题的简化版本中，我们可以用 *takeWhile* 代替 *filter* 吗？

练习 12.18 证明文中所描述的段落问题的代价函数都是可行的。

练习 12.19 对于一些可行的代价函数，简化算法可以选择代价最小但长度不太短的段落。如何才能解决这一缺陷？

练习 12.20 改进

$$snoc\ w \cdot MinWith\ cost \leftarrow MinWith\ cost \cdot map(snoc\ w)$$

从条件出发

$$cost\ p_1 \leq cost\ p_2 \Rightarrow cost(snoc\ w\ p_1) \leq cost(snoc\ w\ p_2)$$

这个条件对 $cost_3$ 也适用吗？

练习 12.21 假设我们对段落问题采用了从右到左的简化算法，使用了基于 *foldr* 的 *parts* 定义。如果

$$cost(glue\ w\ p_1) \leq cost(glue\ w\ p_2) \wedge cost(cons\ w\ p_1) \leq cost(cons\ w\ p_2)$$

那么代价函数是可行的，试证明

$$cost\ p_1 \leq cost\ p_2 \wedge width(head\ p_1) = width(head\ p_2)$$

可以检验，在这种意义上，文中提出的 5 个代价函数都是可行的。写下相关的简化算法。举例说明两种不同的简化算法对 $cost_3$ 产生的结果是不同的。

练习 12.22 最后的练习是使段落问题的简化算法效率更高。设 $rmr = reverse \cdot map\,reverse$，我们可以用一个三元组来表示一个段落 p：

$$(rmr\ p,\ cost\ p,\ width(last\ p))$$

最后两个组件决定了 *cost* 和 *width*，而第一个组件意味着 *snoc* 和 *bind* 可以根据 *cons* 和 *glue* 实现。更准确地说，我们有

$$snoc\ w \cdot rmr = rmr \cdot cons\ w$$
$$bind\ w \cdot rmr = rmr \cdot glue\ w$$

写下最终的算法，假设代价函数为 $cost_3$。

动态规划

　　动态规划这个词是由 Richard Bellman 在 1950 年提出的，用来描述他对多阶段决策过程的研究。选择单词"programming"作为"规划"（planning）的同义词，意思是需要做出决策序列的过程，而"动态"表明系统随着时间的推移而演变。如今，动态规划作为一种算法设计技术，还意味着一些更加具体的东西。它涉及一个两阶段过程，其中一个问题，通常但不一定是一个优化问题，用递归的术语表述，然后找到一些有效的计算方法。与分治问题不同，递归解产生的子问题可以重叠，所以递归算法的执行将涉及多次解决相同的子问题，可能需要指数级的时间。

　　理解重叠问题的一种方法是查看与递归函数相关联的依赖关系图。这是一个有向图，其顶点表示函数调用，其有向边表示每个调用对递归调用的依赖性。分治算法的依赖图是某种没有共享顶点的树，而动态规划算法的图是一个有向无环图，可能有许多共享顶点。如果该顶点有多条输入边，则共享一个顶点。

　　用动态规划解决优化问题的第一项工作是简单地得到一个递归解。与简化算法一样，关键的步骤是利用一个适当的单调性条件。这个条件使问题的最优解能够用最优子解来表示。当递归的解是可以归纳的，简化算法就是合适的；当不是这样时，动态规划技术就会发挥作用。

　　在获得了解的递归描述之后，一般有两种方法来确保子解不会被计算多次。其中一种方法叫作存储法，即保留了计算的自上而下的递归结构，并将子解存储在表中以供后续检索。因此，在每次递归调用时，首先检查之前是否进行过调用，如果有被调用，则从表中检索解；否则，就递归计算解，并存储结果。

　　第二种方法，也就是我们将关注的方法，称为制表法。在这里，计算被转化成一个自底向上的方案，在其中，通过仔细的规划，首先计算最简单部分的结果，然后以适当的顺序计算较大的子问题的解，直到得到完整的解为止。对于某些问题，创建一个表可以看作在从依赖图推导出的合适的分层网络中寻找最短路径的问题。我们在第 10 章中考虑了分层网络问题，我们也将在后面章节中再次讨论它。

　　自上而下和自底向上的方法各有其优缺点。存储法原则上很容易使用，但需要一种能系统化地编码递归函数的参数，以便它们可以用作表中的索引，通常是作为某种数组。这些参数也必须一致。自上而下的方法确保只计算完整计算过程中实际需要的值。虽然制表法需要对解的结构进行更大规模的更改，但是如果制表方案选得好，每个解都可以轻松地从相关子问题的解中确定。另外，一些简单的制表方案可能涉及计算完整解实际上不需要的子问题的解。

　　接下来两章的目的是探讨一些适用于动态规划技术的问题，并检查可能出现的各种制表方案。在命令式编程中，大多数表格式都涉及各种数组，但在函数式编程中，其他表示方式被证明是更好的。

高效递归

在这一章，我们会介绍动态规划的基本思想，通过研究一些简单问题的递归公式，检查与每个递归相关的依赖图，并找到一个合适的制表方案来有效地实现递归。适用于动态规划的大多数问题都是优化问题，但前两个问题（斐波那契函数和计算二项式系数的问题）例外。我们还将给出第 10 章的背包问题和第 11 章的最长公共子序列问题的动态规划解决方案。另外还将介绍最小代价编辑问题和穿梭巴士问题。所有这些例子都说明了不同制表方案的可能性范围。

13.1 两个数字的例子

斐波那契函数可能是最简单的递归示例，其中，相同的运算被重复了很多次：

$$fib :: Nat \rightarrow Integer$$

$$fib\ n = \textbf{if}\ n \leqslant 1\ \textbf{then}\ fromIntegral\ n\ \textbf{else}\ fib(n-1) + fib(n-2)$$

由于 *fib* 的值增长非常快，因此我们使用 *Integer* 算法表示结果。对参数 $n>1$ 的 *fib* 的直接求值涉及 *fib k* 对参数 $n-k$ 的 *fib* 的求值，其中 $1 \leqslant k < n$，因此直接求值需要指数级步数（参阅练习 13.1）。

图 13.1 显示了计算 $n=7$ 的 *fib* 依赖关系图。这是一个有向无环图，有单个根，标签为 7，还有从一个节点连接到与该节点相关联的两个递归调用的有向边。

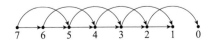

图 13.1 *fib* 7 的依赖关系图

提高计算效率的一种方法是使用一维数组：

$$fib :: Nat \rightarrow Integer$$

$$fib\ n = a\,!\,n$$

$$\mathbf{where}\ a\ = tabulate\ f(0,\ n)$$

$$f\ i = \mathbf{if}\ i \leqslant 1\ \mathbf{then}\ fromIntegral\ i\ \mathbf{else}\ a\,!\,(i-1) + a\,!\,(i-2)$$

函数 $tabulate$ 定义为

$$tabulate :: Ix\ i \Rightarrow (i \rightarrow e) \rightarrow (i,\ i) \rightarrow Array\ i\ e$$

$$tabulate\ f\ bounds = array\ bounds\,[\,(x,\ f\ x)\mid x \leftarrow range\ bounds\,]$$

fib 定义中的声明 $a = tabulate\ f\ (0,\ n)$ 构建了一个数组 a，其第 $i(i > 1)$ 个条目是未求值的表达式 $a\,!\,(i-1) + a\,!\,(i-2)$。因此 $tabulate$ 需要线性时间。数组元素只有在需要时进行计算，并且最多计算一次。所以以上关于 fib 的定义需要线性时间。用数组制表时，我们将再次使用 $tabulate$。

然而，使用数组来制表 fib 是冗余的，因为在计算的每个步骤中只需要前两个 fib 值。因此，该表只需包含两个条目。根据这一观察可以得出以下简单定义：

$$fib :: Nat \rightarrow Integer$$

$$fib\ n = fst(\,apply\ n\ step(0,\ 1)\,)$$

$$\mathbf{where}\ step(a,\ b) = (b,\ a+b)$$

表由一对值组成。这很容易通过归纳来显示出来：

$$apply\ n\ step(0,\ 1) = (fib\ n,\ fib(n+1))$$

所以上面的程序是正确的，这种解决方案也需要线性时间。事实上，甚至还有一个计算 fib 的对数时间算法，参见练习 13.3。

第二个例子涉及计算二项式系数。当然，标准的定义是

$$\binom{n}{r} = \frac{n!}{r!\,(n-r)!}$$

并且可以很容易地实现为

$$binom :: (Nat,\ Nat) \rightarrow Integer$$

$$binom(n,\ r) = fact\ n\ div(fact\ r \times fact(n-r))$$

$$\mathbf{where}\ fact\ n = product\,[\,1..fromIntegral\ n\,]$$

我们还可以递归地定义二项式系数。如果 $0 < r < n$，那么

$$\binom{n}{r} = \binom{n-1}{r} + \binom{n-1}{r-1}$$

同时，

$$\binom{n}{0} = \binom{n}{n} = 1$$

这推导出了以下 $binom$ 的递归定义：

$$binom :: (Nat, \ Nat) \rightarrow Integer$$

$$binom(n, \ r) = \textbf{if} \ r == 0 \ \vee \ r == n \ \textbf{then} \ 1$$

$$\textbf{else} \ binom(n - 1, \ r) + binom(n - 1, \ r - 1)$$

像斐波那契函数一样，如果直接执行，$binom$ 的这个定义的时间复杂度为指数级。

参数 $(6, 3)$ 上的 $binom$ 依赖关系图如图 13.2 所示。它采用二维网格的形式，因此一个基于二维数组的简单制表方案可以是

$$binom :: (Nat, \ Nat) \rightarrow Integer$$

$$binom(n, \ r) = a\,!\,(n, \ r)$$

$$\textbf{where} \ a = tabulate \ f((0, \ 0), \ (n, \ r))$$

$$f(i, \ j) = \textbf{if} \ j == 0 \ \vee \ i == j \ \textbf{then} \ 1 \ \textbf{else} \ a\,!\,(i - 1, \ j) + a\,!\,(i - 1, \ j - 1)$$

上面定义了函数 $tabulate$。然而，一半的条目，即 $(i, \ j)$（其中 $i < j$）的条目由未定义的值 $\perp$ 组成，因此数组程序浪费了空间。

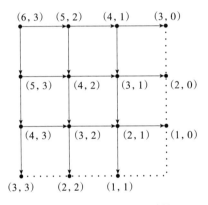

图 13.2　$binom(6, \ 3)$ 的计算图

一种更好的解决方案可以基于单个列表。请注意，图 13.2 中网格的 $binom$ 值是由

20	10	4	1
10	6	3	1
4	3	2	1
1	1	1	1

得出的，并且每一行都由下面行中元素从右到左的运行和组成。这意味着我们可以定义

$$binom(n, \ r) = head(apply(n - r)(scanr1(+))(replicate(r + 1)1))$$

函数 $scanr1$ 是 $scanr$ 的变体，仅为非空列表定义，是另一个标准 Prelude 函数，其值由下式说明：

$$scanr1(\oplus)[x_1, \ x_2, \ x_3] = [x_1 \oplus (x_2 \oplus x_3), \ x_2 \oplus x_3, \ x_3]$$

该方法用 $r(n - r)$ 次加法来计算 $\binom{n}{r}$，但没有乘法。

13.2　再论背包问题

对于我们的下一个动态规划示例，让我们回顾一下 10.4 节中的背包问题。回顾下列声明：

$$
\begin{aligned}
&\textbf{type } Name && = String \\
&\textbf{type } Value && = Nat \\
&\textbf{type } Weight && = Nat \\
&\textbf{type } Item && = (Name,\ Value,\ Weight) \\
&\textbf{type } Selection && = ([Name],\ Value,\ Weight) \\
&name(n,\ \_,\ \_) && = n \\
&value(\_,\ v,\ \_) && = v \\
&weight(\_,\ \_,\ w) && = w
\end{aligned}
$$

在 10.4 节中，我们指定 $swag$ 为

$$
swag :: Weight \rightarrow [Item] \rightarrow Selection
$$
$$
swag\ w \leftarrow MaxWith\ value \cdot choices\ w
$$

其中 $choices$ 由 $foldr$ 定义。这一次我们递归地定义了 $choices$：

$$
\begin{aligned}
&choices :: Weight \rightarrow [Item] \rightarrow [Selection] \\
&choices\ w[\ ] \quad = [([\ ],\ 0,\ 0)] \\
&choices\ w(i:is) = \textbf{if } w < wi \textbf{ then } choices\ w\ is \\
&\qquad\qquad\qquad \textbf{else } choices\ w\ is \mathbin{+\!\!+} map(add\ i)(choices(w - wi)is) \\
&\qquad\qquad\qquad \textbf{where } wi = weight\ i \\
&add :: Item \rightarrow Selection \rightarrow Selection \\
&add\ i(ns,\ v,\ w) = (name\ i:ns,\ value\ i + v,\ weight\ i + w)
\end{aligned}
$$

依次考虑每个项目，如果重量允许，要么添加到选择中，要么不添加。

很容易证明存在单调性条件：

$$
value\ sn_1 \leqslant value\ sn_2 \Rightarrow value(add\ i\ sn_1) \leqslant value(add\ i\ sn_2)
$$

这意味着

$$
add\ i \cdot MaxWith\ value \leftarrow MaxWith\ value \cdot map(add\ i)
$$

利用这一事实和 $MaxWith$ 的分配律，一个简单的计算给出了以下递归版本的 $swag$：

$$
\begin{aligned}
&swag :: Weight \rightarrow [Item] \rightarrow Selection \\
&swag\ w[\ ] \quad = ([\ ],\ 0,\ 0) \\
&swag\ w(i:is) = \textbf{if } w < wi \textbf{ then } swag\ w\ is \\
&\qquad\qquad\qquad \textbf{else } better(swag\ w\ is)(add\ i(swag(w - wi)is)) \\
&\qquad\qquad\qquad \textbf{where } wi = weight\ i \\
&better :: Selection \rightarrow Selection \rightarrow Selection \\
&better\ sn_1\ sn_2 = \textbf{if } value\ sn_1 \geqslant value\ sn_2 \textbf{ then } sn_1 \textbf{ else } sn_2
\end{aligned}
$$

换句话说，如果没有项目可供选择，那么结果就是具有零权重和零值的空选项。如果背包的重量允许的话，最好选择打包下一件物品，而不是打包该物品。在这两种情况下，剩余的选择对于剩余的项目和剩余的容量来说都可能是最佳的选择。

假设背包的承载能力为 5，有 4 个项目可供选择，重量为 3、2、2、1。此实例的依赖关系图如图 13.3 所示。(w, r) 表示当背包容量为 w 且剩余 r 个项目留给选择时计算 $swag$ 的问题。在这种情况下，只有两个共享值，分别为 (3,1) 和 (0,1)，但通常会有更多。一个简单的制表方案是使用二维数组。更节省空间的选择是重用一维数组，从右到左逐列构建解决方案，每列由单个数组中的条目表示。然而，第三种方法是将问题重新描述为计算分层网络中的一条最大值路径。每一层都是依赖图中的一列，边从一层延伸到另一层。我们在第 10 章考虑了分层网络问题，只是我们在那里寻找的是路径的最小代价而不是最大代价。如果背包容量为 w 且有 n 项，那么寻找最优路径需要 $O(nw)$ 步，因此动态规划算法的渐近复杂度与第 10 章简化算法相同。然而，将背包问题转换为分层网络问题的计算代价是相当大的。

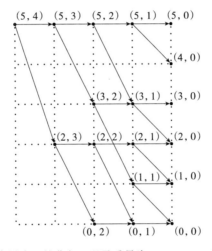

图 13.3　容量为 5 的背包，以及重量为 3、2、2、1 的 4 个项目

相反，我们将从右到左逐列构建解决方案，但使用列表而不是数组。例如，下面水平重绘图 13.3 的一部分，以显示每一列（现在是一行）对其下一列的依赖性。这一行还显示了 (4,2) 和 (1,2) 的依赖关系，在递归解决方案中并不需要这些值：

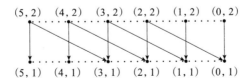

一行中的每个新条目取决于同一行中的前一条目，可能还依赖于更靠右的一个条目。所有这些附加条目都以相同的数值移动，即正在考虑的当前项目的权重。因此，我们可以定义

$$swag :: Weight \rightarrow [\,Item\,] \rightarrow Selection$$
$$swag \; w = head \cdot foldr \; step \; start$$
$$\textbf{where} \; start \qquad = replicate(w + 1)([\,], 0, 0)$$
$$step \; i \; row = zipWith \; better \; row(map(add \; i)(drop \; wi \; row))$$
$$+\!\!+ \; drop(w + 1 - wi) row$$
$$\textbf{where} \; wi = weight \; i$$

这个解决方案的速度与 10.4 节的简化算法相当，比基于一维数组的算法稍快，但它确实依赖于所有权重都是整数的假设，而简化算法不需要这一假设。

13.3　最小代价编辑序列

我们的下一个动态规划示例涉及比较两个字符串相似性的另一种方法。正如我们在 11.2 节中看到的，其中一个度量标准是两个字符串的最长公共子序列的长度。另一种度量标准是通过一系列简单的编辑操作来计算将一个字符串转换为另一个字符串的代价。有各种可能的编辑操作，但我们只允许以下四种：

- 操作 *Replace x y* 用 *y* 替换第一个字符串 *xs* 中的当前字符 *x*，然后移动到 *xs* 的下一个字符（假设 *x* 和 *y* 是不同的字符）。
- 操作 *Copy x* 与 *Replace x x* 具有相同效果。
- 操作 *Delete x* 删除了 *xs* 中的当前字符 *x*，并移到下一个字符。
- 操作 *Insert y* 在当前字符 *xs* 之前插入一个新字符 *y*，然后移动到下一个字符。

这些编辑操作封装在数据类型中：

$$\textbf{data} \; Op = Copy \; Char \mid Replace \; Char \; Char \mid Delete \; Char \mid Insert \; Char$$

在编辑操作中显式地替换、复制或删除第一个字符串中的字符。通过这种方式，可以通过交换 *Insert* 和 *Delete* 操作以及交换 *Replace* 的参数来获得将第二个字符串转换为第一个字符串的编辑序列。还可以仅从编辑序列中恢复源字符串和目标字符串。更确切地说，我们可以定义

$$reconstruct :: [\,Op\,] \rightarrow ([\,Char\,], [\,Char\,])$$
$$reconstruct = foldr \; step([\,], [\,])$$
$$\textbf{where} \; step(Copy \; x) \qquad (us, vs) = (x:us, x:vs)$$
$$step(Replace \; x \; y)(us, vs) = (x:us, y:vs)$$
$$step(Insert \; x) \qquad (us, vs) = (us, x:vs)$$
$$step(Delete \; x) \qquad (us, vs) = (x:us, vs)$$

每个编辑操作都有一个相关的代价。我们假设替换操作的代价小于插入和删除操作的合并代价，否则就没有必要进行替换操作。此外，假设复制操作的代价为零，两个相同的字符串可以以零代价相互转换。这里有一个例子，插入或删除的代价是 2 个单位，替换的代价

是 3 个单位：

```
i * n s t i t u t i o n *
c o n s t i t u e * * n t
3 2 0 0 0 0 0 0 3 2 2 0 2
```

将字符串 "institution" 转换为 "constituent"，将 i 替换为 c，插入一个 o，复制下 6
个字符，将 t 替换为 e，删除后两个字符，复制 n，最后插入 t。这两个字符串已通过使用 *
字符来表示插入或删除。这个编辑序列的总代价是 14 个单位，当单次编辑按上面的代价计算
时，这是最小的可能代价。函数 $cost$ 产生单次编辑代价的总和：

$$cost :: [\,Op\,] \to Nat$$

$$cost = sum \cdot map\ ecost$$

$$ecost(Copy\ x) \qquad = 0$$

$$ecost(Replace\ x\ y) = 3$$

$$ecost(Delete\ x) \qquad = 2$$

$$ecost(Insert\ y) \qquad = 2$$

计算 mce（最小代价编辑）的问题现在表示为

$$mce :: [\,Char\,] \to [\,Char\,] \to [\,Op\,]$$

$$mce\ xs\ ys \leftarrow MinWith\ cost(edits\ xs\ ys)$$

函数 $edits$ 返回所有可能的编辑序列：

$$edits :: [\,Char\,] \to [\,Char\,] \to [\,[\,Op\,]\,]$$

$$edits\ xs\,[\,] \qquad\qquad = [\,map\ Delete\ xs\,]$$

$$edits\,[\,]\,ys \qquad\qquad = [\,map\ Insert\ ys\,]$$

$$edits\,(x:xs)\,(y:ys) = [\,pick\ x\ y : es \mid es \leftarrow edits\ xs\ ys\,] \mathbin{+\!\!+}$$

$$\qquad\qquad [\,Delete\ x : es \mid es \leftarrow edits\ xs\,(y:ys)\,] \mathbin{+\!\!+}$$

$$\qquad\qquad [\,Insert\ y : es \mid es \leftarrow edits\,(x:xs)\,ys\,]$$

$$pick\ x\ y = \textbf{if}\ x == y\ \textbf{then}\ Copy\ x\ \textbf{else}\ Replace\ x\ y$$

这一问题的主要单调性条件是

$$cost\ es_1 \leqslant cost\ es_2 \Rightarrow cost(op : es_1) \leqslant cost(op : es_2)$$

对于所有的编辑操作 op，其中 es_1 和 es_2 为 $edits\ xs\ ys$ 中的编辑序列。推导出递归公式

$$mce\ xs\,[\,] \qquad\qquad = map\ Delete\ xs$$

$$mce\,[\,]\,ys \qquad\qquad = map\ Insert\ ys$$

$$mce\,(x:xs)\,(y:ys) = minWith\ cost[\,pick\ x\ y : mce\ xs\ ys,$$

$$\qquad\qquad Delete\ x : mce\ xs\,(y:ys),$$

$$\qquad\qquad Insert\ y : mce\,(x:xs)\,ys\,]$$

然而，我们还可以更进一步。只要它是可用的，任何步骤的 $Copy$ 操作总是可能的最佳选择。
这个贪心条件的证明留作练习 13.10。这意味着我们可以改写 mce 的第三个子句：

$$mce(x:xs)(y:ys) = \mathbf{if}\ x == y\ \mathbf{then}\ Copy\ x : mce\ xs\ ys\ \mathbf{else}$$
$$minWith\ cost\ [\ Replace\ x\ y : mce\ xs\ ys,$$
$$Delete\ x : mce\ xs\ (y:ys),$$
$$Insert\ y : mce\ (x:xs)\ ys\ ]$$

mce "abca" "bac" 的依赖关系图如图 13.4 所示。两个字符匹配时只有一条对角边，否则有三条边。

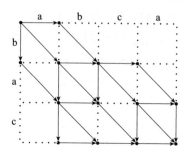

图 13.4　mce "abca" "bac" 依赖关系图

这仍需实施适当的制表方案。与背包问题一样，我们可以从右到左逐行计算条目：

$$mce\ xs\ ys = head(foldr(nextrow\ xs)(firstrow\ xs)\ ys)$$

编辑操作的第一行是 $firstrow = tails \cdot map\ Delete$。为了理解如何定义 $nextrow$，可以观察到下一个要添加到新行（比如位置 i）的编辑序列，这个编辑序列依赖于以下三个值中的一个：（ⅰ）新行位置为 $i+1$ 的编辑序列（用于删除操作）；（ⅱ）前一行位置为 i 的编辑序列（用于插入操作）；（ⅲ）前一行位置为 $i+1$ 的编辑序列（用于替换操作）。最后两个值可以在 zip 的帮助下获得，因此我们可以定义

$$nextrow :: [\,Char\,] \rightarrow Char \rightarrow [\,[\,Op\,]\,] \rightarrow [\,[\,Op\,]\,]$$
$$nextrow\ xs\ y\ row = foldr\ step\,[\,Insert\ y : last\ row\,]\ xes$$
$$\mathbf{where}\ xes = zip3\ xs\ row\,(tail\ row)$$
$$step(x,\ es_1,\ es_2)\ row = \mathbf{if}\ x == y\ \mathbf{then}\,(Copy\ x : es_2)\qquad : row\ \mathbf{else}$$
$$minWith\ cost\,[\,Replace\ x\ y : es_2,$$
$$Delete\ x : head\ row,$$
$$Insert\ y : es_1\,]\qquad : row$$

最后，为了提高效率，$cost$ 的计算应该记录下来，但我们把它留作练习。在最坏的情况下，以最小代价找到编辑序列所需的时间是 $\Theta(mn)$ 步，其中 m 和 n 分别是两个字符串的长度。

13.4　再论最长公共子序列

上述针对最小代价编辑序列问题的制表方案可以应用到最长公共子序列问题。回顾第 11 章中对 lcs 的递归定义：

$$lcs :: Eq\ a \Rightarrow [a] \rightarrow [a] \rightarrow [a]$$
$$lcs [\ ] ys = [\ ]$$
$$lcs\ xs [\ ] = [\ ]$$
$$lcs (x : xs)(y : ys) = \textbf{if}\ x == y\ \textbf{then}\ x : lcs\ xs\ ys$$
$$\textbf{else}\ longer(lcs(x : xs)ys)(lcs\ xs(y : ys))$$

lcs "abca" "bacb" 的依赖关系图如图 13.5 所示。两个字符匹配，有一条对角边，否则有两条直角边。与 mce 一样，我们可以从右到左逐行计算 lcs。这一次，第一行条目是一个空列表的列表，而每个新行的条目依赖于另外 3 个条目中的 1 个，这 3 个条目与 mce 中拥有的 3 个条目相同。因此我们可以定义

$$lcs\ xs = head \cdot foldr(nextrow\ xs)(firstrow\ xs)$$

其中

$$firstrow\ xs = replicate(length\ xs + 1)[\ ]$$
$$nextrow\ xs\ y\ row = foldr(step\ y)[[\ ]](zip3\ xs\ row(tail\ row))$$
$$step\ y(x,\ cs_1,\ cs_2)row = \textbf{if}\ x == y\ \textbf{then}(x : cs_2) : row$$
$$\textbf{else}\ longer\ cs_1(head\ row) : row$$

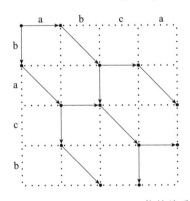

图 13.5　lcs "abca" "bacb" 依赖关系图

在最坏的情况下，找到长度为 m 和 n 的两个列表的最长公共子序列所需的时间复杂度是 $\Theta(mn)$，与简化算法相同。

13.5　穿梭巴士问题

本章的最后一个例子是另一个调度问题。考虑一辆在机场和市中心之间穿梭的巴士（公共汽车）。它只在机场接乘客，并在沿途的不同地点放下乘客。我们假设可能的站点编号为从 0（机场）到 n（市中心）。为了让所有乘客尽快到达目的地，公共汽车司机愿意增加 k 个中间站。问题是：对公共汽车上的计算机进行编程，以计算出最多 k 个中间站的时间表，这将

使给定的一组乘客的总代价最小，其中单个乘客在 m 站下车的代价是所需的站点数与 m 之间的差的绝对值。

对于乘客来说，最重要的是他们希望在某一站下车的人数，所以我们定义

$$\textbf{type } Passengers = [(Count, Stop)]$$
$$\textbf{type } Count = Nat$$
$$\textbf{type } Stop = Nat$$

例如，$[(3, 1), (10, 2), (5, 3), (15, 4), (4, 5), (10, 8), (22, 10)]$ 是一个可能的乘客名单，表明 3 个人想在站点 1 下车，10 个人在站点 2 下车，以此类推。假设以停靠站编号的升序给出乘客名单，并且停靠站的编号介于 1 和 n 之间（含 1 和 n）。

一个有 k 个中间站点的时间表是 1，2，$\cdots$，$n-1$，长度不超过 k。然而，事实证明，不以站点来描述旅程，而是以旅程中的个别 "leg"（路程）来描述旅程在计算上更为简单，其中，一个路程是 2 个站点：

$$\textbf{type } Leg = (Stop, Stop)$$

例如，3 个中间站的子序列 $[2, 5, 7]$ 由路程序列 $[(0, 2), (2, 5), (5, 7), (7, 10)]$ 表示（假设 $n = 10$）]。可以使用这种表示方式来定义某段路程一个乘客序列的总代价：

$$cost :: Passengers \to [Leg] \to Nat$$
$$cost\ ps[\ ] = 0$$
$$cost\ ps((x, y) : ls) = legcost\ qs(x, y) + cost\ rs\ ls$$
$$\textbf{where}(qs, rs) = span(atmost\ y)ps$$

其中

$$atmost\ y(c, s) = s \leqslant y$$
$$legcost\ ps(x, y) = sum[c \times min(s - x)(y - s) \mid (c, s) \leftarrow ps]$$

(x, y) 的路程代价（leg cost）是在站点 x 之后，但在站点 y 之前或在站点 y 下车的所有乘客的代价。很明显，站点越近，代价越小。例如，用上面的乘客名单和路程序列，其代价是：

$$legcost[(3, 1), (10, 2)] \qquad (0, 2) +$$
$$legcost[(5, 3), (15, 4), (4, 5)] \quad (2, 5) +$$
$$legcost[\ ] \qquad\qquad\qquad (5, 7) +$$
$$legcost[(10, 8), (22, 10)] \qquad (7, 10)$$

这是 $3 \times (2-1) + (5 \times (3-2) + 15 \times (5-4)) + 0 + 10 \times (8-7) = 33$。特别地，想在站点 3 下车的 5 名乘客最好从站点 2 走过去。

在我们可以将 $schedule$ 描述为：

$$schedule :: Nat \to Nat \to Passengers \to [Leg]$$
$$schedule\ n\ k\ ps \leftarrow MinWith(cost\ ps)(legs\ n\ k\ 0)$$

其中，$legs$ 从给定位置返回一组可能的路程序列：

$$legs :: Nat \rightarrow Nat \rightarrow Stop \rightarrow [[Leg]]$$
$$legs \ n \ k \ x$$
$$\quad | \ x == n \quad = [[\ ]]$$
$$\quad | \ k == 0 \quad = [[(x, \ n)]]$$
$$\quad | \ otherwise = [(x, \ y) : ls \mid y \leftarrow [x + 1 .. n], \ ls \leftarrow legs \ n \ (k - 1) \ y]$$

当 $k = 0$ 时，唯一可能的路程是从 x 到 n，中途不停车；其他情况下，以 x 开头的所有可能的路程都被选中。

下一步是获得 $schedule$ 的递归定义。对于基本情况，我们得到

$$MinWith(cost \ ps)(legs \ n \ k \ n) = MinWith(cost \ ps)[[\ ]] \qquad = [\ ]$$
$$MinWith(cost \ ps)(legs \ n \ 0 \ x) = MinWith(cost \ ps)[[(x, \ n)]] = [(x, \ n)]$$

对于 $legs$ 的递归情况，我们可以推导

$$cost \ ps((x, \ y) : ls)$$
$$= \quad \{ cost \ 的定义，其中 \ (qs, \ rs) = span(atmost \ y) \ ls \}$$
$$legcost \ qs(x, \ y) + cost \ rs \ ls$$
$$\leq \quad \{假设 \ cost \ rs \ ls \leq cost \ rs \ ls'\}$$
$$legcost \ qs(x, \ y) + cost \ rs \ ls'$$
$$= \quad \{cost \ 的定义\}$$
$$cost \ ps(x, \ y) : ls'$$

因此

$$cost \ rs \ ls \leq cost \ rs \ ls' \Rightarrow cost \ ps((x, \ y) : ls) \leq cost \ ps((x, \ y) : ls')$$

这得到了 $schedule$ 的以下递归定义：

$$schedule \ n \ k \ ps = process \ ps \ k \ 0 \ \textbf{where}$$
$$\quad process \ ps \ k \ x$$
$$\quad \quad | \ x == n \quad = [\ ]$$
$$\quad \quad | \ k == 0 \quad = [(x, \ n)]$$
$$\quad \quad | \ otherwise = minWith(cost \ ps) \ [(x, \ y) : process(cut \ y \ ps)(k - 1) \ y$$
$$\quad \quad \quad \quad \quad \quad \quad \quad \quad \quad \quad \quad \quad | \ y \leftarrow [x + 1 .. n]]$$
$$\quad cut \ y = dropWhile(atmost \ y)$$

下一步是制表。设 $(k, \ x)$ 表示调用 $process(cut \ x \ ps) \ k \ x$，$(k, \ x)$ 又依赖于 $(k-1, \ x+1)$，$(k-1, \ x+2)$，$\cdots$，$(k-1, \ n)$。这是一个分层递归，因此我们可以把问题转化为在分层网络中寻找最短路径的问题。或者，我们可以一行一行地构建一个表。假设我们定义

$$table \ ps \ k = [process(cut \ x \ ps) \ k \ x \mid x \leftarrow [0 .. n]]$$

特别地

$$schedule \ n \ k \ ps = head(table \ ps \ k)$$

表的底行数据由以下公式计算：

$$table\ ps\ 0 = [\,[\,(x,\ n)\,]\ |\ x \leftarrow [\,0..n-1\,]\,] + [\,[\,]\,]$$

还需要说明 $table\ ps\ k$ 是如何从表 ps（$k-1$）计算出来的。可以定义 $step$ 使得

$$table\ ps\ k = step(\,table\ ps(\,k-1)\,)$$

为此，让 $ptails$ 返回列表的正确（proper）尾部，即除了列表本身之外的所有尾部：

$$ptails[\,]\quad\ = [\,]$$

$$ptails(\,x : xs) = xs : ptails\ xs$$

然后，我们可以定义

$$step\ t = zipWith\ entry[\,0..n-1\,](\,ptails\ t) + [\,[\,]\,]$$

$$entry\ x\ ts = minWith(\,cost(\,cut\ x\ ps)\,)(\,zipWith(:)\,[\,(x,\ y)\ |\ y \leftarrow [\,x+1..n\,]\,]\,ts)$$

把这些片段放在一起，我们得出了最终的算法

$$schedule\ n\ k\ ps = head(\,apply\ k\ step\ start)$$

where

$$start\quad\ = [\,[\,(x,\ n)\,]\ |\ x \leftarrow [\,0..n-1\,]\,] + [\,[\,]\,]$$

$$step\ t\quad = zipWith\ entry[\,0..n-1\,](\,ptails\ t) + [\,[\,]\,]$$

$$entry\ x\ ts = minWith\,(\,cost(\,cut\ x\ ps)\,)$$

$$(\,zipWith(:)\,[\,(x,\ y)\ |\ y \leftarrow [\,x+1..n\,]\,]\,ts)$$

该算法可以通过各种方式提高效率，包括通过记录 $cost$ 等，但我们把这些优化留作练习。

章节注释

术语"动态规划"背后的故事在文献［4］中有描述。Bellman 对动态规划的早期描述出现在文献［1］中。文献［2］中给出了各种递归程序的制表方案。最小编辑距离问题在计算生物学中有应用，并在大多数关于串理论的书籍中被讨论，包括文献［5］，另见文献［6, 8］。穿梭巴士问题以不同的形式出现在文献［3］中，也曾作为电梯问题出现在文献［7］中。维基百科关于动态规划的条目包含了大量其他示例。

参考文献

［1］ Richard Bellman. *Dynamic Programming*. Princeton University Press，Princeton，NJ，1957.

［2］ Richard S. Bird. Tabulation techniques for recursive programs. *ACM Computing Surveys*，12（4）：403-417，1980.

［3］ Eric V. Denardo. *Dynamic Programming*：*Models and Applications*. Prentice-Hall，Upper Saddle River，NJ，1982.

［4］ Stuart Dreyfus. Richard Bellman on the birth of dynamic programming. *Operations Research*，50（1）：48-51，2002.

［5］Dan Gusfield. *Algorithms on Strings*, *Trees*, *and Sequences*. Cambridge University Press, Cambridge, 1997.

［6］Gonzalo Navarro. A guided tour of approximate string matching. *ACM Computing Surveys*, 33 （1）：31–88, 2001.

［7］Steven S. Skiena and Miguel A. Revilla. *Programming Challenges*. Springer, New York, 2003.

［8］Robert A. Wagner and Michael J. Fischer. The string-to-string correction problem. *Journal of the ACM*, 21 （1）：168–173, 1974.

练习

练习 13.1　设 $T(n)$ 从其递归定义中表示计算 *fib* 的加法数。给定 *fib* $n = \Theta(\varphi^n)$，其中 $\varphi = (1 + \sqrt{5})/2$ 是黄金比，证明 $T(n) = \Theta(\varphi^n)$。

练习 13.2　给出函数 *fibs* 的一个有效的单行定义，它返回所有斐波那契数的无限列表。

练习 13.3　对于 $n>2$，下列两个恒等式成立：

$$fib(2 \times n) \quad = fib\ n \times (2 \times fib(n + 1) - fib\ n)$$
$$fib(2 \times n + 1) = fib\ n \times fib\ n + fib(n + 1) \times fib(n + 1)$$

使用这些事实，说明如何用 $O(\log n)$ 步计算 *fib* n。请注意，*fib* 的线性时间算法可以表示为以下形式：

$$fib = fst \cdot foldr\ step(0, 1) \cdot unary$$
$$\textbf{where}\ step\ k(a, b) = (b, a + b)$$
$$unary\ n = [1..n]$$

对数版本是通过修改 *step* 的定义并将 *unary* 替换为 *binary* 来获得的，其中 *binary* 返回一个数的二进制展开，最低有效数字在前：

$$binary\ n = \textbf{if}\ n == 0\ \textbf{then}[\ ]\textbf{else}\ r : binary\ q$$
$$\textbf{where}(q, r) = n\ \text{divMod}\ 2$$

例如，*binary* $6 = [0, 1, 1]$。

练习 13.4　考虑函数

$$fob :: Nat \rightarrow Integer$$
$$fob\ n = \textbf{if}\ n \leq 2\ \textbf{then}\ fromIntegral\ n\ \textbf{else}\ fob(n - 1) + fob(n - 3)$$

请说明如何在线性时间内计算 *fob*。

练习 13.5　对于 $0 \leq r \leq n$，斯特林数可以递归定义为

$$stirling :: (Nat, Nat) \rightarrow Integer$$
$$stirling(n, r)$$
$$\quad |\ r == n \quad = 1$$
$$\quad |\ r == 0 \quad = 0$$
$$\quad |\ otherwise = fromIntegral\ r \times stirling(n - 1, r) + stirling(n - 1, r - 1)$$

请给出一种能有效计算 *stirling* 的制表方案。

练习 13.6 当每个值都依赖于以前的每个值时，就会产生一个极端形式的依赖关系图，如函数 *f*，其中

$$f\ n = \textbf{if}\ n == 0\ \textbf{then}\ 1\ \textbf{else}\ sum(map\ f[0..n-1])$$

如何有效地计算这个特殊的递归？

练习 13.7 在背包问题中，为什么如下单调性条件成立？

$$value\ sn_1 \leqslant value\ sn_2 \Rightarrow value(add\ i\ sn_1) \leqslant value(add\ i\ sn_2)$$

练习 13.8 下面是基于一维数组的背包问题的解决方案，每一行的值从左到右排列：

$$swag\ w\ items = a!w$$

> **where**
>
> $a = foldr\ step\ start\ items$
>
> $start = listArray(0,\ w)(replicate(w+1)([\,],\ 0,\ 0))$
>
> $step\ item\ a = ...$

请定义 *step*。

练习 13.9 写下 *mce* "abca" "bac" 的所有可能值。

练习 13.10 本练习的目的是为最小代价编辑问题建立贪心条件，说明在序列中的任何点，如果剩下的两个字符串以相同的字符开头，则以复制操作开始总是会带来最佳的解决方案。假设一个最佳序列不以复制开始，所以它必须以删除或插入开始（替换是不可能的，因为前两个字符是相同的）。这两种情况是对偶的，所以假设它从 *k* 删除操作开始，其中 *k*>0。此后，下一次编辑操作有三种可能性：复制（如果可用）、替换或插入。在前两种情况下，以复制开始并具有 $c \leqslant r \leqslant d+i$ 相同代价的可选编辑序列是可能的？在第三种情况下，以复制开头的可选序列是可能的？必要的假设是 $c \leqslant r \leqslant d+i$，其中复制的代价是 *c*，替换的代价是 *r*，删除的代价是 *d*，插入的代价是 *i*。

练习 13.11 在编辑序列问题的最终算法中，我们可以通过将编辑序列与其代价配对来实现代价计算。特别地，我们引入

$$\textbf{type}\ Pair = (Nat,\ [Op])$$

现在第一行被定义为

$$firstrow :: [Char] \rightarrow [Pair]$$

$$firstrow\ xs = foldr\ nextentry[(0,\ [\,])]xs$$

> **where** $nextentry\ x\ row = cons(Delete\ x)(head\ row):row$

其中 *cons* 被定义为

$$cons\ op(k,\ es) = (ecost\ op + k,\ op:es)$$

写下 *nextrow* 的修改定义（提示：它也使用 *cons*），从而构造一个 *mce* 的新定义。

练习 13.12　定义 distance 函数 $d :: A \times A \to \mathbb{R}^+$ 是具有以下 4 种性质的函数，其中 $\mathbb{R}^+$ 是非负实数的集合：

1. $d(x, y) \geq 0$。
2. $d(x, y) = 0$ 当且仅当 $x = y$。
3. $d(x, y) = d(y, x)$。
4. 对所有的 z，$d(x, y) \leq d(x, z) + d(z, y)$。

证明：dist 是距离函数，其中

$$dist(xs, ys) = cost(mce\ xs\ ys)$$

因此，最小代价编辑序列问题通常被称为 edit distance（编辑距离）问题。

练习 13.13　设 k 表示 xs 和 ys 最长公共子序列的长度。给定

$$cost(mce\ xs\ ys) = length\ xs + length\ ys - 2 \times k$$

唯一允许的编辑操作是复制、插入和删除，代价分别为 0、1 和 1。证明不等式可以增强到等式。

练习 13.14　根据练习 13.10，可以通过以下方式从最长上升序列中获得最小编辑序列：根据两个序列的最长上升序列划分，给出

$$xs_0 \mathbin{+\mkern-8mu+} [x_0] \mathbin{+\mkern-8mu+} \cdots \mathbin{+\mkern-8mu+} xs_{n-1} \mathbin{+\mkern-8mu+} [x_{n-1}] \mathbin{+\mkern-8mu+} xs_n$$

$$ys_0 \mathbin{+\mkern-8mu+} [x_0] \mathbin{+\mkern-8mu+} \cdots \mathbin{+\mkern-8mu+} ys_{n-1} \mathbin{+\mkern-8mu+} [x_{n-1}] \mathbin{+\mkern-8mu+} ys_n$$

其中 $[x_0, \cdots, x_{n-1}]$ 是最长的公共子序列。例如

$$\text{"bdacb"} = \text{"b"} \mathbin{+\mkern-8mu+} \text{"d"} \mathbin{+\mkern-8mu+} \text{""} \mathbin{+\mkern-8mu+} \text{"a"} \mathbin{+\mkern-8mu+} \text{"c"} \mathbin{+\mkern-8mu+} \text{"b"} \mathbin{+\mkern-8mu+} \text{""}$$

$$\text{"ddacc"} = \text{""} \mathbin{+\mkern-8mu+} \text{"d"} \mathbin{+\mkern-8mu+} \text{"d"} \mathbin{+\mkern-8mu+} \text{"a"} \mathbin{+\mkern-8mu+} \text{"c"} \mathbin{+\mkern-8mu+} \text{""} \mathbin{+\mkern-8mu+} \text{"c"}$$

序列 xsj 和 ysj 没有共同的字符，因此它们的最小编辑序列可以通过尽可能多地应用替换操作来确定，然后进行一些删除或插入操作。这个想法管用吗？

练习 13.15　为了定义穿梭巴士 schedule 函数的有效版本，我们需要通过定义下式来划分乘客列表：

$$split\ n\ ps = [cut\ 0\ ps,\ cut\ 1\ ps,\ \cdots,\ cut\ n\ ps]$$

给出 split 的定义。

现在我们通过定义

$$schedule :: Nat \to Nat \to Passengers \to [Leg]$$
$$schedule\ n\ k\ ps = extract(apply\ k\ step\ start)\ \textbf{where}$$
$$extract = snd \cdot head$$
$$start\ \ = zipWith\ entry\ pss[0..n-1] \mathbin{+\mkern-8mu+} [(0, [\,])]$$
$$\qquad\quad \textbf{where}\ entry\ ps\ x = (legcost\ ps(x, n),\ [(x, n)])$$
$$pss\ \ \ \ = split\ n\ ps$$
$$step\ t\ \ = \ldots$$

来记录 cost 计算，每个路程序列与其 cost 成对。请定义局部变量 step t。

练习 13.16 回顾 7.3 节的硬币变化问题:

$$mkchange :: [Denom] \rightarrow Nat \rightarrow Tuple$$
$$mkchange\ ds \leftarrow MinWith\ count \cdot mktuples\ ds$$

其中 $count = sum$ 且

$$mktuples\ [1]\ n \quad = [[n]]$$
$$mktuples\ (d:ds)\ n = concat\ [\ map(c:)\ (mktuples\ ds\ (n - c \times d))$$
$$|\ c \leftarrow [0..n\ div\ d]\ ]$$

产生 $mkchange$ 递归定义的单调条件是什么? 写出递归定义, 并给出合适的制表方案。

第14章 *Chapter 14*

最佳划分

仅仅是试图以最佳方式将表达式 $X_1 \otimes X_2 \otimes \cdots \otimes X_n$ 进行划分（加上括号）这一问题，就产生了多得令人惊讶的细微的不同算法。我们假定 $\otimes$ 是一个满足结合律的运算，即在式中加入括号的方式不会影响表达式的值。但是，不同的划分方式可能会有不同的代价。因此，这个练习的目标是要找到一种代价尽可能小的划分方式。根据代价的定义方式，找到最佳解决方案可能需要常数，线性，二次或三次的时间复杂度。

这有一个简单的例子；其他例子将在稍后给出。取 $\otimes$ 为矩阵乘法，这是一种结合运算，但一般而言不满足交换律。将一个 $p \times q$ 矩阵乘以一个 $q \times r$ 矩阵的代价为 $O(p \times q \times r)$，结果是一个 $p \times r$ 矩阵。现在考虑 4 个具有以下尺寸的矩阵 X_1，X_2，X_3，X_4：

$$(10,20)，(20,30)，(30,5)，(5,50)$$

如果代价取为精确的 $p \times q \times r$，将 4 个矩阵划分的 5 种可能方法的代价分别为 47500、18000、28500、6500 和 10000，最好的一种是 $(X_1 \otimes (X_2 \otimes X_3)) \otimes X_4$，其代价为

$$20 \times 30 \times 5 + 10 \times 20 \times 5 + 10 \times 5 \times 50 = 6500$$

没有明显的方法可以将矩阵划分以达到最低代价。贪心算法（例如首先进行最便宜/最昂贵的乘法）行不通。但是，正如我们稍后将看到的，存在一个相当简单的动态计算最佳划分的编程算法，其对 n 个矩阵计算的运行时间为 $\Theta(n^3)$ 步。

解决括号问题的正确方法是，创建一个以给定列表为边的叶标签二叉树。每个划分方式对应于一棵特定的树。为了简单起见，树的叶子上的元素被视为要划分的对象的大小，而不是对象本身。我们将这种大小称为权重，以避免与用来描述树中节点数的大小混淆。我们在第 8 章中讨论了类似的问题。值得注意的是，我们研究了哈夫曼编码，可以将其视为最优划分的一种形式，其中 $\otimes$ 被假定为可交换且满足结合律，因此边可以是给定的任何排列列表。在本章中，我们还将解决没有可交换性的受限哈夫曼编码，其边必须恰好是给

定的列表。使用本章讲述的技术可以解决的另一个例子是找到一个最佳的二叉搜索树，这将在 14.5 节中解决。

14.1 立方时间复杂度的算法

本节讨论的问题基于以下数据类型的二叉树：

$$\textbf{data} \ Tree \ a = Leaf \ a \mid Fork \ (Tree \ a)(Tree \ a)$$

我们将这种树称为叶子树，以避免与以后需要用到的其他树种混淆。我们将使用括号表示叶子树，例如，下图的叶子树表示为 $(((5 \ 6)7)((1(2 \ 3))4))$。

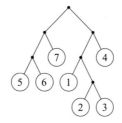

将权重的类型定为 *Weight*，函数 *mct* 确定一棵具有最小代价的树：

$$mct :: [\ Weight\ ] \to Tree \ Weight$$

$$mct \leftarrow MinWith \ cost \cdot mktrees$$

函数 *mktrees* 返回一个具有给定边的所有可能的树的列表。第 8 章中已给出两种定义方式，而下面是另一种方式：

$$mktrees :: [\ a\ ] \to [\ Tree \ a\ ]$$

$$mktrees [\ w\ ] = [\ Leaf \ w\ ]$$

$$mktrees \ ws \quad = [\ Fork \ t_1 \ t_2$$

$$\mid (us, \ vs) \leftarrow splitsn \ ws, \ t_1 \leftarrow mktrees \ us, \ t_2 \leftarrow mktrees \ vs\ ]$$

函数 *splitsn*（见练习 8.7）以所有可能方式将长度至少为 2 的列表分为两个非空列表。上面的递归定义将我们引向了动态规划解决方案，而第 8 章的归纳定义则建议使用贪心或简化算法。无论如何，如练习 8.8 所述，边长度为 n 的树为

$$\binom{2n-2}{n-1}\frac{1}{n}$$

因此所有 *mktrees* 的定义都将花费指数级时间。

接下来考虑的是 *cost* 的定义。可能的定义有很多种，但我们只考虑符合以下一般格式的代价函数：

$$\textbf{type} \ Cost = Nat$$

$$cost :: Tree \ Weight \to Cost$$

$$cost (Leaf \ w) \quad = 0$$

$$cost(Fork\ t_1\ t_2) = cost\ t_1 + cost\ t_2 + f(weight\ t_1)(weight\ t_2)$$

$$weight :: Tree\ Weight \rightarrow Weight$$

$$weight(Leaf\ w)\quad = w$$

$$weight(Fork\ t_1\ t_2) = g(weight\ t_1)(weight\ t_2)$$

因此，建立一棵树的代价是建立其两个组成子树的代价之和，加上它们的权重的某个函数 f。叶子节点的权重是叶子节点上的值，而分支节点的权重是其组成树的权重的某个进一步的函数 g。对于矩阵乘法问题，我们有如下定义：

$$\textbf{type}\ Weight = (Nat,\ Nat)$$

$$f :: Weight \rightarrow Weight \rightarrow Cost$$

$$f(p,\ q)(q',\ r)\ |\ q == q' = p \times q \times r$$

$$g :: Weight \rightarrow Weight \rightarrow Weight$$

$$g(p,\ q)(q',\ r)\ |\ q == q' = (p,\ r)$$

f 和 g 的其他实例将在稍后给出。自始至终，我们假设 g 是一个结合运算，所以如果两棵树的边相同，则它们的权重相同。单单这个事实就足以让我们写下 mct 的递归定义，并通过制表获得立方时间复杂度的解。由于 $mktrees\ ws$ 中所有树的权重是相同的，我们有

$$cost\ u_1 \leqslant cost\ u_2 \wedge cost\ v_1 \leqslant cost\ v_2 \Rightarrow cost(Fork\ u_1\ v_1) \leqslant cost(Fork\ u_2\ v_2)$$

其中 u_1 和 u_2 是 $mktrees\ us$ 中的树，而 v_1 和 v_2 是 $mktrees\ vs$ 中的树。这意味着我们可以精简 mct，写为

$$mct[w] = Leaf\ w$$

$$mct\ ws = minWith\ cost[Fork(mct\ us)(mct\ vs)\ |\ (us,\ vs) \leftarrow splitsn\ ws]$$

假设 $cost$ 花费时间为常数，则对于一个长度为 n 的边，这个版本的 mct 的运行时间 $T(n)$ 满足

$$T(n) = \sum_{k=1}^{n-1}(T(k) + T(n-k)) + \Theta(n)$$

解得 $T(n) = \Theta(3^n)$（详见练习 14.2）。

下一个任务是找到一些合适的制表方案。第一步，我们可以通过将树编码为一个三元组来提高计算效率，包括树的代价，树的权重和树本身：

$$\textbf{type}\ Triple = (Cost,\ Weight,\ Tree\ Weight)$$

现在 $cost$，$weight$ 和 $tree$ 分别作为元组的第一、第二、第三分量，我们有：

$$mct :: [Weight] \rightarrow Tree\ Weight$$

$$mct = tree \cdot triple$$

$$triple :: [Weight] \rightarrow Triple$$

$$triple[w]\quad = (0,\ w,\ Leaf\ w)$$

$$triple\ ws\quad = minWith\ cost[fork(triple\ us)(triple\ vs)\ |\ (us,\ vs) \leftarrow splitsn\ ws]$$

$$fork :: Triple \rightarrow Triple \rightarrow Triple$$

$$fork(c_1,\ w_1,\ t_1)(c_2,\ w_2,\ t_2) = (c_1 + c_2 + f\ w_1\ w_2,\ g\ w_1\ w_2,\ Fork\ t_1\ t_2)$$

实现制表方案的最简单方法是使用一个二维数组：

$$table :: (Int,\ Int) \rightarrow [Weight] \rightarrow Triple$$
$$table(i,\ j) = triple \cdot drop(i-1) \cdot take\ j$$

$table(i,\ j)$ 的值是输入块 w_i, w_{i+1}, $\cdots$, $w_j (1 \leqslant i \leqslant j \leqslant n)$ 时的解。基于数组的算法的格式如下：

$$mct\ ws = tree(table(1,\ n))\ \textbf{where}$$
$$n = length\ ws$$
$$weights = listArray(1,\ n)ws$$
$$table(i,\ j)$$
$$\quad | i == j = (0,\ weights\,!\,i,\ Leaf(weights\,!\,i))$$
$$\quad | i < j = minWith\ cost[fork(t\,!\,(i,\ k))(t\,!\,(k+1,\ j)) \mid k \leftarrow [i..j-1]]$$
$$t = tabulate\ table((1,\ 1),\ (n,\ n))$$

函数 $tabulate$ 已在前面的章节中的定义如下：

$$tabulate :: Ix\ i \Rightarrow (i \rightarrow e) \rightarrow (i,\ i) \rightarrow Array\ i\ e$$
$$tabulate\ f\ bounds = array\ bounds[(x,\ f\,x) \mid x \leftarrow range\ bounds]$$

$table$ 的新条目可以通过查找数组中的其他条目来计算。另一个数组 $weights$ 仅用于快速访问给定的权重。

假设 f 和 g 耗费常数时间，计算数组中的条目 $(i,\ j)(i \leqslant j)$ 花费 $\Theta(j-i)$ 步。因此总时间 $T(n)$ 的表达式如下：

$$T(n) = \sum_{i=1}^{n} \sum_{j=i}^{n} \Theta(j-i) = \Theta(n^3)$$

总而言之，上述制表方案需要三次时间复杂度和二次空间复杂度。我们唯一的假设是合并权重的函数 g 是可结合的。如果我们对 f 和 g 进行更多的假设，将会做得更好，而这正是下一节的主题。

14.2　平方时间复杂度的算法

如果我们对 f 和 g 进行更多假设，则可能将运行时间减少 n 倍。令 $r(i,\ j)$ 表示输入段 w_i, $\cdots$, w_j 的第一个最佳划分的位置。也就是说，如果 $r = r(i,\ j)$，则 r 是 $i \leqslant r < j$ 范围内的最小整数，使得 $(w_i \cdots w_r)(w_{r+1} \cdots w_j)$ 是最好的顶层划分。我们关注最小 r，因为碰巧我们对 $minWith$ 的标准定义只会返回最小的最佳划分，但是当 r 是最佳划分的最大位置时，下面的结果也成立。无论哪种情况，$r(i,\ i)$ 都是未定义的，因为单个值无法划分。但是，我们可以设置 $r(i,\ i) = i$ 以使设定完整。

我们想要证明的结果是，在给定 f 和 g 的某些条件下，函数 r 是单调的；符号表示为当 $i < j$ 时，有

$$r(i, j - 1) \leqslant r(i, j) \leqslant r(i + 1, j) \tag{14.1}$$

证明将于稍后在 14.4 节中给出。这意味着我们可以修改 *mct* 的制表方式，操作一个四元组，该值的第一分量记录最佳划分的位置。现在，*cost*、*weight* 和 *tree* 作为返回的四元组的第二、第三和第四分量，而 *root* 作为返回值的第一分量，我们有

    mct ws = *tree*(*table*(1, *n*)) **where**

      n = *length ws*

      weights = *listArray*(1, *n*)*ws*

      table(*i*, *j*)

        | *i* == *j*   = (*i*, 0, *weights*!*i*, *Leaf*(*weights*!*i*))

        | *i* + 1 == *j* = *fork i*(*t*!(*i*, *i*))(*t*!(*j*, *j*))

        | *i* + 1 < *j* = *minWith cost*[*fork k*(*t*!(*i*, *k*))(*t*!(*k* + 1, *j*))

                                   | *k* ← [*r*(*i*, *j* - 1)..*r*(*i* + 1, *j*)]]

      r(*i*, *j*) = *root*(*t*!(*i*, *j*))

      t = *tabulate table*((1, 1), (*n*, *n*))

    fork k(_, c_1, w_1, t_1)(_, c_2, w_2, t_2) = (*k*, $c_1 + c_2 + f w_1 w_2$, $g w_1 w_2$, *Fork* $t_1 t_2$)

i+1=*j* 的情况必须单独处理（见练习 14.4）。在 *table* 定义的第三句中利用了 *r* 的单调性。从定义中可以立即看出，当 *i*+1<*j* 时，它需要 $\Theta(r(i + 1, j) - r(i, j - 1))$ 步来计算表的条目 (*i*, *j*)。可以通过下式计算沿每条对角线 *d* 的条目代价，来估算条目 (1, *n*) 所需的总时间 $T(n)$，其中 *d*=*j*−*i*：

$$T(n) = \Theta(n) + \sum_{d=2}^{n-1} \sum_{i=1}^{n-d} \Theta(r(i + 1, i + d) - r(i, i + d - 1))$$

前两条对角线，即当 *d*=0 和 *d*=1 时，可以在 $\Theta(n)$ 内进行计算。我们有

$$\sum_{i=1}^{n-d} r(r + 1, i + d) - r(i, i + d - 1) = r(n - d + 1, n) - r(1, d) = \Theta(n)$$

且 $i \leqslant r(i, j) \leqslant j$。可以得出 $T(n) = \Theta(n^2)$。

我们仍需在 *f* 和 *g* 上给出确保 (14.1) 成立的条件。在 14.4 节中，我们将证明 (14.1) 满足下述四边形不等式（QI）：

$$i \leqslant i' \leqslant j \leqslant j' \Rightarrow C(i, j) + C(i', j') \leqslant C(i, j') + C(i', j) \tag{14.2}$$

其中 $C(i, j)$ 是指当输入 $w_1, \cdots, w_n$ 时，把块 $w_i, \cdots, w_j$ 划分的最小代价。换句话说，两个重叠区间的代价之和最多为区间的并集代价加上其交集的代价。*f* 和 *g* 的条件是确保四边形不等式成立的条件。最简单的情况是 *f* 和 *g* 是相同的函数。当 *f*≠*g* 时，可以制定条件（见练习 14.9），但条件相当复杂，很难找到满足这些情况的例子，因此我们仅考虑 *f*=*g* 的情况。

有两个条件。设 *f* = *g* = (·) 以提高可读性，第一个条件是权重函数也应满足四边形不等式，即 $W(i, j) = w_i \cdot w_{i+1} \cdot \cdots \cdot w_j$。因此有

$$i \leqslant i' \leqslant j \leqslant j' \Rightarrow W(i, j) + W(i', j') \leqslant W(i, j') + W(i', j)$$

第二个条件是，W 在以下情境下应该是单调的：

$$i' \leqslant i \leqslant j \leqslant j' \Rightarrow W(i, j) \leqslant W(i', j')$$

单调性条件可以简化为（请参阅练习）对所有权重 A 和 B，满足

$$A \leqslant A \cdot B \wedge B \leqslant A \cdot B$$

同样，四边形不等式可以简化为对所有权重 A，B 和 C 满足：

$$(A \cdot B) + (B \cdot C) \leqslant (A \cdot B \cdot C) + B$$

例如，对于 $(\cdot) = (+)$，如果大小为非负数，则单调性和 QI 条件是直接的。当 $(\cdot) = (\times)$ 时，QI 条件为 $0 \leqslant B(A-1)(C-1)$，如果所有权重均为正，则 QI 成立。如果所有权重均为正，则单调性条件也成立。但是，QI 条件对于 $(\cdot) = max$ 失效，而单调性条件对于 $(\cdot) = min$ 也失效。

需要强调的是，这些条件对于 $O(n^2)$ 算法是充分条件，但不是必要条件。（14.1）的证明有点复杂，所以现在我们仅得出结果并继续给出例子。

14.3　复杂度算法示例

到目前为止，如果 g 是可结合的，我们有一个三次时间复杂度的算法；如果 $f = g$ 且满足单调性和 QI 条件，我们有一个二次时间复杂度的算法。但是如果这两个函数有特殊的值，也可能有线性时间甚至常数时间的复杂度算法。为了了解各种可能性，我们现在来看一些有启发意义的例子。

级联。第一个示例涉及连接一列列表的最佳方法。用 m 个步骤将一个长度为 m 的列表与一个长度为 n 的列表连接起来，结果是一个长度为 $m+n$ 的列表，因此我们可以让 $f = (\ll)$，其中 $m \ll n = m$，而 $g = (+)$。那意味着有一个三次时间复杂度的算法来确定连接列表的列表的最佳方法。

但是，有一种更简单的方法。假设列表 $xs_j (1 \leqslant j \leqslant n)$。执行连接的最小可能代价由 $\sum_{j=1}^{n-1} x_j$ 给出，其中 x_j 是 xs_j 的长度。请注意，$xs_j (1 \leqslant j < n)$ 的每个元素都必须与其右边的一些列表连接起来，至少对代价造成 x_j 的影响。最小的代价可以通过在右边加括号来实现。换句话说，标准定义 $concat = foldr (++) [\ ]$ 是预期的连接列表的列表的最佳方法。可以将这种解决方案视为花费固定时间，因为无需进行任何工作即可找到最佳的划分方式。当然，构建树实际上需要线性时间。实质上，对于 $f = (\ll)$ 和 $g = (\times)$ 适用相同的结果，即从右侧进行划分是最佳的。如果 $f = (\gg)$，其中 $m \gg n = n$，则对偶结果（即从左侧折叠为最佳）成立。

加法。将十进制整数列表加在一起的最佳方法是什么？整数加法既可以交换也可以结合，但是在接下来的内容中我们将忽略这一事实。这里的问题是要计算 $\sum_{k=1}^{n} x_k$，其中 x_k 是一个 d_k 位的整数。我们将假设在 n 位整数上添加 m 位整数需要 $(m \ min \ n)$ 个步骤，并且会产生一个

大小为（m max n）的整数。因此，$f=min$，$g=max$。由于可能的进位，这些估计值对于整数加法不是很准确，因此下面的声明要求仅在任何加法不涉及进位时才成立。由于 g 是结合的，因此存在三次时间复杂度的解。但是，有一个简单的常数时间解决方案：将加法的内容划分的所有方法都一样好。我们声称任何划分的代价是整数长度的总和减去最大长度。更准确地，令 $S(i,j)=\sum_{k=i}^{j}d_k$，并且 $M(i,j)=\text{Max}_{k=i}^{j}d_k$。然后我们声称将 n 个数字相加的代价 $C(1,n)$ 为 $C(1,n)=S(1,n)-M(1,n)$，并且与划分方式无关。证明由归纳法给出。对于基本情况，我们有

$$C(1,1)=0=S(1,1)-M(1,1)$$

因为不执行任何加法操作的代价为 0。对于归纳步骤，我们有

$C(1,n)$

= ｛假设在 j 进行一次初始划分｝

　$C(1,j)+C(j+1,n)+(M(1,j)\min M(j+1,n))$

= ｛归纳｝

　$S(1,j)-M(1,j)+S(j+1,n)-M(j+1,n)+(M(1,j)\min M(j+1,n))$

= ｛S 的定义｝

　$S(1,n)-M(1,j)-M(j+1,n)+(M(1,j)\min M(j+1,n))$

= ｛算术运算：$x+y=x\min y+x\max y$｝

　$S(1,n)-(M(1,j)\max M(j+1,n))$

= ｛M 的定义｝

　$S(1,n)-M(1,n)$

因此，所有将数字求和的方法都具有相同的代价，所以插入括号的方式无关紧要。因此，无需任何工作即可找到解决方案，当然，构建树需要花费线性时间。

　　乘法。接下来考虑将十进制数字列表相乘的代价。假设将 m 位数字乘以 n 位数字正好需要 $m\times n$ 次乘法操作，且得到的答案长度为 $m+n$。因此，$f=(\times)$ 和 $g=(+)$。同样，由于可能的进位，这些估计对于整数乘法不是很准确。像加法一样，我们可以改进三次时间算法，因为用括号划分乘法的任何方式的代价都与其他方式相同。为了定义此代价，令 $S(i,j)=\sum_{k=i}^{j}d_j$ 和 $Q(i,j)=\sum_{k=i}^{j}d_k^2$。则常规代价由下式给出：

$$C(1,n)=(S(1,n)^2-Q(1,n))/2$$

证明由归纳法给出。基本情况是

$$C(1,1)=0=(S(1,1)^2-Q(1,1))/2$$

归纳步骤为

$C(1,n)$

= ｛假设在 j 进行一次初始划分｝

$$C(1,\ j) + C(j+1,\ n) + S(1,\ j)S(j+1,\ n)$$
$$= \quad \{归纳\}$$
$$(S(1,\ j)^2 - Q(1,\ j) + S(j+1,\ n)^2 - Q(j+1,\ n))/2 + S(1,\ j)S(j+1,\ n)$$
$$= \quad \{算术运算\ (x^2 + y^2)/2 + xy = (x+y)^2/2\}$$
$$(S(1,\ n)^2 - Q(1,\ n))/2$$

因此，可以以任何顺序执行乘法。这也是常数时间的解决方案。

矩阵乘法。正如我们已看到的，当乘法运算的对象变为矩阵而非数字时，情况发生了变化。在这种情况下，函数 r 不再是单调的。例如，设有 4 个大小分别为 2×3、3×2、2×10 和 10×1 的矩阵 M_1，M_2，M_3 和 M_4。可以轻松验证的是，计算 $M_1M_2M_3$ 的最佳顺序是使用根为 2 进行划分的 $(M_1M_2)M_3$，而计算 $M_1M_2M_3M_4$ 的最佳方法是以根为 1 进行划分的 $M_1(M_2(M_3M_4))$。这意味着只有立方时间复杂度的动态规划解决方案才是适用的。实际上，存在矩阵乘法问题的 $O(n\log n)$ 解决方案（参阅本章注释），但是它太复杂了，无法在此处进行描述。

变形虫战斗表演。此示例的设定见文献 [13]。想象一下，存在数条变形虫，每条都通过滑动门与其邻居隔开，如图 14.1 所示。移门可使两条相邻的变形虫对战。战斗的胜利者始终是重量更重的变形虫，它吸收了较轻的对手，从而增加了体重。战斗的持续时间与更轻的那条变形虫的重量成正比。在所有战斗结束时，只有一条肥胖的变形虫存活下来，其重量因吸收了所有失败者的体重而增加了不少。比赛主持人希望节目尽快结束，以实现快速的观众翻台。安排战斗的最佳方法是什么，即拆除滑门的最佳顺序是什么？

图 14.1　变形虫战斗表演

一般来说，我们在相关定义为 $f=min$ 和 $g=$（$+$）的情况下寻求最佳划分。因此，有一个立方时间算法可以解决这个问题，但是，我们可以为每场表演的代价设定一个下界：只有 1 只变形虫能存活下来。这意味着最小代价至少是除最大变形虫以外的所有变形虫重量的总和。这个下界可以通过在每个步骤中让最重的变形虫战斗的简单权宜之计来实现。解决方案不是唯一的，因为这两次战斗（((((3 6)2)1)5) 和 (3(((6 2)1)5)) 都具有最小代价 11。一种构造最佳划分的方法如下：

$$mct\ xs = foldr\ Fork\ e\ (map\ Leaf\ ys)$$
$$\textbf{where}\ e = foldl\ Fork\ (Leaf\ z)\ (map\ Leaf\ zs)$$
$$(ys,\ z:zs) = span\ (\neq maximum\ xs)\ xs$$

我们将一个序列分成在（第一个）最大值之前和之后的那些元素。例如，[3，6，2，1，5]分为两个组成列表 [3] 和 [6，2，1，5]。请注意，第二个列表的第一个元素是最大元素。这两个列表是通过从左边折叠第二个列表中的元素，然后从右边折叠第一个列表的结果来合并的。该算法需要线性时间，但这不是贪心算法的示例，至少不是一个基于第 8 章的 *mktrees* 的归纳定义的示例。例如，在 [2, 1, 7, 3] 上有三棵有着最小代价的树，即 (2(1(7 3)))，(2((1 7)3)) 和 ((2(1 7))3)，但是它们都不能扩展为边 [9, 2, 1, 7, 3] 的唯一解决方案 ((((9 2)1)7)3)。

受限哈夫曼编码。哈夫曼编码的代价函数由 $\sum_{j=1}^{n} x_j d_j$ 给出，其中 d_j 是包含 x_j 的叶子的深度。正如我们在 8.2 节中所见，在问题的最佳划分版本中，通过使 $f=g=(+)$，可以得出相同的代价函数。在哈夫曼编码的受限版本中，最终树的边必须恰好是输入中元素的列表。在哈夫曼（Huffman）的算法中，每一步都将节点权重最小的一对组合在一起，但是这种想法不适用于受限版本。例如，边 [10, 13, 9, 14] 的最佳树是 ((10 13)(9 14))，其代价为 92，但是在每一步组合最小对将得到树((10(13 9))14)，其代价 100。其他想法，例如，选择最能使两半的权重之和相等的划分，也不起作用。但是，由于单调性和四边形不等式的条件成立，因此存在求解该问题的二次时间复杂度算法。对于该特定实例，还有另一种完全不同的算法，即 Garsia-Wachs 算法，我们将在 14.6 节中进行讨论。Garsia-Wachs 算法可以实现长度为 n 的输入，时间复杂度为 $O(n \log n)$。

笛卡儿和。考虑运算 $\oplus$ 的定义为：$xs \oplus ys = [x + y \mid x \leftarrow xs, y \leftarrow ys]$。该运算在 5.5 节中与排序有关。在两个长度为 m 和 n 的列表上进行 $\oplus$ 计算的代价是 $m \times n$ 次加法，结果是一个长度为 $m \times n$ 的列表，因此我们有 $f=g=(\times)$。问题是将一列非空数字列表用 $\oplus$ 运算组合在一起。如我们所见，只要每个列表的长度都为正，则单调性和四边形不等式条件就可以满足此问题，因此肯定可以在二次时间内找到最佳划分。

boustrophedon 积。最后，考虑一个称为两个列表的 boustrophedon 积的操作。一些组合生成算法涉及在生成另一个列表的连续元素之间上下运行一个列表，这就像织机上的梭子或耕田的牛一样。boustrophedon 一词在古希腊语中的意思是 "牛翻身"。可以通过以下方式定义两个列表的 boustrophedon 积运算 < ++ >：

$$(\langle \text{++} \rangle) :: [a] \to [a] \to [a]$$
$$[\,] \qquad \langle \text{++} \rangle ys = ys$$
$$(x : xs) \quad \langle \text{++} \rangle ys = ys \text{++} x : (xs \langle \text{++} \rangle reverse\ ys)$$

例如

$$[3, 4]\langle \text{++} \rangle[0, 1, 2] = [0, 1, 2, 3, 2, 1, 0, 4, 0, 1, 2]$$
$$\text{"abc"}\langle \text{++} \rangle\text{"xyz"} = \text{"xyzazyxbxyzczyx"}$$

操作<++>是可结合的，虽然这看起来并不明显。那么，计算含有多个列表的 boustrophedon 积的最佳方法是什么？对于长度为 m 和 n 的两个列表，计算<++>的代价与结果的长度成正比，即 $m + m \times n + n$。因此，$f=g=(\cdot)$，其中 $m \cdot n = m + m \times n + n$。单调性和四边形不等式条件适用于此问题，因此存在一种二次时间算法，用于计算将一列列表的 boustrophedon 积式划分的最佳方法。

14.4 单调性证明

本节专门讨论 (14.1) 的证明。结果可以表示为以下形式：
$$r(i, j) \leq r(i, j+1) \text{ 和 } r(i, j) \leq r(i+1, j) \tag{14.3}$$
其中 $r(i, j)$ 是 $i \leq r < j$ 范围内的最小整数，对于 $w_i, \cdots, w_j$ 的最佳划分式以 r 划分为 $(w_i \cdots w_r)(w_{r+1} \cdots w_j)$。

令 $C(i, j)$ 表示将 $w_i, \cdots, w_j$ 划分的最小代价，而 $W(i, j)$ 表示结果表达式的权重。因此，$W(i, j) = w_i \cdot w_{i+1} \cdots w_{j-1} \cdot w_j$，其中 $f = g = (\cdot)$。定义当 $i \leq k < j$ 时，有
$$C_k(i, j) = C(i, k) + C(k+1, j) + W(i, j)$$
因此 $C_k(i, j)$ 是划分 $(w_i, \cdots, w_k)(w_{k+1}, \cdots, w_j)$ 的代价。现在从以下断言得出 (14.3)，即如果 r 是范围 $i \leq r < j$ 中的最小值，使得 $C(i, j) = C_r(i, j)$，则
$$i \leq q < r \Rightarrow C_r(i, j+1) < C_q(i, j+1)$$
$$i < q < r \Rightarrow C_r(i+1, j) < C_q(i+1, j)$$
反过来，这些断言遵循
$$i \leq q < r \Rightarrow C_q(i, j) + C_r(i, j+1) \leq C_q(i, j+1) + C_r(i, j) \tag{14.4}$$
$$i < q < r \Rightarrow C_q(i, j) + C_r(i+1, j) \leq C_q(i+1, j) + C_r(i, j) \tag{14.5}$$
根据 r 的定义，我们有当 $i \leq r < j$ 时，$C_r(i, j) < C_q(i, j)$。因此 (14.4) 和 (14.5) 可得
$$0 < C_q(i, j) - C_r(i, j) \leq C_q(i, j+1) - C_r(i, j+1)$$
$$0 < C_q(i, j) - C_r(i, j) \leq C_q(i+1, j) - C_r(i+1, j)$$
依次从四边形不等式 (14.2) 得出 (14.4) 和 (14.5)，即
$$i \leq i' \leq j \leq j' \Rightarrow C(i, j) + C(i', j') \leq C(i, j') + C(i', j)$$
假设 (14.2) 成立，我们可以通过讨论来证明 (14.4)：

$C_q(i, j) + C_r(i, j+1)$

= $\{C_k$ 的定义$\}$

$C(i, q) + C(q+1, j) + W(i, j) + C(i, r) + C(r+1, j+1) + W(i, j+1)$

≤ $\{(14.2), \text{as } q+1 \leq r+1 < j < j+1\}$

$C(i, q) + C(q+1, j+1) + W(i, j+1) + C(i, r) + C(r+1, j) + W(i, j)$

= $\{C_q$ 和 C_k 的定义$\}$

$C_q(i, j+1) + C_r(i, j)$

(14.5) 的证明也相似。

接下来需要证明的是 (14.2)。证明是通过对 $j'-i$ 的归纳得出的。要求通常不考虑 $i=i'$ 或 $j=j'$ 的情况，因此，当 $j'-i' \leq 1$ 时 (14.2) 成立。对于归纳步骤，我们分别考虑 $i'=j$ 和 $i'<j$ 两种情况。

情况 A：$i<i'=j<j'$。在这种情况下，(14.2) 简化为：如果 $i<j<j'$，

$$C(i, j) + C(j, j') \leqslant C(i, j') \tag{14.6}$$

假设 $C(i, j') = C_r(i, j')$，其中 $i \leqslant r < j$。有两种子情况，取决于是 $r < j$ 还是 $j \leqslant r$。如果 $r < j$，则我们推论

$$C(i, j) + C(j, j')$$
$$\leqslant \quad \{\text{因为当 } i \leqslant r < j \text{ 时}, C(i, j) \leqslant C_r(i, j)\}$$
$$C(i, r) + C(r + 1, j) + W(i, j) + C(j, j')$$
$$\leqslant \quad \{\text{归纳}(14.6)\text{, 因为 } j' - r - 1 < j' - i, i < r + 1\}$$
$$C(i, r) + C(r + 1, j') + W(i, j)$$
$$\leqslant \quad \{\text{假设; 见下文}\}$$
$$C(i, r) + C(r + 1, j') + W(i, j')$$
$$= \quad \{r \text{ 的定义}\}$$
$$C(i, j')$$

关于假设 W 的单调性条件 $i = i'$ 的情况

$$i' \leqslant i \leqslant j \leqslant j' \Rightarrow W(i, j) \leqslant W(i', j')$$

情况 $j \leqslant r$ 以相同的方式处理，并要求 W 上单调性条件的情况为 $j = j'$。

情况 B：$i < i' < j < j'$。在这种情况下，假设（14.2）右侧的两个项在 r 和 s 处被最小化，因此有

$$C(i', j) = C_r(i', j) \text{ 和 } C(i, j') = C_s(i, j')(i' \leqslant r < j, i \leqslant s < j')$$

同样，有两个对称子情况。如果 $s \leqslant r$，我们可推出

$$C(i, j) + C(i', j')$$
$$\leqslant \quad \{r \text{ 和 } s \text{ 的定义}\}$$
$$C_s(i, j) + C_r(i', j')$$
$$= \quad \{C_k \text{ 的定义}\}$$
$$C(i, s) + C(s + 1, j) + W(i, j) + C(i', r) + C(r + 1, j') + W(i', j')$$
$$= \quad \{\text{归纳}\}$$
$$C(i, s) + C(s + 1, j') + W(i, j) + C(i', r) + C(r + 1, j) + W(i', j')$$
$$\leqslant \quad \{\text{假设; 见下文}\}$$
$$C(i, s) + C(s + 1, j') + W(i, j') + C(i', r) + C(r + 1, j) + W(i', j)$$
$$= \quad \{C_k \text{ 的定义}\}$$
$$C_s(i, j') + C_r(i', j)$$
$$= \quad \{r \text{ 和 } s \text{ 的定义}\}$$
$$C(i, j') + C(i', j)$$

假设只是 W 上满足四边形不等式条件。情况 $r \leqslant s$ 的处理类似，也需要四边形不等式。这样就完成了（14.1）的证明。

14.5 最佳二叉搜索树

接下来，我们将讨论最佳划分的近亲，即建立最佳二叉搜索树的问题。4.3 节中描述了一种构建二叉搜索树的方法，其中我们展示了如何平衡一棵树，以使搜索所花费的时间不超过对数时间。但在实际上，不同的关键字具有不同的出现概率作为搜索的参数。更好的方式是将频率较高的键靠近根部。例如，假设我们为了准备索引，要搜索本书中所有出现的有 9 个字母的单词。事实证明，"algorithm" 一词比 "condition" 或 "operation" 出现的频率要高得多，因此其对应的键应更靠近树的根部。

假设给定概率 p_1, p_2, $\cdots$, p_n，以整数频率计数表示，因此 p_j 是成功搜索升序列表 x_1, x_2, $\cdots$, x_n 中的值 x_j 对应的概率 p_j。假设 q_0, q_1, $\cdots$, q_n 是另一个列表，则 q_j 是搜索失败的参数落在两个值 x_j 和 x_{j+1} 之间的概率。按照约定，q_0 表示搜索参数小于 x_1 的概率，而 q_n 表示搜索参数大于 x_n 的概率。我们可以将这些值放置在经过修改的二叉搜索树中，其中将空节点替换为包含 q 值的叶节点，并使用 p 值扩充内部节点。

因此我们可以定义一个二叉搜索树为

$$\textbf{data } BST\ a = Leaf\ Nat \mid Node\ Nat\,(BST\ a)\,a\,(BST\ a)$$

例如，忽略 x 的值，一个简单的例子为：

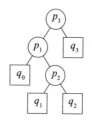

该树的代价为 $2q_0+2p_1+3q_1+3p_2+3q_2+p_3+q_3$，这是将树展平的结果与节点深度的标量积，其中非叶节点的深度是从 1 而不是 0 计算的。通常情况下，

$$cost :: BST\ a \to Nat$$
$$cost\ t = sum(zipWith\,(\times)\,(flatten\ t)\,(depths\ t))$$

其中，

$$flatten :: BST\ a \to [\,Nat\,]$$
$$flatten\,(Leaf\ q) \qquad = [\,q\,]$$
$$flatten\,(Node\ p\ l\ x\ r) = flatten\ l + [\,p\,] + flatten\ r$$
$$depths :: BST\ a \to [\,Nat\,]$$
$$depths = from\ 0$$
$$\qquad \textbf{where } from\ d\,(Leaf\_) \qquad = [\,d\,]$$
$$\qquad \qquad from\ d\,(Node\_l\_r) = from\,(d+1)\,l + [\,d+1\,] + from\,(d+1)\,r$$

我们在哈夫曼编码中看到了类似的代价定义。此外，与哈夫曼编码中的代价函数一样，我们

可以递归表达代价 *cost*：

$$cost(Leaf\ q) \qquad = 0$$
$$cost(Node\ p\ l\ x\ r) = cost\ l + cost\ r + weight(Node\ p\ l\ x\ r)$$
$$weight(Leaf\ q) \qquad = q$$
$$weight(Node\ p\ l\ x\ r) = p + weight\ l + weight\ r$$

因此，建立具有频率计数 p_{i+1}, $\cdots$, p_j 和 q_i, $\cdots$, q_j 的二叉搜索树的代价 $C(i, j)$ 由下式给出：

$$C(i, j) = \mathrm{Min}_{k=i}^{j-1}(C(i, k) + C(k + 1, j)) + w(i, j)$$

其中 $w(i, j) = q_i + p_{i+1} + \cdots + q_{j-1} + p_j + q_j$。函数 w 是单调的，并且满足四边形不等式，因此（14.1）成立，并且存在一种二次时间动态规划算法，用于以最小的代价构造二叉搜索树。

14.6　Garsia-Wachs 算法

当频率计数 p_j 全部为零时，只有搜索失败的代价才重要，找到最佳搜索树的问题与哈夫曼编码的受限版本的问题基本相同，在这个限制版本中，边缘必须是给定列表。反过来，这恰恰是 $f = g = (+)$ 的最佳划分的例子。对于 f 和 g 的这些特定值，还有另一种以最小的代价来计算树的完全不同的算法。该算法被称为 Garsia-Wachs 算法，并且很容易描述（至少以未经优化的形式），但是即使是对其正确性的最佳证明也存在一些棘手的细节，因此我们将其省略。本章注释中提供了对已发布证明的引用。

Garsia-Wachs 算法是一个分为两个阶段的过程（有关需要两个阶段的原因，请参阅练习 14.14）。在第一阶段，我们从给定的权重列表中构建一棵树，在第二阶段中，我们对其进行重建。以 *Weight* 作为 *Int* 的同义词，我们有

$$gwa :: [Weight] \to Tree\ Weight$$
$$gwa\ ws = rebuild\ ws(build\ ws)$$

使用 *Label* 作为 *Int* 的另一个同义词，*build* 和 *rebuild* 的类型是

$$build \quad :: [Weight] \to Tree\ Label$$
$$rebuild :: [Weight] \to Tree\ Label \to Tree\ Weight$$

构建 *ws* 的结果是一棵树，其边不是 *ws*，而是标签 $[1..n]$ 的某些排列，其中 n 是 *ws* 的长度。这棵树的关键特性关系到其叶子的深度。假设深度为 d_1, d_2, $\cdots$, d_n，其中 d_j 是 *Leaf j* 的深度。然后有一棵代价最低且边缘为 *ws* 的树，其中用 w_j 标记的叶子的深度为 d_j。例如，假设 *build* 应用于 $[27, 16, 11, 70, 21, 31, 65]$ 的树如下：

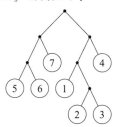

以叶值的数字顺序排列的深度列表为 [3，4，4，2，3，3，2]。我们声称，但不会证明，对于给定的输入，存在一棵最小代价树，其边顺序的深度恰好构成了该列表，该树是：

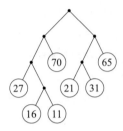

这棵树可以通过一个简单的自底向上的算法得到。起点是一些对的列表，每对的第一部分是包含所需标签 w_j 的叶子，第二部分是深度 d_j。对于我们的示例，其列表为

$$(27，3)(16，4)(11，4)(70，2)(21，3)(31，3)(65，2)$$

其中，一个对 $(w，d)$ 代表 $(Leaf \ w，d)$。通过以相同的深度重复组合列表中的前两个相邻对，直到仅剩下一对。将具有共同深度的两对组合时，深度将减少 1。因此，对于我们的示例，我们得到如图 14.2 所示的步骤序列，以单棵树结束，最终深度为 0。我们不能保证此过程适用于所有深度列表，但它适用于来自 Garsia-Wachs 算法的第一阶段的结果。例如，树 $((1\ 3)2)$ 按叶标签的数字顺序的深度为 [2，1，2]，但是没有相邻的对具有相同的深度，因此无法组合任何对，简化过程无法顺利进行。

```
(27, 3)    (16, 4)    (11, 4)    (70, 2)    (21, 3)    (31, 3)    (65, 2)
(27, 3)    ((16 11), 3)          (70, 2)    (21, 3)    (31, 3)    (65, 2)
((27 (16 11)), 2)                (70, 2)    (21, 3)    (31, 3)    (65, 2)
(((27 (16 11)) 70), 1)                      (21, 3)    (31, 3)    (65, 2)
(((27 (16 11)) 70), 1)                      ((21 31), 2)          (65, 2)
(((27 (16 11)) 70), 1)                      (((21 31) 65), 1)
(((((27 (16 11)) 70) ((21 31) 65))), 0)
```

图 14.2   组合树

实现此简化过程的明显方法是通过函数 *reduce*：

$$reduce :: [(Tree \ Label，Depth)] \rightarrow Tree \ Label$$

$$reduce = extract \cdot until \ single \ step \ \textbf{where}$$

$$extract[(t，\_)] = t$$

$$step(x:y:xs) = \textbf{if} \ depth \ x == depth \ y \ \textbf{then} \ join \ x \ y:xs \ \textbf{else} \ x:step(y:xs)$$

$$join(t_1，d)(t_2，\_) = (Fork \ t_1 \ t_2，d-1)$$

其中，*Depth* 是 *Int* 的类型别名，并且 *depth* = *snd*。重复应用函数 *step*。直到生成单元素列表。但是，*reduce* 的定义可能需要二次时间，因为 *step* 可能需要线性时间。之所以会效率低下，是因为如果 *step* 在位置 k 和 $k+1$ 处找到要连接的第一对，那么当它可能在位置 $k-1$ 处开始新的搜索时，下一个调用 *step* 将在前 $k-2$ 个元素上重复失败的搜索，这是两个深度可能相同的最早位置。避免效率低下的一种方法是使用 *foldl* 和递归定义的 *step*，重新定义 *reduce* 为

$$reduce :: [\,(\,Tree\ Label,\ Depth\,)\,] \rightarrow Tree\ Label$$

$$reduce = extract \cdot foldl\ step\,[\,]\ \textbf{where}$$

$$extract\,[\,(\,t,\ \_\,)\,] = t$$

$$step\,[\,]\,y\quad = [\,y\,]$$

$$step\,(\,x:xs\,)\,y = \textbf{if}\ depth\ x == depth\ y\ \textbf{then}\ step\ xs\,(\,join\ x\ y\,)\,\textbf{else}\ y:x:xs$$

$$join\,(\,t_1,\ d\,)\,(\,t_2,\ \_\,) = (\,Fork\ t_1\ t_2,\ d-1\,)$$

step 的第一个参数保持不变，即列表上没有两个相邻的对具有相同的深度。为了提高效率，此列表以相反的顺序保存。为了保持不变，每当两对连接时都会递归调用 *step*。每次调用 *step* 所花费的时间与 *join* 操作的数量成正比，而这些操作总共正好为 $n-1$ 个，因此现在 *reduce* 需要线性时间。

　　处理了 *reduce* 之后，我们现在可以定义 *rebuild* 了：

$$rebuild :: [\,Weight\,] \rightarrow Tree\ Label \rightarrow Tree\ Weight$$

$$rebuild\ ws = reduce \cdot zip\,(\,map\ Leaf\ ws\,) \cdot sortDepths$$

函数 *sortDepths* 将一棵树的深度按标签值排序为升序。由于标签的形式是 $[\,1,\ 2,\ \cdots,\ n\,]$，其中 n 是节点在树中的序号，可以通过使用数组在线性时间内完成排序：

$$sortDepths :: Tree\ Label \rightarrow [\,Depth\,]$$

$$sortDepths\ t = elems\,(\,array\,(\,1,\ size\ t\,)\,(\,zip\,(\,fringe\ t\,)\,(\,depths\ t\,)\,)\,)$$

函数 *size* 可计算树中节点的数量，*fringe* 和 *depths* 可以在线性时间内计算出来，因此 *sortDepths* 和 *rebuild* 都需要线性时间。

　　仍待解决的是 Garsia-Wachs 算法的第一阶段，即函数 *build*，这就是算法复杂性所在。我们的解决方案是首先形成一个二次时间解法，然后通过选择合适的数据结构将其优化至线性时间复杂度。

　　对于输入 $[\,w_1,\ w_2,\ \cdots,\ w_n\,]$，起始点是一个有着叶子和权重的对的列表：

$$(\,0,\ w_0\,),\ (\,1,\ w_1\,),\ (\,2,\ w_2\,),\ \cdots,\ (\,n,\ w_n\,)$$

因此，$(\,j,\ w\,)$ 是 $(\,Leaf\ j,\ w\,)$ 的缩写。第一个对 $(\,0,\ w_0\,)$ 是一个哨兵对，其中 $w_0 = \infty$。使用一个哨兵对简化了算法的描述，但这并不是必须的（见练习）。将一直重复下面两个步骤，直至只剩 2 个对——哨兵对以及另外一对。

　　1. 给定当前列表 $[\,(\,0,\ w_0\,),\ \cdots,\ (\,t_p,\ w_p\,)\,]$，其中 $p>1$，在 $1 \leqslant j < p$ 的范围内找到最大的 j，使得 $w_{j-1} + w_j \geqslant w_j + w_{j+1}$，同样地，$w_{j-1} \geqslant w_{j+1}$。$w_0 = \infty$ 保证了 j 的存在。用一对 $(\,t_*, w_*\,) = (\,Fork\ t_j\ t_{j+1}, w_j + w_{j+1}\,)$ 替换两对 $(\,t_j,\ w_j\,)$ 和 $(\,t_{j+1},\ w_{j+1}\,)$，得到一个新列表：

$$(\,0,\ w_0\,),\ (\,t_1,\ w_1\,),\ \cdots,\ (\,t_{j-1},\ w_{j-1}\,),\ (\,t_*,\ w_*\,),\ (\,t_{j+2},\ w_{j+2}\,),\ \cdots,\ (\,t_p,\ w_p\,)$$

　　2. 现在将 $(\,t_*,\ w_*\,)$ 移至所有满足 $w < w_*$ 的对 $(\,t,\ w\,)$ 的右侧。在此过程结束时，只剩下 2 个对，即前哨和第二对，其第一部分是所需的树。

　　这是一个例子。假设我们从列表

$(\,0,\ \infty\,),\ (\,1,\ 10\,),\ (\,2,\ 25\,),\ (\,3,\ 31\,),\ (\,4,\ 22\,),\ (\,5,\ 13\,),\ (\,6,\ 18\,),\ (\,7,\ 45\,)$ 开始。第一对合并的对是 $(\,5,\ 13\,)$ 和 $(\,6,\ 18\,)$（因为 $22 \geqslant 18$）。结果向右移动 0 位，即

$$(0, \infty), (1, 10), (2, 25), (3, 31), (4, 22), ((5\,6), 31), (7, 45)$$

下一对合并的对是 (4, 22) 和 ((5 6), 31)（因为 31≥31）。结果向右移动一位，即

$$(0, \infty), (1, 10), (2, 25), (3, 31), (7, 45), ((4(5\,6)), 53)$$

下一对合并的是 (1, 10), (2, 25)，即

$$(0, \infty), (3, 31), ((1\,2), 35), (7, 45), ((4(5\,6)), 53)$$

剩下的三步也类似，直到所有的对都被合并至两个对中：

$$(0, \infty), (7, 45), ((4(5\,6)), 53), ((3(1\,2)), 66)$$

$$(0, \infty), ((3(1\,2)), 66), ((7(4(5\,6))), 98)$$

$$(0, \infty), (((3(1\,2))(7(4(5\,6)))), 164)$$

第二对的第一部分是最后一棵树。请注意，哨兵扮演着被动的角色，从不与另一对组合。

实现此算法的明显方法是在每一步中从右到左重复扫描整个列表，寻找最大的 j，使得 $w_{j-1} \geq w_{j+1}$。但是，由以下观察可以找到进行搜索的更好方法。假设如果 $w_1 < w_3 < w_5 < \cdots$ 且 $w_2 < w_4 < w_6 < \cdots$，则序列 $w_1, w_2, \cdots$ 是双排序的。根据步骤 1 中 j 的定义，序列 $w_j, \cdots, w_p$ 是双排序的。假设在步骤 2 中产生了以下权重序列：

$$w_0, w_1, w_2, \cdots, w_{j-1}, w_{j+2}, \cdots, w_{k-1}, w^*, w_k, \cdots, w_p$$

同样，$w_k, \cdots, w_p$ 和 $w_{j+2}, \cdots, w_{k-1}, w_*$ 都是双排序的，因为 $w_{k-2} < w_*$。此外，我们知道对于 $2 \leq r < k-j$，有 $w_{j+r} < w_* \leq w_k$。这意味着要组合的下一对是以下 3 种可能性列表中的第一对：

1. w_k 和 w_{k+1}，如果 $w_* \geq w_{k+1}$；
2. w_{j+2} 和 w_{j+3}，如果 $w_{j-1} \geq w_{j+3}$；
3. w_i 和 w_{i+1}，如果 $1 \leq i < j-1$ 且 $w_{i-1} \geq w_{i+1}$。

这些情况可以通过按照 *foldr* 和新函数 *step* 表达 *build* 来获得：

$$build :: [Weight] \to Tree\ Label$$

$$build\ ws = extract(foldr\ step[\ ](zip(map\ Leaf[0..\ ])(infinity : ws)))$$

$$\mathbf{where}\ extract[\_, (t, \_)] = t$$

$$infinity = sum\ ws$$

算法执行期间产生的权重不能大于输入权重的总和，因此 *infinity* 的定义就足够了。函数 *foldr step*[ ] 从右到左扫描输入，寻找下一个要组合的对。为了定义 *step*，我们首先介绍：

$$\mathbf{type}\ Pair = (Tree\ Label, Weight)$$

$$weight :: Pair \to Weight$$

$$weight(t, w) = w$$

接下来，定义 *step* 如下：

$$step :: Pair \to [Pair] \to [Pair]$$

$$step\ x(y:z:xs) \mid weight\ x < weight\ z = x:y:z:xs$$

$$\mid otherwise \qquad\qquad = step\ x(insert(join\ y\ z)xs)$$

$$step\ x\ xs \qquad\quad = x : xs$$

$$join :: Pair \rightarrow Pair \rightarrow Pair$$

$$join(t_1,\ w_1)(t_2,\ w_2) = (\ Fork\ t_1\ t_2,\ w_1 + w_2)$$

$$insert :: Pair \rightarrow [\ Pair\ ] \rightarrow [\ Pair\ ]$$

$$insert\ x\ xs = ys +\!\!+ step\ x\ zs$$

$$\textbf{where}\ (ys,\ zs) = splitList\ x\ xs$$

$$splitList\ x\ xs = span(\lambda y.\,weight\ y\ <\ weight\ x\,)\,xs$$

函数 *insert* 使用通用工具函数 *span* 的实例 *splitList* 查找要插入的组合对的正确位置，然后再次调用 *step* 以处理情况 1。对 *step* 的定义中的 *step* 的递归调用涉及情况 2 和情况 3 由 *foldr step*[ ] 中的从右到左搜索处理。请注意，*step* 和 *insert* 的第二个参数始终是一个双排序列表，我们稍后将利用这一事实。

在最坏的情况下（请参阅练习 14.13），*build* 的运行时间是输入长度的平方。这意味着该算法并不比之前看到的动态规划算法好。罪魁祸首是函数 *insert*，在最坏的情况下，它可能花费线性时间。如果我们可以让 *insert* 花费对数时间，那么 Garsia-Wachs 算法的总运行时间将减少为 $O(n \log n)$ 步。这样的实现确实是可行的，因为 *insert* 的第二个参数不是对的任意列表，而是在第二部分上进行了两次排序的对。

修改后的实现分两个阶段进行。第一步是根据新的数据类型 *List Pair* 来重写 *build*，旨在表示在第二个组件上进行了两类排序的对的列表。将提供以下 6 个操作：

$$emptyL\ ::List\ a$$

$$nullL\quad ::List\ a \rightarrow Bool$$

$$consL\quad :: a \rightarrow List\ a \rightarrow List\ a$$

$$deconsL ::List\ a \rightarrow (a,\ List\ a)$$

$$concatL ::List\ a \rightarrow List\ a \rightarrow List\ a$$

$$splitL\quad ::Pair \rightarrow List\ Pair \rightarrow (List\ Pair,\ List\ Pair)$$

这些操作大多数都是不言自明的。前 5 个函数适用于任何类型的列表，但是函数 *splitL* 特用于 *List Pair*。此函数类似于在 *insert* 定义中使用的 *splitList*。

函数 *build* 被新版本的 *buildL* 代替，除了将某些列表操作替换为 *List* 操作外，其余与之前基本相同：

$$buildL :: [\ Weight\ ] \rightarrow Tree\ Label$$

$$buildL\ ws = extractL(foldr\ stepL\ emptyL(\ start\ ws))$$

$$\textbf{where}\ start\ ws = zip(\ map\ Leaf[\,0\,..\,]\,)(\ infinity : ws)$$

$$infinity = sum\ ws$$

$$extractL :: List\ Pair \rightarrow Tree\ Label$$

$$extractL\ xs = t$$

$$\textbf{where}\ (\_,\ ys)\qquad = deconsL\ xs$$

$$((t, \_), \_) = deconsL\ ys$$

$$stepL :: Pair \to List\ Pair \to List\ Pair$$

$$stepL\ x\ xs = \textbf{if}\ nullL\ xs\ \bigvee\ nullL\ ys\ \bigvee\ weight\ x\ <\ weight\ z$$

$$\textbf{then}\quad consL\ x\ xs$$

$$\textbf{else}\quad stepL\ x\,(insertL\,(join\ y\ z)\,zs)$$

$$\textbf{where}\ (y,\ ys) = deconsL\ xs$$

$$(z,\ zs) - deconsL\ ys$$

$$insertL :: Pair \to List\ Pair \to List\ Pair$$

$$insertL\ x\ xs = concatL\ ys\,(stepL\ x\ zs)$$

$$\textbf{where}(ys,\ zs) = splitL\ x\ xs$$

第二阶段是实现 $List$，以使上面的 6 个操作最多花费对数时间。然后 $buildL$ 将花费线性时间。有多种选择，我们可以选择一种基于 4.3 节中的平衡二叉搜索树修改而成的实现方式，此后称为搜索树，以将其与算法所构造的叶树区分开。为了激励修改，考虑在搜索树的每个节点上标记成对的叶子树及其权重，尽管图中只显示了权重：

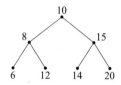

展平此树会生成一个权重列表，该权重列表是双排序的，但尚未被排序。现在假设我们要在此搜索树中插入一个权重为 w 的新对。我们不能使用简单的二叉搜索，因为搜索树的标签不是按权重增加的顺序排列的。相反，除了将 w 与根处的叶树的权重进行比较之外，我们还必须将其与列表中前一叶树的权重进行比较。只有 w 大于这两个权重，我们才能继续搜索正确的子树。否则，我们就必须搜索左侧的子树。为了避免重复发现前一棵叶子树的权重，我们可以将此树放在搜索树的根处。如果没有前置叶子树，那么我们可以人为地放置叶子树的副本。更改后的树如下：

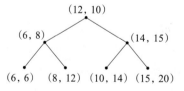

现在数据类型 $List\ Pair$ 将作为一个每个节点被一对值所标记的实例被介绍：

$$\textbf{data}\ List\ a = Null \mid Node\ Int\,(List\ a)\,(a,\ a)\,(List\ a)$$

如 4.3 节所述，$Node$ 的第一个标签记录了树为保持平衡所需的高度。

emptyL 和 *nullL* 可立即实现：

$$emptyL :: List\ a$$
$$emptyL = Null$$
$$nullL :: List\ a \rightarrow Bool$$
$$nullL\ Null = True$$
$$nullL\_\quad = False$$

操作 *consL* 把一个新对作为最左端元素加到二叉树上：

$$consL :: a \rightarrow List\ a \rightarrow List\ a$$
$$consL\ x\ Null \qquad\qquad = node\ Null(x,\ x)\ Null$$
$$consL\ x(Node\_t_1(y,\ z)t_2) = \textbf{if}\ nullL\ t_1$$
$$\qquad\qquad\qquad \textbf{then}\ balance(consL\ x\ t_1)(x,\ z)t_2$$
$$\qquad\qquad\qquad \textbf{else}\ balance(consL\ x\ t_1)(y,\ z)t_2$$

对于空树 t，操作 *conL x t* 创建带有标签 $(x,\ x)$ 的新节点。对于其左子树为空的非空树 t（因此 $y=z$），*consL x t* 创建一个带有标签 $(x,\ x)$ 的新节点，并且由于 x 现在是 z 的先前值，因此将 $(x,\ z)$ 分配为根的新值。否则，将 *consL x* 应用于 t 的左子树。该定义利用了 4.3 节中描述的两个智能构造器 *node* 和 *balance*。如前所述，仅当两棵树的高度相差最多 1 时，才调用 *node*，并且仅当两棵树的高度相差最多 2 时，两棵树才平衡。

接下来是函数 *deconsL* 的定义：

$$deconsL :: List\ a \rightarrow (a,\ List\ a)$$
$$deconsL(Node\_t_1(x,\ y)t_2) = \textbf{if}\ nullL\ t_1\textbf{then}(y,\ t_2)$$
$$\qquad\qquad\qquad\qquad \textbf{else}(z,\ balance\ t_3(x,\ y)t_2)$$
$$\qquad\qquad \textbf{where}(z,\ t_3) = deconsL\ t_1$$

它将沿树的左子树搜索，并找到第一个元素。

下一个函数是 *concatL*，其本质上是 4.3 节中定义的函数 *combine* 的第二个版本：

$$concatL :: List\ a \rightarrow List\ a \rightarrow List\ a$$
$$concatL\ t_1\ Null\ = t_1$$
$$concatL\ Null\ t_2 = t_2$$
$$concatL\ t_1\ t_2 \qquad = gbalance\ t_1(x,\ y)t_3$$
$$\qquad\qquad \textbf{where}\ x = lastL\ t_1$$
$$\qquad\qquad\qquad (y,\ t_3) = deconsL\ t_2$$

辅助函数 *lastL* 返回非空树中的最后一个值：

$$lastL :: List\ a \rightarrow a$$
$$lastL(Node\_t_1(x,\ y)t_2) = \textbf{if}\ nullL\ t_2\ \textbf{then}\ y\ \textbf{else}\ lastL\ t_2$$

在 *concatL* 的第三子句中，t_1 中的最后一个值和 t_2 中的第一个值被合并为新的根。*concatL* 的定义使用了 4.3 节中定义的一般平衡函数 *gbalance*。

最终函数 *splitL* 与 4.4 节中定义的函数 *split* 相似。区别在于 *splitL x t* 必须将树 *t* 拆分为一对树（t_1，t_2），其中 t_1 由 *t* 的初始部分组成，其权重分量均小于 *weight x*，而 t_2 是 *t* 的其余最终部分。为了执行此过程，我们将一棵树分成几块，然后再将它们重新拼接在一起，以构成树的最终对。因此有

$$splitL :: Pair \rightarrow List\ Pair \rightarrow (List\ Pair,\ List\ Pair)$$

$$splitL\ x\ t = sew(pieces\ x\ t)$$

splitL 与 4.4 节中的 *split* 的定义之间唯一的不同在于 *picecs* 的定义：

data $Piece\ a = LP(List\ a)(a,\ a) \mid RP(a,\ a)(List\ a)$

$pieces :: Pair \rightarrow List\ Pair \rightarrow [\,Piece\ Pair\,]$

$pieces\ x\ t = addPiece\ t[\ ]$ **where**

　$addPiece\ Null\ ps = ps$

　$addPiece(Node_t_1(y,\ z)t_2)ps = $ **if** $weight\ x > max(weight\ y)(weight\ z)$

　　　　　　　　　　　　　　then $addPiece\ t_2(LP\ t_1(y,\ z) : ps)$

　　　　　　　　　　　　　　else $addPiece\ t_1(RP(y,\ z)t_2 : ps)$

如我们在 4.4 节中所见，*splitL* 花费与树大小相关的对数时间。这样就完成了 Garsia-Wachs 算法的定义。

章节注释

关于算法设计的大多数文章中介绍的最佳划分的标准示例是矩阵乘法，即由 Hu 和 Shing 提出的 $O(n\ log\ n)$ 算法，用于 *n* 个矩阵相乘，请参见文献［6，7］。有关使用共享子树而不是数组来记录部分结果的树的另一种制表方法，请参见文献［1，第 21 章］。二次时间算法首先在文献［11］中针对最佳二叉搜索树的特殊情况进行了描述。关于 *r* 是单调的条件的证明是 Yao 在文献［14］中给出的证明的扩展。Yao 的论文还考虑了单调性和 QI 条件成立的其他示例。

变形虫战斗表演的例子首先在文献［13］中有描述。有关 boustrophedon 乘积的组合应用，请参见文献［1，第 28 章］。

Garsia-Wachs 算法具有有趣的历史。它首先在文献［4］中以受限哈夫曼编码的方式进行了讨论，其中提出了三次时间算法。作为最佳二叉搜索树的特例，在文献［11］中将其简化为二次时间算法。Hu 和 Tucker[8]中描述了一种不同的方法。它也出现在文献［5］和文献［12］的第一版中。根据 Knuth 所说，"尚未发现［Hu-Tucker 算法］的简单证明，且很可能找不到简单的证明。"然后是对 Hu-Tucker 算法的修改，即 Garsia-Wachs 算法[3]，该算法在文献［12］

的第二版中被采用。在文献［10］中讨论了其正确性的最佳证明，尽管仍然不是很简单，另见文献［9］。文献［2］中给出了 ML 中的 Garsia-Wachs 算法的函数式描述，尽管它使用了一些非纯的函数技术。所有这些文章仅描述了算法的二次时间版本。Robert E. Tarjan[3] 的附录相当简短，概述了如何实现 $O(n \log n)$ 版本。Knuth 在文献［12，6.2.2 节，练习 45］的练习中也提到了二次算法，该问题在第 713 页上得到了相当神秘的解答。就目前来看，我们对 Garsia-Wachs 的最优、纯函数实现的描述算法是比较新的。

参考文献

［1］ Richard Bird. *Pearls of Functional Algorithm Design*. Cambridge University Press，Cambridge，2010.

［2］ Jean-Christophe Filliâtre. A functional implementation of the Garsia-Wachs algorithm. In *ACM SIGPLAN Workshop on ML*，pages 91–96，2008.

［3］ Adriano M. Garsia and Michelle L. Wachs. A new algorithm for minimum cost binary trees. *SIAM Journal on Computing*，6（4）：622–642，1977.

［4］ Edgar N. Gilbert and Edward F. Moore. Variable-length binary encodings. *Bell Systems Technical Journal*，38（4）：933–967，1959.

［5］ Te Chiang Hu. *Combinatorial Algorithms*. Addison-Wesley，Reading，MA，1982.

［6］ Te Chiang Hu and Man-Tak Shing. Computation of matrix chain products，part I. *SIAM Journal on Computing*，11（2）：362–373，1982.

［7］ Te Chiang Hu and Man-Tak Shing. Computation of matrix chain products，part II. *SIAM Journal on Computing*，13（2）：228–251，1984.

［8］ Te Chiang Hu and Alan C. Tucker. Optimal computer search trees and variable-length alphabetic codes. *SIAM Journal on Applied Mathematics*，21（4）：514–532，1971.

［9］ Marek Karpinski，Lawrence L. Larmore，and Wojciech Rytter. Correctness of constructing optimal alphabetic tree revisited. *Theoretical Computer Science*，180（1–2）：309–324，1997.

［10］ Jeffrey H. Kingston. A new proof of the Garsia-Wachs algorithm. *Journal of Algorithms*，9（1）：129–136，1988.

［11］ Donald E. Knuth. Optimum binary search trees. *Acta Informatica*，1（1）：14–25，1971.

［12］ Donald E. Knuth. *The Art of Computer Programming*，volume 3：Sorting and Searching. Addison-Wesley，Reading，MA，second edition，1998.

［13］ Lambert Meertens. Algorithmics：Towards programming as a mathematical activity. In J. W. de Bakker，M. Hazewinkel，and J. K. Lenstra，editors，*Mathematics and Computer Science*，volume 1 of *CWI Monographs*，pages 289—334. North-Holland Publishing Company，Amsterdam，1986.

[14] Frances F. Yao. Efficient dynamic programming using quadrangle inequalities. In *ACM Symposium on the Theory of Computing*, pages 429–435, 1980.

练习

练习 14.1　写下对 $X_1 \otimes X_2 \otimes X_3 \otimes X_4$ 加括号的 5 种方法。对 5 个 Xs 加括号又有多少种方法？

练习 14.2　证明：如果 $T(1) = 1$，$T(n) = n + \sum_{k=1}^{n-1} (T(k) + T(n-k))$，那么有 $T(n) = (3^n - 1)/2$。

练习 14.3　假设与最佳划分相关的函数 *cost* 被概括为

$$cost(Leaf\ w) = 0$$
$$cost(Fork\ t_1\ t_2) = h(cost\ t_1)(cost\ t_2) + f(size\ t_1)(size\ t_2)$$

在 h 满足什么条件下，文中的三次时间复杂度算法仍然有效？如果两棵子树可以并行计算，那么 h 的合适值是多少？

练习 14.4　假设我们将 *mct* 的二次算法中 $table(i, j)$ 的定义替换为

$$table(i, j)$$
$$| i == j\ \ \ = (i, 0, weights!i, Leaf(weights!i))$$
$$| otherwise = minWith\ cost\ [fork\ k\ (t!(i, k))\ (t!(k+1, j))$$
$$| k \leftarrow [r(i, j-1)..r(i+1, j)]]$$

请问哪里出了问题？

练习 14.5　证明单调性条件 $i' \leq i \leq j \leq j' \Rightarrow S(i, j) \leq S(i', j')$ 对所有大小的 A 和 B 遵循 $A \leq A \cdot B$ 和 $B \leq A \cdot B$。

练习 14.6　类似地，证明四边形不等式

$$i \leq i' \leq j \leq j' \Rightarrow S(i, j) + S(i', j') \leq S(i, j') + S(i', j)$$

遵循 $(A \cdot B) + (B \cdot C) \leq (A \cdot B \cdot C) + B$。

练习 14.7　证明四边形不等式对 $(\cdot) = max$ 无效。

练习 14.8　当 $m \cdot n = m + m \times n + n$，其中 m 和 n 为非负数时，验证单调性和四边形不等式条件。

练习 14.9　当 $f \neq g$ 时，确保（14.1）的条件如下。在 $f = (\circ)$ 和 $g = (\cdot)$ 的情况下，第一个条件是

$$A \circ B \leq A \circ (B \cdot X) \wedge A \circ B \leq (X \cdot A) \circ B$$

这概括了单调性条件。QI 条件的推广更为复杂。首先，假设对于某些 Z，如果 $Y = X$ 或 $Y = Z \cdot X$，则 X 是 Y 的右因子双重地，对于某些 Z，如果 $Y = X$ 或 $Y = X \cdot Z$，则 X 是 Y 的左因子。两个条件是：首先，如果 $C \cdot D$ 是 $A \cdot B$ 的右因子，则

$$A \circ B + C \circ (D \cdot X) \leqslant A \circ (B \cdot X) + C \circ D$$

第二，如果 $C \cdot D$ 是 $A \cdot B$ 的一个左因，那么

$$A \circ B + (X \cdot C) \circ D \leqslant (X \cdot A) \circ B + C \circ D$$

正如本章所述，很难找到满足这些条件的有用示例。当 $m \circ n = m$ 且 $(\cdot) = (+)$ 时，它们成立吗？$m \circ n = m$ 和 $(\cdot) = (\times)$ 时，它们成立吗？

练习 14.10 boustrophedon 乘积 $\langle +\!\!+ \rangle$ 满足两个方程式

$$(xs +\!\!+ [x] +\!\!+ ys)\langle +\!\!+ \rangle zs = (xs\langle +\!\!+ \rangle zs) +\!\!+ [x] +\!\!+ (ys\langle +\!\!+ \rangle rev\ xs\ zs)$$

$$reverse(ys\langle +\!\!+ \rangle zs) = reverse\ ys\langle +\!\!+ \rangle rev\ xs\ zs$$

其中函数 rev 定义为

$$rev\ xs\ zs = \textbf{if}\ even(length\ xs)\ \textbf{then}\ reverse\ zs\ \textbf{else}\ zs$$

请证明 $\langle +\!\!+ \rangle$ 是可结合的。

练习 14.11 假设在 14.4 节中，将 $r(i, j)$ 定义为最大的最佳拆分，而不是最小的拆分。然后通过证明对于 $i \leqslant q < r$ 有 $C_q(i, j+1) \geqslant C_r(i, j+1)$，以及对于 $i+1 \leqslant q < r$ 有 $C_q(i+1, j) \geqslant C_r(i+1, j)$ 来证明（14.3）。请证明这两个事实满足（14.4）和（14.5）。

练习 14.12 使用一个特殊的哨兵对在 Garsia-Wachs 算法的构建语句中不是必要的。假设我们把 $build$ 的定义改为

$$build = endstep \cdot foldr\ step[\ ] \cdot zip(map\ Leaf[1..])$$

请给出 $endstep$ 的定义。

练习 14.13 考虑对 $build$ 进行以下输入：

$$[k,\ k,\ k+1,\ k+1,\ \cdots,\ 2k-1,\ 2k-1]$$

$build$ 需要花费多长时间？

练习 14.14 有人可能会怀疑 Garsia-Wachs 算法的两个阶段是否必要。为了证明它们是正确的，我们可以考虑两个明显的简化，两个都不包含标记阶段。一种方法是遵循哈夫曼编码算法，方法是在每个步骤中以最小的合并权重合并两棵相邻的树。可以通过选择第一个这样的对来任意断开连接。但是，与哈夫曼编码不同，组合树不会在其他树上移动以保持相同的边。以下是输入 $[4, 2, 4, 4, 7]$ 的步骤：

```
(4, 4)      (2, 2)      (4, 4)      (4, 4)      (7, 7)
((4  2), 6)             (4, 4)      (4, 4)      (7, 7)
((4  2), 6)             ((4  4), 8)             (7, 7)
(((4  2)  (4  4)), 14)                          (7, 7)
((((4  2)  (4  4))  7), 21)
```

第二个简化是从与上述相同的输入开始，并遵循 *build* 函数的步骤 1，但同样不要移动结果。这是与上述相同输入的计算：

$$(4，4) \qquad (2，2) \qquad (4，4) \qquad (4，4) \qquad (7，7)$$
$$(4，4) \qquad ((2\quad 4)，6) \qquad\qquad (4，4) \qquad (7，7)$$
$$((4\ (2\quad 4))，10) \qquad\qquad\qquad (4，4) \qquad (7，7)$$
$$((4\ (2\quad 4))，10) \qquad\qquad\qquad ((4\quad 7)，11)$$
$$(((4\ (2\quad 4))(4\quad 7))，21)$$

这两种树的代价是多少？计算 *gwa* $[4，2，4，4，7]$ 并证明它有更小代价。

练习 14.15 证明当 。和 · 均为 × 时，Garsia-Wachs 算法不起作用。

穷举搜索

为了找到一个具有特定属性的候选者，或者表明不存在这种候选者，有时似乎没有比检查每一个可能的候选者更好的方法了，从本质上讲，这就是穷举搜索。到目前为止，我们遇到的很多算法都是从穷举搜索算法开始的。通过利用各种单调性条件，它们被转换成更有效的替代算法——例如贪心算法、简化算法或动态规划算法。这些算法的运行时间通常是输入大小的低阶多项式。

然而，对于许多问题，甚至是非常简单的问题，没有任何已知的算法能有效保证多项式运行时间。例如，目前还没有哪种算法来确定一个花费多项式时间的已知位数的正整数的因数。有这样一种算法可以确定一个整数是否是素数，但这种方法是非构造性的，并且没有给出可能的除数是什么的提示。本书的其余部分处理的问题也属于类似的范畴，我们将要描述的算法在最坏的情况下都要花费超过多项式的时间。事实上，它们中的大多数都需要指数级的时间。

指数时间算法的主要问题是，它严重限制了可以解决的问题实例的大小。假设，一个算法的运行时间在最坏情况下是 $\Theta(2^n)$。如果我们能把算法改进到速度增加 1000 倍，那么在同样的分配时间内可以解决的问题的大小将从 n 增加到 $n+10$，而二次时间算法允许问题的大小从 n 增加到大约 $30n$。这之间有很大的区别。

即使面对潜在的穷举搜索，仍然有许多方法可以尽可能地提高搜索效率。一种方法是安排候选对象的生成，使候选对象之间的过渡尽可能快。我们可以推迟对不太可能的路径的探索，而选择那些启发式方法认为更有可能解决问题的路径。可以调整对候选对象的选择，以最小化穷举搜索所需的总空间。最后，有时可以找到基本步骤的底层实现，使其尽可能快地实现。函数式语言在最后两个方面而言处于劣势，因为空间的使用在纯函数式环境中很难控制，并且其实现取决于底层内存操作，这种特性使其在不引入过程特性，比如可变数组的语言的情况下很难被清楚地描述出来。

我们将在以下两章讨论的大多数问题都是关于各种类型的游戏和谜题。除了具有吸引力和趣味性之外，谜题还为学习穷举搜索提供了肥沃的土壤，因为一个优秀的谜题应该是没有明显的解决方法的。

第15章 *Chapter 15*

搜索方法

每个好侦探都知道，可以用不同的方式组织穷举搜索。本章介绍了深度优先搜索和广度优先搜索两种主要的搜索方法。我们将用各种游戏和谜题说明这些不同的搜索方式。优秀的侦探也知道如何优先调查某些比其他线索更有成效的线索。这种一般性方法体现在启发式搜索中，我们将在下一章讨论该方法。另一种方法是为实现给定的目标制定可能的计划，然后依次尝试每个计划，直到其中一个成功。本章最后一节将讨论一个规划算法的例子。不过现在，我们将从两个没有明确说明搜索性质的例子开始。

15.1 隐式搜索和 n 皇后问题

有时，我们可以直接描述候选解集合，所以让我们从基于以下模式的穷举搜索这个简单的思想开始：

$$solutions = filter\ good \cdot candidates$$

函数 *candidates* 从一些给定的数据中生成一个可能的候选解列表，过滤器操作提取那些"好的"候选解。在这个公式中没有明确的特定搜索方法，因为它依赖于候选解列表的生成方式。

上面的模式返回所有"好的"候选对象，但是为了找到一个（假设肯定存在一个），我们可以使用以下约定：

$$solution = head \cdot solutions$$

使用此方式提取单个解不会降低效率，因为在惰性计算下，只会计算 *solutions* 中的第一个元素。这个简单的想法被称为成功列表技术，在早期被认为是一种惰性函数式编程语言（如 Haskell）的优势面。然而，正如我们将在下面看到的，这并不意味着找到 n 个可能的解中的任何一个需要总时间的 $1/n$。根据候选解的精确定义，找到第一个解所花的时间可能几乎与找到所有解所花的时间一样多。

作为第一个例子，我们将着眼于一个可以追溯到 150 年前的著名谜题。这个谜题是在 $n \times n$ 棋盘上放置 n 个皇后，为了使皇后不会攻击其他人，每一个皇后都必须放在不同的行、列和对角线上。（国际象棋选手的表示方式是 *ranks* 和 *files*，而不是行和列，但我们将坚持使用标准的矩阵命名法，行从上到下标记，列从左到右标记。）前两个约束意味着，任何解都必须是数字 1 到 n 的排列，其中第 j 个元素是第 j 行皇后所在的列的编号。例如，8 皇后问题有 92 个解，其中一个是 15863724。第一行中的皇后在第 1 列中，第二行中的皇后在第 5 列中，以此类推。因此，每个解都是一个从 1 到 n 的排列，其中没有皇后沿着对角线攻击其他任何解。因此，对于每一个位于位置 (r, q) 的皇后，在任何位于 (r', q') 处都不会有另一个皇后（该位置满足 $r + q = r' + q'$ 或者 $r - q = r' - q'$）。每条左对角线（从左上到右下）由具有共同差异的坐标标识，每条右对角线（从右上到左下）由具有共同和的坐标标识。对角安全条件可以通过以下方式检查：

$$safe :: [\,Nat\,] \rightarrow Bool$$
$$safe\ qs = check(zip[\,1..\,]qs)$$
$$check[\ ] \qquad\qquad = True$$
$$check((r,\,q):rqs) = and[\,abs(q - q') \neq r' - r \mid (r',\,q') \leftarrow rqs\,] \wedge check\ rqs$$

现在我们可以简写成

$$queens :: Nat \rightarrow [\,[\,Nat\,]\,]$$
$$queens = filter\ safe \cdot perms$$

其中 *perms n* 生成从 1 到 n 的所有排列。这个函数的一个有效定义在第 1 章中给出：

$$perms\ n = foldr(concatMap \cdot inserts)[\,[\ ]\,][\,1..n\,]$$
$$\textbf{where}\ inserts\ x[\ ] \qquad = [\,[\,x\,]\,]$$
$$inserts\ x(y:ys) = (x:y:ys):map(y:\,)(inserts\ x\ ys)$$

我们似乎没有费多大力气就找到了一个解决这个难题的合理方案。然而，这是一个非常糟糕的解决方案。生成从 1 到 n 的排列需要 $\Theta(n \times n!)$ 步，而每个安全测试需要 $\Theta(n^2)$ 步，所以整个算法需要 $\Theta(n^2 \times n!)$ 步，因为安全测试必须应用到 $n!$ 排列。

一个更好的想法是只生成那些可以扩展到安全排列的排列。其思路是利用 *safe* 的以下特性：

$$safe(qs +\!\!+ [\,q\,]) = safe\ qs \wedge newDiag\ q\ qs$$

其中

$$newDiag\ q\ qs = and[\,abs(q - q') \neq r - r' \mid (r',\,q') \leftarrow zip[\,1..\,]qs\,]$$
$$\textbf{where}\ r = length\ qs + 1$$

检验 *newDiag* 确保下一个皇后被放置在新的对角线上。但是，如果使用上述 *perms* 定义，则很难使用此属性，因为新元素被插入到以前生成的部分排列的中间。相反，我们可以使用 *perms* 的另一个定义：

$$perms\ n = help\ n\ \textbf{where}$$
$$help\ 0 = [[\ ]]$$
$$help\ r = [xs \mathbin{+\!\!+} [x] \mid xs \leftarrow help(r-1),\ x \leftarrow [1..n],\ notElem\ x\ xs]$$

这个定义与前一个定义的区别在于，每个新元素都被添加到前一个排列的末尾，而不是中间的某个位置。这意味着我们可以将 *filter safe* 的一部分融合到排列的生成中，以得到

$$queens_1\ n = help\ n\ \textbf{where}$$
$$help\ 0 = [[\ ]]$$
$$help\ r = [qs \mathbin{+\!\!+} [q] \mid qs \leftarrow help(r-1),\ q \leftarrow [1..n],$$
$$notElem\ q\ qs,\ newDiag_1(r,\ q)qs]$$
$$newDiag_1(r,\ q)qs = and[abs(q-q') \neq r-r' \mid (r',\ q') \leftarrow zip[1..]qs]$$

先前放置的皇后的安全性在构造时已经得到了保证。测试 $newDiag_1$ 只需要 $\Theta(n)$ 步，最终搜索速度是原来的 n 倍。

有一种对偶解，即交换生成器的顺序，将新元素添加到之前的排列的前面而不是后面：

$$queens_2\ n = help\ n\ \textbf{where}$$
$$help\ 0 = [[\ ]]$$
$$help\ r = [q:qs \mid q \leftarrow [1..n],\ qs \leftarrow qss,\ notElem\ q\ qs,\ newDiag_2\ q\ qs]$$
$$\textbf{where}\ qss = help(r-1)$$
$$newDiag_2\ q\ qs = and[abs(q-q') \neq r'-1 \mid (r',\ q') \leftarrow zip[2..]qs]$$

公式 $help(r-1)$ 的计算是在 **where** 子句中提出的，否则它将为每个可能的放置重新计算。$newDiag$ 需要修订版本，因为皇后现在被添加到列表的前面。

两个函数 $queens_1$ 和 $queens_2$ 以完全相同的顺序生成完全相同的解，那么哪个更好？有人可能会认为 $queens_2$ 应该比 $queens_1$ 更快，因为将皇后添加到列表前面的操作是一个常数时间操作，而将皇后添加到列表后面的操作则需要线性时间。事实上，当所有的解都被计算时，第二个版本更快。但当我们只想要第一个解时，情况就会发生巨大变化。例如，当 n 为 9 时，计算 $queens_2$ 的第一个元素要比计算 $queens_1$ 的第一个元素慢得多。要了解原因，请考虑第一个解 136824975（在 352 个可能的解中）。该由 $queens_1$ 从左到右计算，部分排列的第一个元素生成如下：

1, 13, 135, 1352, 13524, 135249, 1357246, 13682497, 136824975

大部分工作是在生成第七和第八部分排列时进行的，因为 135249 不能延伸到解的右边，1357246 也不能。在每种情况下，这意味着在找到一个可以扩展的排列之前，必须生成更多的部分排列。剩下的部分排列可以很容易地扩展，因此需要的工作要少得多。

将此工作与 $queens_2$ 所需的工作进行对比，后者从右到左计算，并生成完全相同的部分排列列表。这一次，每一步都要做更多的工作，以便找到下一个以 1 开头的部分排列。例如，部分排列 13524 必须被 35249 取代，以允许一个 1 被添加到前面，这涉及生成大约 400 个中间排列。这个过程的每一步都会出现同样的现象，导致 $queens_2$ 在返回第一个解之前比 $queens_1$ 执

行更多的工作。当然，它在计算剩下的解时所做的工作也相应地较少。这个故事的教训是，下一个步骤的选择顺序可以显著地影响寻找第一个解的运行时间。

以下是 n 皇后问题的另一个解，其中搜索策略是明确的。我们将在稍后讨论深度优先和广度优先搜索时重新讨论它的一般思想，即根据两个有限集、一组状态和一组移动，以及三个函数来重新规划搜索：

$$moves :: State \rightarrow [Move]$$
$$move \;\; :: State \rightarrow Move \rightarrow State$$
$$solved :: State \rightarrow Bool$$

函数 $moves$ 确定在给定状态下可以进行的合法移动，$move$ 返回在进行给定移动时产生的状态。函数 $solved$ 确定哪些状态是谜题的解。用这种方式表述，问题本质上就是搜索一个顶点表示状态、边表示移动的有向图。

以下列出已解状态集的算法仅在一定的假设下有效，假设如下：

$$solutions :: State \rightarrow [State]$$
$$solutions\; t = search[t]$$
$$search :: [State] \rightarrow [State]$$
$$search[\,] \qquad = [\,]$$
$$search(t:ts) = \textbf{if } solved\; t \textbf{ then } t : search\; ts \textbf{ else } search(succs\; t \;+\!\!+\; ts)$$
$$succs :: State \rightarrow [State]$$
$$succs\; t = [move\; t\; m \mid m \leftarrow moves\; t]$$

总之，如果当前的状态还不是一个解决了的状态，那么它的继任者就会被添加到等待探索的状态的前面。这种处理后续状态的方式是深度优先搜索的典型方式。关于假设，最主要的假设是基本图是无循环的，否则，如果任何状态重复，搜索就会无限循环。第二种假设是，在任何已解决的状态下都不可能有进一步的移动，否则一些已解决的状态将会被遗漏。第三种假设是，任何状态都不能通过一条以上的路径到达，否则一些已解决的状态将会被多次列出。

这三个假设在 n 皇后问题中都满足，我们可以定义

$$\textbf{type } State = [Nat]$$
$$\textbf{type } Move = Nat$$
$$moves :: State \rightarrow [Move]$$
$$moves\; qs = [q \mid q \leftarrow [1\,..\,n],\; notElem\; q\; qs,\; newDiag_2\; q\; qs]$$
$$move :: State \rightarrow Move \rightarrow State$$
$$move\; qs\; q = q : qs$$
$$solved :: State \rightarrow Bool$$
$$solved\; qs \;\; = (length\; qs == n)$$

函数 $newDiag_2$ 在前面定义过。如果一个状态是 $1\,..\,n$ 的全部排列，并且这组棋子包含了下一个皇后可以放置的合法位置，那么就认为这是一个已解决的状态。这样最终得到的算法在找到第

一个解时和算法 $queens_1$ 一样快。

　　search 的定义可以修改为只计算解的数量。计算 n 皇后问题的解的数量是一个耗时的操作。例如，在 2006 年的一个实验中，计算 25 皇后问题的解的个数花费了 26613 天的 CPU 时间，结果是 2207789435808352。目前没有人知道当 $n=28$ 时有多少个解。然而，我们可以通过使用更紧凑的状态表示来提高上面算法的速度。我们将描述一种使用三位向量的表示。这三个向量决定了哪些左对角线、列和右对角线不能用于下一个皇后。举个例子，考虑 5 皇后问题，并且假设最后两行已经填充完毕。如下所示，第 3 行等待填充：

```
.  .  .  .  .
.  ♛  .  .  .
.  .  .  ♛  .
```

这个状态下的三个向量是 11000、01010 和 00100。第一个是 11000，决定哪条从左到右的对角线被皇后攻击。我们不能把皇后放在第 1 列或第 2 列，因为它会受到现有的皇后沿着从左到右的对角线的攻击。中间的向量 01010 确定哪些列受到攻击，第三个向量 00100 确定哪些从右到左的对角线受到攻击。可用于下一行的列通过取这三个序列的逐位并集的补来计算：

$$complement(11000 \mathbin{.|.} 01010 \mathbin{.|.} 00100) = 00001$$

按位联合运算符 $.|.$ 和 *complement* 函数是从 Haskell 库 *Data.Bits* 中获取的，如下面描述的一些进一步操作。结果 00001 意味着我们只能在第 5 列中放置一个皇后。

作为另一个例子，考虑当第 5 行第 4 列中有一个皇后时，在第 4 行中放置皇后的可能性。这三个相关的向量是 00100，00010 和 00001。我们可以计算：

$$complement(00100 \mathbin{.|.} 00010 \mathbin{.|.} 00001) = 11000$$

　　所以第 4 行的皇后只能放在第 1 列和第 2 列（和第一个例子一样），假设我们选择列 2（和第一个例子一样），这个选择由位向量 01000 表示。然后我们可以更新对角线和列信息

$$shiftL(00100 \mathbin{.|.} 01000)\,1 = 11000$$

$$00010 \mathbin{.|.} 01000 \quad\quad = 01010$$

$$shiftR(00001 \mathbin{.|.} 01000)\,1 = 00100$$

这三个向量出现在第一个例子中。*shiftL* 操作将位向量向左移动指定的位数，引入末尾的 0。类似地，*shiftR* 将位向量向右移动指定位置数，引入前导 0。在上面的每一个计算中，移动一个位置计算一次。当列向量中的所有位都为 1 时，就可以获得一个求解的状态。

　　Haskell 的 *Data.Word* 库为位向量提供了许多不同的大小，包括 *Word8*、*Word16*、*Word32* 和 *Word64*，每一个都是 n 位无符号整数类型，$n=8$、16，等等。我们将选择 *Word16*，它允许我们解决 $n \leqslant 16$ 的 n 皇后问题。当 $n<16$ 时，我们可以使用掩码来屏蔽位。例如，对于 $n=5$，掩码将是一个 16 位的向量，除了最后 5 位都是 1，其余的位都是 0。从数字上讲，掩码的位表示为 2^n-1，对应 $0 \leqslant n \leqslant 16$，所以我们可以定义

$$mask :: Word16$$

$$mask = 2^n - 1$$

在每个点重新计算 *mask* 会影响搜索的效率，所以我们使其成为完整的算法的局部：

type *State* = (*Word16*, *Word16*, *Word16*)

type *Move* = *Word16*

cqueens :: *Nat* → *Integer*

cqueens *n* = *search*[(0, 0, 0)] **where**

  search :: [*State*] → *Integer*

  search[ ] = 0

  search(*t* : *ts*) = **if** *solved* *t* **then** 1 + *search* *ts* **else** *search*(*succs* *t* ⧺ *ts*)

  solved :: *State* → *Bool*

  solved(_, *cls*, _) = (*cls* == *mask*)

  mask :: *Word16*

  mask = $2^n - 1$

  succs :: *State* → [*State*]

  succs *t* = [*move* *t* *b* | *b* ← *moves* *t*]

  move :: *State* → *Move* → *State*

  move(*lds*, *cls*, *rds*)*m* = (*shiftL*(*lds* .|. *m*)1, *cls* .|. *m*, *shiftR*(*rds* .|. *m*)1)

  moves :: *State* → [*Move*]

  moves(*lds*, *cls*, *rds*) = *bits*(*complement*(*lds* .|. *cls* .|. *rds*) .&. *mask*)

函数 *bits* 从向量中提取位，作为一个位向量序列，每个位向量包含一个单独的设置位：

$$bits :: Word16 → [Move]$$

$$bits\ v = \textbf{if}\ v == 0\ \textbf{then}[\ ]\ else\ b : bits(v - b)$$

$$\textbf{where}\ b = v\ .\&.\ negate\ v$$

请参阅练习以获得另一种稍微不那么高效的定义。例如

$$bits\ 11010 = [00010, 01000, 10000]$$

表达式 *v* .&. *negate* *v*，其中 .&. 是按位与返回最低有效位。例如：

$$11010\ .\&.\ negate\ 11010 = 11010\ .\&.\ 00110 = 00010$$

从向量中重复减去最低有效位会得到所有的位。当算法编译和运行时，它在接近 1min 的 CPU 时间内得出了 16 皇后问题有 14772512 个解的事实。

15.2 给定和的表达式

这是一个同样可以使用直接方法解决的不同类型的谜题。这个问题涉及构造计算为给定和的算术表达式。这个问题的一个简单版本是要求一个列表，列出所有可以将运算符×和+插入到数字 1 到 9 的列表中，从而使总数为 100 的方法。例如下面两个例子：

$$100 = 12 + 34 + 5 × 6 + 7 + 8 + 9$$

$$100 = 1 + 2 × 3 + 4 + 5 + 67 + 8 + 9$$

在这个问题的特定版本中，在形成表达式时不允许使用圆括号，并且通常，×比+结合得更紧密。这里我们可以写出

$$solutions :: Nat \to [Digit] \to [Expr]$$

$$solutions\ n = filter(good\ n \cdot value) \cdot expressions$$

其中，expressions 构建了一个包含可以由给定数字列表形成的所有算术表达式的列表，value 提供这样一个表达式的值，good 测试该值是否等于给定的目标值。

让我们先来考虑 expressions。每个表达式是一列项的和，每一项是一列因子的乘积，每个因子是一个非空的数字列表。例如，表达式

$$12 + 34 + 5 \times 6 + 7 + 8 + 9$$

可以用如下的复合列表表示

$$[[[1, 2]], [[3, 4]], [[5], [6]], [[7]], [[8]], [[9]]]$$

这意味着我们可以在合适的类型同义词帮助下定义表达式、术语和因子：

$$\textbf{type}\ Expr\ = [Term]$$
$$\textbf{type}\ Term\ = [Factor]$$
$$\textbf{type}\ Factor = [Digit]$$
$$\textbf{type}\ Digit\ = Nat$$

定义 expressions 的一种简单方法遵循前面 perms 的定义：

$$expressions :: [Digit] \to [Expr]$$
$$expressions = foldr(concatMap \cdot glue)[[\ ]]$$
$$glue :: Digit \to Expr \to [Expr]$$
$$glue\ d[\ ]\qquad = [[[[d]]]]$$
$$glue\ d((ds:fs):ts) = [((d:ds):fs):ts,\ ([d]:ds:fs):ts,\ [[d]]:(ds:fs):ts]$$

为了解释 glue，可以观察到从一个数字 d 只能构建一个表达式，即 $[[[d]]]$。一个由多个数字构建的表达式可以分解成一个前导因子，例如 ds，它是前导项 ds:fs 的一部分，以及一个剩余表达式，即一个项列表 ts。可以通过三种方式将一个新数字添加到表达式的前面：用新数字扩展前导因子，开始一个新因子，或开始一个新术语。例如，2×3+··· 可以通过以下三种方式在左侧扩展新的数字 1：

$$12 \times 3 + \cdots$$
$$1 \times 2 \times 3 + \cdots$$
$$1 + 2 \times 3 + \cdots$$

根据这个定义，从 9 个数字可以建立 $6561 = 3^8$ 个表达式，从 n 个数字的列表可以建立 3^{n-1} 个表达式。

函数 value 可以实现为函数 valExpr，其中

$$valExpr :: Expr \to Nat$$
$$valExpr = sum \cdot map\ valTerm$$

$$valTerm :: Term \rightarrow Nat$$

$$valTerm = product \cdot map\ valFact$$

$$valFact :: Factor \rightarrow Nat$$

$$valFact = foldl\ op\ 0\ \textbf{where}\ op\ n\ d = 10n + d$$

最后，一个好的表达式的值等于目标值：

$$good :: Nat \rightarrow Nat \rightarrow Bool$$

$$good\ n\ v = (v == n)$$

程序 *solutions* 计算 100 [1..9]，并以合适的方式显示结果，得到了 7 种解法：

$$100 = 1 \times 2 \times 3 + 4 + 5 + 6 + 7 + 8 \times 9$$

$$100 = 1 + 2 + 3 + 4 + 5 + 6 + 7 + 8 \times 9$$

$$100 = 1 \times 2 \times 3 \times 4 + 5 + 6 + 7 \times 8 + 9$$

$$100 = 12 + 3 \times 4 + 5 + 6 + 7 \times 8 + 9$$

$$100 = 1 + 2 \times 3 + 4 + 5 + 67 + 8 + 9$$

$$100 = 1 \times 2 + 34 + 5 + 6 \times 7 + 8 + 9$$

$$100 = 12 + 34 + 5 \times 6 + 7 + 8 + 9$$

计算时间不太长，因为只有 6561 种可能要检查。然而，在某些情况下，目标值可能会更大，且可能会有更多的数字，所以让我们看看我们可以做什么来优化搜索。

一个明显的步骤是记忆计算，以节省每次都重新计算的代价。更好的方式是，我们可以利用单调性条件来实现过滤器测试的部分融合到表达式的生成中。这个情况和 n 皇后问题完全一样。关键的部分是，由正数构建的表达式，只使用并置×和+，值至少要与其组成表达式一样大。其形式化陈述将留作练习。因此，我们可以将表达式与它们的值配对，并且只生成值最多为目标值的表达式。

一个技术上的困难是，我们不能仅从数字和表达式的值来确定一个新表达式的值，该新表达式是通过将一个新数字粘到前面来获得的，我们需要主导因子和主导项的值。因此，我们将定义分量值 *values* 为

$$\textbf{type}\ Values = (Nat,\ Nat,\ Nat,\ Nat)$$

$$values :: Expr \rightarrow Values$$

$$values((ds:fs):ts) = (10 \wedge length\ ds,\ valFact\ ds,\ valTerm\ fs,\ valExpr\ ts)$$

这个四元组中附加的第一分量只是为了使 *valFact* 的求值更高效。分量值为 $(p,\ f,\ t,\ e)$ 的表达式的值为 $f{\times}t{+}e$。

以下是修正后的函数 *solutions* 定义：

$$solutions :: Nat \rightarrow [Digit] \rightarrow [Expr]$$

$$solutions\ n = map\ fst \cdot filter(good\ n) \cdot expressions\ n$$

函数 *expressions* n 生成的表达式的值最多为 n：

$$expressions :: Nat \to [Digit] \to [(Expr, Values)]$$

$$expressions\ n = foldr(concatMap \cdot glue)[([\,], \bot)]$$

$$\textbf{where}\ glue\ d = filter(ok\ n) \cdot extend\ d$$

$$extend\ d([\,],) = [([[[d]]], (10, d, 1, 0))]$$

$$extend\ d((ds:fs):ts, (p, f, t, e)) = [(((d:ds):fs):ts, (10 \times p, p \times d + f, t, e)),$$
$$(([d]:ds:fs):ts, (10, d, f \times t, e)),$$
$$([[d]]:(ds:fs):ts, (10, d, 1, f \times t + e))]$$

最后，测试 *good* 和 *ok* 的定义如下：

$$good\ n\ (ex, (p, f, t, e)) = (f \times t + e == n)$$

$$ok\ n\quad (ex, (p, f, t, e)) = (f \times t + e \leqslant n)$$

结果表明，*solutions* 程序比第一个版本快很多倍。

15.3　深度优先搜索与广度优先搜索

在 15.1 节中，我们使用三个函数实现了深度优先搜索的一个简单版本：

$$moves :: State \to [Move]$$

$$move\ :: State \to Move \to State$$

$$solved :: State \to Bool$$

该搜索能产生所有解决状态的列表，但前提是满足三个假设。首要的假设是，底层有向图是无环的。然而，在许多应用中，这种假设并不成立。某些顺序的移动完全有可能导致重复的状态，因此相关的有向图将包含环。我们将假设，对于所有状态 t 和移动 m，$move\ t\ m \neq t$，所以图中不包含循环。第二个假设是，如果我们想要枚举已解决状态而不是已解决状态本身的所有移动序列，那么就不需要多个移动序列来达到最终状态。第三个假设是，在一个已解决的状态下不可能有进一步的移动，这是我们将继续假设的合理限制。

因此，让我们考虑一下如何实现一个函数

$$solutions :: State \to [[Move]]$$

用于计算所有达到解决状态的简单移动序列。如果在移动过程中没有重复的中间状态，那么一个移动序列是简单的。如果没有这个限制，解的集合可以是无限的。为了保持限制，我们需要记住路径上的移动序列和中间状态列表，包括移动所产生的初始状态。因此我们定义

$$\textbf{type}\ Path = ([Move], [State])$$

路径的第二个分量是一个非空的状态列表。路径的简单后继定义如下：

$$succs :: Path \to [Path]$$

$$succs(ms, t:ts) = [(ms \mathbin{+\!\!+} [m], t':t:ts)$$
$$|\ m \leftarrow moves\ t, \textbf{let}\ t' = move\ t\ m, notElem\ t'ts]$$

路径的中间状态是从右到左记录的。这意味着一条通向最终状态的路径定义如下：

$$final :: Path \rightarrow State$$

$$final = head \cdot snd$$

接下来，函数 *paths* 接受一个简单路径列表，并生成所有可能的补全方式。这里有两种定义 *paths* 的方法：

$$paths_1 :: [\,Path\,] \rightarrow [\,Path\,]$$

$$paths_1 = concat \cdot takeWhile(\,not \cdot null\,) \cdot iterate(\,concatMap\ succs\,)$$

$$paths_2 :: [\,Path\,] \rightarrow [\,Path\,]$$

$$paths_2\ ps = concat[\,p : paths_2(\,succs\ p\,)\ |\ p \leftarrow ps\,]$$

在 $paths_1$ 中，通过使用 *succs* 来重复扩展路径列表，直到无法再扩展为止。在这个定义下，简单路径按长度升序生成。在 $paths_2$ 中，每个路径之后紧跟着它的后继状态，所以路径不一定是按长度的升序产生的。我们马上会重写这两个定义。现在我们可以定义 $soulutions_1$：

$$solutions_1 :: State \rightarrow [\,[\,Move\,]\,]$$

$$solutions_1 = map\ fst \cdot filter(\,solved \cdot final\,) \cdot paths_1 \cdot start$$

初始状态被转换为包含空路径的单例：

$$start :: State \rightarrow [\,Path\,]$$

$$start\ t = [\,(\,[\,]\,,\ [\,t\,]\,)\,]$$

函数 $paths_1$ 枚举所有简单路径，结果将过滤那些到达已解决状态的路径，然后处理这些路径以产生移动。$solutions_2$ 的定义是相同的，但是 $paths_1$ 被 $paths_2$ 取代。

　　通过一些计算，可以重写 *paths* 的两个定义。首先考虑表达式

$$exp = foldr\ f\ e \cdot takeWhile\ p \cdot iterate\ g$$

一个简单的计算（留作练习）可以得到等价的递归定义：

$$exp\ x = \textbf{if}\ p\ x\ \textbf{then}\ f\ x(\,exp(\,g\ x\,)\,)\ \textbf{else}\ e$$

因此，$paths_1$ 可以表达为

$$paths_1\ ps = \textbf{if}\ null\ ps\ \textbf{then}[\,]\ \textbf{else}\ ps \mathbin{+\!\!+} paths_1(\,concatMap\ succs\ ps\,)$$

我们现在可以证明

$$paths_1(\,ps \mathbin{+\!\!+} qs\,) = ps \mathbin{+\!\!+} paths_1(\,qs \mathbin{+\!\!+} concatMap\ succs\ ps\,)$$

对于所有的 *ps* 和 *qs* 成立。证明是通过对 *ps* 的归纳法得出。基本情况是直接明了的，对于归纳法步骤我们进行如下讨论：

$$paths_1(\,p : ps \mathbin{+\!\!+} qs\,)$$

$$=\quad \{paths_1\ 的定义\}$$

$$p : ps \mathbin{+\!\!+} qs \mathbin{+\!\!+} paths_1(\,concatMap\ succs(\,p : ps \mathbin{+\!\!+} qs\,)\,)$$

$$=\quad \{concatMap\ 的定义\}$$

$$p : ps \mathbin{+\!\!+} qs \mathbin{+\!\!+} paths_1(\,succs\ p \mathbin{+\!\!+} concatMap\ succs(\,ps \mathbin{+\!\!+} qs\,)\,)$$

$$=\quad \{引入\ ps' = ps \mathbin{+\!\!+} qs\ 和\ qs' = succs\ p\}$$

$$p : ps' \mathbin{+\!\!+} paths_1(\,qs' \mathbin{+\!\!+} concatMap\ succs\ ps'\,)$$

$$= \quad \{\text{归纳并展开该缩写}\}$$

$$p : paths_1(ps \mathbin{+\!\!+} qs \mathbin{+\!\!+} succs\ p)$$

$$= \quad \{\text{引入}\ qs'' = qs \mathbin{+\!\!+} succs\ p\}$$

$$p : paths_1(ps \mathbin{+\!\!+} qs'')$$

$$= \quad \{\text{再次归纳，展开该缩写}\}$$

$$p : ps \mathbin{+\!\!+} paths_1(qs \mathbin{+\!\!+} succs\ p \mathbin{+\!\!+} concatMap\ succs\ ps)$$

$$= \quad \{concatMap\ \text{的定义}\}$$

$$p : ps \mathbin{+\!\!+} paths_1(qs \mathbin{+\!\!+} concatMap\ succs(p : ps))$$

这样证明就完成了。特别地，设 $(ps, qs) = ([\ ], ps)$，我们得到

$$paths_1(p : ps) = p : paths_1(ps \mathbin{+\!\!+} succs\ p)$$

也就是说，$solutions_1$ 可以写成这样的形式：

$$
\begin{aligned}
&solutions1 = search \cdot start\ \textbf{where}\\
&\quad search[\ ] \quad\ = [\ ]\\
&\quad search((ms, t:ts):ps)\\
&\qquad |\ solved\ t \ = ms : search\ ps\\
&\qquad |\ otherwise = search(ps \mathbin{+\!\!+} succs(ms, t:ts))
\end{aligned}
$$

唯一的假设是在解决状态中不可能有任何移动。这种方法称为广度优先搜索（BFS）。在 BFS 中，边界（等待进一步探索的路径列表）作为队列来维护，新条目被添加到队列的尾部。上面的计算表明，BFS 确实可以产生路径长度升序的解。

转到 $paths_2$，我们可以推断

$$paths_2(p : ps)$$

$$= \quad \{paths_2\ \text{的定义}\}$$

$$concat[p' : paths_2(succs\ p')\ |\ p' \leq p : ps]$$

$$= \quad \{concat\ \text{和}\ paths_2\ \text{的定义}\}$$

$$p : paths_2(succs\ p) \mathbin{+\!\!+} paths_2\ ps$$

$$= \quad \{\text{因为}\ concat(xss \mathbin{+\!\!+} yss) = concat\ xss \mathbin{+\!\!+} concat\ yss\}$$

$$p : paths_2(succs\ p \mathbin{+\!\!+} ps)$$

因此，我们得到了 $solutions_2$ 的另一种定义

$$
\begin{aligned}
&solutions_2 = search \cdot start\ \textbf{where}\\
&\quad search[\ ] \quad\ = [\ ]\\
&\quad search((ms, t:ts):ps)\\
&\qquad |\ solved\ t \ = ms : search\ ps\\
&\qquad |\ otherwise = search(succs(ms, t:ts) \mathbin{+\!\!+} ps)
\end{aligned}
$$

这种方法称为深度优先搜索（DFS）。这一次，边界作为一个堆栈进行管理，新条目被添

加到堆栈的前端。有了 DFS，虽然所有的解仍然会产生，但解不是按照长度的升序产生的。这两种解法的定义并不一定是描述 DFS 和 BFS 的常规方式（见下文），但这两种解法都可以从明确的规范中派生出来，故而是有意义的。

关于 BFS 按照长度的顺序产生解决方案的观点似乎倾向于 $solutions_1$。但也有一个缺点：在 BFS 下，边界可能比在 DFS 下成倍地长。假设每个状态有 K 个后继，第一个解出的状态出现在第 n 层，这意味着有 n 次移动的序列产生一个解出的状态。在 DFS 下，边界每一步增大 K，因此最终边界长度为 $K n$。在 BFS 下，距离解出的状态不超过 n 的所有状态的继承者都将在边界上排队，因此边界的长度为 k^n。因此，BFS 可以比 DFS 成倍地使用更多的空间。更糟糕的是，正如上面定义的那样，它也会花费指数级的时间，因为计算 $(ps + succs\ p)$ 所花费的时间与 ps 的长度成正比。

一种提高算法速度的方法是使用专用的队列数据类型，以确保向后方添加元素是一个花费常数时间的操作，尽管这种方法不会降低空间复杂度。另一种方法是引入累积参数，通过以下方式定义 $search_1$：

$$search_1\ pss\ ps = search(ps + concat(reverse\ pss))$$

然后，在完成我们留作练习的简单的计算之后，得出

$$solutions_1 = search[\ ] \cdot start\ \textbf{where}$$
$$search[\ ][\ ]\ \ = [\ ]$$
$$search\ pss[\ ] = search[\ ](concat(reverse\ pss))$$
$$search\ pss((ms,\ t:ts):ps)$$
$$\big|\ solved\ t\ = ms:search\ pss\ ps$$
$$\big|\ otherwise = search(succs(ms,\ t:ts):pss)ps$$

事实上，还有另一种版本的 $search$，其中累积参数是路径列表，而不是路径列表的列表：

$$search\ qs[\ ]\ \ = \textbf{if}\ null\ qs\ \textbf{then}[\ ]\textbf{else}\ search[\ ]qs$$
$$search\ qs((ms,\ t:ts):ps)$$
$$\big|\ solved\ t\ = ms:search\ qs\ ps$$
$$\big|\ otherwise = search(succs(ms,\ t:ts) + qs)ps$$

这个版本与前一个版本有不同的行为，即连续的边界是从左到右和从右到左交替地遍历，但解仍将按长度的升序产生。

上面考虑的每个搜索函数都能产生所有的解。如果只需要一个解，那么还有一个节省空间的想法。前面每一次搜索的问题是，为了确保每条路径都是一条简单的路径，必须保留中间状态列表，这大大增加了所需的总空间。通过将成员资格测试移到顶层，我们不仅可以保证每个路径都是简单的，而且还可以保证只维护到给定状态的一条路径。

详情如下。路径现在由一系列移动和最终结果状态组成，因此必须将 $succs$ 的定义更改为

$$succs(ms,\ t) = [(ms + [m],\ move\ t\ m)\ |\ m \leftarrow moves\ t]$$

现在我们可以定义如下：

$$solution_1 :: State \rightarrow Maybe[Move]$$

$$solution_1\ t = search[\ ][([\ ],\ t)]$$

$$\mathbf{where}\ search\ ts[\ ] \qquad = Nothing$$

$$search\ ts((ms,\ t):ps)$$

$$\qquad |\ solved\ t\ \ = Just\ ms$$

$$\qquad |\ elem\ t\ ts = search\ ts\ ps$$

$$\qquad |\ otherwise = search(t:ts)(ps + succs(ms,\ t))$$

search 的第一个参数是访问过的状态的列表，这些状态的继承者已经被添加到边界上。使用列表意味着成员资格测试需要线性时间。作为替代方法，我们可以利用 4.4 节的高效集合运算。Haskell 的 *Data. Set* 库还提供了必要的操作，因此我们可以导入它：

$$\mathbf{import}\ Data.Set(empty,\ insert,\ member)$$

并且定义

$$solution_1 :: State \rightarrow Maybe[Move]$$

$$solution_1\ t = search\ empty[([\ ],\ t)]$$

$$\mathbf{where}\ search\ ts[\ ] \qquad = Nothing$$

$$search\ ts((ms,\ t):ps)$$

$$\qquad |\ solved\ t \qquad = Just\ ms$$

$$\qquad |\ member\ t\ ts = search\ ts\ ps$$

$$\qquad |\ otherwise \quad = search(insert\ t\ ts)(ps + succs(ms,\ t))$$

这个版本的 $solution_1$ 保证 *member* 操作和 *insert* 操作都需要对数时间。这种搜索方法通常被定义为 BFS。伴随着的函数

$$solution_2 :: State \rightarrow Maybe[Move]$$

$$solution_2\ t = search\ empty[([\ ],\ t)]$$

$$\mathbf{where}\ search\ ts[\ ] \qquad = Nothing$$

$$search\ ts((ms,\ t):ps)$$

$$\qquad |\ solved\ t \qquad = Just\ ms$$

$$\qquad |\ member\ t\ ts = search\ ts\ ps$$

$$\qquad |\ otherwise \quad = search(insert\ t\ ts)(succs(ms,\ t) + ps)$$

通常被定义为 DFS。两个函数都不适合产生所有的解，但如果存在一个解，它们肯定会产生一个解。

15.4　登月问题

现在让我们看看 DFS 和 BFS 是如何解决另一个难题的。这是一个称作"登月"（也称作

月球锁定）的令人上瘾的纸牌游戏，由 Hiroshi Yamamoto 发明，并由发明过高峰时间的著名的日本发明家 Nob Yoshigahara 宣传，高峰时间是另一个谜题，我们将在后面讨论。虽然它可以在不同形状和大小的棋盘上玩，但标准的棋盘是 5×5 正方形的格子，中间的格子被指定为逃生口。在板上有一个人类宇航员和一些机器人，每个占据一个单独的格子。这个游戏的目的是让宇航员安全进入逃生口。宇航员和机器人都只能水平或垂直移动。问题在于，棋盘的边界之外是无限的空间，没有机器人或人类想去那里。因此，每一步都需要将一个棋子沿着直线尽可能地移动，直到它与另一个阻碍进入无限空间的棋子相邻。其目的是找到一个移动序列，使宇航员能够准确地降落在逃生口上。

这是一个示例棋盘，宇航员是 0 号；有 5 个机器人，编号从 1 到 5；逃生口用×标记：

```
  ·     ·    [1]    ·     ·

  ·     ·     ·    [2]    ·

 [3]    ·     ×     ·     ·

  ·     ·     ·    [4]    ·

 [5]   [0]    ·     ·     ·
```

在这个位置上只有机器人 3 和 5 可以移动。宇航员和剩下的机器人如果移动，就会飞向无限的空间。机器人 3 可以向下移动一个格子，机器人 5 可以向上移动一个格子。仅涉及机器人 3 的最长的移动序列是 *3D 3R 3U 3R 3D*。换句话说，机器人 3 可以向下、右、上、右、下移动，直到它刚好在机器人 4 的上方。另一方面，机器人 5 可以进行无限的移动序列。以下两种移动序列

5U 5R

5U 5R 5U 5R 5D 5L 5D 5R

的结果都是机器人 5 在机器人 4 的左边。第二个序列的最后 6 步可以无限重复。然而，这个谜题有一个独特的 9 步解决方案。暂停一下，看看你是否能找到它。

―――――――――――

答案是 9 步：

5U 5R 5U 2L 2D 2L 0U 0R 0U

机器人 5 在 3 步结束后处于机器人 1 之下，然后机器人 2 在 3 步结束后处于机器人 3 的右边，最后，宇航员可以再走 3 步逃脱。

还有另外一种解决方法，包含 12 步，但只有两个棋子参与：

5U 5R 5U 5R 5D 5L 0U 0R 0U 0R 0D 0L

请注意，在这个解决方案中，宇航员在第 3 次移动时越过了逃生口，在最后一次移动时才降落在逃生口上。这是一个有无数个解的示例棋盘，所以相关的有向图是循环的。

第一个需要决定的问题是如何表示棋盘。最明显的方法是使用笛卡儿坐标，但另一个更

紧凑的表示方式是对单元格进行如下编号：

$$\begin{array}{ccccc} 1 & 2 & 3 & 4 & 5 \\ 7 & 8 & 9 & 10 & 11 \\ 13 & 14 & 15 & 16 & 17 \\ 19 & 20 & 21 & 22 & 23 \\ 25 & 26 & 27 & 28 & 29 \end{array}$$

6 的倍数单元格表示左右边界，这将有助于确定棋子的移动位置。逃生口在 15 号格子。棋盘用一个被占用的单元格列表表示，第一个单元格位于位置 0，用来表示宇航员的位置。例如，上面的棋盘可以用列表 $[26, 3, 11, 13, 22, 25]$ 表示。因此我们可以定义

$$\textbf{type } Cell \quad = Nat$$
$$\textbf{type } Board = [\,Cell\,]$$
$$solved :: Board \rightarrow Bool$$
$$solved\ b = (b\,!!\,0 == 15)$$

下一个问题是如何表示移动。我们将用一个已命名的棋子、它的当前位置和移动的终点来表示一次移动，而不是使用一个已命名的棋子和一个方向来表示一次移动：

$$\textbf{type } Name = Nat$$
$$\textbf{type } Move \ = (Name,\ Cell,\ Cell)$$

一个移动可以通过函数 $showMove$ 在方向上进行改写：

$$showMove :: Move \rightarrow String$$
$$showMove(n,\ s,\ f) = show\ n \mathbin{+\!\!+} dir(s,\ f)$$
$$dir(s,\ f) = \textbf{if } abs(s - f) \geqslant 6\ \textbf{then}(\textbf{if } s < f\ \textbf{then } \texttt{"D"}\ \textbf{else } \texttt{"U"})$$
$$\textbf{else}(\textbf{if } s < f\ \textbf{then } \texttt{"R"}\ \textbf{else } \texttt{"L"})$$

函数 $move$ 定义如下：

$$move :: Board \rightarrow Move \rightarrow Board$$
$$move\ b(n,\ s,\ f) = b_1 \mathbin{+\!\!+} f : b_2\ \textbf{where}(b_1,\ \_ : b_2) = splitAt\ n\ b$$

它只保留了定义函数 $moves$ 的形式

$$moves :: Board \rightarrow [\,Move\,]$$
$$moves\ b = [\,(n,\ s,\ f) \mid (n,\ s) \leftarrow zip[0\,..\,]b,\ f \leftarrow targets\ b\ s\,]$$

函数 $targets$，决定移动的目标单元，其定义为移动一个棋子的四种可能路径：

$$targets :: Board \rightarrow Cell \rightarrow [\,Cell\,]$$
$$targets\ b\ c = concatMap\ try[\,ups\ c,\ downs\ c,\ lefts\ c,\ rights\ c\,]$$
$$\textbf{where } try\ cs \mid null\ ys \quad = [\,]$$
$$\mid null\ xs \quad = [\,]$$
$$\mid otherwise = [\,last\ xs\,]$$

$$\textbf{where}(xs, ys) = span(\notin b)cs$$

$$ups \ c \quad = [c-6, c-12 .. 1]$$

$$downs \ c = [c+6, c+12 .. 29]$$

$$lefts \ c \quad = [c-1, c-2 .. c - c \bmod 6 + 1]$$

$$rights \ c = [c+1, c+2 .. c - c \bmod 6 + 5]$$

依次检查各个方向，看看路径上是否有阻挡块。如果有，靠近阻挡块的格子是一个可能的移动目标。把这些函数放在一起，我们可以通过以下方式计算出一个给定棋盘的所有简单解：

$$safeLandings = map(map \ showMove) \cdot solutions$$

这里的 *solutions* 是上一节中定义的广度优先搜索版本。当 *solutions* 在示例板上运行时，它产生了 25 个解决方案，其中前两个是上面所描述过的。

15.5　预先规划

对于深度优先搜索和广度优先搜索，我们基本上都可以尝试通过一系列的随机移动来找到一个可行方案的策略。然而，对于某些游戏、谜题和现实生活中的问题而言，我们可以通过适当的预先规划改进随机搜索。规划算法的主题很广泛，所以我们只考虑一种非常简单的情况。假设已知一个具体的行动序列 *ms*，它可以使事件从起始状态变为目标状态。这样的行动序列构成了一个游戏计划（game plan）。现在，*ms* 中的第一个行动 *m* 可能是，也可能不是在起始状态下的有效行动。如果是，则执行行动 *m*，该算法将继续执行其余的计划。如果不是，那么有可能找到一个或多个预备行动，每一个都是只要可以执行就会导致行动 *m* 为合法移动的状态。在这些预备行动完成之后，就可以执行行动 *m*。在这种情况下，计划的其余部分像之前一样进行。但是，其中一些预备移动可能又需要进行进一步的预备行动，因此计划过程可能不得不重复。如果找不到指定的有效预备行动，则会进行随机行动。正是由于最后一种可能性，规划算法应被视作深度优先或广度优先搜索的扩展，而不是一种替代方案。

举个例子。假设你想将一架三角钢琴移到楼上的房间。一个明智的计划是首先将钢琴移入走廊，然后将钢琴抬上楼梯，最后将钢琴移至所需的房间。第一步可能不可行，因为（ⅰ）通往门的通道被椅子堵住了；（ⅱ）不卸下钢琴腿就无法通过门。在这种情况下，预备行动将以任意顺序包含挪开椅子和拆卸钢琴腿。第一个任务，例如移动椅子，可能是可行的，但第二项任务需要先得到一把用来拧开钢琴腿的大型螺丝刀。一旦将钢琴搬到走廊的任务完成后，下一步就是将钢琴抬上楼梯，如果没有一群朋友帮忙，就不太可能完成这一步。

以下是细节。抽象地来说，一个计划就是以下行动的序列：
$$\textbf{type } Plan = [\,Move\,]$$
以下函数提供游戏计划：
$$gameplan :: State \to Plan$$
在给定的初始状态下，通过执行 $gameplan$ 中的移动来解决问题。空计划意味着成功。否则，如果当前计划中的第一步可以执行，就执行行动，并计划继续进行其余的行动。如果不能，那么我们使用一个函数来制定附加计划：
$$premoves :: State \to Move \to [\,Plan\,]$$
给定状态和行动，如果先执行计划中的行动，则 $premoves$ 中的每个替代计划都应能够进行。$premoves$ 返回的每个计划中的第一个行动可能又需要进行进一步的准备行动，因此我们必须通过迭代 $premoves$ 来形成新计划：

$$
\begin{aligned}
&newplans :: State \to Plan \to [\,Plan\,] \\
&newplans\ t[\,] \qquad\quad = [\,] \\
&newplans\ t(m:ms) = \textbf{if } elem\ m(moves\ t)\,\textbf{then}[\,m:ms\,]\,\textbf{else} \\
&\qquad\qquad concat\,[\,newplans\ t(pms \mathbin{+\!\!+} m:ms) \\
&\qquad\qquad\qquad |\ pms \leftarrow premoves\ t\ m,\ all(\notin ms)pms\,]
\end{aligned}
$$

$newplans$ 的结果可能是一个非空有限计划的空列表，可以在给定状态下执行第一步。计划中不能包含重复的行动。如果为了采取某种行动而计划首先要采取该行动，那么显然该计划是循环的，无法执行。

仅使用两个新函数 $newplans$ 和 $gameplan$，我们现在就可以基于路径和边界的扩展类型来制定搜索：

$$
\begin{aligned}
&\textbf{type } Path \quad\ = ([\,Move\,],\ State,\ Plan) \\
&\textbf{type } Frontier = [\,Path\,]
\end{aligned}
$$

这次，路径包括已进行的行动，当前的状态，以及剩余行动的计划。我们可以将规划算法定义为与上述广度优先搜索的省时版本相同的结构：

$$
\begin{aligned}
&psolve :: State \to Maybe[\,Move\,] \\
&psolve\ t = psearch[\,][\,][\,([\,],\ t,\ gameplan\ t)\,]\,\textbf{where} \\
&\quad psearch :: [\,State\,] \to Frontier \to Frontier \to Maybe[\,Move\,] \\
&\quad psearch\ ts[\,][\,] = Nothing \\
&\quad psearch\ ts\ qs[\,] = psearch\ ts[\,]qs \\
&\quad psearch\ ts\ qs((ms,\ t,\ plan):ps) \\
&\qquad |\ solved\ t \quad\ = Just\ ms \\
&\qquad |\ elem\ t\ ts \quad = psearch\ ts\ qs\ ps \\
&\qquad |\ otherwise \quad = psearch(t:ts)\ (bsuccs(ms,\ t,\ plan) \mathbin{+\!\!+} qs) \\
&\qquad\qquad\qquad\qquad\qquad (asuccs(ms,\ t,\ plan) \mathbin{+\!\!+} ps)
\end{aligned}
$$

在 *psearch* 中，主要边界的所有计划都将首先进行深度尝试，直到其中一个成功或全部失败。函数 *asuccs* 定义为

$$asuccs :: Path \rightarrow [Path]$$

$$asuccs(ms, t, plan) = [(ms +\!\!+ [m], move\ t\ m, p)\ |\ m : p \leftarrow newplans\ t\ plan]$$

特别是，如果 *elem m* (*moves t*)，则

$$asuccs(ms, t, m : plan) = [(ms +\!\!+ [m], move\ t\ m, plan)]$$

如果所有计划都失败了，我们可以随机采取一些合法行动，然后重新制定一个新的游戏计划。函数 *bsuccs* 定义如下：

$$bsuccs :: Path \rightarrow [Path]$$

$$bsuccs(ms, t, \_) = [(ms +\!\!+ [m], t', gameplan\ t')$$
$$|\ m \leftarrow moves\ t,\ \textbf{let}\ t' = move\ t\ m]$$

此类额外计划对于完整性是必不可少的：即使有解决方案，计划也可能会失败。这是贪婪地执行计划，且尽数执行了一切可以执行的行动的结果。请注意，如果 *newplans* 返回空列表，则 *asuccs* 也将返回空列表。在这种情况下，*psolve* 将简化为广度优先搜索。

15.6 高峰时间问题

现在让我们看看预先规划如何帮助我们解决另一个难题。这是一个在 6×6 网格上开展的，称为高峰时间的谜题。小汽车和卡车占用了网格的某些单元格，它们被水平或垂直放置。汽车占据 2 格，而卡车占据 3 格。水平车辆可以左右移动，而垂直车辆可以向上或向下移动，前提是它们的路径不会被其他车辆阻塞。有一个固定的单元格（沿着网格的右侧向下 3 格放置）是特殊的，称为退出单元格。有一辆车也很特殊。这辆车是水平的，占据出口单元格左侧的单元格。这个游戏的目标就是将特殊车辆移至出口单元格。

图 15.1 是一个非常简单的起始网格，能让人联想到真实的停车场情况。在网格的中间是一排汽车，其中有 4 辆车已经向前移动了一个位置。特殊车（第三辆）无法退出停车场，因为它的行进路线受到一辆垂直卡车的阻碍。为了使特殊车到达出口，卡车必须向下移动 2 个位置（这算作 2 次移动），这又需要第 4 辆车返回到直线位置（一次移动）。因此，本题有一个相当明显的 5 步解决方案（特殊车需要走 2 步才能到达出口）。有 9 种可能的起步动作——第一辆车可以向左或向右移动一步，第二辆车可以向左移动一

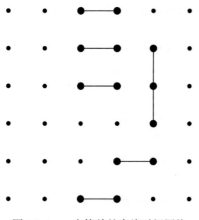

图 15.1　一个简单的高峰时间网格

步，以此类推——并且广度优先搜索可能涉及在找到最短的 5 次移动解法之前先检查约 9^5 次移动。另一方面，简单的规划会立即找到答案。当然，大多数问题的起始网格要难得多：有些起始网格需要 93 步才能解决！此外，正如我们即将看到的，我们不能保证规划能找到最短的解。

尽管有多种表示网格的方法，但是我们仍将采用与"登月"中的方法基本相同的方法，并对单元进行编号，如下所示：

$$
\begin{array}{cccccc}
1 & 2 & 3 & 4 & 5 & 6 \\
8 & 9 & 10 & 11 & 12 & 13 \\
15 & 16 & 17 & 18 & 19 & 20 \\
22 & 23 & 24 & 25 & 26 & 27 \\
29 & 30 & 31 & 32 & 33 & 34 \\
36 & 37 & 38 & 39 & 40 & 41
\end{array}
$$

左右边界是可被 7 整除的单元格；顶部边框由具有负数的单元格组成，而底部边框由具有大于 42 的单元格组成。出口单元格为单元格 20。可以将网格状态定义为成对的单元格列表，每对 (r, f)，满足 $r < f$ 并代表单个车辆占用的后方和前方单元。网格中的车辆通过其在列表中的位置隐式命名，特殊车辆为车辆 0，因此网格中的第一对数字代表车辆 0 所占用的单元格，第二对代表车辆 1 所占用的单元格，以此类推。例如，图 15.1 的网格由

$$[(17, 18), (3, 4), (10, 11), (12, 26), (32, 33), (38, 39)]$$

表示。可以通过引入类型同义词来获取这种表示形式：

$$\textbf{type } Cell \quad = Nat$$
$$\textbf{type } Vehicle = (Cell,\ Cell)$$
$$\textbf{type } Grid \quad = [Vehicle]$$

通过填写与每辆车相关的间隔并合并结果，可以按递增顺序构造网格中的已占用单元列表：

$$occupied :: Grid \rightarrow [Cell]$$
$$occupied = foldr\ merge\,[\,]\ \cdot\ map\ fill$$
$$fill :: Vehicle \rightarrow [Cell]$$
$$fill(r,\ f) = \textbf{if } horizontal(r,\ f)\,\textbf{then}\,[r\mathinner{.\,.}f]\,\textbf{else}\,[r,\ r + 7\mathinner{.\,.}f]$$
$$horizontal :: Vehicle \rightarrow Bool$$
$$horizontal(r,\ f) = f - r < 6$$

下一个决定涉及移动的表示。一个简单的表述是，一次移动由车辆的名称和目标单元格组成：

$$\textbf{type } Name = Nat$$
$$\textbf{type } Move\ = (Name,\ Cell)$$

例如，如果汽车占据了单元格（24，25），则可能的目标单元格是 23 和 26。有效移动的

定义为

$$moves :: Grid \to [Move]$$

$$moves\ g = [(n, c) \mid (n, v) \leftarrow zip[0..]g,\ c \leftarrow steps\ v,\ notElem\ c(occupied\ g)]$$

函数 *steps* 的定义为：

$$steps(r, f) = \textbf{if}\ horizontal(r, f)$$
$$\textbf{then}[c \mid c \leftarrow [f+1, r-1],\ c \bmod 7 \neq 0]$$
$$\textbf{else}[c \mid c \leftarrow [f+7, r-7],\ 0 < c \wedge c < 42]$$

每个步骤都涉及沿两个方向中的一个移动车辆。水平车辆向左或向右移动，垂直车辆向上或向下移动。在每种情况下，移动的目标都必须是一个未被占用的单元格。

函数 *move* 的实现如下：

$$move :: Grid \to Move \to Grid$$

$$move\ g(n, c) = g_1 \mathbin{+\!\!+} [adjust\ v\ c] \mathbin{+\!\!+} g_2$$

$$\textbf{where}(g_1, v : g_2) = splitAt\ n\ g$$

$$adjust :: Vehicle \to Cell \to Vehicle$$

$$adjust(r, f)c = \textbf{if}\ f < c\ \textbf{then}(c - f + r, c)\ \textbf{else}(c, c + f - r)$$

最后，如果特殊车的前部在出口单元处，则问题得到解决：

$$solved :: Grid \to Bool$$

$$solved\ g = snd(head\ g) == 20$$

在定义了 *moves*、*move* 和 *solved* 之后，现在可以按照标准过程进行广度或深度搜索。

转到 *psolve*，似乎我们只需要定义 *gameplan* 和 *premoves* 即可。但是，上一部分中给出的 *newplans* 的定义需要经过修改才能与高峰时间问题配合使用。为了弄清原因，假设当前计划中的第一步是 (0, 19)，将特殊车从其初始位置 (17, 18) 向右移动了 1 步。可以进一步假设，单元格 19 当前被车辆阻挡，因此需要进行预备行动来将该车辆移开。准备行动很有可能是 (0, 16)，即将特殊车辆向左移动 1 步。执行完这些动作后，我们发现 (0, 19) 不再是有效的行动，因为它需要车 0 向前移动 2 步。

为解决此问题，我们将允许计划中的多步行动，但在计算新计划之前，需要将其扩展为单步移动。因此，我们重新定义 *newplans*：

$$newplans :: Grid \to Plan \to [Plan]$$

$$newplans\ g[\,] \qquad = [\,]$$

$$newplans\ g(m : ms) = mkplans(expand\ g\ m \mathbin{+\!\!+} ms)$$

$$\textbf{where}\ mkplans(m : ms) = \textbf{if}\ elem\ m(moves\ g)\ \textbf{then}[m : ms]\ \textbf{else}$$

$$concat\ [newplans\ g(pms \mathbin{+\!\!+} m : ms)$$

$$\mid pms \leftarrow premoves\ g\ m,\ all(\notin ms)pms]$$

在制定新计划之前，我们将每次行动扩展为一系列有效行动。

此外，现在 *premoves* 可能是多步行动的列表，而不是行动序列的列表。函数 *expand* 的定义为

$$expand :: Grid \rightarrow Move \rightarrow [\, Move \,]$$

$$expand\ g(n,\ c) = \textbf{if}\ horizontal(r,\ f)$$

$$\textbf{then if}\ f < c\ \textbf{then}\,[\,(n,\ d)\ |\ d \leftarrow [\,f+1..c\,]\,]$$

$$\textbf{else}\,[\,(n,\ d)\ |\ d \leftarrow [\,r-1,\ r-2..c\,]\,]$$

$$\textbf{else if}\ f < c\ \textbf{then}\,[\,(n,\ d)\ |\ d \leftarrow [\,f+7,\ f+14..c\,]\,]$$

$$\textbf{else}\,[\,(n,\ d)\ |\ d \leftarrow [\,r-7,\ r-17..c\,]\,]$$

$$\textbf{where}\,(r,\ f) = g\,!\,!\,n$$

有了进行多步行动的能力，我们可以通过以下方式定义 *gameplan*：

$$gameplan :: Grid \rightarrow Plan$$

$$gameplan\ g = [\,(0,\ 20)\,]$$

为了定义 *premoves*，请注意，如果发生无法移动的情况，是因为目标单元格被车辆阻挡，因此必须将挡路的车辆移开。因此，每个额外的计划可能包括一个单一的多步移动：

$$premoves :: Grid \rightarrow Move \rightarrow [\, Plan \,]$$

$$premoves\ g(n,\ c) = [\,[\,m\,]\ |\ m \leftarrow freeingmoves\ c(\,blocker\ g\ c\,)\,]$$

$$blocker :: Grid \rightarrow Cell \rightarrow (Name,\ Vehicle)$$

$$blocker\ g\ c = head[\,(n,\ v)\ |\ (n,\ v) \leftarrow zip[\,0..\,]\,g,\ elem\ c(\,fill\ v\,)\,]$$

函数 *blocker* 返回阻挡车辆的名称以及其前后所占据的单元格。为了定义 *freeingmoves*，请注意，如果长度为 k 的车辆是水平的，则要释放单元 c，我们必须将车辆向右移至单元 $c+k$ 或向左移至单元 $c-k$。如果车辆是垂直的，则向下移动到单元格 $c+7k$ 或向上移动到 $c-7k$。在每种情况下，目标单元格都必须位于网格上。对于水平车辆 $(r,\ f)$，我们有 $k = f-r+1$，而对于垂直车辆，$k = (f-r)/7+1$。因此我们可以定义

$$freeingmoves :: Cell \rightarrow (Name,\ Vehicle) \rightarrow [\, Move \,]$$

$$freeingmoves\ c(n,\ (r,\ f)) =$$

$$\textbf{if}\ horizontal(r,\ f)$$

$$\textbf{then}[\,(n,\ j)\ |\ j \leftarrow [\,c-(f-r+1),\ c+(f-r+1)\,],\ a < j \wedge j < b\,]$$

$$\textbf{else}[\,(n,\ j)\ |\ j \leftarrow [\,c-(f-r+7),\ c+(f-r+7)\,],\ 0 < j \wedge j < 42\,]$$

$$\textbf{where}\ a = r - r\ \text{mod}\ 7;\ b = f - f\ \text{mod}\ 7 + 7$$

这样就完成了高峰时间问题的计划算法。

psolve 比广度优先或深度优先解决方案好吗？如果是，好多少？图 15.2 展示了 6 个高峰时间网格，其中最下面的三个网格是已知最难的起始网格。每个问题都使用 *bfsolve*（使用广度优先查找一个解决方案）、*psolve* 和 *dfsolve*（使用深度优先查找一个解决方案）解决。使用 GHCi 进行计算，结果如图 15.3 所示。在每种情况下，*psolve* 都比 *bfsolve* 快；在问题（4）的情况下，*psolve* 的速度是 *bfsolve* 速度的 2~60 倍。另一方面，在任何情况下，*psolve* 都没有

找到移动步数最少的解决方案。从表中可以看出，*dfsolve* 得出的解中有很多不必要的移动步数。

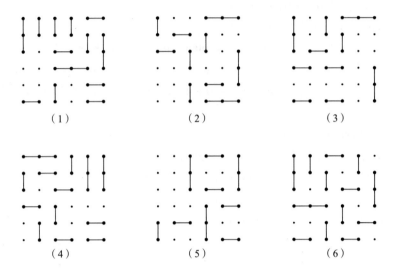

图 15.2　6 个高峰时间网格

问题	*bfsolve*	移动步数	*psolve*	移动步数	*dfsolve*	移动步数
（1）	0.80s	34	0.08s	38	0.42s	1228
（2）	0.44s	18	0.03s	27	0.42s	2126
（3）	0.20s	55	0.12s	57	0.11s	812
（4）	16.83s	93	0.28s	121	17.27s	15542
（5）	4.14s	83	1.06s	119	3.47s	4794
（6）	0.78s	83	0.08s	89	0.27s	1323

图 15.3　6 个高峰时间问题的运行时间和移动步数

章节注释

8 皇后问题于 1848 年首次提出，包括高斯在内的许多数学家都曾尝试解决这个问题，参见文献［10］。另请参见文献［4］，其中包含用于计算所有 $n \geqslant 4$ 个的 n 皇后问题的单个解的显式公式。使用大规模并行方法，$Q(27)$ 的值（即解的数量）于 2016 年 9 月被发现，27 皇后问题的解为 234907967154122528，参见文献［7］。$Q(n)$ 的其他值在整数序列在线百科全书（OEIS）中显示为序列 A000170，请参见文献［11］。位向量方法最早是由裘宗燕（Qiu Zongyan）[12] 描述的，后来又由 Martin Richards[9] 重新发现。

在给定的总和下计算表达式的问题出现在文献［1，第 6 章］中。Knuth[6，7.2.1.6节，练习122] 也讨论了该问题，并给出了该问题的其他变体，例如，允许使用括号和进一步的算术运算。

登月问题可在 www.thinkfun.com/products 上找到，高峰时段问题也是如此。登月问题也被称为 Lunar Lockout 和 UFO 问题。在文献［8］中可以找到对不同形状和大小的棋盘上的问题的计算机分析。高峰时段的问题规划算法首先在文献［1］中描述。问题的复杂性在文献［3］中讨论，最难的已知起始网格来自文献［2］。有关规划算法的更多信息，请参阅文献［5］。

参考文献

［1］ Richard Bird. *Pearls of Functional Algorithm Design*. Cambridge University Press, Cambridge，2010.

［2］ Sébastien Collette，Jean-François Raskin，and Frédéric Servais. On the symbolic computation of the hardest configurations of the Rush Hour game. In *Computers and Games*，volume 4630 of *Lecture Notes in Computer Science*，pages 220-233. Springer-Verlag，Berlin，2006.

［3］ Gary W. Flake and Eric B. Baum. Rush Hour is PSPACE-complete，or "Why you should generously tip parking lot attendants". *Theoretical Computer Science*，270（1）：895-911，2002.

［4］ Eric J. Hoffman，J. C. Loessi，and Robert C. Moore. Construction for the solutions of the *m* queens problem. *Mathematics Magazine*，42（2）：66-72，1969.

［5］ Steven M. LaValle. *Planning Algorithms*. Cambridge University Press，Cambridge，2006.

［6］ Donald E. Knuth. *The Art of Computer Programming*，volume 4A：Combinatorial Algorithms. Addison-Wesley，Reading，MA，2011.

［7］ Thomas B. Preusser and Matthias R. Engelhardt. Putting queens in carry chains，N° 27. *Journal of Signal Processing Systems*，88（2）：185-201，2017.

［8］ John Rausch. Computer analysis of the UFO puzzle. `http://www.puzzleworld.org/puzzleworld/art/art02.htm`，1999.

［9］ Martin Richards. Backtracking algorithms in MCPL using bit patterns and recursion. `http://www.cl.cam.ac.uk/˜mr10/backtrk.pdf`，University of Cambridge Computer Laboratory，2009.

［10］ Walter William Rouse Ball. *Mathematical Recreations and Essays*. Macmillan，New York，1960.

［11］ Neil Sloane. The on-line encyclopedia of integer sequences. `https://oeis.org/`，1996.

［12］ Qiu Zongyan. Bit-vector encoding of *n*-queen problem. *ACM SIGPLAN Notices*，37（2）：68-70，2002.

练习

练习 15.1 哪种简单的优化可使 $queens_1$ 运行得更快？

练习 15.2 考虑基于函数 *search* 的 4 皇后问题的解。写下 *search* 的连续参数，直到找到第一个解为止。

练习 15.3　在基于位向量的 n 皇后问题的解法中，还有另一个非递归的 *bits* 定义，它使用 *Data.Bits* 函数 *bit*。第 i *bit* 的值是一个位向量，其中第 i *bit* 设置为 1，所有其他 *bit* 设置为 0。请给出作为列表理解的替代定义。

练习 15.4　在 15.2 节中，*solutions* 100 [1..9] 的定义使用了有限精度整数。为什么这样做是合理的？

练习 15.5　再次考虑两个函数 *solutions* 和 *solutions*$_1$，其用于计算组合数字列表以给出目标值的方式，且后者是基于×和+构建的表达式的单调性的前者的优化版本。你觉得

$$solutions\ 100[0..9] == solutions_1\ 100[0..9]$$

的值是多少？

练习 15.6　假设：由并列，×和+构成的表达式不会像 *glue* 属性那样更形式化地降低表达式的值。当表达式中允许存在数字 0 时，假设是否成立？

练习 15.7　如果我们在表达式中允许小数点，那么还有其他方法可以构造 100，包括：

$$100 = 1 \times .2 + .3 + 45 + 6.7 \times 8 + .9$$
$$100 = 1 \times 23 \times 4 + 5.6 + .7 + .8 + .9$$
$$100 = 1 \times 23 \times 4 + 5 + .6 + .7 + .8 + .9$$

在 Haskell 中，.6 不是合法的表达方式，而必须写作 0.6。那么还有其他表达方式吗？请编写程序并给出回答。提示：有 7 种方法可以在左边用新的数字 1 扩展 2×3+⋯，有 6 种方法可以扩展 .2×3+⋯，还有 5 种方法可以扩展 2.3×4+⋯。程序基于以下类型的同义词：

$$\textbf{type } Expr\ =[Term]$$
$$\textbf{type } Term\ =[Factor]$$
$$\textbf{type } Factor = ([Digit],[Digit])$$

因子（xs，ys）包含小数点前的数字 xs 和小数点后的数字 ys。xs 或 ys 都可以为空列表，但不能同时为空列表。

练习 15.8　假设我们允许在表达式中使用指数，那么至少有 1 种方法可以构造 100：

$$100 = 1 + 2 \text{^} 3 + 4 \times 5 + 6 + 7 \times 8 + 9$$

还有其他方法吗？请编写程序并给出回答。不允许使用括号。程序必须基于以下类型的同义词：

$$\textbf{type } Expr\ \ =[Term]$$
$$\textbf{type } Term\ \ =[Expo]$$
$$\textbf{type } Expo\ \ =[Factor]$$
$$\textbf{type } Factor =[Digit]$$
$$\textbf{type } Digit\ =Integer$$

这里的数字是整数，表达式的值是整数值，因为所涉及的数字可能会超出固定精度算术的范围。现在，每个式子都是非空指数列表的乘积，例如：

$$12\text{^}3 \times 4\text{^}5 + 6 \times 7$$

表示为

$$[[[[1，2]，[3]]，[[4]，[5]]]，[[[6]]，[[7]]]]]$$

假定乘幂与左侧结合，例如 $2 \wedge 3 \wedge 2 = 64$。（在 Haskell 中，乘幂与右侧结合，但解决此关联顺序的问题将涉及非常庞大的数字，以至于使程序崩溃）。

练习 15.9　给定

$$exp = foldr\ f\ e \cdot takeWhile\ p \cdot iterate\ g$$

请证明

$$exp\ x = \textbf{if}\ p\ x\ \textbf{then}\ f\ x\,(exp\,(g\ x))\,\textbf{else}\ e$$

练习 15.10　回想一下，为了优化广度优先搜索，我们定义了

$$search_1\ pss\ ps = search(ps \mathbin{+\!\!+} concat(reverse\ pss))$$

假设 p 中的第一个状态不是已求解状态，请计算 $search_1\ pss\ (p:ps)$。

练习 15.11　给定 $[0..n]$ 的排列。其目的是仅使用与距离最多 2 个位置的任何邻居互换 0 的移动来将排列按升序排序。例如，$[3，0，4，1，2]$ 可以产生 $[0，3，4，1，1，2]$，$[3，4，0，1，2]$ 和 $[3，1，4，0，2]$。能否始终达到目标？进行广度优先搜索，以找出最短的移动顺序。（提示：状态和动作的一种可能表示是

$$\textbf{type}\ State = (Nat，Array\ Nat\ Nat)$$

$$\textbf{type}\ Move = Nat$$

状态的第一个组成部分是数组中 0 的位置，而一次移动是给出 0 的目标位置的整数。）

练习 15.12　想象一排大小不同的水罐，它们的容量按升序排列。最初，所有的水罐都是空的，只有最后一个水灌满了水。目标是要使得其中一个或多个壶正好包含给定的目标水量。问题中的一次行动规定为：用一个水罐装满另一个水罐中的水，或将一个水罐中的水倒入另一个水罐中。（不能简单地丢弃水。）假设 cap 是确定每个水罐容量的给定数组，而 $target$ 是给定的整数目标。确定状态和运动的表示形式，并给出函数 $moves$、$move$ 和 $solved$。综上，请使用广度优先搜索为容量为 3、5 和 8，目标量为 4 的三个水罐的特定实例找到唯一的最短解决方案。

练习 15.13　河岸上有 m 名精灵和 m 名矮人。还有一艘船可以将它们带到河的另一边。所有精灵都可以划船，但 m 名矮人中只有 n 名会划船。该船最多可容纳 p 位乘客，其中一位必须是划船人。问题是：在最短的行程中将精灵和矮人安全地运送到另一侧，如果在河的两岸或船上的矮人的人数不超过精灵的人数，则这种旅行是安全的。在新乘客上船之前，船会完全清空。请用一种合适的方法来对该状态进行建模，并确定 $moves$、$move$ 和 $solved$ 的定义。

练习 15.14　为登月问题写出一个函数 $showMoves :: [Move] \rightarrow String$，例如，行动 $5U\ 5R\ 5U\ 2L\ 2D\ 2L\ 0U\ 0R\ 0U$ 记录为 $5URU\ 2LDL\ 0URU$。Haskell $Data.\,List$ 函数 $groupBy$ 可能会有用。

练习 15.15 考虑图 15.4 中的高峰时段网格 g。使用方向性而不是基于单元格的表示法，此网格的 $gameplan$ 值为 $0RRR$，这意味着特殊车 0 必须向右移动三个位置。请通过列出适当的 $premoves$ 值，确定 $newplans$、g、$gameplan$ 的值。

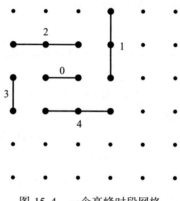

图 15.4 一个高峰时段网格

启发式搜索

到目前为止所看到的搜索方法中，我们总是选择边界上的第一条路径进行扩展。广度优先和深度优先搜索的唯一区别是两者向边界添加新路径的顺序不同。在启发式搜索中，我们利用给定的估计来估算每条路径带来良好结果的可能性，然后我们会选择期望值最高的路径。我们希望，如果这个估计相当准确，我们就会更快地找到最优路径。利用启发式搜索，边界被管理为一个优先队列，其中越好的路径优先级越高。在每一步中，我们将选择优先级最高的路径进行进一步扩展。启发式搜索只有在搜索单个问题的解决方案时才有用。

启发式搜索的主要例子是在道路网络中寻找两个城镇之间的路线问题。从一个城镇到达最终目的地的代价可以用两个城镇之间的直线距离来估算，也就是乌鸦必须飞行的距离。由于不可能存在更短的实际路线，因此这是一个乐观的估计。选择下一条进一步探索的局部路线将是一个使迄今为止的路线总代价和行进距离估算值之和最小的方法。与之形成对比的是 Dijkstra 算法，Dijkstra 算法始终探索迄今为止代价最低的部分路线，从而忽略了对整个旅程的估算。寻路算法则在人工智能领域有很多应用，包括机器人、游戏和谜题。我们稍后会看到一些例子。

启发式搜索通常使用图和边，而不是状态和移动来进行描述。在本章中，我们将假设图由有限数量的顶点和有向边组成，并且每条边的代价（或权重）始终为正数。我们描述了两种进行启发式搜索的密切相关的算法，每种算法取决于对估算函数的不同假设。我们将重新讨论优先队列的必要操作，并描述一种新的结构，即优先搜索队列，它可以帮助我们缩短搜索的运行时间。

16.1 乐观启发式搜索

根据定义，估计函数或启发式函数是从顶点到代价的函数 h，使 $h(v)$ 估计从顶点 v 到最近目标的代价（通常可能有许多可能的目标，而不是一个目标）。如果该函数从不高估实际代价，则被认为是乐观的。用符号表示，如果 $H(v)$ 是从顶点 v 到最近目标的任何路径的最小代价，则对于所有顶点 v 有 $h(v) \leqslant H(v)$。如果没有从 v 到目标的路径，则 $h(v)$ 是不受约束的。乐观启发式也称为可允许启发式。在本节中，我们将给出两种算法，只要启发式算法是乐观的，并且存在从源到目标的路径，它们就会起作用。

第一种算法是启发式搜索的一种非常基本的形式，我们将之称为 T∗搜索，因为它的基础算法实际上是树搜索。以下是我们需要的类型（取决于应用的 *Vertex* 类型除外）：

$$\textbf{type } \textit{Cost} \quad = \textit{Nat}$$
$$\textbf{type } \textit{Graph} \quad = \textit{Vertex} \rightarrow [\,(\textit{Vertex},\ \textit{Cost})\,]$$
$$\textbf{type } \textit{Heuristic} = \textit{Vertex} \rightarrow \textit{Cost}$$
$$\textbf{type } \textit{Path} \quad = (\,[\,\textit{Vertex}\,],\ \textit{Cost})$$

我们假设一个图不是作为顶点和边的列表给出的，而是作为从顶点到相邻顶点列表的函数以及相关的边的代价给出的。此函数与上一章的函数 *moves* 相对应，不同之处在于，现在我们假定从一个状态到另一个状态的每个移动都需要一定的代价。路径是含有路径代价的顶点列表。为了提高效率，路径将以相反的顺序被构造，因此路径的端点将会是顶点列表中的第一个元素：

$$\textit{end} :: \textit{Path} \rightarrow \textit{Vertex}$$
$$\textit{end} = \textit{head} \cdot \textit{fst}$$
$$\textit{cost} :: \textit{Path} \rightarrow \textit{Cost}$$
$$\textit{cost} = \textit{snd}$$
$$\textit{extract} :: \textit{Path} \rightarrow \textit{Path}$$
$$\textit{extract}(\textit{vs},\ c) = (\textit{reverse vs},\ c)$$

就状态和移动而言，路径将是一个三元组，其中包括移动列表，最终状态和移动代价。我们还将使用 8.3 节中关于优先队列的以下操作：

$$\textit{insertQ} \quad :: \textit{Ord } p \Rightarrow a \rightarrow p \rightarrow PQ\ a\ p \rightarrow PQ\ a\ p$$
$$\textit{addListQ} :: \textit{Ord } p \Rightarrow [\,(a,\ p)\,] \rightarrow PQ\ a\ p \rightarrow PQ\ a\ p$$
$$\textit{deleteQ} \quad :: \textit{Ord } p \Rightarrow PQ\ a\ p \rightarrow ((a,\ p),\ PQ\ a\ p)$$
$$\textit{emptyQ} \quad :: PQ\ a\ p$$
$$\textit{nullQ} \quad :: PQ\ a\ p \rightarrow \textit{Bool}$$

回顾一下：*insertQ* 向队列添加一个具有给定优先级的新值；*addListQ* 将值–优先级对的列表添加到现有队列中；*deleteQ* 从队列中删除优先级最低的值，并返回该值、其优先级和剩余的队列；*emptyQ* 是空队列；*nullQ* 用于测试队列是否为空。接下来，我们将不需要 *deleteQ* 返回值的优先级，因此我们引入了变体

$$\textit{removeQ} :: \textit{Ord } p \Rightarrow PQ\ a\ p \rightarrow (a,\ PQ\ a\ p)$$
$$\textit{removeQ } q_1 = (x,\ q_2)\ \textit{where}((x,\ \_),\ q_2) = \textit{deleteQ } q_1$$

tstar 的定义如下：

$$tstar :: Graph \rightarrow Heuristic \rightarrow (Vertex \rightarrow Bool) \rightarrow Vertex \rightarrow Maybe\ Path$$

$$tstar\ g\ h\ goal\ source = tsearch\ start$$

$$\textbf{where}\ start = insertQ([source],\ 0)(h\ source)emptyQ$$

$$tsearch\ ps \mid nullQ\ ps \qquad = Nothing$$
$$\mid goal(end\ p) = Just(extract\ p)$$
$$\mid otherwise \qquad = tsearch\ rs$$

$$\textbf{where}\ (p,\ qs) = removeQ\ ps$$
$$rs \qquad = addListQ(succs\ g\ h\ p)qs$$

作为 *tstar* 的输入，我们有一个图、一个启发式函数、一个顶点是否为目标的检验，以及源顶点。边界被维护为路径及其代价的优先级队列，最初包含具有 0 代价和优先级为 $h(source)$ 的单个路径 $[source]$。如果队列不为空，则选择对完成旅程所需代价最小的估计的路径。如果所选路径在目标节点处结束，则该路径为结果；否则，其后继路径将添加到队列中。辅助函数 *succs* 返回可能的后继路径的列表：

$$succs :: Graph \rightarrow Heuristic \rightarrow Path \rightarrow [(Path,\ Cost)]$$
$$succs\ g\ h\ (u:vs,\ c) = [((v:u:vs,\ c+d),\ c+d+h\ v) \mid (v,\ d) \leftarrow g\ u]$$

请注意，新路径的优先级不仅是对端点离目标的距离的估计，而且还包括到达端点的代价和剩余代价的估计之和。对于仅将估计作为优先事项可以得出并非最短的解决方案的说明将留作练习。

　　tstar 算法不是很令人满意的算法。它的一个基本缺陷是不能保证终止。例如，我们考虑具有源顶点 A 和孤立目标顶点 C 的图：

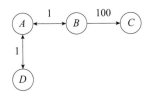

其中 *tstar* 函数没有以 *Nothing* 结尾，而是进入了无限循环，构造了越来越长的路径 A，AB，ABA，ABAB 等，徒劳无益地试图找到目标。类似现象也会发生在下面这种情况：$h = const\ 0$

这里采用一个乐观启发式 $h = const\ 0$。只有在 A 和 B 之间发生 100 次振荡之后，*tstar* 才会发现代价为 101 的路径 ABC。

更糟糕的是，在下图中，*tstar* 在找到最终路径之前将在 A，B 和 D 之间振荡约 2^{50} 次：

因此，*tstar* 可能效率很低。我们将在下面解决这两个问题。

其实，只要有一条从源头到目标的道路，*tstar* 就会找到代价最低的一条。唯一的条件是 h 是乐观的，且边界的代价是正数。假设从源顶点 s 开始的路径是一条可以以最小的代价完成的路径，那么它是一条好的路径。我们证明了在 *tstar* 的每一步都有一条在边界上的好路径，并且最终会选择一些好的路径在后续的步骤中进行进一步的扩展。这种说法最初显然是正确的。对于归纳步骤，我们假设 p 是边界上的一条好路径，终点是 v。令 $c(p)$ 为 p 的代价，且 h 是乐观的，即有

$$c(p) + h(v) \leq c(p) + H(v) = H(s)$$

回想一下，$H(v)$ 是从 v 到目标的任何路径的最小代价，而 s 是起始顶点。假设在下一步选择了一条错误的路径 q（端点为 u），即

$$c(q) + h(u) \leq c(p) + h(v) \leq H(s)$$

然而，u 不能是目标状态，否则有

$$c(q) + h(u) = c(q) + 0 > H(s)$$

因为 q 是一条坏路径。证明的最后一步是观察在选择好的路径进行扩展之前，不能无限地将坏路径添加到边界中。

令 $\delta > 0$ 是任何边的最小代价（回想一下，图是有限的，因此边的数量也是有限的）。因此，长度为 k 的路径的代价至少为 $k\delta$，因此在选择好的路径进行扩展之前，不会将长度大于 $H(s)/\delta$ 的不好路径添加到边界。

这是一个展示 *tstar* 如何工作的示例。考虑图 16.1，其中 A 是源顶点，D 是目标。假设 h 是乐观启发式：

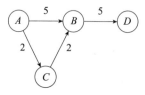

图 16.1　一个简单图

h	A	B	C	D
	9	1	5	0

按优先级顺序排列的连续队列条目如下（路径按正常的从左到右方向写入）：

$$A(0 + 9)$$
$$AB(5 + 1), \ AC(2 + 5)$$
$$AC(2 + 5), \ ABD(10 + 0)$$
$$ACB(4 + 1), \ ABD(10 + 0)$$
$$ACBD(9 + 0), \ ABD(10 + 0)$$

该算法从单个队列条目 $A(0 + 9)$ 开始，其中总和的第一部分是到源顶点 A 的距离，第二部分

是启发式值。队列中的后续路径如上所述。尽管第二步将非最佳路径 *ABD* 插入到队列中，但它从未被选中。相反，算法返回的最终路径是代价为 9 的 *ABCD*。如本示例所示，当基础图为非循环图时，*tstar* 的效果最佳。

纠正 *tstar* 可能不会终止的现象的一种明显方法是维护第二个参数，该参数记录已访问了哪些顶点，这意味着它们的后继顶点已添加到队列中。这样，没有一个顶点会被处理超过一次。毕竟，这正是深度优先和广度优先搜索的过程。但是，这种想法是行不通的：可能会找到一条以更小的代价获得更好的估计的通往同一顶点的第二条路径，因此顶点可能必须处理多次。例如，在图 16.1 中，为了发现到 *D* 的第二条更短的路径，顶点 *B* 被访问了两次。

该问题的一种解决方案是维护从顶点到路径代价的有限映射，而不是包含已经访问过的顶点的集合。如果以较低的代价发现了到达顶点的新路径，则可以进一步探索该路径。否则可以放弃该路径。另一个解决方案将涉及关于启发式函数 *h* 的更强假设，我们将在下一节中讨论这一点。

有限映射可以实现为顶点-代价对的简单关联列表，但是更有效的选择是利用 Haskell 库的 *Data.Map* 和这三个操作：

$$empty :: Ord\ k \Rightarrow Map\ k\ a$$
$$lookup :: Ord\ k \Rightarrow k \rightarrow Map\ k\ a \rightarrow Maybe\ a$$
$$insert :: Ord\ k \Rightarrow k \rightarrow a \rightarrow Map\ k\ a \rightarrow Map\ k\ a$$

最后两个操作采用对数时间，而非线性时间。为避免名称冲突，我们使用限制性导入：

import qualified *Data.Map as M*

下面是修改后的搜索的定义，该算法称为 A* 搜索：

$$astar :: Graph \rightarrow Heuristic \rightarrow (Vertex \rightarrow Bool) \rightarrow Vertex \rightarrow Maybe\ Path$$
$$astar\ g\ h\ goal\ source = asearch\ M.empty\ start$$

$$\mathbf{where}\ start = insertQ([source],\ 0)(h\ source)emptyQ$$

$$asearch\ vcmap\ ps\ |\ nullQ\ ps\qquad = Nothing$$
$$|\ goal(end\ p)\quad = Just(extract\ p)$$
$$|\ better\ p\ vcmap = asearch\ vcmap\ qs$$
$$|\ otherwise\quad = asearch(add\ p\ vcmap)rs$$

$$\mathbf{where}\ (p,\ qs) = removeQ\ ps$$
$$rs\qquad = addListQ(succs\ g\ h\ p)qs$$

$$better :: Path \rightarrow M.Map\ Vertex\ Cost \rightarrow Bool$$
$$better(v:vs,\ c)vcmap = query(M.lookup\ v\ vcmap)$$

$$\mathbf{where}\ query\ Nothing = False$$
$$query(Just\ c') = c' \leq c$$

$$add :: Path \rightarrow M.Map\ Vertex\ Cost \rightarrow M.Map\ Vertex\ Cost$$
$$add(v:vs,\ c)vcmap = M.insert\ v\ c\ vcmap$$

用于搜索的附加参数 *vcmap* 是顶点-代价对的有限映射。测试 *better* 可以确定一条路径，看它是否已经找到到同一端点但代价较低的另一条路径。如果是，则可以放弃该路径。*M. lookup* 操作在有限映射中查找一个顶点，如果该顶点没有绑定代价则返回 *Nothing*，如果有绑定则返回相关的代价。仅当存在不大于给定代价的相关代价时，函数 *better* 才能返回 *True*。*add* 函数会添加一个新的顶点-代价对，或者对相同的顶点覆盖旧的绑定、绑定新的代价。

让我们首先证明 *astar* 对于所有输入都是终止的。有限图中有有限数量的简单路径，这些路径不包含重复的顶点。因为边的权重是正数，所以非简单路径的代价不会比到达相同目的地的相应简单路径的代价小。令 M 表示所有有限数量的简单路径所花费的最大代价。那么在计算过程中，任何顶点最多可以处理 M 次，因为每个处理步骤所需的路径的代价都严格小于之前的路径。由此可见，*astar* 最多在 Mn 步之后终止，其中 n 是图中的顶点数。如果未找到从源到目标的路径，则不存在这样的路径，并且算法会返回 *Nothing*。

为了证明 *astar* 终止于从源到目标的最小代价路径（假设存在），我们可以遵循 *tstar* 正确性的证明。我们只需要证明，在每一步上，边界都有一条好的路径。假设终点为 v 的路径 p 在边界上并且具有 $c \leqslant c(p)$ 的有限映射没有记录任何条目 (v, c)，则称 p 是开放的。否则，说 p 是封闭的。开放路径是进一步扩展的候选者，而封闭路径则不是。

令 $P = [v_0, v_1, \cdots, v_n]$ 是从源 v_0 到目标 v_n 的最佳路径，并让 P_j 表示 $0 \leqslant j < n$ 的初始段 $[v_0, v_1, \cdots, v_j]$。我们表明，在每个步骤中，对于某些 j 都有一条终点为 v_j 的开放路径 p，并且满足 $c(p) = c(p_j)$。因此，可以将 p 补充到最佳路径。因为 P_0 是开放的，所以断言在第一步就成立。否则，令 D 为顶点集 v_i，在边界上存在从 v_0 到 v_i 的闭合路径 q，其中 $c(q) = c(p_j)$。集 D 不为空，因为它包含 v_0。设 v_i 为 D 中具有最大索引的顶点，并设置 $j=i+1$。将 p 定义为路径 q，后跟具有代价 c 的单边 (v_i, v_j)。那么 p 是一个开放路径，并且有

$$c(p) = c(q) + c = c(P_i) + c = c(P_j)$$

这就证明了 *astar* 正确地返回了最佳解。

16.2 单调启发式搜索

现在我们来考虑 *tstar* 问题的第二种解。这次我们需要对启发式函数 h 做更多地假设，即它是单调的。如果对于图的每个边 (u, v, c) 都满足 $h(u) \leqslant c + h(v)$，则启发式 h 是单调的，其中 c 是边的代价。假设对每个目标顶点 v 有 $h(v) = 0$，则单调启发式是乐观的；我们把该证明留作练习。在单调启发式的情况下，我们不需要有限映射，因为正如我们将在下面看到的那样，没有一个顶点会被多次处理。因此，保留一组已处理的顶点就足够了。我们可以使用一个简单的列表，但是使用 4.4 节中的集合操作更为有效。另外，我们可以使用 Haskell 库 *Data. Set*，其中包含以下操作：

$$empty \ :: Ord\ a \Rightarrow Set\ a$$
$$member :: Ord\ a \Rightarrow a \rightarrow Set\ a \rightarrow Bool$$
$$insert \ \ :: Ord\ a \Rightarrow a \rightarrow Set\ a \rightarrow Set\ a$$

函数 *member* 和 *insert* 需要对数时间。为避免名称冲突，我们使用限制性导入：

$$\textbf{import qualified } Data.\,Set \textbf{ as } S$$

在 *h* 是单调的假设下，以下单调搜索算法 *mstar* 将找到到达目标的最佳路径（如果存在）：

$$mstar :: Graph \rightarrow Heuristic \rightarrow (Vertex \rightarrow Bool) \rightarrow Vertex \rightarrow Maybe\ Path$$

$$mstar\ g\ h\ goal\ source = msearch\ S.\,empty\ start$$

$$\textbf{where } start = insertQ(\lceil source \rceil,\ 0)(h\ source)emptyQ$$

$$msearch\ vs\ ps\ \left|\ nullQ\ ps\qquad = Nothing\right.$$

$$\left|\ goal(end\ p) = Just(extract\ p)\right.$$

$$\left|\ seen(end\ p) = msearch\ vs\ qs\right.$$

$$\left|\ otherwise\qquad = msearch(S.\,insert(end\ p)vs)rs\right.$$

$$\textbf{where } seen\ v\quad = S.\,member\ v\ vs$$

$$(p,\ qs) = removeQ\ ps$$

$$rs\qquad = addListQ(succs\ g\ h\ vs\ p)qs$$

A* 搜索的这种变体最类似于广度优先或深度优先搜索，因为它设置一个简单的集合 *vs* 来记录已访问的顶点，以确保没有一个顶点被处理超过一次。下面我们证明，如果找到了一条到顶点 *v* 的路径 *p*，那么 *p* 的代价是从源点到顶点 *v* 的任何路径的最小代价，因此不需要考虑其他到顶点 *v* 的路径。修改后的 *succs* 定义为

$$succs :: Graph \rightarrow Heuristic \rightarrow S.\,Set\ Vertex \rightarrow Path \rightarrow \lceil(Path,\ Cost)\rceil$$

$$succs\ g\ h\ vs\ p = \lceil extend\ p\ v\ d \mid (v,\ d) \leftarrow g(end\ p),\ not(S.\,member\ v\ vs)\rceil$$

$$\textbf{where } extend(vs,\ c)v\ d = ((v:vs,\ c+d),\ c+d+h\ v)$$

这比以前的版本效率更高，因为如果后续路径的端点已经被处理，则它永远不会被添加到边界中。

为了证明 *mstar* 正确工作，假设在到达顶点 *v* 的另一个路径 *p′* 之前找到了到顶点 *v* 的路径 *p*。我们必须证明 $c(p) \leqslant c(p')$。设 *q′* 为选择 *p* 时位于边界上的 *p′* 的初始段，令 *q′* 终止于顶点 *u*，*r* 为 *q′* 的延续，从 *u* 开始并构成 *p′*。然后有

$$c(p) \leqslant c(q') + h(u) - h(v)\ \{因为\ p\ 和\ q'\ 的关系\}$$

$$c(p') - c(r) + h(u) - h(v)\ \{根据路径代价的定义\}$$

$$\leqslant c(p')\ \{因为\ h\ 是单调的，而\ r\ 是从\ u\ 到\ v\ 的路径\}$$

最后一步利用了单调性的泛化，即如果 *r* 是从 *u* 到 *v* 的路径，则 $h(u) \leqslant c(r) + h(v)$。我们将证明留作练习。总之，*mstar* 将返回最佳解（如果存在的话）。

图 16.4 的示例显示，如果 *h* 是乐观的但不是单调的，则 *mstar* 可以返回非最优解。下述启发式函数

	A	B	C	D
h	9	1	5	0

不是单调的：从 *C* 到 *B* 的边代价为 2，但 $h(C) > 2 + h(B)$。如前所述，该算法从单个条目

$A(0+9)$ 开始。在下一步中，队列具有两个条目 $AB(5+1)$，$AC(2+5)$。优先级最低的路径
是 AB，因此下一个队列是 $ABD(10+0)$，$AC(2+5)$。下一个要拓展的路径是 AC，由于已经
处理了 B，所以下一个队列由单个条目 $ABD(10+0)$ 组成，这是最终的非最优结果。

下面是一个更详细的例子，说明了 mstar 算法的另一个方面：

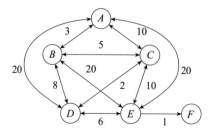

源节点为 A，单目标为 F。设 h 为下述单调函数：

	A	B	C	D	E	F
h	10	10	5	5	0	0

第一个队列只有一个条目 $A(0+10)$。顶点 A 被添加到已访问列表中，下一个队列是
$$AB(3+10),\ AC(10+5),\ AE(20+0),\ AD(20+5)$$
顶点 B 被添加到已访问列表中，下一个队列是
$$ABC(8+5),\ AC(10+5),\ ABD(11+5),\ AE(20+0),\ ABE(23+0),$$
$$AD(20+5)$$
该队列包含冗余条目，因为到 C，D 和 E 都有两条路径，在每种情况下都只会探索其中的一条。
稍后我们将看到如何处理冗余。还请注意，成功修改后的 succs 定义意味着不会将附加路径 ABA
添加到队列中，因为 A 已经被访问过了。顶点 C 被添加到已访问列表中，下一个队列是
$$AC(10+5),\ ABCD(10+5),\ ABD(11+5),\ ABCE(18+0),\ AE(20+0),$$
$$ABE(23+0),\ AD(20+5)$$
现在，队列中的 D 和 E 分别具有三个路径，其中有两个是冗余的。优先级最低的路径是代价
为 10 的 AC，但是由于已将 C 添加到访问列表中并且已经找到代价为 8 的更好的路径 ABC，因
此该路径被放弃。相反，$ABCD$ 被选中，D 被添加到已访问列表中，然后下一个队列是
$$ABD(11+5),\ ABCDE(16+0),\ ABCE(18+0),\ AE(20+0),$$
$$ABE(23+0),\ AD(20+5)$$
队列上还剩 4 个到达 E 的路径，其中有 3 个是冗余的。优先级最低的（第一）路径是 ABD，
但是由于 D 在访问列表中而被拒绝。所以选择路径 $ABCDE$，并且再经过一步，返回代价为 17
的最终路径 $ABCDEF$。

从该示例可以看出，可能会有许多冗余条目被添加到队列中。根据图的连通性，这可能
导致大量不必要的计算，而向队列中添加条目只是为了在稍后的阶段再次删除它们。

解决此问题的一种方法是采用比优先队列更精细的数据结构，称为优先搜索队列
（Priority Search Queue，PSQ）。在 PSQ 中，有值和优先级，但也有键。其思想是，在一个给定

键的 PSQ 中最多只有一个对应值。在本示例中，值是路径及其代价，而键是路径的最终顶点。适用于优先级搜索队列的 5 个队列操作如下：

$$insertQ \quad :: (Ord\ k,\ Ord\ p) \Rightarrow (a \rightarrow k) \rightarrow a \rightarrow p \rightarrow PSQ\ a\ k\ p \rightarrow PSQ\ a\ k\ p$$
$$addListQ :: (Ord\ k,\ Ord\ p) \Rightarrow (a \rightarrow k) \rightarrow [(a,\ p)] \rightarrow PSQ\ a\ k\ p \rightarrow PSQ\ a\ k\ p$$
$$deleteQ \quad :: (Ord\ k,\ Ord\ p) \Rightarrow (a \rightarrow k) \rightarrow PSQ\ a\ k\ p \rightarrow ((a,\ p),\ PSQ\ a\ k\ p)$$
$$emptyQ \quad :: PSQ\ a\ k\ p$$
$$nullQ \quad :: PSQ\ a\ k\ p \rightarrow Bool$$

PSQ 类型具有三个参数：值，键和优先级。前三个函数 *insertQ*，*addListQ* 和 *deleteQ* 带有一个额外的参数，用于从值中提取键。对于 *astar* 和 *mstar* 而言，关键函数都是 *end*，用于提取路径的端点。函数 *insertQ* 的工作原理如下：如果队列中没有具有给定键的值，则该值及其优先级一起添加到队列中。如果存在这样的值，则仅保留优先级较小的值。函数 *addListQ* 具有一个键函数和一个值-优先级对列表，并将它们像以前一样插入队列。其余函数也和以前一样。三个主要队列操作各自花费关于队列大小的对数时间。除了队列操作的附加参数外，*astar* 和 *mstar* 算法均保持不变。详细介绍如何实现优先级搜索队列不在我们的讨论范围之内，但可以参阅本章的说明以获取参考。实际上，Hackage 存储库中的 Haskell 库提供了许多 PSQ 的实现，包括 *PSQueue* 和 *psqueue*，尽管每种情况下提供的函数略有不同。

16.3 仓库导航

我们将给出两个有关 A* 搜索的图示，其中第一个涉及在充满障碍的仓库中导航的问题。这是自动驾驶汽车所面临的任务，该自动驾驶汽车必须找到从仓库中给定起点到给定目的地的路径，并注意避免碰撞。例如，考虑图 16.2 所示的仓库，其中包含了随机散布的单位大小的箱子。所要找的是从仓库的左上角到右下角的路径。路径的各个部分必须是从一个网格点开始到另一个网格点的直线，避免沿途出现任何箱子。

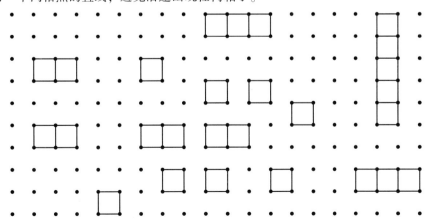

图 16.2 有障碍的仓库

不同的解取决于车辆如何在网格点之间移动。最严格的规则是，每一步中它只能水平或垂直移动到相邻的网格点。更宽松的规则将允许车辆以 45 度角对角移动，这样每个网格点最多有 8 个相邻网格点，而不是 4 个。在这两种情况下，构成路径的每个边的目标都必须不被箱子占用。最后，车辆可以从一个网格点移动到另一个网格点，通过任意角度转弯。不仅要让目标不被箱子占据，还要避免接触构成箱子周长的任何线段。图 16.3 显示了三种这样的解。首先，连续线描述了一条路径，它只从一个网格点移动到相邻的网格点，允许对角移动。这条路径的代价是所有边的代价之和，其中边的水平或垂直移动的代价为 1，对角线移动的代价为 $\sqrt{2}$，因此距离为欧几里得式的。该路径包括 18 次直线移动和 5 次对角线移动，总距离为 $18+5\sqrt{2}=25.07$。还有其他具有相同最低代价的路径，我们会将它们留作练习。其他两条路径都是通过不同方式获得的可变角度路径。点划线显示了一条路径，在该路径中，网格上对起点可见的每个点都是一个可能的邻居。最后，短划线是通过以下述方式使固定角度路径平滑得到的路径。

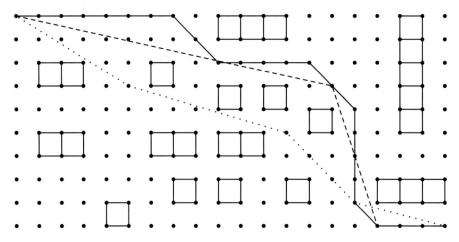

图 16.3　连续线显示代价为 25.07 的最佳固定角度路径，短划线是代价为 23.64 的
可变角度路径，点线路径是代价为 21.48 的最佳可变角度路径

仓库的布局可以用网格来描述。大小为 $m×n$ 的网格上的点由坐标 (x, y) 定义，其中 $1 \leqslant x \leqslant m$ 和 $1 \leqslant y \leqslant n$，四条边界线是 $x=0$，$x=m+1$，$y=0$ 和 $y=n+1$。障碍物由每个占据 4 个网格点的单位大小的箱子组成。标识每个箱子的顶点是其左上角。因此我们定义

$$\textbf{type } Coord\ = Nat$$
$$\textbf{type } Vertex\ = (Coord,\ Coord)$$
$$\textbf{type } Box\ \ \ \ \ = Vertex$$
$$\textbf{type } Grid\ \ \ \ = (Nat,\ Nat,\ [Box])$$
$$boxes :: Grid \rightarrow [Box]$$
$$boxes(\_,\ \_,\ bs) = bs$$

盒子的 4 个角如下:

$$corners :: Box \rightarrow [\,Vertex\,]$$

$$corners(x,\, y) = [\,(x,\, y),\, (x+1,\, y),\, (x+1,\, y-1),\, (x,\, y-1)\,]$$

在固定角度解中,网格点的邻接点是其 8 个相邻网格点中的任何一个,它们不是边界点或盒子所占据的点。可以通过多种方式来定义函数 *neighbours*,包括使用固定数组:

$$\textbf{type}\ Graph = Vertex \rightarrow [\,Vertex\,]$$

$$neighbours :: Grid \rightarrow Graph$$

$$neighbours\ grid = filter(free\ grid) \cdot adjacents$$

$$adjacents :: Vertex \rightarrow [\,Vertex\,]$$

$$
\begin{aligned}
adjacents(x,\, y) = [\,&(x-1,\, y-1),\, (x-1,\, y),\, (x-1,\, y+1),\\
&(x,\ \ \ \ \ y-1),\qquad\qquad\quad (x,\ \ \ \ \ y+1),\\
&(x+1,\, y-1),\, (x+1,\, y),\, (x+1,\, y+1)\,]
\end{aligned}
$$

$$free :: Grid \rightarrow Vertex \rightarrow Bool$$

$$free(m,\, n,\, bs) = (a\,!)$$

$$\textbf{where}\ a = listArray((0,\, 0),\, (m+1,\, n+1))(repeat\ True)$$

$$//\,[\,((x,\, y),\, False) \mid x \leftarrow [0 .. m+1],\, y \leftarrow [0,\, n+1]\,]$$

$$//\,[\,((x,\, y),\, False) \mid x \leftarrow [0,\, m+1],\, y \leftarrow [1 .. n]\,]$$

$$//\,[\,((x,\, y),\, False) \mid b \leftarrow bs,\, (x,\, y) \leftarrow corners\ b\,]$$

回想一下,//是数组更新函数。如果网格点不在水平或垂直边界上并且未被框占据,则该网格点是空闲的。使用数组意味着可以在常数时间内计算出网格点的邻居。

现在可以使用函数 *fpath*(上一节的 *mstar* 的修改)来计算固定角度的路径。这次我们将需要定义

$$\textbf{type}\ Dist = Float$$

$$\textbf{type}\ Path = ([\,Vertex\,],\, Dist)$$

$$end :: Path \rightarrow Vertex$$

$$end = head \cdot fst$$

$$extract :: Path \rightarrow Path$$

$$extract(vs,\, d) = (reverse\ vs,\, d)$$

我们现在可以通过以下方式定义 *fpath*:

$$fpath :: Grid \rightarrow Vertex \rightarrow Vertex \rightarrow Maybe\ Path$$

$$fpath\ grid\ source\ target = mstar(neighbours\ grid)source\ target$$

由于启发式函数是固定的,并且只有一个目标,因此 *mstar* 的类型变为:

$$mstar :: Graph \rightarrow Vertex \rightarrow Vertex \rightarrow Maybe\ Path$$

mstar 的 3 个参数现在由一个图,一个源顶点和一个目标顶点组成。我们不会写出修改后的 *mstar* 定义,因为唯一真正的区别在于 *succs* 的新版本,它现在将目标顶点作为参数而不是启发

式函数:

$$succs :: Graph \to Vertex \to S.\, Set\ Vertex \to Path \to [(Path,\ Dist)]$$

$$succs\ g\ target\ visited\ p =$$

$$[extend\ p\ v \mid v \leftarrow g(end\ p),\ not(S.\, member\ v\ visited)]$$

where $extend(u : vs,\ d)v = ((v : u : vs,\ dv),\ dv + dist\ v\ target)$

where $dv = d + dist\ u\ v$

欧几里得距离函数 $dist$ 的定义留作练习。启发式函数是单调的,因此如果存在这样的路径,则可以保证 $fpath$ 在指定的行驶限制下找到最短的路径。

计算可变角度的路径会带来额外的复杂性:不仅路径的每个部分的端点都必须不被占用,而且该部分本身也不能越过任何框的任何边界。这样的交叉点可能在两个网格点之间。例如,路径段中的只有两个端点是网格点,但是我们必须确保任何框的边界都不会穿过该线段。

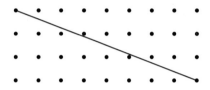

具体的实现将留作练习。假设我们有一个函数

$$visible :: Grid \to Segment \to Bool$$

其中有

type $Segment = (Vertex,\ Vertex)$

它决定了一个网格和一个线段是否被一个盒子阻挡。然后,图 16.3 中通过平滑固定角度路径产生的可变角度路径由以下计算:

$$vpath :: Grid \to Vertex \to Vertex \to Maybe\ Path$$

$$vpath\ grid\ source\ target =$$

$$mstar(neighbours\ grid)(visible\ grid)source\ target$$

其中 $mstar$ 具有类型

$$mstar :: Graph \to (Segment \to Bool) \to Vertex \to Vertex \to Maybe\ Path$$

其定义与以前相同,只是对 $succs$ 有了新的定义:

$$succs\ g\ vtest\ target\ vs\ p =$$

$$[extend\ p\ w \mid w \leftarrow g(end\ p),\ not(S.\, member\ w\ vs)]$$

where $extend(v : vs,\ d)w = $ **if** $not(null\ vs) \wedge vtest(u,\ w)$

then $((w : vs,\ du),\ du + dist\ w\ target)$

else $((w : v : vs,\ dw),\ dw + dist\ w\ target)$

where $u\ = head\ vs$

$du = d - dist\ u\ v + dist\ u\ w$

$dw = d + dist\ v\ w$

succs 的额外参数是可见性测试 *vtest = visible grid*。每次将顶点 *v* 的后继 *w* 添加到列表中时，我们都会检查 *v* 的父顶点 *u*（如果存在）对 *w* 是否可见。如果是，则顶点 *v* 将从路径中移除，添加的边将直接从 *u* 移动到 *w*。这样的平滑步骤将永远不会增加路径的代价，甚至可能会降低路径的代价。除了花费额外的时间评估可见性检查外，该算法的运行时间与固定角度路径版本成正比。

最后，可以获得图 16.3 的最佳可变角度路径作为 *fpath* 的实例，该实例将网格点的邻居作为网格上所有对其可见的点：

$$neighbours(m, n, bs)(x_1, y_1) =$$

$$[(x_2, y_2) \mid x_2 \leftarrow [1..m], y_2 \leftarrow [1..n], visible(m, n, bs)((x_1, y_1), (x_2, y_2))]$$

但是，这种方法比较耗时，并且仅适用于小型网格。

16.4　8 数码问题

8 数码是一类问题的示例，被称为滑块问题，是 Sam Loyd 在 1880 年代推广的著名的 15 数码的较小版本。它由 8 个方块组成，排列在 3×3 网格中，其中有一个空白的空间（15 数码除了在 4×4 网格中有 15 个图块之外，其他相同）。图 16.4 中显示了一个示例。图块编号为 1 到 8，任何与空白空间相邻的图块都可以移入其中。目的是要从某个给定的初始网格到给定的最终网格，例如图右侧所示的网格。在其他滑动问题中，图块可能具有不同的尺寸，也可能被着色而不是被编号。问题的目标是从一个给定的起点开始，将这些片段滑动到一个令人满意的最终放置状态。

图 16.4　8 数码的初始网格和所需的最终网格

15 数码之所以流行，部分原因是 Loyd 要求解决一个不可能的问题：他给出了一个初始网格，没有任何移动序列可以到达最终网格。事实上，无论最终的网格是什么，只有一半的初始网格是可解的。8 数码也是如此。证明提出了三个想法，第一个是排列的奇偶性。排列的奇偶性是其逆序数的奇偶性，这是 7.2 节中介绍的概念。逆序数是排列 *p* 中错位的元素对的数目，即当 *i<j* 且 *p(i) > p(j)* 时。如果我们想象空白空间为 0，那么图 16.4 中的最终排列 123456780 的逆序数是 8，而初始排列 083256147 的逆序数是 14。所以两种排列都是偶数的。

然后是排列的换位，即指任意两个不同的元素交换。我们认为任何换位都会改变排列的奇偶性。为了看到这一点，考虑换位 (*i*, *j*)，在不失一般性的情况下，我们假设 *i* 在列表 *p*(1), *p*(2), …, *p*(*n*) 中出现在 *j* 之前。设 *s* 为 *i* 和 *j* 之间的线段，设 L_i 为 *s* 中小于 *i* 的元素个数，B_i 为 s 中大于 i 的元素个数。对于 L_j 和 B_j 同理。因此，$L_i + B_i = L_j + B_j = m$，其中 m 是 s 的长度。现在可以将排列 p 的逆序数 c 表示为

$$c = c_0 + L_i + B_j$$

其中 c_0 是段外元素对逆序数的贡献。换位后的逆序数为

$$c' = c_0 + L_j + B_i \pm 1$$

其中如果 $i < j$，最后一项为正，如果 $i > j$，则最后一项为负。这意味着

$$c' = (c - L_i - B_j) + L_j + B_i \pm 1 = c - 2L_i + 2L_j \pm 1$$

如果 c 是偶数，那么 c' 是奇数，反之亦然。这特别表明，如果初始排列和最终排列都是偶数，那么只有在偶数步的情况下，第一种排列才可能转变成第二种排列。

第三个想法涉及曼哈顿距离。图块的曼哈顿距离是将图块放置在最终网格的正确位置所需的垂直和水平移动次数。例如，在图 16.4 的第一个网格的五个图块 1、2、4、7、8 中，每个图块的曼哈顿距离为 2，因为每个图块必须移动两个位置才能到达其最终的放置位置。剩下的三个图块，图块 3、5 和 6，每个的曼哈顿距离为 0，空白空间的曼哈顿距离为 4。问题中的每次移动都对应一次图块和空白空间的换位，并且每个换位都改变了排列的奇偶性和空白空间的曼哈顿距离的奇偶性。

由此可见，从 EE 置换开始（排列的偶数和空白空间的曼哈顿距离的偶数）只能导致 OO 或 EE 置换，而不会导致 OE 或 EO 置换。类似地，OE 或 EO 排列永远不会导致两个奇偶性相同的排列。证明的最后一步是观察到 EE、OE、EO 和 OO 这四个类将排列的集合划分为相等的大小。为了证明，考虑出现空白空间的行。将这行中的两个图块的换位会改变排列的奇偶性，但不会改变空白空间的曼哈顿距离。这将产生 OE 和 EE 之间的双射以及 EO 和 OO 之间的双射，因此它们必须都具有相同的大小。

下一个任务是考虑哪些启发式函数可能对解决 8 数码有用。文献中至少提出了六种函数，但是我们将仅讨论其中最著名的两个。首先是将 $h(g)$ 仅作为网格 g 中错位的图块数。如我们所见，在图 16.4 中有 5 个错位的图块，因此 $h(g) = 5$。函数 h 是单调的（请参见练习），因此 $mstar$ 可以保证找到最短路径。

第二个函数是图块从其当前位置到最终放置位置的曼哈顿距离的总和（但不包括空白空间的曼哈顿距离）。在我们的示例中，我们有 $h(g) = 10$，因为每个错位的图块的曼哈顿距离为 2。曼哈顿启发式算法是对错位启发式算法的改进，因为它考虑了每个图块的错位程度。曼哈顿启发式算法也是单调的。

下一个决定涉及网格的表示。一个明显的选择是 3×3 数组，但是这种表示会相当浪费空间，因此我们将选择更紧凑的数组。这个想法是将诸如 083256147 之类的排列编码为一串数字，更具体地说，编码为文本元素，这是一种在 Haskell 库 *Data.Text* 中定义的对 Unicode 文本的高效时间和空间编码。由于此库导入的许多函数的名称与标准 Prelude 函数冲突，因此我们将库作为限制性模块导入：

import qualified *Data.Text* **as** *T*

我们通过以下方式定义网格的状态

$$\textbf{type } Position = Nat$$

$$\textbf{type } State \qquad = (T.Text,\ Position)$$

$$perm :: State \rightarrow String$$

$$perm(xs,\ j) = T.unpack\ xs$$

$$posn0 :: State \rightarrow Position$$

$$posn0(xs,\ j) = j$$

状态的位置组成部分是文本组件编码的排列中的空白空间 0 的位置，即 0 和 8 之间的一个数字。函数 $unpack$ 将文本解压为字符串。因此，我们正在进行的示例的两种状态分别表示为：

$$istate,\ fstate :: State$$

$$istate = (T.pack\ \texttt{"083256147"},\ 0)$$

$$fstate = (T.pack\ \texttt{"123456780"},\ 8)$$

其中 $pack :: String \rightarrow Text$ 是 $Data.Text$ 中的另一个库函数。

每一次移动都可以将空白空间的位置移至其垂直或水平相邻位置之一。$moves$ 的一个有效定义如下：

$$\textbf{type } Move = Nat$$

$$moves :: State \rightarrow [Move]$$

$$moves\ st = moveTable\ !\ (posn0\ st)$$

$$moveTable :: Array\ Nat[Nat]$$

$$moveTable = listArray(0,\ 8)[[1,\ 3],\qquad [0,\ 2,\ 4],\qquad [1,\ 5],$$
$$[0,\ 4,\ 6],\ [1,\ 3,\ 5,\ 7],\ [2,\ 4,\ 8],$$
$$[3,\ 7],\qquad [4,\ 6,\ 8],\qquad [5,\ 7]]$$

数组 $moveTable$ 显式列出网格点的邻居。例如，网格点 0 的邻居为 1 和 3，而网格点 4 的邻居为 1、3、5 和 7。可以通过以下方式定义函数 $move$：

$$move :: State \rightarrow Move \rightarrow State$$

$$move(xs,\ i)j = (T.replace\ t_y\ t_0(T.replace\ t_0\ t_x(T.replace\ t_x\ t_y\ xs)),\ j)$$

$$\textbf{where } t_0 = T.singleton\ \texttt{'0'}$$

$$t_y = T.singleton\ \texttt{'?'}$$

$$t_x = T.singleton(T.index\ xs\ j)$$

这是一个三步过程，其中将文本中位置 j 处的字符 x 替换为一些新字符 "?"，将空白替换为 x，最后将 "?" 替换为空白。函数 $replace$ 和 $index$ 也是 $Data.Text$ 模块的库函数，与 $singleton$ 一样，它们将单个字符转换为文本。

要解决一个给定实例，我们首先应检查是否可以解决。我们将把定义这两个函数留作练习。

$$icparity \qquad :: State \rightarrow Bool$$

$$mhparity :: State \rightarrow State \rightarrow Bool$$

其中，如果逆序数的奇偶性为偶数，则 *icparity* 返回 *True*；如果初始状态中的空白空间与最终状态中的静止位置的曼哈顿距离为偶数，则 *mhparity* 返回 *True*。然后我们可以定义

$$possible :: State \rightarrow State \rightarrow Bool$$

$$possible\ is\ fs = (mhparity\ is\ fs == (icparity\ is == icparity\ fs))$$

也就是说，如果曼哈顿距离为偶数且逆序数的奇偶性一致，或者曼哈顿距离为奇数且逆序数的奇偶性不一致，则可能存在解决方案。这利用了以下事实：在最终状态下，空白空间的曼哈顿距离为零，因此具有偶数奇偶性。

以下错位启发式的定义：

$$\textbf{type}\ Heuristic = State \rightarrow State \rightarrow Nat$$

$$h_1 :: Heuristic$$

$$h_1\ is\ fs = length(filter\ p(zip(perm\ is)(perm\ fs)))$$

$$\textbf{where}\ p(c, d) = c \neq \text{'0'} \wedge c \neq d$$

它将这两种排列对齐，并计算错位图块的数量。

为了定义曼哈顿启发式，我们需要网格点的坐标，我们可以取为

$$(0, 0)\quad (0, 1)\quad (0, 2)$$
$$(1, 0)\quad (1, 1)\quad (1, 2)$$
$$(2, 0)\quad (2, 1)\quad (2, 2)$$

状态的坐标是通过按图块顺序的坐标列表给出的，该列表显示了每个图块所占据的坐标位置。例如，在排列 083256147 中，这些坐标是

$$[(2, 0), (1, 0), (0, 2), (2, 1), (1, 1), (1, 2), (2, 2), (0, 1)]$$

因此，图块 1 占据位置 (2, 0)，图块 2 占据位置 (1, 0)，以此类推。如果我们引入类型同义词

$$\textbf{type}\ Coord = (Nat, Nat)$$

然后按以下顺序给出平铺顺序中的坐标：

$$coords :: State \rightarrow [Coord]$$

$$coords = tail \cdot map\ snd \cdot sort \cdot addCoords$$

$$\textbf{where}\ addCoords\ st = zip(perm\ st)\ gridpoints$$

$$gridpoints = map(\text{divMod3})[0..8]$$

每个图块通过 *addCoords* 与其坐标位置相关联，结果按图块顺序分类，并丢弃图块。前面的位置（空白区域的位置）也被丢弃了。

现在我们可以定义曼哈顿启发式为

$$h_2 :: Heuristic$$

$$h_2\ is\ fs = sum(zipWith\ d(coords\ is)(coords\ fs))$$

$$\textbf{where}\ d(x_0, y_0)(x_1, y_1) = abs(x_0 - x_1) + abs(y_0 - y_1)$$

mstar 算法维护路径队列，其中路径的定义为

$$\textbf{type } Path = (\,[\,Move\,]\,,\ Nat,\ State\,)$$
$$key :: Path \rightarrow State$$
$$key(\,ms,\ k,\ st\,) = st$$

每个路径记录一个移动序列，该序列的长度以及移动结束时的最终状态。该算法利用优先级
搜索队列和 16.2 节中使用的库 $Data.Set$：

$$mstar :: Heuristic \rightarrow State \rightarrow State \rightarrow Maybe[\,Move\,]$$
$$mstar\ h\ istate\ fstate =$$
$$\quad \textbf{if } possible\ istate\ fstate \textbf{ then } msearch\ S.\,empty\ start \textbf{ else } Nothing$$
$$\quad \textbf{where } start = insertQ\ key(\,[\,]\,,\ 0,\ istate\,)(\,h\ istate\ fstate\,)\,emptyQ$$
$$\quad\quad msearch\ vs\ ps \mid st == fstate\quad\quad = Just(\,reverse\ ms\,)$$
$$\quad\quad\quad\quad\quad\quad\quad \mid S.\,member\ st\ vs = msearch\ vs\ qs$$
$$\quad\quad\quad\quad\quad\quad\quad \mid otherwise\quad\quad\quad = msearch(\,S.\,insert\ st\ vs\,)\,rs$$
$$\quad\quad\quad\quad \textbf{where } (\,(\,ms,\ k,\ st\,)\,,\ qs\,) = removeQ\ key\ ps$$
$$\quad\quad\quad\quad\quad\quad rs = addListQ\ key(\,succs\ h\ fstate(\,ms,\ k,\ st\,)vs\,)\,qs$$

$succs$ 修改后的定义是

$$succs :: Heuristic \rightarrow State \rightarrow Path \rightarrow S.\,Set\ State \rightarrow [\,(\,Path,\ Nat\,)\,]$$
$$succs\ h\ fstate(\,ms,\ k,\ st\,)vs$$
$$\quad = [\,(\,(\,(\,m:ms,\ k+1,\ st'\,)\,,\ k+1+h\ st'fstate\,)$$
$$\quad\quad \mid m \leftarrow moves\ st,\ \textbf{let } st' = move\ st\ m,\ not(\,S.\,member\ st'vs\,)\,]$$

与广度优先搜索相比，错位启发式和曼哈顿启发式都可以更快地找到解决方案，其中曼
哈顿启发式在许多示例中都被证明是优越的。为了便于比较，这里给出了 GHCi 的典型
运行时间和步数，其中 $bfsolve$ 使用简单的广度优先搜索计算解，在每种情况下返回相同
的解 $[3,\ 6,\ 7,\ 8,\ 5,\ 4,\ 1,\ 0,\ 3,\ 6,\ 7,\ 4,\ 5,\ 8\,]$：

	time	moves
$bfsolve$	0.60s	6450
$mstar\ h_1$	0.02s	138
$mstar\ h_2$	0.01s	35

从初始状态 032871456 开始，在计算解 $[1,\ 4,\ 3,\ 6,\ 7,\ 4,\ 1,\ 0,\ 3,\ 4,\ 5,\ 2,\ 1,\ 4,\ 5,\ 8,\ 7,\ 6,\ 3,\ 0,\ 1,\ 4,\ 7,\ 8\,]$ 方面有了更显著的提升：

	time	moves
$bfsolve$	920.01s	312963
$mstar\ h_1$	3.37s	15765
$mstar\ h_2$	0.41s	2032

章节注释

关于 A* 搜索的第一个描述是在 1968 年给出的，请参见文献［2］，这是一个建造可以计划自己行动的机器人项目的一部分。对该算法的确定性研究随后在文献［1］中给出。有关启发式方法以及如何选择好的方法的一般性研究可以在 Judea Pearl[6] 中找到。启发式技术在人工智能问题中的应用可以在文献［7］以及许多其他书籍中找到。优先搜索队列在文献［3］中有描述。可变角度路径规划算法取自文献［5］。15 数码问题是 Noyes P. Chapman 发明的，而不是 Sam Loyd，只有一半初始位置是可解的证明是在 1879 年首次给出的，见文献［4］。

参考文献

［1］ Rina Dechter and Judea Pearl. Generalised best-fit search strategies and the optimality of A*. *Journal of the ACM*, 32（3）：505-536, 1985.

［2］ Peter E. Hart, Nils J. Nilsson, and Bertram Raphael. A formal basis for the heuristic determination of minimum cost paths. *IEEE Transactions on Systems Science and Cybernetics*, 4（2）：100-107, 1968.

［3］ Ralf Hinze. A simple implementation technique for priority search queues. In B. C. Pierce and X. Leroy, editors, *ACM International Conference on Functional Programming*, pages 110 - 121, 2001.

［4］ William W. Johnson and William E. Story. Notes on the 15-puzzle. *American Journal of Mathematics*, 2（4）：397-404, 1879.

［5］ Alex Nash and Sven Koenig. Any-angle path planning. *Artificial Intelligence Magazine*, 34（4）：85-107, 2013.

［6］ Judea Pearl. *Heuristics*：*Intelligent Search Strategies for Computer Problem Solving*. Addison-Wesley, Reading, MA, 1984.

［7］ Stuart J. Russell and Peter Norvig. *Artificial Intelligence*：*A Modern Approach*. Prentice-Hall, Upper Saddle River, NJ, third edition, 2003.

练习

练习 16.1 如果边代价不被约束为正，函数 H 是否定义明确？如果边代价为正但不一定为整数，H 是否定义明确？

练习 16.2 考虑图

乐观启发式 $h(A) = h(B) = 4$ 且 $h(C) = 0$。$tstar$ 会找到路径 ABC 吗？

练习 16.3 为什么 Dijkstra 的算法是 A^* 搜索的特例？

练习 16.4 给出一个简单的图来表明，如果优先级只是完成旅程的启发式估计，则 $tstar$ 并不总是返回最短路径。

练习 16.5 $Data.Map$ 的函数 $insert$ 具有类型

$$insert :: Ord\ k \Rightarrow k \to a \to Map\ k\ a \to Map\ k\ a$$

关于在 $astar$ 和 $mstar$ 中使用 $insert$ 做出了什么假设？

练习 16.6 返回城镇与最近目标之间的直线距离的启发式方法是否是单调启发式方法？

练习 16.7 令最小边代价为 c。常数函数 $h(v) = c$ 是否是乐观的？

练习 16.8 证明：如果每个目标顶点 v 的 $h(v) = 0$，并且 h 是单调的，则 h 是乐观的。

练习 16.9 定义 $f(p) = c(p) + h(v)$，其中 v 是路径 p 的端点。证明：如果 p 是 q 的前置，则 $f(p) \leqslant f(q)$。

练习 16.10 在图 16.3 的网格中，还有多少具有 18 个直线移动和 5 个对角线移动的固定角度路径？

练习 16.11 定义仓库问题中使用的函数 $dist$。

练习 16.12 确定两条任意线段是否相交是计算几何中的基本任务。完整的算法有点复杂，因为必须考虑许多不同的情况。然而，在仓库的情况下，任务可以稍微简化，尽管仍有许多情况需要区分。首先，如果正在建设的路径是水平的、垂直的，或者是 45 度角的对角线坡度，那么我们需要说明什么？

练习 16.13 在上一个问题之后，在其余情况下，我们必须检查线段的端点是否没有障碍，并且没有任何箱子的边界穿过线段。网格中箱子的边界可以通过以下方式定义：

$$borders :: Grid \to [Segment]$$

$$borders = concatMap(edges \cdot corners) \cdot boxes$$

$$\textbf{where}\ edges[u,\ v,\ w,\ x] = [(u,\ v),\ (w,\ v),\ (x,\ w),\ (x,\ u)]$$

但是，测试所有边界线段是否与给定线段 s 相交将涉及可能远离 s 的边界段。在某种合适的意义上，最好对接近 s 的边界段进行过滤。"接近"的合适定义是什么？

练习 16.14 接下来，$visible$ 的定义现在采用以下形式：

$$visible :: Grid \to Segment \to Bool$$

$$visible\ g\ s\ \left| \begin{array}{ll} hseg\ s & = all(free\ g)(ypoints\ s) \\ vseg\ s & = all(free\ g)(xpoints\ s) \\ dseg\ s & = all(free\ g)(dpoints\ s) \\ eseg\ s & = all(free\ g)(epoints\ s) \\ otherwise & = free\ g(snd\ s) \wedge all(not \cdot crosses\ s)es \end{array} \right.$$

$$\textbf{where}\ es = filter(near\ s)(borders\ g)$$

如果线段是水平的，则满足 $hseg$；如果线段是垂直的，则满足 $vseg$；如果线段端点的两个坐标之和相同，则满足 *dseg*，因此对角线从左到右；如果坐标差相同，则满足 *eseg*。除 *crosses* 外，为其余函数编写适当的定义。

练习 16.15 *crossed* 函数仍有待定义。为此，我们需要确定三角形的方向。函数如下：

$$orientation :: Segment \rightarrow Vertex \rightarrow Int$$

$$orientation((x_1, y_1), (x_2, y_2))(x, y)$$

$$= signum((x - x_1) \times (y_2 - y_1) - (x_2 - x_1) \times (y - y_1))$$

如果 $A = (x_1, y_1)$、$B = (x_2, y_2)$ 和 $C = (x, y)$ 的三角形 *ABC* 的方向是逆时针方向，则函数返回 -1；如果 *ABC* 是顺时针方向，则函数返回 $+1$；如果 *A*、*B* 和 *C* 点共线，则函数返回 0。例如，在图 16.5 中，*ABC* 的方向是逆时针方向，*ABD* 的方向是顺时针方向。因此，如果 *CD* 是某个箱子的边界，那么该段就穿过它。另一方面，即使 *ABE* 和 *ABF* 方向相反，该片段也不穿过 *EF*。为什么相交测试不适用于 *EF*？请定义 *crosses*。

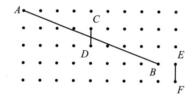

图 16.5 *ABC* 和 *ABE* 是逆时针的，*ABD* 和 *ABF* 是顺时针的

练习 16.16 考虑 3 数码问题，其中 2 × 2 的网格中有 3 个图块和一个空白。如果图块的最终排列是 1230，那么 24 个可能的初始状态中哪一个是可解的？

练习 16.17 证明 8 数码的错位启发式 *h* 是单调的。并证明如果我们计算一下空白图块是否错位，这也是非真的。

练习 16.18 证明曼哈顿启发式算法是单调的，但这仅是因为总和中不包括空白图块的距离。

练习 16.19 定义函数 *icparity* 和 *mhparity*，其中如果逆序数的奇偶性为偶数，则 *icparity* 返回 *True*；如果初始状态下的空白图块到最终状态下的静止位置的曼哈顿距离为偶数，则 *mhparity* 返回 *True*。

附录 练习答案

第1章

答案 1.1

$$
\begin{aligned}
maximum,\ inimum &:: Ord\ a \Rightarrow [\,a\,] \to a \\
take,\ drop &:: Nat \to \qquad\quad [\,a\,] \to [\,a\,] \\
takeWhile,\ dropWhile &:: (a \to Bool) \to \quad [\,a\,] \to [\,a\,] \\
inits,\ tails &:: [\,a\,] \to [\,[\,a\,]\,] \\
splitAt &:: Nat \to \qquad\quad [\,a\,] \to ([\,a\,],[\,a\,]) \\
span &:: (a \to Bool) \to \quad [\,a\,] \to ([\,a\,],[\,a\,]) \\
null &:: \qquad\qquad\qquad [\,a\,] \to Bool \\
all &:: (a \to Bool) \to \quad [\,a\,] \to Bool \\
elem &:: Eq\ a \Rightarrow a \to \quad [\,a\,] \to Bool \\
(\,!!\,) &:: [\,a\,] \to Nat \to a \\
zipWith &:: (a \to b \to c) \to [\,a\,] \to [\,b\,] \to [\,c\,]
\end{aligned}
$$

在 Haskell 8.0 中，上述的一些函数具有更通用的类型。例如：

$$maximum,\ minimum :: (Foldable\ t,\ Ord\ a) \Rightarrow t\ a \to a$$

类型类 *Foldable* 描述的是可折叠的数据结构。例如，*Foldable t* 包含一个类型为

$$foldr :: (a \to b \to b) \to b \to t\ a \to b$$

的 *foldr* 函数。列表是可以折叠的，我们只在列表上使用 *foldr*。

答案 1.2 函数 *uncons* 定义为

$$
\begin{aligned}
uncons[\,] &= Nothing \\
uncons(x:xs) &= Just(x,\ xs)
\end{aligned}
$$

答案 1.3 简单的定义为

$$
\begin{aligned}
wrap\ x &= [\,x\,] \\
unwrap[\,x\,] &= x \\
single[\,x\,] &= True \\
single\_ &= False
\end{aligned}
$$

注意 *head* 和 *unwrap* 是不同的函数

答案 1.4

$$
\begin{aligned}
reverse &:: [\,a\,] \to [\,a\,] \\
reverse &= foldl(flip(:))[\,]
\end{aligned}
$$

答案 1.5

$$map\ f\ = foldr\ op[\ ]\textbf{ where }op\ x\ xs = f\ x : xs$$

$$filter\ p = foldr\ op[\ ]\textbf{ where }op\ x\ xs = \textbf{if }p\ x\ \textbf{then }x : xs\ \textbf{else }xs$$

答案 1.6 我们有 $foldr\ f\ e \cdot filter\ p = foldr\ op\ e$，其中

$$op\ x\ y = \textbf{if }p\ x\ \textbf{then }f\ x\ y\ \textbf{else }y$$

答案 1.7 我们有

$$takeWhile :: (a \to Bool) \to [a] \to [a]$$

$$takeWhile\ p = foldr\ op[\ ]\textbf{ where }op\ x\ xs = \textbf{if }p\ x\ \textbf{then }x : xs\ \textbf{else}[\ ]$$

例如：

$$takeWhile\ even[2, 3, 4, 5]$$
$$= op\ 2(takeWhile\ even[3, 4, 5])$$
$$= 2 : takeWhile\ even[3, 4, 5]$$
$$= 2 : op\ 3(takeWhile\ even[4, 5])$$
$$= 2 : [\ ]$$

答案 1.8 我们有

$$dropWhileEnd :: (a \to Bool) \to [a] \to [a]$$
$$dropWhileEnd\ p = foldr\ op[\ ]$$
$$\textbf{where }op\ x\ xs = \textbf{if }p\ x \wedge null\ xs\ \textbf{then}[\ ]\textbf{else }x : xs$$

答案 1.9

$$head :: [a] \to a$$
$$head(x : xs) = x$$
$$tail :: [a] \to [a]$$
$$tail(x : xs)\ = xs$$

虽然上述两个函数花费常数时间，但是下面两个对偶（dual）的函数都花费线性时间，因为需要遍历整个列表。所以说 $foldl$ 的另一个定义是低效的。

$$last :: [a] \to a$$
$$last[x]\ \ \ \ = x$$
$$last(x : xs) = last\ xs$$
$$init :: [a] \to [a]$$
$$init[x]\ \ \ \ \ = [\ ]$$
$$init(x : xs) = x : init\ xs$$

答案 1.10 一个简单的条件是 $\oplus$ 与单位元 e 的关联操作，例如，加法与单位元 0 的关联操作，所以对于所有有限列表 xs 来说，

$$foldr(+)0\ xs = foldl(+)0\ xs$$

答案 1.11 对于将小数转换为整数的函数，用 $foldl$ 来定义是合适的：

$$integer = foldl\ shiftl\ 0\ \textbf{where}\ shiftl\ n\ d = 10 \times n + d$$

对于将小数转换为分数的函数，用 *foldr* 定义也是合适的：

$$fraction = foldr\ shiftr\ 0\ \textbf{where}\ shiftr\ d\ x = (fromIntegral\ d + x)/10$$

由于整数没有定义除法，所以必须使用 *fromIntegral* 将一个数字（整数）转换为浮点数。

答案 1.12 我们有

$$map(foldl\ f\ e) \cdot inits = scanl\ f\ e$$
$$map(foldr\ f\ e) \cdot tails = scanr\ f\ e$$

其中 *scanr* 是 *Prelude* 函数，与 *scanl* 对偶。这些结果统称为"扫描引理"，在文本处理算法中非常有用，比如第 11 章中的那些算法。

答案 1.13 有两种可能的定义：

$$apply\ 0\ f = id$$
$$apply\ n\ f = f \cdot apply(n-1)f$$
$$apply\ 0\ f = id$$
$$apply\ n\ f = apply(n-1)f \cdot f$$

函数组合是一种关联操作，所以定义是等价的。

答案 1.14 可以，尽管定义不是很明显：

$$inserts\ x = foldr\ step\ [[x]]$$
$$\textbf{where}\ step\ y\ yss = (x:y:ys):map(y:)yss$$
$$\textbf{where}\ ys = tail(head\ yss)$$

这个定义基于 *head*（*inserts x ys*）= *x : ys*。

答案 1.15 函数 *remove* 在给定的列表中删除第一次出现的给定元素：

$$remove :: Eq\ a \Rightarrow a \rightarrow [a] \rightarrow [a]$$
$$remove\ x[] = []$$
$$remove\ x(y:ys) = \textbf{if}\ x == y\ \textbf{then}\ ys\ \textbf{else}\ y:remove\ x\ ys$$

$perms_3$ 的第一个子句确实是必要的，如果没有这个子句，则有 $perms_3[] = []$。

由此可以看出，$perms_3$ 对所有参数都返回空列表。$perms_3$ 的类型是 $perms_3 :: Eq\ a \Rightarrow [a] \rightarrow [[a]]$，所以不能使用这个定义来生成元素为函数列表的全排列，因为函数之间无法比较是否相等。

答案 1.16 当输入的是未定义的列表⊥时，我们必须证明融合的有效性。对于 $foldr\ f\ e \bot = \bot$，我们要求 h 必须是一个严格（*strict*）函数，所以如果参数是未定义的，就返回未定义的值。

答案 1.17 先举个例子，原来的融合条件要求是

$$replace(2 \times x + y) = 2 \times x + replace\ y$$

如果 y 为奇数就不成立。但因为 $foldr\ f\ 0\ xs$ 总是一个偶数，所以我们有

$$replace(f\ x(foldr\ f\ 0\ xs)) = f\ x(replace(foldr\ f\ 0\ xs))$$

更一般的融合定律，我们将其称为上下文敏感融合（*context-sensitive fusion*），是指对于所有有

限列表 xs，都有

$$h(foldr\ f\ e\ xs) = foldr\ g\ (h\ e)\ xs$$

只要对于所有 x 和有限列表 xs 都有

$$h(f\ x\ (foldr\ f\ e\ xs)) = g\ x\ (h\ (foldr\ f\ e\ xs))$$

为了说明有些问题可以通过贪心算法来解决，上下文敏感融合是需要的。

答案 1.18 对于所有有限列表 xs 都有

$$h(foldl\ f\ e\ xs) = foldl\ g\ (h\ e)\ xs$$

只要对于所有的 y 和 x 都有

$$h(f\ y\ x) = g\ (h\ y)\ x$$

我们可以通过归纳来证明限制条件是充分的，但是我们必须慎重。先将归纳假设泛化，将 e 替换为一个任意值 y：

$$h(foldl\ f\ y\ xs) = foldl\ g\ (h\ y)\ xs$$

那么我们有

$$
\begin{aligned}
& h(foldl\ f\ y\ (x:xs)) \\
= \quad & \{foldl\ 的定义\} \\
& h(foldl\ f\ (f\ y\ x)\ xs) \\
= \quad & \{归纳\} \\
& foldl\ g\ (h\ (f\ y\ x))\ xs \\
= \quad & \{限制条件\} \\
& foldl\ g\ (g\ (h\ y)\ x)\ xs \\
= \quad & \{foldl\ 的定义\} \\
& foldl\ g\ (h\ y)\ (x:xs)
\end{aligned}
$$

如果不进行泛化，归纳步骤就不成立。

答案 1.19 不，这是错误的。Haskell 是一种惰性语言，它只计算那些有助于得到答案的值。在最好的情况下，*collapse* 剩余的和会被丢弃，所以它们永远不会被计算。

答案 1.20 我们可以取 $op\ f\ xs\ ys = f(xs \mathbin{+\mkern-8mu+} ys)$，当然，我们不能用这种方式来连接一个无限列表。

答案 1.21 一个简单的定义：

$$
\begin{aligned}
steep[\ ] &= True \\
steep(x:xs) &= x > sum\ xs \wedge steep\ xs
\end{aligned}
$$

这个定义计算了列表的每个尾部的 *sum*。由于计算 *sum* 需要线性时间，*steep* 的计算则需要平方时间。为了得到线性时间的算法，我们可以将 *sum* 和 *steep* 进行串联，从而引出以下定义：

$$
\begin{aligned}
steep &= snd \cdot faststeep \\
faststeep[\ ] &= (0,\ True) \\
faststeep(x:xs) &= (x+s,\ x>s \wedge b)\ \textbf{where}\ (s,\ b) = faststeep\ xs
\end{aligned}
$$

第2章

答案 2.1 严格来说，不是。如果存在一个正常数 C 和一个整数 n_0，使得对于所有 $n > n_0$ 都有 $f(n) \leqslant C$，那么我们有 $f(n) = O(1)$，而如果存在一个正常数 C 和 D 以及一个整数 n_0，使得对于所有 $n \geqslant n_0$，都有 $D \leqslant f(n) \leqslant C$，那么我们有 $f(n) = \Theta(n)$。因此，函数 *const* 0 是 $O(1)$，但不是 $\Theta(1)$。

答案 2.2 不，第一条是真的，但第二条是假的。例如，以 $f(n) = n^2$，$g(n) = 1$ 为例。如果存在一个 C 和 n_0，使得对于所有 $n > n_0$，$h(n) \leqslant C(n^2 + 1)$，那么 $h(n) = O(n^2 + 1)$ 成立，但并不意味着存在一个 C 和 n_0，使得对于所有的 $n > n_0$ 都有 $h(n) \leqslant n^2 + C$。

答案 2.3 对于所有 $n > 0$，$n^2 \leqslant (n+1)^2 \leqslant 4n^2$。第二个不等式是由 $3n^2 - 2n - 1 = (3n + 1)(n - 1)$（$n \geqslant 1$ 时非负）这一事实得出的。

答案 2.4

$$\sum_{k=1}^{n} k = \frac{n(n+1)}{2}$$

$$\sum_{k=1}^{n} k^2 = \frac{n(n+1)(2n+1)}{6}$$

答案 2.5 除 $n + \sqrt{n} = = O(\sqrt{n} \log n)$ 外，都是真的。最后一个 $\log(n!) = \Theta(n \log n)$，是斯特林近似法（Stirling's approximation）的一个粗略形式，它指出

$$n! = \sqrt{2\pi n} \left(\frac{n}{e}\right)^n (1 + O(1/n))$$

答案 2.6 微分后，我们得到

$$\sum_{k=0}^{n} k x^{k-1} = \frac{1 - (n+1)x^n + nx^{n+1}}{(1-x)^2}$$

所以

$$\sum_{k=0}^{n} k x^k = \frac{x(1 - (n+1)x^n + nx^{n+1})}{(1-x)^2}$$

取 $x = 2$，我们发现右手边是 $\Theta(n2^n)$，取 $x = 1/2$ 且让 n 趋于无穷大，右手边趋于 2。

答案 2.7 我们有

$$\sum_{k=1}^{n} k \log k \leqslant \log n \sum_{k=1}^{n} k = O(n^2 \log n)$$

我们又有

$$\sum_{k=1}^{n} k \log k \geqslant \sum_{k=n/2}^{n} k \log k \geqslant \log(n/2) \sum_{k=n/2}^{n} k = \Omega(n^2 \log n)$$

因此和为 $\Theta(n^2 \log n)$

答案 2.8

$$T(m, n) = \Theta(mn + n^2)$$

答案 2.9 为了简化 $head \cdot foldr(\,+\!\!+\,)[\,]$，我们必须找到一个函数 op_1，使得

$$head(xs \,+\!\!+\, ys) = op_1\, xs(head\, ys)$$

很容易看出该定义应该是什么。

$$op_1\, xs\, y = \textbf{if } null\, xs \textbf{ then } y \textbf{ else } head\, xs$$

这样就可以得出

$$head \cdot concat_1 = foldr\, op_1\, \bot$$

因为 $head[\,] = \bot$。为了用 $foldl$ 的融合法简化 $head \cdot foldl(\,+\!\!+\,)[\,]$，我们必须找到一个函数 op_2 使得

$$head(xs \,+\!\!+\, ys) = op_2(head\, xs)\, ys$$

但是，除非已知 xs 是不空的，否则不存在这样的 op_2，因为我们必定有

$$op_2\, \bot\, ys = head\, ys \,和\, op_2\, x\, ys = x$$

答案 2.10

$$T(0) = \Theta(1)$$
$$T(n) = n(R(n) + T(n-1) + \Theta((n-1)!)) + \Theta((n+1)!)$$

其中 $R(n)$ 是从长度为 n 的列表中删除一个元素所需的时间。

第一个项是计算所有 $subperms$ 所需的时间。每计算一次 $subperms$，我们花费 $R(n)$ 删除一个元素，计算得到的列表的全排列，然后在 $(n-1)!$ 个结果进行 con 操作。最后一项用于连接。由于 $nR(n) = O((n+1)!)$，我们有

$$T(n) = nT(n-1) + \Theta((n+1)!)$$

而且，正如我们所看到的，这得到了 $T(n) = \Theta((n+2)!)$ 比输出的总长度差系数 n。

答案 2.11 是的。所有这三种方法，作用于 xs，都返回 xs 作为第一个全排列（在 $perm_3$ 的情况下，要求 xs 的元素可以比较相不相等）。

答案 2.12 是的，定义如下：

$$inits = help\, id$$
$$\textbf{where } help\, f[\,] \quad = f[\,]:[\,]$$
$$help\, f(x:xs) = f[\,] : help(f \cdot (x:))\, xs$$

现在需要花费线性时间去计算 $length \cdot inits$。

答案 2.13 由于正好有一半的数字大于或等于 5，该算法一半的时间只检查一个数字，四分之一的时间检查两个数字，以此类推。因此，在平均情况下，$\sum_{k=0}^{n} k/2^k$ 个数字被检查，正如我们在练习 2.6 中看到的得出结果是 2。因此，平均情况只比最好情况差一倍。

答案 2.14 定义是：

$$tails1 = takeWhile(not \cdot null) \cdot iterate\, tail$$

答案 2.15 如果数组的大小为 1，那么 add 运算需要依次进行的次数正比于 1，2，1，4，1，1，1，8，…。因此 n 个 add 操作的总代价是

$$n + \sum_{k=1}^{p} 2^k - 1 \leqslant n + 2^{p+1}$$

其中 $2^p \leqslant n < 2^{p+1}$。因此，一个 *add* 操作的平摊代价是 $O(1)$。

类似的情况也发生在 Haskell 中。内存会定期变满，在进行垃圾回收时，计算会暂停。因此，并不能保证在所有情况下，一个 *cons* 操作都会花费 $O(1)$。

第 3 章

答案 3.1 有三种方式：

$$(\texttt{"a"}, \texttt{"dcb"}), (\texttt{"ab"}, \texttt{"dc"}), (\texttt{"abc"}, \texttt{"d"})$$

例如：

$(\texttt{"a"}, \texttt{"dcb"}) = foldl\,(flip\ snocSL)\,nilSL\ \texttt{"abcd"}$

$(\texttt{"abc"}, \texttt{"d"}) = foldr\ consSL\ nilSL\ \texttt{"abcd"}$

$(\texttt{"ab"}, \texttt{"dc"}) = consSL\ \texttt{'a'}(snocSL\ \texttt{'d'}(foldr\ consSL\ nilSL\ \texttt{"bc"}))$

答案 3.2

$nilSL :: SymList\ a$

$nilSL = (\,[\,]\,,\,[\,]\,)$

$nullSL :: SymList\ a \to Bool$

$nullSL(xs,\ ys) = null\ xs\ \wedge\ null\ ys$

$singleSL :: SymList\ a \to Bool$

$singleSL(xs,\ ys) = (null\ xs\ \wedge\ single\ ys)\ \vee\ (null\ ys\ \wedge\ single\ xs)$

$lengthSL :: SymList\ a \to Nat$

$lengthSL(xs,\ ys) = length\ xs\ +\ length\ ys$

答案 3.3

$consSL :: a \to SymList\ a \to SymList\ a$

$consSL\ x(xs,\ ys) = \textbf{if}\ null\ ys\ \textbf{then}(\,[\,x\,],\ xs)\,\textbf{else}(x:xs,\ ys)$

$headSL :: SymList\ a \to a$

$headSL(xs,\ ys)\ = \textbf{if}\ null\ xs\ \textbf{then}\ head\ ys\ \textbf{else}\ head\ xs$

答案 3.4

$initSL :: SymList\ a \to SymList\ a$

$initSL(xs,\ ys)$

$\quad |\ null\ ys \qquad = \textbf{if}\ null\ xs\ \textbf{then}\ \bot\ \textbf{else}\ nilSL$

$\quad |\ single\ ys \qquad = (us,\ reverse\ vs)$

$\quad |\ otherwise \qquad = (xs,\ tail\ ys)$

$\quad\ \textbf{where}(us,\ vs) = splitAt(length\ xs\ \text{div}\ 2)xs$

答案 3.5

$$
\begin{aligned}
dropWhileSL\ p\ xs & \\
\mid nullSL\ xs \quad & = nilSL \\
\mid p(headSL\ xs) & = dropWhileSL\ p(tailSL\ xs) \\
\mid otherwise \quad & = xs
\end{aligned}
$$

答案 3.6

$$
\begin{aligned}
initsSL\ xs = \ & \textbf{if}\ nullSL\ xs \\
& \textbf{then}\ snocSL\ xs\ nilSL \\
& \textbf{else}\ snocSL\ xs(initsSL(initSL\ xs))
\end{aligned}
$$

关系是

$$
inits \cdot fromSL = map\ fromSL \cdot fromSL \cdot initsSL
$$

答案 3.7

$$
inits = map\ reverse \cdot scanl(flip(:))[\ ]
$$

答案 3.8

$$
T(p) = 2T(p-1) + \Theta(2^{p-1})
$$

其中 $\Theta(2^{p-1})$ 项用于连接。这样，$T(p) = \Theta(p\ 2^p)$。

新的定义是

$$
\begin{aligned}
fromT\ t &= fromTs[\ t\ ] \\
fromTs[\ ] \qquad\quad &= [\ ] \\
fromTs(Leaf\ x : ts) \quad &= x : fromTs\ ts \\
fromTs(Node\_t_1\ t_2 : ts) &= fromTs(t_1 : t_2 : ts)
\end{aligned}
$$

这个定义的运行时间为 $\Theta(2^p)$。另一种方法是使用累积函数。

答案 3.9

增加一个子句

$$
fetchRA\ k[\ ] = error\ \texttt{"index too large"}
$$

答案 3.10

$$
\begin{aligned}
toRA &:: [\ a\ ] \rightarrow RAList\ a \\
toRA &= foldr\ consRA\ nilRA
\end{aligned}
$$

答案 3.11

$$
\begin{aligned}
updateRA\ k\ x(Zero : xs) &= Zero : updateRA\ k\ x\ xs \\
updateRA\ k\ x(One\ t : xs) &= \textbf{if}\ k < size\ t \\
&\quad \textbf{then}\ One(updateT\ k\ x\ t) : xs \\
&\quad \textbf{else}\ \ One\ t : updateRA(k - size\ t)x\ xs \\
updateT &:: Nat \rightarrow a \rightarrow Tree\ a \rightarrow Tree\ a \\
updateT\ 0\ x(Leaf\ y) \quad &= Leaf\ x
\end{aligned}
$$

$$updateT\ k\ x(Node\ n\ t_1\ t_2) = \textbf{if}\ k\ <\ m$$
$$\textbf{then}\ Node\ n(updateT\ k\ x\ t_1)\ t_2$$
$$\textbf{else}\ Node\ n\ t_1(updateT(k\ -\ m)x\ t_2)$$
$$\textbf{where}\ m = n\ \text{div}\ 2$$

答案 3.12

$$(//) :: RAList\ a \rightarrow [(Nat,\ a)] \rightarrow RAList\ a$$
$$(//) = foldl(flip(uncurry\ updateRA))$$

例如：

$$fromRA(toRA[0..3]//[(1,\ 7),\ (2,\ 3),\ (3,\ 4),\ (2,\ 8)]) = [0,\ 7,\ 8,\ 4]$$

中间更新步骤是：

$$[0,\ 1,\ 2,\ 3],\ [0,\ 7,\ 2,\ 3],\ [0,\ 7,\ 3,\ 3],\ [0,\ 7,\ 3,\ 4],\ [0,\ 7,\ 8,\ 4]$$

如果一个长度为 n 的随机访问列表上有 m 次更新，那么 $//$ 的运行时间为 $\Theta(m\log n)$。

答案 3.13 定义为

$$headRA\ xs = fst(unconsRA\ xs)$$
$$tailRA\ xs = snd(unconsRA\ xs)$$

答案 3.14

$$fa = listArray(0,\ n)(scanl(\times)1[1..n])$$
$$fa = listArray(0,\ n)(1 : [i \times fa!(i - 1) \mid i \leftarrow [1..10]])$$

$listArray$ 对数组元素的要求并不严格，所以像上面这样的递归定义是合法的。

答案 3.15

$$accumArray\ f\ e\ bnds\ ivs = accum\ f(array\ bnds[(i,\ e) \mid i \leftarrow range\ bnds])ivs$$

第 4 章

答案 4.1 证明如下：

$$a\ <\ (a + b)\text{div}\ 2\ <\ b$$
$$\Leftrightarrow\ \{div\ 的定义\}$$
$$a\ <\lfloor (a + b)/2 \rfloor\ <\ b$$
$$\Leftrightarrow\ \{算术运算\}$$
$$a + 1 \leqslant \lfloor (a + b)/2 \rfloor\ <\ b$$
$$\Leftrightarrow\ \{floor\ 规则（两次）\}$$
$$a + 1 \leqslant (a + b)/2\ <\ b$$
$$\Leftrightarrow\ \{算术运算\}$$
$$a + 1\ <\ b$$

$floor$ 规则在上述证明中使用了两次，第二次应用等价形式

$$\lfloor r \rfloor < x \Leftrightarrow r < x$$

对于第二部分，我们有

$$n < 2^h \Leftrightarrow n + 1 \leqslant 2^h \Leftrightarrow \log(n + 1) \leqslant h$$

用 *ceiling* 规则后，结果就出来了。

答案4.2

$$smallest(a, b) = x \Rightarrow f(x) < t \leqslant f(x + 1)。$$

答案4.3 通过归纳法证明，在归纳法步骤中，我们必须证明

$$\lceil \log(n - 1) \rceil = \lceil \log(\lceil (n + 1)/2 \rceil - 1) \rceil + 1$$

为此，我们可以通过间接相等法（indirect equality）进行推理，通过证明对于所有 k 都有 $a \leqslant k$ 当且仅当 $b \leqslant k$ 来证明 $a = b$。在右手边应用 ceiling 规则后得到

$$\lceil \log(n - 1) \rceil \leqslant k \Leftrightarrow n - 1 \leqslant 2^k$$

在右边我们得到

$$\lceil \log(\lceil (n + 1)/2 \rceil - 1) \rceil + 1 \leqslant k$$
$$\Leftrightarrow \quad \{算术运算\}$$
$$\lceil \log(\lceil (n + 1)/2 \rceil - 1) \rceil \leqslant k - 1$$
$$\Leftrightarrow \quad \{ceiling \ 规则\}$$
$$\log(\lceil (n + 1)/2 \rceil - 1) \leqslant k - 1$$
$$\Leftrightarrow \quad \{算术运算\}$$
$$\lceil (n + 1)/2 \rceil - 1 \leqslant 2^{k-1}$$
$$\Leftrightarrow \quad \{算术运算\}$$
$$\lceil (n + 1)/2 \rceil \leqslant 2^{k-1} + 1$$
$$\Leftrightarrow \quad \{ceiling \ 规则\}$$
$$(n + 1)/2 \leqslant 2^{k-1} + 1$$
$$\Leftrightarrow \quad \{算术运算\}$$
$$n - 1 \leqslant 2^k$$

得证。

答案4.4 从练习4.2的答案中，我们知道 $smallest(a, b)ft$ 可以返回 $b-a$ 中的任何一个结果，即 x 满足 $a \leqslant x < b$，形式为 $f(x) < t \leqslant f(x + 1)$ 的结果。

因此，一棵内部节点用形为 $t \leqslant f(x)$ 的测试来标记的决策树，其高度 h 必须满足 $f(x) < 2^h \geqslant b-a$。因为 $b-a = n-1$，我们有下限 $h \geqslant \lceil \log(n - 1) \rceil$。

答案4.5 $(0, 9)$，$(5, 6)$，$(7, 5)$，$(9, 0)$。

答案4.6 四个答案是 $(9, 10)$，$(10, 9)$，$(1, 12)$，$(12, 1)$。唯一的问题是产生这四个值的顺序。在马鞍形搜索中，答案是按照 $(12, 1)$，$(10, 9)$，$(9, 10)$，$(1, 12)$ 的顺序找到的，但它们是按照相反的顺序排列的。在最终算法中，这取决于搜索子矩形的顺序。事实证明，最终算法产生的列表是 $[(9, 10)$，$(1,$

12)，(10，9)，(12，1)]。

答案 4.7　递归的情况如下：

$$flatcat(Node\ l\ x\ r)xs$$
$$=\quad\{flatcat\ 的说明\}$$
$$flatten(Node\ l\ x\ r)\ +\!\!+\ xs$$
$$=\quad\{flatten\ 的定义\}$$
$$flatten\ l\ +\!\!+\ [\,x\,]\ +\!\!+\ flatten\ r\ +\!\!+\ xs$$
$$=\quad\{flatcat\ 的说明\}$$
$$flatten\ l\ +\!\!+\ [\,x\,]\ +\!\!+\ flatcat\ r\ xs$$
$$=\quad\{flatcat\ 的说明\}$$
$$flatcat\ l(\,x:flatcat\ r\ xs)$$

答案 4.8　有两种情况，取决于该树是 *Null* 还是 *Node*。
前一种情况很容易。对于后者，我们将只证明第二个不等式，因为大小和高度都是整数，它可以写成 $size\ t \leqslant 2^{height\ t}-1$。我们推理如下：

$$size(node\ l\ x\ y)$$
$$=\quad\{size\ 的定义\}$$
$$size\ l+1+size\ r$$
$$\leqslant\quad\{归纳假设\}$$
$$2^{height\ l}-1+1+2^{height\ r}-1$$
$$\leqslant\quad\{算术运算\}$$
$$2^{1+max(height\ l)(height\ r)}-1$$
$$\leqslant\quad\{height\ 的定义\}$$
$$2^{height\ t}-1$$

答案 4.9　我们有
$partition\ p[\,]=([\,],[\,])$。令 $(ys,zs)=filter\ p\ xs$，得到

$$partition\ p(\,x:xs)$$
$$=\quad\{partition\ 的定义\}$$
$$(filter\ p(\,x:xs)\,,\ filter(not\cdot p)(\,x:xs))$$
$$=\quad\{filter\ 的定义\}$$
$$\textbf{if}\ p\ x\ \textbf{then}(\,x:ys,\ zs)\,\textbf{else}(\,ys,\ x:zs)$$

由此我们可以得到

$$partition\ p\ xs=foldr\ op([\,],[\,])xs$$
$$\textbf{where}\ op\ x(\,ys,\ zs)=\textbf{if}\ p\ x\ \textbf{then}(\,x:ys,\ zs)\,\textbf{else}(\,ys,\ x:zs)$$

答案 4.10　计算 *mktree* 的最好方法是将输入分成三个列表：小于某个给定元素的元素，等于该元素的元素，以及大于该元素的元素：

$$partition3 :: Ord\ a \Rightarrow a \mid \to [a] \mid \to ([a], [a], [a])$$

$$partition3\ y = foldr\ op([], [], [])$$

$$\textbf{where}\ op\ x(us, vs, ws) \mid x < y = (x:us, vs, ws)$$
$$\mid x == y = (us, x:vs, ws)$$
$$\mid x > y = (us, vs, x:ws)$$

现在我们可以定义

$$mktree :: Ord\ a \Rightarrow [a] \to Tree[a]$$

$$mktree[] = Null$$

$$mktree\ xs = Node(mktree\ us)vs(mktree\ ws)$$

$$\textbf{where}(us, vs, ws) = partition3(head\ xs)xs$$

partition3 的定义会在第 6 章用到。

答案 4.11 通过展开 B 的递归式，我们得到

$$B(n+1) = cn + 2B(n/2)$$
$$= 2cn + 4B((n/2-1)/2)$$
$$\leq 2cn + 4B(n/4)$$
$$\leq \cdots$$
$$\leq kcn + 2^k B(n/2^k)$$

得到 $B(n) = O(n\log n)$。我们也有 $B(n) = \Omega(n\log n)$。类似地，

$$W(n+1) = cn + W(n)$$
$$= cn + c(n-1) + W(n-1)$$
$$= cn + c(n-1) + \cdots + c$$
$$= cn(n+1)/2$$

得到 $W(n) = \Theta(n^2)$。

答案 4.12 对于偶数 n 我们得到

$$n! \geq n(n-1)(n-2)\cdots\left(\frac{n}{2}\right) \geq \left(\frac{n}{2}\right)^{\frac{n}{2}}$$

所以对于 $n \geq 4$ 有

$$\log(n!) \geq \left(\frac{n}{2}\right)\log\left(\frac{n}{2}\right) \geq \left(\frac{n}{4}\right)\log n$$

n 为奇数类似。

答案 4.13 定义如下：

$$merge :: Ord\ a \Rightarrow [a] \to [a] \to [a]$$
$$merge[]ys = ys$$
$$merge\ xs[] = xs$$
$$merge(x:xs)(y:ys) \mid x < y = x:merge\ xs(y:ys)$$
$$\mid x == y = x:merge\ xs\ ys$$
$$\mid x > y = y:merge(x:xs)ys$$

函数 *merge* 合并了两个排序的列表，删除了重复的部分。合并两个长度为 m 和 n 的列表需要 $\Theta(m + n)$。

答案 4.14　在大小为 m 的平衡树中需要 $\Theta(\log m)$ 插入一个新元素，并生成一个大小为 $m+1$ 的树。因此，如果我们插入 n 个元素，那么步骤数是

$$\log m + \log(m + 1) + \cdots + \log(m + n - 1)，即 \Theta((m + n)\log(m + n))。$$

from 的定义为

$$from(l, r)\,xa =$$
$$\textbf{if } l == r \textbf{ then } Null \textbf{ else } node(from(l, m)\,xa)\,(xa\,!\,m)\,(from(m + 1, r)\,xa)$$
$$\textbf{where } m = (l + r)\,\text{div}\,2$$

union 方法需要花费 $\Theta(m + n)$ 步。

答案 4.15　在 *deleteMin* 的情况下，如果 l 和 r 是两棵高度相差最多为 1 的树，t 是一棵高度与 l 相差最多为 1 的树，那么 t 和 r 的高度相差最多为 2，满足了关于 *balance* 的前提条件。*combine* 的论证也类似。

答案 4.16

$$balanceL :: Set\ a \rightarrow a \rightarrow Set\ a \rightarrow Set\ a$$
$$balanceL\ t_1\ x(Node\_l\ y\ r) = \textbf{if } height\ l \geq height\ t_1 + 2$$
$$\textbf{then } balance(balanceL\ t_1\ x\ l)\ y\ r$$
$$\textbf{else } balance(node\ t_1\ x\ l)\ y\ r$$

答案 4.17　$split\ x = pair\ mktree \cdot partition(\leq x) \cdot flatten$

第 5 章

答案 5.1　归并排序、堆排序、不相匹配、快速排序、桶排序。

答案 5.2

$$qsort(x : xs)$$
$$= \quad \{定义\}$$
$$flatten(mktree(x : xs))$$
$$= \quad \{mktree\ 的定义，其中 (ys, zs) = partition(< x)\,xs\}$$
$$flatten(Node(mktree\ ys)\ x\ (mktree\ zs))$$
$$= \quad \{flatten\ 的定义\}$$
$$flatten(mktree\ ys) + [x] + flatten(mktree\ zs)$$
$$= \quad \{qsort\ 的定义\}$$
$$qsort\ ys + [x] + qsort\ zs$$

答案 5.3　令 $qcat\ xs\ ys = flatcat\ (mktree\ xs)\ ys$，则可得到

$$qsort\ xs = qcat\ xs[\ ]$$
$$qcat[\ ]ys \qquad = ys$$
$$qcat(x:xs)ys = qcat\ us(x:qcat\ vs\ ys)$$
$$\mathbf{where}(us,\ vs) = partition(< x)xs。$$

答案 5.4 不明智，选择中间的元素和选择第一个元素一样可能产生两个不平衡的列表。这样选择的唯一优势就是如果输入已经严格按升序排列，那么快速排序会花费 $\Theta(nlogn)$ 步，而不是 $\Theta(n^2)$ 步。

选择平均值会好一些，但是当然，平均值的概念取决于输入是一个数字列表，所以这个方法不适用于任意有序类型。

选择中值作为枢轴可以保证列表被均匀分割，但是当然，这样的选择取决于是否有计算中值的有效方法，这个问题将在下一章中讨论。

答案 5.5 可能需要二次项时间，例如，当输入是递减顺序时。

答案 5.6 基准情形很容易：$help\ x[\ ]us\ vs = qsort\ us ⧺ [x] ⧺ qsort\ vs$

对于递归情形，假设 $y<x$。按如下讨论：

$$help\ x(y:xs)us\ vs$$
$$= \quad \{(ys,\ zs)\ 同上文\}$$
$$qsort(us ⧺ y:ys) ⧺ [x] ⧺ qsort(vs ⧺ zs)$$
$$= \quad \{声明(见下文)\}$$
$$qsort(y:us ⧺ ys) ⧺ [x] ⧺ qsort(vs ⧺ zs)$$
$$= \quad \{help\ 的定义\}$$
$$help\ x(y:us)vs$$

该声明是指当输入被排列时，$qsort$ 是不变的。在剩余的情形中运用双重计算。

$$qsort[\ ] \qquad = [\ ]$$
$$qsort(x:xs) \quad = help\ xs[\ ][\ ]$$
$$\mathbf{where}\ help[\ ]us\ vs \qquad\qquad = qsort\ us ⧺ [x] ⧺ qsort\ vs$$
$$help(y:xs)us\ vs\ |\ x \leqslant y = help\ xs\ us(y:vs)$$
$$|\ otherwise = help\ xs(y:us)vs$$

答案 5.7 基准情形 $T(0,\ n) = 0 \leqslant n$ 和 $T(m,\ 0) = 0 \leqslant m$ 是明显的，其归纳步骤是：
$$1 + T(m-1,\ n)\max T(m,\ n-1) \leqslant 1 + (m-1+n)\max(m+n-1) = m+n$$
事实上，我们可以证明更多：对 $m>0$ 且 $n>0$，有 $T(m,\ n) = m+n-1$。

答案 5.8 是必要的。因为 $halve[x] = ([\ ],\ [x])$，如果两个基准情形缺少一个，那么递归就不会结束。这是一个很容易犯的错误。出于同样的原因，图 5.1 中的 $sortsubs_1$ 的前两个子句也是必要的。

答案 5.9 从函数级对非空列表进行讨论，我们有

$$flatten \cdot unwrap \cdot until\ single(pairWith\ Node) \cdot map\ Leaf$$
$$= \quad \{因为\ flatten \cdot unwrap = unwrap \cdot map\ flatten\}$$

$$unwrap \cdot map\ flatten \cdot until\ single(pairWith\ Node) \cdot map\ Leaf$$

$$= \quad \{until\ 的融合定律(见下文)\}$$

$$unwrap \cdot until\ single(pairWith\ merge) \cdot map(flatten \cdot Leaf)$$

$$= \quad \{因为\ flatten \cdot Leaf = wrap\}$$

$$unwrap \cdot until\ single(pairWith\ merge) \cdot map\ wrap$$

两个聚变条件是:

$$single \cdot map\ flatten = single$$

$$map\ flatten \cdot pairWith\ Node = pairWith\ merge \cdot map\ flatten$$

条件的证明省略。

答案 5.10　两种情况下的函数都是 *reverse*。一个更简短的定义是: $foldl(flip(:))[\ ]$。

答案 5.11　我们需要为扑克牌定义一个比较函数 *cmp*。*suit* 是 *head* 的同义词, *rank* 是 *head* · *tail* 的同义词, 注意到 "SHDC" 是字母表的逆序, 所以我们可以定义

$$cmp\ c_1\ c_2 = \textbf{if}\ suit\ c_1 == suit\ c_2$$

$$\textbf{then}\ compare(posn(rank\ c_1))(posn(rank\ c_2))$$

$$\textbf{else}\ compare(suit\ c_2)(suit\ c_1)$$

$$posn\ r = head[\,i\mid(c,i)\leftarrow zip\ ranks[0..]\,,\ c == r]$$

$$ranks = \texttt{"AKQJT98765432"}$$

答案 5.12　我们可以定义

$$sortOn\ f = sortBy(comparing\ f)$$

然而, 在这个定义下, 同一个参数上的 *f* 值可能会计算多次。

一个更好的方式是定义

$$sortOn\ f\ xs = map\ snd(sortBy(comparing\ fst)(zip(map\ f\ xs)xs))$$

即使这个定义也不是很好因为列表 *xs* 在最后一项中被遍历了两次。

　一个更好的定义仍然是

$$sortOn\ f = map\ snd \cdot sortBy(comparing\ fst) \cdot map(\lambda x.(f\ x,\ x))$$

这也就是 *Data.List* 中给出的定义。

答案 5.13　*mkheap* 函数的定义为

$$mkheap :: Ord\ a \Rightarrow [\,a\,] \rightarrow Tree\ a$$

$$mkheap[\ ] \qquad = Null$$

$$mkheap(x:xs) = Node\ y(mkheap\ ys)(mkheap\ zs)$$

$$\textbf{where}(y,\ ys,\ zs) = split(x:xs)$$

$$split :: Ord\ a \Rightarrow [\,a\,] \rightarrow (a,\ [\,a\,],\ [\,a\,])$$

$$split(x:xs) = foldr\ op(x,\ [\ ],\ [\ ])xs$$

$$\textbf{where}\ op\ x(y,\ ys,\ zs)\ \mid x \leqslant y \quad = (x,\ y:zs,\ ys)$$

$$\mid otherwise = (y,\ x:zs,\ ys)$$

split 函数返回三部分。第一部分是输入中的最小元素，剩下两部分是列表，大小尽可能相等。

答案 5.14　消除树给出

$$hsort [\,] = [\,]$$

$$hsort\ xs = y : merge(hsort\ ys)(hsort\ zs)$$

$$\textbf{where}\,(y,\ ys,\ zs) = split\ xs$$

没有包含这个版本是因为这只是归并排序的另一个版本。

答案 5.15　方法与在归并排序中使用的方法类似。定义

$$mkpair :: Nat \rightarrow [\,a\,] \rightarrow (Tree\ a,\ [\,a\,])$$

$$mkpair\ n\ xs = (mktree(take\ n\ xs),\ drop\ n\ xs)$$

$$mktree\ xs\ = fst(mkpair(length\ xs)xs)$$

这一次我们得到

$$mkpair\ 0\ xs\qquad = (Null,\ xs)$$

$$mkpair\ n(x : xs)\quad = (Node\ x\ l\ r,\ zs)$$

$$\textbf{where}\,(l,\ ys) = mkpair\ m\ xs$$

$$(r,\ zs) = mkpair(n - 1 - m)ys$$

$$m = (n - 1)\,\mathrm{div}\,2$$

答案 5.16　大小为 n 的大小平衡树（size-balanced tree）有高度 $H(n)$，其中 $H(0) = 0$ 且 $H(n+1) = 1+H(n/2)$。这个递归式的解是 $H(n) = \lceil \log(n+1) \rceil$。

归纳步骤遵循 $\lceil \log(n + 2) \rceil = 1 + \lceil \log(\lceil n/2 \rceil + 1) \rceil$，其证明是天花板规则（the rule of ceiling）的另一个应用。

答案 5.17　方法就是简单地对每个出现的元素计数。可以用一个数组存储每个元素的个数，然后可以从该数组读取最终排序的输出：

$$csort :: Nat \rightarrow [\,Int\,] \rightarrow [\,Int\,]$$

$$csort\ m\ xs = concat[\,replicate\ k\ x \mid (x,\ k) \leftarrow assocs\ a\,]$$

$$\textbf{where}\ a = accumArray(+)0(0,\ m)[\,(x,\ 1) \mid x \leftarrow xs\,]$$

这是计数排序，花费 $\Theta(m + n)$ 步。它在 3.3 节中也有说明。

答案 5.18　我们可以得到

$$tmap\ f(Leaf\ x) = Leaf(f\ x)$$

$$tmap\ f(Node\ ts) = Node(map(tmap\ f)ts)$$

以下是（5.3）的证明：

$$map(bsort\ ds)(ptn\ d\ xs)$$

$$= \quad \{ptn\ 的定义\}$$

$$[\,bsort\ ds(filter((==m)\cdot d)xs) \mid m \leftarrow rng\,]$$

$$= \quad \{bsort\ 的定义\}$$

$$[\,(flatten \cdot mktree\ ds \cdot filter((==m)\cdot d))xs \mid m \leftarrow rng\,]$$

$$= \quad \{假设(5.4) 和(5.5)\}$$

$$\left[(filter((==m) \cdot d) \cdot flatten \cdot mktree\ ds)\ xs \mid m \leftarrow rng \right]$$

$$= \quad \{bsort\ 的定义\}$$

$$\left[filter((==m) \cdot d)(bsort\ ds\ xs) \mid m \leftarrow rng \right]$$

$$= \quad \{ptn\ 的定义\}$$

$$ptn\ d(bsort\ ds\ xs)$$

（5.4）的证明是通过对鉴别符（discriminator）的归纳得到的。与上面的证明不同，它是用无点（point-free）的风格得出的。很容易说明：

$$mktree[\ ] \cdot filter\ p = tmap(filter\ p) \cdot mktree[\ ]$$

并且建立了基准情形。对于归纳步骤，我们进行推理：

$$mktree(d:ds) \cdot filter\ p$$

$$= \quad \{mktree\ 的定义\}$$

$$Node \cdot map(mktree\ ds) \cdot ptn\ d \cdot filter\ p$$

$$= \quad \{假设(5.6)\}$$

$$Node \cdot map(mktree\ ds \cdot filter\ p) \cdot ptn\ d$$

$$= \quad \{归纳\}$$

$$Node \cdot map(tmap(filter\ p) \cdot mktree\ ds) \cdot ptn\ d$$

$$= \quad \{tmap\ 的定义\}$$

$$tmap(filter\ p) \cdot Node \cdot map(mktree\ ds) \cdot ptn\ d$$

$$= \quad \{mktree\ 的定义\}$$

$$tmap(filter\ p) \cdot mktree(d:ds)$$

对于（5.6）的证明，我们进行推理：

$$map(filter\ p)(ptn\ d\ xs)$$

$$= \quad \{ptn\ 的定义\}$$

$$\left[filter\ p(filter((==m) \cdot d)\ xs) \mid m \leftarrow rng \right]$$

$$= \quad \{全称谓词交换过滤\}$$

$$\left[filter((==m) \cdot d)(filter\ p\ xs) \mid m \leftarrow rng \right]$$

$$= \quad \{ptn\ 的定义\}$$

$$ptn(filter\ p\ xs)$$

最后，我们用树归纳法证明（5.5），归纳步骤如下：

$$flatten(tmap(filter\ p)(Node\ ts))$$

$$= \quad \{tmap\ 的定义\}$$

$$flatten(Node(map(tmap(filter\ p))\ ts))$$

$$= \quad \{flatten\ 的定义\}$$

$$concat(map(flatten \cdot tmap(filter\ p))\ ts)$$

$$
\begin{aligned}
&= \quad \{\text{归纳}\} \\
&\quad concat(map(filter\ p \cdot flatten)\ ts) \\
&= \quad \{\text{声明; 见下文}\} \\
&\quad filter\ p(concat(map\ flatten\ ts)) \\
&= \quad \{flatten\ \text{的定义}\} \\
&\quad filter\ p(flatten(Node\ ts))
\end{aligned}
$$

声明如下:

$$
concat \cdot map(filter\ p) = filter\ p \cdot concat
$$

由于大体上已经足够, 所以我们会省略它的证明。

答案 5.19

$$
\begin{aligned}
&wsort :: [\,Word\,] \rightarrow [\,Word\,] \\
&wsort[\,] \ = [\,] \\
&wsort\ xss = rsort('\texttt{a}', '\texttt{z}')\ ds\ xss
\end{aligned}
$$

$$
\begin{aligned}
\textbf{where}\ ds &= [\,\lambda xs.\,(xs \,+\!\!+\, repeat\ '\texttt{a}')\ !!\ i \mid i \leftarrow [\,0..k-1\,]\,] \\
k &= maximum[\,length\ xs \mid xs \leftarrow xss\,]\text{。}
\end{aligned}
$$

答案 5.20 证明如下:

$$
\begin{aligned}
&(x-y) \leqslant (x'-y') \\
\Leftrightarrow\ &\{\text{两边加}\ y\} \\
&(x-y)+y \leqslant (x'-y')+y \\
\Leftrightarrow\ &\{\text{结合律和交换律}\} \\
&x+(y-y) \leqslant (y-y')+x' \\
\Leftrightarrow\ &\{\text{因为}\ y-y=0,\ x+0=x\} \\
&x \leqslant (y-y')+x' \\
\Leftrightarrow\ &\{\text{两边同时减去}\ x'\} \\
&(x-x') \leqslant (y-y')\text{。}
\end{aligned}
$$

第 6 章

答案 6.1 没有意义。考虑列表 $[1,2,2,3]$ 的第三小元素, 可以发现找不到一个元素使得刚好有两个元素比它小。

答案 6.2 我们可以定义

$$
\begin{aligned}
&pair :: (a \rightarrow b,\ a \rightarrow c) \rightarrow a \rightarrow (b,\ c) \\
&pair(f,\ g)x = (f\ x,\ g\ x) \\
&cross :: (a \rightarrow c,\ b \rightarrow d) \rightarrow (a,\ b) \rightarrow (c,\ d) \\
&cross(f,\ g)(x,\ y) = (f\ x,\ g\ y)
\end{aligned}
$$

所以可以得到

$$(cross \cdot pair(f,\,g))\,x\,(y,\,z) = cross(pair(f,\,g)x)\,(y,\,z)$$
$$= cross(f\,x,\,g\,x)\,(y,\,z)$$
$$= (f\,x\,y,\,g\,x\,z).$$

答案 6.3 一种最坏的情况是输入是升序排列。一种最好的情况是输入是升序排列,但是交换了第一个元素和最后一个元素。

答案 6.4 当 n 是 2 的幂时,我们可以得到 $C(n) = 2C(n/2) + 2$,这通过一个简单的归纳就能得到。

答案 6.5 归纳步骤是 $D(n) = 2\lfloor n/2 \rfloor + 2(\lceil n/2 \rceil - 1) = 2(n-1)$。

答案 6.6 我们需要找到树中最左边和最右边的元素,每个需要花费 $\Theta(\log n)$ 步。

答案 6.7 在减小重叠部分到零后,之后最优的方式是在潜在的输家中进行 $n/2-1$ 场比赛来决定最差的输家,在潜在的冠军中进行 $n/2-1$ 场比赛来决定冠军。即总共需要进行 $3n/2-2$ 场比赛。对于奇数的 n,也有类似的论证,$\lceil 3n/2 \rceil - 2$ 场比赛就足够了,这和 $minmax$ 的自底向上算法是相同的。

这个网球锦标赛的类比可以用于说明在最坏的情况下选出冠军和输家至少要进行 $\lceil 3n/2 \rceil - 2$ 场比赛。当然,我们不能构建一个最坏的情况,因为这依赖于执行的特定算法。相反,我们可以利用敌手的论点(*adversarial argument*)。在这一场景下,敌手(*adversary*)在运行时选择特定算法要求的每个比较测试的结果,以强制执行最坏的情况。敌手的唯一限制是其结果必须和所有之前的结果一致。现在,在该锦标赛的任意阶段,就会有 4 种可能的群组:还没有打过任何比赛的选手(A 组),打过比赛且一直都赢的选手(B 组),打过比赛且一直都输的选手(C 组),打过比赛且有输有赢的选手(D 组)。用四元组 $(a,\,b,\,c,\,d)$ 表示在比赛的某个阶段在这些类别中的每个球员的数量。任何算法都是从 $(n,\,0,\,0,\,0)$ 的状态开始,并以 $(0,\,1,\,1,\,n-2)$ 的状态结束。敌手可以总是安排每次比较的结果要么是保持 $(a,\,b,\,c,\,d)$ 不变,要么是生成下面这些四元组中的一个(只要所有值都是非负的):

$$(a-2,\,b+1,\,c+1,\,d) \quad (a-1,\,b,\,c+1,\,d) \quad (a-1,\,b+1,\,c,\,d)$$
$$(a,\,b-1,\,c,\,d+1) \quad\quad (a,\,b,\,c-1,\,d+1)$$

在第一种情况中,在两个 A 组间进行一场比赛(–AA 比赛–)总会产生一个新的 B 组和一个新的 C 组。在第二种情况中,敌手可以安排一场 AB 比赛,这只会产生一个新的 C 组(假定 B 组的玩家获胜)。以此类推,对于 10 种情况中的 AA、AB、AC、AD、BB、BC、BD、CC、CD 和 DD。最后一步是考虑 k 的值,$k = 3a+2b+2c$。

在锦标赛开始时,$k = 3n$,结束时,$k = 4$。但 k 的值在每一步最多减少 2,所以最少要进行 $\lceil (3n-4)/2 \rceil = \lceil 3n/2 \rceil - 2$ 场比赛来决定最终的结果。

答案 6.8 需要 $n-1$ 场比赛来决定最佳选手。任何输给冠军的选手都可能是次佳选手。因为输给冠军的选手有 $\lceil \log n \rceil$ 个,所以第二次锦标赛需要进行 $\lceil \log n \rceil - 1$ 场比赛来决定次佳选手。即总共需要进行 $n + \lceil \log n \rceil - 2$ 场比赛。利用另一个敌手的论点(*adversarial argument*),同样可以说明这个比赛的数量是必要的。

答案 6.9 有，要么设置 $select\,1\,[\,x\,] = x$，要么设置 $median\,[\,x\,] = x$。

答案 6.10 证明如下：

$$3k - 1 \leq 3\lfloor (\lceil n/5 \rceil + 1)/2 \rfloor - 1$$

$$\Leftrightarrow \quad \{\text{整数的算术运算}\}$$

$$k \leq \lfloor (\lceil n/5 \rceil + 1)/2 \rfloor$$

$$\Leftrightarrow \quad \{\text{floor 规则}\}$$

$$2k - 1 \leq \lceil n/5 \rceil$$

$$\Leftrightarrow \quad \{\text{整数的算术运算}\}$$

$$2k - 2 < \lceil n/5 \rceil$$

$$\Leftrightarrow \quad \{\text{逆 ceiling 规则}\}$$

$$10k - 10 < n$$

$$\Leftrightarrow \quad \{\text{算术运算}\}$$

$$k \leq (n + 9)/10$$

所以

$$3n/10 \leq 3(n + 9)/10 - 1 \leq 3\lfloor (\lceil n/5 \rceil + 1)/2 \rfloor - 1.$$

答案 6.11 不行，划分成 3 个块不会得到一个线性时间的算法。

我们可以得到

$$2\lfloor (\lceil n/3 \rceil + 1)/2 \rfloor - 1 \geq n/3$$

所以相关的递归关系是

$$T(n) = T(n/3) + T(2n/3) + \Theta(n)$$

对应解是 $\Theta(n \log n)$。

然而，划分成 7 个块是可以的，因为相关的递归关系是

$$T(n) = T(n/7) + T(5n/7) + \Theta(n)$$

对应解是 $T(n) = \Theta(n)$。

答案 6.12 当选择列表第一个元素作为枢轴（$pivot$）时，$select\,4\,[\,1..7\,]$ 的值是由对 $p = 1$，2，3，4，计算 $partition3\,p\,[\,p..7\,]$ 得到的。划分有 n 个元素的列表需要 n 次比较，所以一共需要 7+6+5+4 = 22 次比较。

对于第二个问题，有相关比较计数的调用结构如下给出：

$$
\begin{aligned}
&select\,4[\,1..7\,] \\
&\quad pivot[\,1..7\,] \\
&\qquad sort[\,1..5\,] \qquad (\text{7 次比较}) \\
&\qquad sort[\,6, 7\,] \qquad (\text{1 次比较}) \\
&\qquad select\,1[\,3, 6\,] \qquad (\text{4 次比较}) \\
&\quad partition3\,3[\,1..7\,] \qquad (\text{7 次比较}) \\
&\quad select\,1[\,4..7\,] \qquad (\text{11 次比较})
\end{aligned}
$$

select 1［3，6］和 *select* 1［4..7］的比较计数 4 和 11 如下得出：

$$select\ 1[3,6]$$
$$pivot[3,6]$$
$$sort[3,6] \quad （1 次比较）$$
$$select\ 1[3] \quad （1 次比较）$$
$$partition3\ 3[3,6] \quad （2 次比较）$$

共计 4 次比较。

$$select\ 1[4..7]$$
$$pivot[4..7]$$
$$sort[4..7] \quad （5 次比较）$$
$$select\ 1[5] \quad （1 次比较）$$
$$partition3\ 5[4..7] \quad （4 次比较）$$
$$select\ 1[4] \quad （1 次比较）$$

共计 11 次比较。

select 1 ［*x*］形式的调用每个需要一次比较。最后总共 30 次比较。

答案 6.13　不是，如果 *ys* 是空的就不是。传递性只对非空列表有效。

答案 6.14　如果这 4 个列表有一个为空，那么结果可以迅速得到。其他情况要么 *last xs* ≤ *head vs* 或者 *last us* ≤ *head ys*，因为如果这两个都不成立，那么

$$head\ vs\ <\ last\ xs\ \leqslant\ head\ ys\ <\ last\ us$$

而这与 *us* ++ *vs* 已经发生排序冲突。

答案 6.15　为了帮助理解下面的程序，假设 $xa[0..n-1]$ 表示一个有 n 个元素的数组。然后 $bounds\ xa = (0, n-1)$。xa 的片段 $xa[lx..rx]$ 的长度为 $rx-lx+1$，并且 $lx=rx+1$ 时片段为空。片段的中点是 $xa!p$，$p = (lx+rx)\,div\,2$。从 0 开始编号，位置 k 处的元素，在片段中处于 $lx+rx$ 的位置，在归并 $xs[lx..rx]$ 和 $ya[ly..ry]$ 的结果中处于 $k+lx+ly$ 的位置。

有了上述理解，函数

$$select :: Ord\ a \Rightarrow Nat \rightarrow Array\ Nat\ a \rightarrow Array\ Nat\ a \rightarrow a$$

的定义如下：

$$select\ k\ xa\ ya = search\ k\,(bounds\ xa)\,(bounds\ ya)\ \textbf{where}$$
$$search\ k\,(lx,\ rx)\,(ly,\ ry)$$
$$\mid lx == rx + 1 \qquad\qquad\quad = ya!(ly + k)$$
$$\mid ly == ry + 1 \qquad\qquad\quad = xa!(lx + k)$$
$$\mid a \leqslant b \wedge k + lx + ly \leqslant p + q = search\ k\,(lx,\ rx)\,(ly,\ q - 1)$$
$$\mid a \leqslant b \wedge k + lx + ly > p + q = search\,(k + lx - p - 1)\,(p + 1,\ rx)\,(ly,\ ry)$$
$$\mid b \leqslant a \wedge k + lx + ly \leqslant p + q = search\ k\,(lx,\ p - 1)\,(ly,\ ry)$$

$$\qquad \mid b \leqslant a \ \wedge \ k + lx + ly > p + q = search\,(k + ly - q - 1)\,(lx,\ rx)\,(q + 1,\ ry)$$

$$\mathbf{where}\ p = (lx + rx)\,\mathrm{div}\ 2$$

$$q = (ly + ry)\,\mathrm{div}\ 2$$

$$a = xa\,!\,p$$

$$b = ya\,!\,q$$

第 7 章

答案 7.1 一个简单的定义：

$$minWith\ f = minimumBy\ cmp$$

$$\mathbf{where}\ cmp\ x\ y = compare\,(f\ x)\,(f\ y)$$

一个更高效的定义：

$$minWith\ f = snd \cdot minimumBy\ cmp \cdot map\ tuple$$

$$\mathbf{where}\ tuple\ x = (f\ x,\ x)$$

$$cmp\,(x,\ \_)\,(y,\ \_) = compare\ x\ y$$

答案 7.2 一个简单的定义：

$$minsWith\ f\ xs = [\,x \mid x \leftarrow xs,\ and[\,f\ x \leqslant f\ y \mid y \leftarrow xs\,]\,]$$

一个更高效的定义：

$$minsWith\ f = map\ snd \cdot foldr\ step[\,] \cdot map\ tuple$$

$$\mathbf{where}\ tuple\ x = (f\ x,\ x)$$

$$step\ x[\,] \qquad\qquad = [\,x\,]$$

$$step\ x\,(y:xs)\ \mid a < b = [\,x\,]$$

$$\mid a == b = x:y:xs$$

$$\mid a > b = y:xs$$

$$\mathbf{where}\ a = fst\ x;\quad b = fst\ y$$

答案 7.3 我们可以通过归纳 xs 证明

$$foldr1\ f\,(xs \mathbin{+\!\!+} ys) = f\,(foldr1\ f\ xs)\,(foldr1\ f\ ys)$$

归纳步骤如下：

$$foldr1\ f\,(x:xs \mathbin{+\!\!+} ys)$$

$$=\quad \{foldr1\ 的定义\}$$

$$f\ x\,(foldr1\ f\,(xs \mathbin{+\!\!+} ys))$$

$$=\quad \{归纳\}$$

$$f\ x\,(f\,(foldr1\ f\ xs)\,(foldr1\ f\ ys))$$

$$=\quad \{f\ 的结合律\}$$

$$f\,(f\ x\,(foldr1\ f\ xs))\,(foldr1\ f\ ys)$$

$$= \quad \{foldr1 \text{ 的定义}\}$$

$$f(foldr1 \ f(x:xs))(foldr1 \ ys)$$

$foldr1 \ f(concat \ xss) = foldr1 \ f(map(foldr1 \ f)xss)$ 同样也可以通过归纳证明, 归纳步骤如下:

$$foldr1 \ f(concat(xs:xss))$$

$$= \quad \{concat \text{ 的定义}\}$$

$$foldr1 \ f(xs +\!\!+ concat \ xss)$$

$$= \quad \{\text{见上文}\}$$

$$f(foldr1 \ f \ xs)(foldr1 \ f(concat \ xss))$$

$$= \quad \{\text{归纳}\}$$

$$f(foldr1 \ f \ xs)(foldr1 \ f(map(foldr1 \ f)xss))$$

$$= \quad \{foldr1 \text{ 的定义}\}$$

$$foldr1 \ f(foldr1 \ f \ xs : map(foldr1 \ f)xss)$$

$$= \quad \{map \text{ 的定义}\}$$

$$foldr1(map(foldr1 \ f)(xs:xss))$$

最后的结论是成立的, 因为较小的 f 具有结合律。

答案7.4　一种定义是

$$perms :: [a] \rightarrow [[a]]$$

$$perms[\ ] = [[\ ]]$$

$$perms[x] = [[x]]$$

$$perms \ xs = concatMap \ interleave(cp \ yss \ zss)$$

$$\qquad \textbf{where } yss = perms \ ys$$

$$\qquad \qquad zss = perms \ zs$$

$$\qquad \qquad (ys, \ zs) = splitAt(length \ xs \ \text{div} \ 2)xs$$

$$cp :: [a] \rightarrow [b] \rightarrow [(a, \ b)]$$

$$cp \ xs \ ys = [(x, \ y) \mid x \leftarrow xs, \ y \leftarrow ys]$$

$$interleave :: ([a], \ [a]) \rightarrow [[a]]$$

$$interleave(xs, \ [\ ]) \qquad = [xs]$$

$$interleave([\ ], \ ys) \qquad = [ys]$$

$$interleave(x:xs, \ y:ys) = map(x:)(interleave(xs, \ y:ys)) +\!\!+$$

$$\qquad\qquad\qquad\qquad map(y:)(interleave(x:xs, \ ys))$$

答案7.5　我们可以得到

$$minimum(map(x:)[\ ]) = \bot$$

$$x : minimum[\ ] \qquad\qquad = x:\bot$$

　　这是基于（:）运算在 Haskell 上是不严格的这个事实而产生的一个结果。

答案7.6　对于一个单元素列表, 结果显然是成立的。我们讨论的归纳步骤如下:

$$minimum(map\ f(x:xs))$$
$$=\quad \{map\ 的定义\}$$
$$minimum(f\ x:map\ f\ xs)$$
$$=\quad \{minimum\ 的定义\}$$
$$min(f\ x)(minimum(map\ f\ xs))$$
$$=\quad \{归纳\}$$
$$min(f\ x)(f(minimum\ xs))$$
$$=\quad \{声明:\ min(f\ x)(f\ y)=f(min\ x\ y)\}$$
$$f(min\ x(minimum\ xs))$$
$$=\quad \{minimum\ 的定义\}$$
$$f(minimum(x:xs))$$

这个声明 $claim$ 等价于 f 是单调的条件。

对于第二个问题,假设 $a < b < c$,$f\ a < min(f\ b)(f\ c)$,并且 $f\ c < f\ b$。那么 f 不是单调的,但尽管如此,

$$minimum[f\ a,\ f\ b,\ f\ c]=f(minimum[a,\ b,\ c])。$$

答案 7.7 很容易说明 $gstep\ x\ [\ ]=[x]$。对于归纳步骤,我们讨论如下:

$$gstep\ x(y:xs)$$
$$=\quad \{gstep\ 的定义\}$$
$$minimum(extend\ x(y:xs))$$
$$=\quad \{extend\ 的定义\}$$
$$minimum((x:y:xs):map(y:)(extend\ x\ xs))$$
$$=\quad \{minimum\ 的定义\}$$
$$min(x:y:xs)(minimum(map(y:)(extend\ x\ xs)))$$
$$=\quad \{因为在非空列表上,\ minimum\cdot map(y:)=(y:)\cdot minimum\}$$
$$min(x:y:xs)(y:minimum(extend\ x\ xs))$$
$$=\quad \{gstep\ 的定义\}$$
$$min(x:y:xs)(y:gstep\ x\ xs)$$

所以我们有定义

$$gstep\ x[\ ]\qquad =[x]$$
$$gstep\ x(y:xs)=min(x:y:xs)(y:gstep\ x\ xs)$$

答案 7.8 我们说明 $gstep$-x 是单调的,也就是说,

$$as \leqslant bs \Rightarrow gstep\ x\ as \leqslant gstep\ x\ bs \tag{7.5}$$

只要 as 和 bs 的长度相同。证明是通过归纳法得到的。如果 as 和 bs 是空列表,那么声明是明显的。对于归纳步骤,假设 $a:as$ 和 $b:bs$ 是两个相同长度的列表,且 $a:as \leqslant b:bs$,所以要么 $a<b$,要么 $a=b$ 且 $as \leqslant bs$。

如果 $a < b$，那么

$$x : a : as \ < \ x : b : bs \ \wedge \ a : gstep \ x \ as \ < \ b : gstep \ x \ bs$$

所以 $gstep \ x(a : as) \ < \ gstep \ x(b : bs)$。

如果 $a = b$ 且 $as \leqslant bs$，我们得到

$$x : a : as \leqslant x : a : bs \ \wedge \ a : gstep \ x \ as \leqslant a : gstep \ x \ bs$$

因为，通过归纳，$gstep \ x \ as \leqslant gstep \ x \ bs$。

对于第二个问题，我们可以得到 $[\ ] \ < \ [1]$，但是

$$gstep \ 2[\ ] = [2] \ > \ [1, \ 2] = gstep \ 2[1]$$

答案 7.9　要么 $x_1 < x_2$，在这种情况下，是显而易见的，要么 $x_1 = x_2$，在这种情况下，ys_1 和 ys_2 包含同样的元素且给这些列表排序会得到同样的结果。

答案 7.10　定义如下：

$$pick[x] \quad = (x, \ [\ ])$$
$$pick(x : xs) = \textbf{if } x \leqslant y \textbf{ then}(x, \ xs)\textbf{ else}(y, \ x : ys)\textbf{ where}(y, \ ys) = pick \ xs$$

答案 7.11　计算序列如下：

$$gstep \ 3(\ gstep \ 4(\ gstep \ 2(\ gstep \ 5(\ gstep \ 1[\ ]))))$$
$$gstep \ 3(\ gstep \ 4(\ gstep \ 2(\ gstep \ 5(1 : [\ ]))))$$
$$gstep \ 3(\ gstep \ 4(\ gstep \ 2(1 : gstep \ 5[\ ])))$$
$$gstep \ 3(\ gstep \ 4(1 : gstep \ 2(\ gstep \ 5[\ ])))$$
$$gstep \ 3(1 : gstep \ 4(\ gstep \ 2(\ gstep \ 5[\ ])))$$
$$1 : gstep \ 3(\ gstep \ 4(\ gstep \ 2(\ gstep \ 5[\ ])))$$

回答第一个问题，需要花费 $\Theta(n)$ 步来计算一个长度为 n 的列表的插入排序的头（head）。回答第二个问题，精确的比较序列是：

$$(5, \ 1)(2, \ 1)(4, \ 1)(3, \ 1)(2, \ 5)(4, \ 2)(3, \ 2)(4, \ 5)(3, \ 4)(4, \ 5)$$

回答第三个问题，插入排序并不是按插入进行排序，至少在延迟计算时是这样。它更类似于一种被称为冒泡排序的排序算法，尽管并不执行完全相同的比较序列。这里的教训是，在懒惰的计算下，你并不总是得到你认为你可以得到的。

答案 7.12　因为 *mktuples* 会按词法顺序生成元组。如果我们把定义改成：

$$mktuples :: [Denom] \rightarrow Nat \rightarrow [Tuple]$$
$$mktuples[1]n \quad = [[n]]$$
$$mktuples(d : ds)n = [c : cs \mid c \leftarrow [m, \ m - 1.0], \ cs \leftarrow mktuples \ ds(n - c \times d)]$$
$$\textbf{where } m = n \ \text{div} \ d$$

那么 *mktuples* 会按词法逆序生成元组，我们就会得到 *mkchange* $[7, \ 3, \ 1] \ 54 = [7, \ 1, \ 2]$。

答案 7.13　同样，罪魁祸首是 *minWith cost* 和 *mktuples* 的定义。因为一枚 2 磅的硬币的重量与两枚 1 磅的硬币的重量完全相同，所以不存在唯一的最小重量元组。可以通过像前面练习中那样重新定义 *mktuples*，以按词法顺序递减生成元组来纠正这个测试。

那么 *test* 就会返回空列表。

答案 7.14 用 *foldr* 表示 *mktuples* 意味着从右到左处理面额列表。因此，为了按照价值的递减顺序处理面额，我们必须颠倒给定的面额列表，比如 *ukds*。

所以我们定义

$$mktuples\ ds\ n = finish(foldr(concatMap \cdot extend)[\,([\,],\ n)\,](reverse\ ds))$$
$$\textbf{where } finish = map\ fst \cdot filter(\lambda(cs,\ r).r == 0)$$
$$extend\ d(cs,\ r) = [\,(cs +\!\!+ [\,c\,],\ r - c \times d)\ |\ c \leftarrow [\,0..r\ \text{div}\ d\,]\,]$$

这就得到了贪心算法：

$$mkchange\ ds\ n = fst(foldr\ gstep([\,],\ n)(reverse\ ds))$$
$$\textbf{where } gstep\ d(cs,\ r) = (cs +\!\!+ [\,c\,],\ r - c \times d)\,\textbf{where } c = r\ \text{div}\ d$$

贪心算法可以通过融合 *maximum* 和 *mktuples* 来进行计算。

答案 7.15 我们可以得到：如果 $c_2 \geq 3$ 或者 $(c_2,\ c_1) = (2,\ 1)$，则 $2c_2 + c_1 \geq 5$。

在第一种情况下，我们可以把 c_3 增大 1 然后用 $(c_2-3,\ 1)$，$c_1 = 1$ 或者 $(c_2-2,\ 0)$，$c_1 = 1$ 代替 $(c_2,\ c_1)$。

在第二种情况下，我们可以把 c_3 增大 1 然后将 c_1，c_2 置为 0。

在这两种情况下，都能得到有更小个数的更大元组。

第二个问题的答案是不必要，因为元组 $[c_3,\ 2,\ 0]$ 比 $[c_3+1,\ 0,\ 2]$ 有更小的个数。

答案 7.16 令 $[c_7,\ c_6,\ \cdots,\ c_1]$ 为最优解，$[g_7,\ g_6,\ \cdots,\ g_1]$ 为贪心解，所以有

$$A = 100c_7 + 50c_6 + 20c_5 + 15c_4 + 5c_3 + 2c_2 + c_1$$
$$A = 100g_7 + 50g_6 + 20g_5 + 15g_4 + 5g_3 + 2g_2 + g_1$$

课文中相同的讨论说明 $c_1 = g_1$，$c_2 = g_2$。

接下来，因为有 $B = (A - (2c_2 + c_1))/5$，我们可以得到

$$B = 20c_7 + 10c_6 + 4c_5 + 3c_4 + c_3$$
$$B = 20g_7 + 10g_6 + 4g_5 + 3g_4 + g_3$$

但现在讨论终止了，因为我们不能说明 $c_3 = g_3$。在 UR 货币中，我们有 $1 \times 20 + 2 \times 5$ 作为贪心的 30 个单位的选择，而 2×15 是相同的数额，但少了一个硬币。

答案 7.17 假设，在之前的解答中，我们有

$$A = d_k c_k + \cdots + d_2 c_2 + c_1$$
$$A = d_k g_k + \cdots + d_2 g_2 + g_1$$

因为 d_2 可以划分到其他的面额，所以我们可以得到 $A \bmod d_2 = c_1 = g_1$。接着，$B = (A - c_1)/d_2$，我们可以得到 $B \bmod d_3 = c_2 = g_2$，以此类推。

答案 7.18 我们可以如下推理：

$$k \leq \lfloor (x + a)/b \rfloor$$
$$\Leftrightarrow \quad \{floor\ \text{规则}\}$$
$$k\,b \leq x + a$$

$$\Leftrightarrow \quad \{floor \ 规则\}$$
$$k \ b - a \leqslant \lfloor x \rfloor$$
$$\Leftrightarrow \quad \{floor \ 规则\}$$
$$k \leqslant \lfloor (\lfloor x \rfloor + a)/b \rfloor$$

所以 $\lfloor (x + a)/b \rfloor = \lfloor (\lfloor x \rfloor + a)/b \rfloor$。

答案 7.19 取 $ds = [0, 7]$。我们得到 $n = foldr \ shiftn \ 0 [0, 7] = 9175$，且
$$(2^{17} \times 0 + 2 \times 9175 + 10) \ div \ 20 = 918$$
$$(2^{17} \times 0 + 2 \times 9175 + 9) \ div \ 20 \ = 917$$

答案 7.20 令 $r = fraction \ ds$ 且 $r' = fraction \ (take \ 17 \ ds)$。那么 $\lfloor 10^{17} r \rfloor = \lfloor 10^{17} r' \rfloor$。

此外

$$\left\lfloor \frac{2^{17} r + 1}{2} \right\rfloor = \left\lfloor \frac{10^{17} r + 5^{17}}{2 \times 5^{17}} \right\rfloor$$

所以由（7.1）得到 $scale \ r = scale \ r'$。所以，只有 17 位有影响。内部最小值为 0，其只有当输入的小数严格小于小数 0.00000762939453125（2^{-17} 的值）时才会出现。

内部最大值是 $2^{16} = 65536$，其只有当输入大于十进制表示的 $1 - 2^{17}$（也就是 0.99999237060546875）时才会出现。所以 17 位是必要的。

答案 7.21 存在这个漏洞的原因是，因为 $10b - w \lfloor 10a/w \rfloor \geqslant 10(b - a)$，$decimals$ 的间隔参数的大小可以从 2 增大到 2×10^{17}。因为 $2 \times 10^{17} \geqslant 2^{29}$，间隔的上界会超过 Int 的范围。

然而，$2 \times 10^{17} > 2^{63}$，所以这个问题不会在 64 位计算机上出现。

$externs$ 的修订定义如下：

$$externs :: Int \rightarrow [[Digit]]$$
$$externs \ n = decimals(2 \times n' - 1, \ 2 \times n' + 1)$$
$$\textbf{where} \ n' = fromIntegral \ n$$

定义 $decimals :: (Integer, Integer) \rightarrow [[Digit]]$ 和之前一样，只是要把 $d : ds$ 替换为 $fromInteger$ $d : ds$，因为数位是 Int 型，不是 $Integer$ 型。

答案 7.22 分数 $D/10^5$ 生成内部数字 n'，其中

$$\left| \frac{D}{10^5} - \frac{n'}{2^{16}} \right| \leqslant 2^{-17}$$

通过 D 的定义我们也可以得到

$$\left| D - 10^5 \frac{n}{2^{16}} \right| \leqslant \frac{1}{2}$$

现在

$$|n - n'| \leqslant |n - 2^{16} D/10^5| + |n' - 2^{16} D/10^5| \leqslant 2^{15}/10^5 + 1/2 < 1$$

所以 $n - n'$。

答案 7.23 假设 $xss = [xs_1, \cdots, xs_n]$ 是有限非空列表的一个有限非空列表。如果 $x \leftarrow MinWith$

$cost\,(concat\ xss)$，那么 x 是某列表 xs_i 的一个元素，其 $cost$ 不大于 $concat\ xss$ 的任何其他元素。假设对 $j \neq i$，$x_j \leftarrow MinWith\ cost\ xs_j$。那么列表 $xs = [x_1, \cdots, x_{i-1}, x, x_{i+1}, \cdots, x_n]$ 使得

$$xs \leftarrow map(MinWith\ cost)xss \wedge x \leftarrow MinWith\ cost\ xs$$

相反，假设 $xs = [x_1, \cdots, x_n]$ 满足

$$xs \leftarrow map(MinWith\ cost)xss$$

那么对 $1 \leq j \leq n$，$x_j \leftarrow MinWith\ cost\ xs_j$。现在对某个 i 取 $x = x_i$，使得 $x_i \leftarrow MinWith\ cost\ xs$。那么 $x \leftarrow MinWith\ cost\ (concat\ xss)$。

证明仅依赖于这一事实：如果 $x \leqslant cost\ y$ 且 $cost\ y \leqslant cost\ z$，那么 $cost\ x \leqslant cost\ z$。

答案 7.24　通过对 xs 的归纳证明。基本步骤是显而易见的，对于归纳步骤，我们讨论如下：

$$foldr\ gstep\ e(x : xs)$$
$$=\quad \{foldr\ 的定义\}$$
$$gstep\ x(foldr\ gstep\ e\ xs)$$
$$\leftarrow\quad \{归纳\}$$
$$gstep\ x(MCC\ xs)$$
$$\leftarrow\quad \{贪心条件\}$$
$$MCC(x : xs)$$

对 $candidates$ 的任何定义，这一推理都是合理的。然而，与基于融合的贪心算法不同，它没有给出关于如何定义 $gstep$ 的任何提示。

答案 7.25　断言 $not \cdot not = not$ 显然是错误的。其余的是正确的（包括最后一个），因为不存在对 $Flip \cdot Flip$ 的精化不是对 $Flip$ 的精化，反之亦然。

第 8 章

答案 8.1　基准情形是显而易见的，递归步骤遵循

$$\lceil \log n \rceil = 1 + \lceil \log \lceil n/2 \rceil \rceil$$

这一等式可以通过说明对任意 k，有

$$\lceil \log n \rceil \leqslant k \Leftrightarrow 1 + \lceil \log \lceil n/2 \rceil \rceil \leqslant k$$

来证明。通过对两边采用天花板规则，均减小到 $n \leqslant 2^k$，就可得到结果。

答案 8.2　对于一个长度为 n 的列表，该自底向上算法会构建一棵树 t，树的左孩子是一棵有 2^k 个叶子的完全平衡二叉树，其中 $2^k < n \leqslant 2^{k+1}$。$t$ 的高度就是 $k + 1 = \lceil \log n \rceil$，即可能的最小高度。

答案 8.3　因为 $cost = head \cdot lcost$ 且 $us \leqslant vs \Rightarrow head\ us \leqslant head\ vs$。

答案 8.4　$spine$ 函数在具有无限脊柱的树上返回未定义的值，因此等式不成立。

答案 8.5　基准情形是很容易的，归纳步骤如下：

$$foldrn\, f_2\, g_2\, (x:xs)$$
$$=\quad \{foldrn\ 的定义\}$$
$$f_2\, x(foldrn\, f_2\, g_2\, xs)$$
$$\leftarrow\quad \{归纳\}$$
$$f_2\, x(M(foldrn\, f_1\, g_1\, xs))$$
$$\leftarrow\quad \{融合条件\}$$
$$M(f_1\, x(foldrn\, f_1\, g_1\, xs))$$
$$=\quad \{foldrn\ 的定义\}$$
$$M(foldrn\, f_1\, g_1\, (x:xs))$$

答案 8.6　算法如下：

$$greedy = rollup \cdot map\, fst \cdot foldrn\, insert(wrap \cdot leaf)$$
$$\textbf{where}\ insert\, x\, ts = leaf\, x : join\, ts$$
$$join[u] \qquad = [u]$$
$$join(u:v:ts) = \textbf{if}\ snd\, u < snd\, v\ \textbf{then}\ u:v:ts\ \textbf{else}\ join(node\, u\, v:ts)$$
$$leaf\, x = (Leaf\, x,\, 0)$$

答案 8.7　定义如下：

$$splits[\,] \qquad = [([\,],\, [\,])]$$
$$splits(x:xs) = ([\,],\, x:xs) : [(x:ys,\, zs) \mid (ys,\, zs) \leftarrow splits\, xs]$$
$$splitsn[\,] \qquad = [\,]$$
$$splitsn[x] \qquad = [\,]$$
$$splitsn(x:xs) = ([x],\, xs) : [(x:ys,\, zs) \mid (ys,\, zs) \leftarrow splitsn\, xs]$$

答案 8.8　我们可以得到

$$mktrees[x] = [Leaf\, x]$$
$$mktrees\, xs = [Node\, u\, v \mid (ys,\, zs) \leftarrow splitsn\, xs,$$
$$u \leftarrow mktrees\, ys,\, v \leftarrow mktrees\, zs]$$

递归关系由 $T(1) = 1$ 和对 $n > 1$，$T(n) = \sum_{k=1}^{n-1} T(k)\, T(n-k)$ 给出。

答案 8.9　贪心算法如下：

$$mct :: [Nat] \to Tree\, Nat$$
$$mct = unwrap \cdot until\, single\, combine \cdot map\, Leaf$$
$$combine :: Forest\, Nat \to Forest\, Nat$$
$$combine\, ts = us + \!\!+ [Node\, u\, v] + \!\!+ vs$$
$$\textbf{where}(us,\, u:v:vs) = bestjoin\, ts$$

省略的函数 $bestjoin$ 将一个森林分成两个子森林，其中第一个森林的前两棵树是其结合代价最小的树。例如，对于输入 $[5, 3, 1, 4, 2, 2]$，这个版本的 *mct* 生成的树：

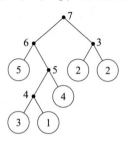

在最小高度树的情况下，这个贪心算法可以简化为本章开头描述的自底向上算法。

答案 8.10 如果树 u 的代价是 $\sum w_i l_i$，树 v 的代价是 $\sum w_i' l_i'$，那么 *Node u v* 的代价是

$$\sum w_i(l_i + 1) + \sum w_i'(l_i' + 1) = cost\ u + cost\ v + weight\ u + weight\ v$$

答案 8.11 我们可以通过线性查找来实现 *insert*，即

$$insert :: Tree\ Elem \to Forest\ Elem \to Forest\ Elem$$
$$insert\ t_1[\ ] \quad\quad = [t_1]$$
$$insert\ t_1(t_2 : ts) = \textbf{if}\ weight\ t_1 \leqslant weight\ t_2\ \textbf{then}\ t_1 : t_2 : ts\ \textbf{else}\ t_2 : insert\ t_1\ ts$$

答案 8.12 生成相同的树需要在第一步结合 *Leaf* 3 和 *Leaf* 8，接着结合 *Leaf* 5 和 *Leaf* 9，反之亦然。

答案 8.13 通过归纳证明。两种表示式在 $n = 2$ 时均等于 1，归纳步骤也是很简单的计算。

答案 8.14 通过归纳证明。$k = 0$ 时是显而易见的，对于归纳步骤我们讨论如下：

$$apply(k + 1)gstep\ xs$$
$$=\quad \{apply\ 的定义\}$$
$$apply\ k\ gstep(gstep\ xs)$$
$$\leftarrow\quad \{归纳\}$$
$$MCC\ k(gstep\ xs)$$
$$\leftarrow\quad \{给出\}$$
$$MCC(k + 1)xs$$

答案 8.15 定义如下：

$$singleSL :: SymList\ a \to Bool$$
$$singleSL(xs, ys) = (null\ xs \wedge single\ ys) \vee (null\ ys \wedge single\ xs)$$

答案 8.16 我们可以定义

$$addListQ\ xs\ q = foldr(uncurry\ insertQ)q\ xs$$

答案 8.17 我们可以得到

$$mergeOn :: Ord\ b \Rightarrow (a \to b) \to [a] \to [a] \to [a]$$
$$mergeOn\ key\ xs[\ ] = xs$$
$$mergeOn\ key[\ ]ys = ys$$

$$mergeOn\ key\ (x:xs)\ (y:ys)$$
$$\mid key\ x \leqslant key\ y = x:mergeOn\ key\ xs\ (y:ys)$$
$$\mid otherwise \qquad = y:mergeOn\ key\ (x:xs)\ ys$$

答案 8.18 本质上，我们必须证明一个秩为 r，大小为 n 的树满足 $2^r-1 \leqslant n$。

这样的一棵树在第 0 层有 1 个节点，第 1 层有 2 个节点，以此类推。

树在第 $r-1$ 层有 2^{r-1} 个节点。这是因为第一个空节点出现在第 r 层。

所以树的大小至少为

$$1 + 2 + \cdots + 2^{r-1} = 2^r - 1$$

由此上述声明成立。

答案 8.19 我们可以得到

$$emptyQ = Null$$
$$nullQ\ Null = True$$
$$nullQ\_ \qquad = False$$

第 9 章

答案 9.1 一些简略答案：

1. 因为在有向图中，每个顶点可能包含每个顶点（包括其自身）的一条边，而在图形中，从顶点到其自身没有任何边，并且在两个顶点之间最多只有一条边。

2. 是，如果有向图同时包含 (u,v) 和 (v,u) 两条边。

3. 假设在 u 和 v 之间存在两条不同的路径。让这两条路径首先在 u 之后的某个顶点 w 处相遇，其中 w 可以是 v。从 u 到 w 的两条路径 P 和 Q 没有共同的边，所以路径 P 后跟 Q 的反向创建一个循环。在一个非环有向图中，可以有许多连接两个顶点的路径。

4. 当 $w_1 = w_2$ 时，当然有可能同时将 (u,v,w_1) 和 (u,v,w_2) 都标记为边。

5. 因为如果森林由两棵树组成，那么在每棵树中都会有一条由边连接的顶点（否则图形将不被连接），因此，森林中的边将不是最大集合。

6. 因为具有 n 个节点的树具有恰好 $n-1$ 个边，所以通过归纳法很容易证明这一结果。

7. 一个最大长度的环将穿过两个顶点一次，与两个端点分开，总共有 n 条边。

答案 9.2 对于有向图 g，我们可以定义

$$toAdj :: Graph \rightarrow AdjArray$$
$$toAdj\ g = accumArray(flip(:))[\ ](1,n)[(u,(v,w)) \mid (u,v,w) \leftarrow edges\ g]$$
$$\mathbf{where}\ n = length(nodes\ g)$$
$$toGraph :: AdjArray \rightarrow Graph$$
$$toGraph\ a = (indices\ a,[(u,v,w) \mid (u,vws) \leftarrow assocs\ a,(v,w) \leftarrow vws])$$

对于无向图，必须将 $accumArray$ 的最后一个参数替换为

$$[(u, (v, w)) \mid (u, v, w) \leftarrow edges\ g] \mathbin{+\!\!+} [(v, (u, w)) \mid (u, v, w) \leftarrow edges\ g]$$

答案 9.3 有 16 棵生成树：

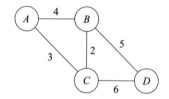

实际上，Cayley 的公式 n^{n-2} 给出了 n 个顶点可能的生成树的数量。在文献［1］中给出了这一精彩结果的四个证明。

答案 9.4 一个完全标记的图形如下：

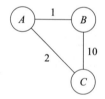

从 A 到 D 的最短路径的总长度为 9，而在最小生成树中的路径的总长度为 10。

答案 9.5 不，取一个三角形

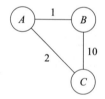

设 $V_1 = [A]$，$V_2 = [B, C]$。分而治之算法返回的边沿 AB 和 BC 的代价为 11，而最小生成树的边沿 AB 和 AC 的代价为 3。

答案 9.6 只需更改要阅读的步骤的定义

$$steps :: State \rightarrow [State]$$

$$steps(ts, es) = [(add\ e\ ts, es') \mid e : es' \leftarrow tails\ es, safeEdge\ e\ ts]$$

答案 9.7 Kruskal 的算法将返回错误，因为它尝试获取空白列表的开头。查找最小代价生成森林（MCSF）的算法如下：

$$mcsf :: Graph \rightarrow Forest$$

$$mcsf\ g = fst(until(null \cdot snd)\ gstep\ s)$$

$$\textbf{where}\ s = ([([v], []) \mid v \leftarrow nodes\ g], sortOn\ weight(edges\ g))$$

这次算法搜索所有未使用的边，并在此列表为空时终止。

答案 9.8 因为测试 $t_1 \neq t_2$ 仅适用于两棵相同的树或节点不相交的两棵树。但是，如果两棵树是相同的，则测试将花费线性时间来测量两棵树的大小。更快的定义是

$$notEqual\ t_1\ t_2 = head(nodes\ t_1) \neq head(nodes\ t_2)$$

答案9.9 一种方法是设置一个具有无限大权重的数组，然后使用实际的边权重更新该数组：

$$weights\ g = listArray((1,\ 1),\ (n,\ n))(repeat\ maxInt)$$
$$//[((u,\ v),\ w)\mid(u,\ v,\ w)\leftarrow edges\ g]$$
$$//[((v,\ u),\ w)\mid(u,\ v,\ w)\leftarrow edges\ g]$$
$$\textbf{where}\ n = length(nodes\ g)$$

定向图形时，该定义简化为

$$weights :: Graph \rightarrow Array(Vertex,\ Vertex)Weight$$
$$weights\ g = listArray((1,\ 1),\ (n,\ n))(repeat\ maxInt)$$
$$//[((u,\ v),\ w)\mid(u,\ v,\ w)\leftarrow edges\ g]$$
$$\textbf{where}\ n = length(nodes\ g)$$

答案9.10 是的，可以通过取消所有边权重来调整 Kruskal 算法和 Prim 算法。在符号中

$$maxWith\ cost = minWith\ newcost$$

新代价 *newcost* 的定义为

$$newcost :: Tree \rightarrow Int$$
$$newcost = sum \cdot map(negate \cdot weight) \cdot edges$$

使用 Kruskal 算法，这意味着边按权重降序列出。

答案9.11 *spats* 的定义与 Prim 算法中的定义完全相同，但是修改了 *add* 和 *safeEdge* 的定义，以便考虑到边被定向的情况：

$$spats :: Graph \rightarrow [Tree]$$
$$spats\ g = map\ fst(apply(n-1)(concatMap\ steps)[s])$$
$$\textbf{where}\ n = length(nodes\ g)$$
$$s = (([head(nodes\ g)],\ []),\ edges\ g)$$
$$steps :: (Tree,\ [Edge]) \rightarrow [(Tree,\ [Edge])]$$
$$steps(t,\ es) = [(add\ e\ t,\ es')\mid(e,\ es')\leftarrow picks\ es,\ safeEdge\ e\ t]$$
$$add :: Edge \rightarrow Tree \rightarrow Tree$$
$$add\ e(vs,\ es) = (target\ e : vs,\ e : es)$$
$$safeEdge :: Edge \rightarrow Tree \rightarrow Bool$$
$$safeEdge\ e\ t = elem(source\ e)ns \wedge not(elem(target\ e)ns)$$
$$\textbf{where}\ ns = nodes\ t$$

pathFrom 的定义是

$$pathsFrom\ u\ t =$$
$$[]:[(u,\ v,\ w):es\mid(u',\ v,\ w)\leftarrow edges\ t,\ u'==u,\ es\leftarrow pathsFrom\ v\ t]$$

最后，代价定义为

$$cost = map(sum \cdot map\ weight) \cdot sortOn(target \cdot last) \cdot tail \cdot pathsFrom\ 1$$

答案 9.12 不一定可行。例如，考虑图

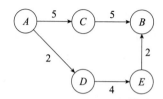

与 A 的最接近的顶点是代价为 2 的 D。与 B 的最接近的顶点是代价为 2 的 E。与 A 的下一个最接近的顶点是代价为 5 的 C，而 B 的下一个最接近的顶点是代价为 5 的 C。回答 ACB 的代价为 10，但路径 $ADEB$ 的代价为 8。

答案 9.13 下面的图是一个很好的例子：

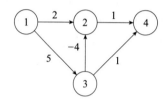

从 1 到顶点 $[1, 2, 3, 4]$ 的距离为 $[0, 1, 5, 2]$，但是贪心算法在经过三个贪心步骤后会返回以下距离（未显示父数组）：

	1	2	3	4
Start	0	∞	∞	∞
update 1	0	2	5	∞
update 2	0	2	5	3
update 4	0	2	5	3

到顶点 2 和 4 的距离被错误地计算为 2 和 3。

答案 9.14 将主要定义更改为

$$dijkstra :: Graph \rightarrow Vertex \rightarrow Path$$

$$dijkstra \; g \; v = path(until \; done(gstep \; wa)(start \; n))$$

$$\textbf{where} \; path(ls, \; vs) = (reverse(getPath \; ls \; v), \; distance \; ls \; v)$$

$$done(ls, \; vs) = v \notin vs$$

$$n = length(nodes \; g)$$

$$wa = weights \; g$$

答案 9.15 修改后的定义是

$$gstep :: Weights \rightarrow State \rightarrow State$$

$$gstep \; wa(ls, \; vs) = (ls', \; vs') \, \textbf{where}$$

$$(d, \; v) = minimum[\,(distance \; ls \; v, \; v) \mid v \leftarrow vs\,]$$

$$vs' = filter(\neq v)vs$$

$$ls' = accum\ better\ ls\lceil(u,\ (v,\ new\ u,\ sum\ d(wa!(v,\ u))))\ |\ u \leftarrow vs'\rceil$$
$$\textbf{where}\ sum\ d\ w = \textbf{if}\ w == maxInt\ \textbf{then}\ maxInt\ \textbf{else}\ d + w$$
$$better(v_1,\ r_1,\ d_1)(v_2,\ r_2,\ d_2) =$$
$$\textbf{if}\ d_1 \leq d_2\ \textbf{then}(v_1,\ r_1,\ d_1)\,\textbf{else}(v_2,\ r_2,\ d_2)$$
$$new\ u = \textbf{if}\ v == 1\ \textbf{then}\ u\ \textbf{else}\ root\ ls\ v$$

第 10 章

答案 10.1　是的，我们可以得到 $[\ ] = ThinBy(\leq)[\ ]$。

答案 10.2　一种可能性是

$$thinBy(\leq) = foldl\ bump[\ ] \cdot reverse$$
$$\textbf{where}\ bump[\ ]x \qquad\qquad = [x]$$
$$bump(y:ys)x\ |\ x \leq y\quad = x:ys$$
$$|\ y \leq x\quad = y:ys$$
$$|\ otherwise = x:y:ys$$

另一个方法可能给出的答案不一样，它定义

$$thinBy(\leq)[\ ]\ = [\ ]$$
$$thinBy(\leq)[x] = [x]$$
$$thinBy(\leq)(x:y:xs)$$
$$|\ x \leq y\quad = thinBy(\leq)(x:xs)$$
$$|\ y \leq x\quad = thinBy(\leq)(y:xs)$$
$$|\ otherwise = x:thinBy(\leq)(y:xs)$$

答案 10.3　候选项的简单定义是

$$candidates(\leq)xs = [ys\ |\ ys \leftarrow subseqs\ xs,\ ok\ xs\ ys]$$
$$\textbf{where}\ ok\ xs\ ys = and[or[y \leq x\ |\ y \leftarrow ys]\ |\ x \leftarrow xs]$$

前导函数 *and* 和 *or* 返回一系列的合取和析取布尔值。

答案 10.4　一个定义是

$$thinBy(\leq) = foldr\ gstep[\ ]$$
$$\textbf{where}\ gstep\ x\ ys = \textbf{if}\ any(\leq x)ys\ \textbf{then}\ ys\ \textbf{else}\ x:filter(not \cdot (x \leq))ys$$

其中前导函数 *any p* 由 *anyp* = · *mapp* 定义，这可以计算出最短简化。但关于这一点的证明却相当复杂，因而被省略了。

答案 10.5　不，它仅仅在 $\leq$ 是自反的时候才成立。

答案 10.6　下面的 *thinBy* 定义最多删除一个元素：

$$thinBy(\leq)[\ ]\qquad\ = [\ ]$$
$$thinBy(\leq)[x]\qquad\ = [x]$$
$$thinBy(\leq)(x:y:xs) = \textbf{if}\ x \leq y\ \textbf{then}\ x:xs\ \textbf{else}\ x:thinBy(\leq)(y:xs)$$

比如

$$thinBy(\leqslant)[1,\ 2,\ 3]=[1,\ 3]$$
$$thinBy(\leqslant)[2,\ 1,\ 3]=[2,\ 1]$$

两次简化可以去掉两个元素，所以 $thinBy$ 不是幂等的。

答案 10.7　第一次改进是根据恒等律和改进后的函数组合的单调性进行的。第二次改进是根据序列关系 $\leqslant$ 和 $\sqsubseteq$ 的传递性，即子序列关系进行的。

答案 10.8　第一种来自恒等率。对于第二种我们必须证明 $ys\leftarrow ThinBy(\leqslant)xs\ \wedge\ y\leftarrow MinWithcostys$，则 $y\leftarrow MinWithcostxs$。这个事实很容易从附带条款中得出。

答案 10.9　我们必须证明

$$x\leftarrow MinWith\ cost\ xs\Rightarrow[x]\leftarrow ThinBy(\leqslant)xs$$

这归结于附带条款：对于所有的 $y\in xs$，$costx\leqslant costy\Rightarrow x\leqslant y$。

答案 10.10　我们必须证明

$$ys\leftarrow ThinBy(\leqslant)xs\ \wedge\ zs=filter\ p\ ys$$
$$\Rightarrow zs\leftarrow ThinBy(\leqslant)(filter\ p\ xs)$$
$$zs\leftarrow ThinBy(\leqslant)(filter\ p\ xs)$$
$$\Rightarrow(\exists ys:ys\leftarrow ThinBy(\leqslant)xs\ \wedge\ zs=filter\ p\ ys)$$

对于第一个实现，因为 $\sqsubseteq$ 是传递的，我们有 $zs\sqsubseteq ys\sqsubseteq xs$。此外，它依据 $ys\leftarrow ThinBy(\leqslant)xs$ 和下面的条款——如果 $x\in xs$ 和 px，则存在一个 $y\in ys$ 使得 $y\leqslant x$ 和 py。因此 $y\in zs$，并且 zs 是一个 $ThinBy(\leqslant)(filter\ p\ xs)$ 的有效改进。

　　对于第二个实现，取 ys 为由 zs 组成的 xs 以及加上所有不满足 p 的 xs 元素的子序列，因此 $zs=filter\ p\ ys$。假设 $x\in xs$；下列情况只能存在一种，第一种是 $z\in zs$ 并且 $z\leqslant x$，此时 $p\ x$ 成立；第二种是 $x\in ys$ 并且 $x\leqslant x$，此时 $p\ x$ 不成立。因此 ys 是 $ThinBy(\leqslant)xs$ 的有效改进。

答案 10.11　假设 $ys\leftarrow ThinBy\leqslant xs$。我们必须证明

$$map\ f\ ys\leftarrow ThinBy(\leqslant)(map\ f\ xs)$$

这遵循了以下附带条款和事实：

$$ys\sqsubseteq xs\Rightarrow map\ f\ ys\sqsubseteq map\ f\ xs$$

另一个简化映射法则

$$ThinBy(\leqslant)\cdot map\ f\leftarrow map\ f\cdot ThinBy(\leqslant)$$

也十分简单明了。

答案 10.12　使 $x\leqslant y=(x\leqslant y)$，那么

$$[1]\leftarrow ThinBy(\leqslant)(concat[[1],\ [2]])$$

但是

$$concat[ThinBy(\leqslant)[1],\ ThinBy(\leqslant)[2]]=[1,\ 2]$$

答案 10.13　我们必须证明

$$filter\ connected(op\ es\ ps)=step\ es(filter\ connected\ ps)$$

证明是

$$filter\ connected(op\ es\ ps)$$

$$=\quad \{op\ 的定义\}$$

$$[e:p\mid e\leftarrow es,\ p\leftarrow ps,\ connected(e:p)]$$

$$=\quad \{connected\ 的定义\}$$

$$[e:p\mid e\leftarrow es,\ p\leftarrow filter\ connected\ ps,\ linked\ e\ p]$$

$$=\quad \{step\ 的定义\}$$

$$step\ es(filter\ connected\ ps)$$

答案 10.14　我们可以通过下面表达式定义 mcp：

$$mcp::Nat\rightarrow Net\rightarrow Path$$

$$mcp\ k=snd\cdot minWith\ fst\cdot elems\cdot foldr\ step\ start$$

$$\textbf{where}\ start\qquad =array(1,\ k)[(v,\ (0,\ [\,]))\mid v\leftarrow[1..k]]$$

$$step\ es\ pa=accumArray\ better\ initial(1,\ k)(map\ insert\ es)$$

$$\textbf{where}\ initial\qquad =(maxInt,\ [\,])$$

$$insert(u,\ v,\ w)=(u,\ (add\ w\ c,\ (u,\ v,\ w):p))$$

$$\textbf{where}(c,\ p)=pa\,!\,v$$

$$better(c_1,\ p_1)(c_2,\ p_2)=\textbf{if}\ c_1\leqslant c_2\ \textbf{then}(c_1,\ p_1)\ \textbf{else}(c_2,\ p_2)$$

值 $maxInt$ 和函数 add 在 Dijkstra 算法中定义为

$$maxInt::Int$$

$$maxInt=maxBound$$

$$add\ w\ c=\textbf{if}\ c==maxInt\ \textbf{then}\ maxInt\ \textbf{else}\ w+c$$

每个步骤调用都需要 $O(k+e)$，其中 e 是当前层的边数，当总共有 $O(dk^2)$ 条边时，总运行时间为 $O(dk^2)$。

答案 10.15　一个定义为

$$mergeBy::(a\rightarrow a\rightarrow Bool)\rightarrow[[a]]\rightarrow[a]$$

$$mergeBy\ cmp=foldr\ merge[\,]$$

$$\textbf{where}\ merge\ xs[\,]\qquad =xs$$

$$merge[\,]ys\qquad =ys$$

$$merge(x:xs)(y:ys)$$

$$\mid cmp\ x\ y\ \ =x:merge\ xs(y:ys)$$

$$\mid otherwise=y:merge(x:xs)ys$$

答案 10.16　因为如果 $x=4$，就不会产生元组（$[0,\ 1,\ 2],\ 0,\ 3$），也就找不到最小代价解。

答案 10.17　只需用 $reverse\cdot coins$ 代替 $coins$。

答案 10.18　由于 $tstep$ 产生的答案是按照余量的递减顺序，我们可以这样写：

$$mkchange\ n=coins\cdot last\cdot foldr\ tstep[([\,],\ n,\ 0)]$$

答案 10.19 因为只保留了满足容量限制的选择，所以我们可以定义：

$$extend\ i\ sn = sn : filter(within\ w)[add\ i\ sn]$$

当然还有其他的定义。

答案 10.20 直接攻击失败是因为 $ThinBy(\leqslant) \cdot extend\ i = extend\ i$。相反，我们必须证明 (10.2) 成立，也就是说，如果 $sn_1 \leqslant sn_2$，那么

$$\forall en_2 \in extend\ i\ sn_2 : \exists en_1 \in extend\ i\ sn_1 : en_1 \leqslant en_2$$

这可以归结为，如果 $add\ i\ sn_2$ 是一个有效的选择，那么 $i\ sn_1$ 也是，并且有

$$sn_1 \leqslant sn_2 \Rightarrow add\ i\ sn_1 \leqslant add\ i\ sn_2。$$

答案 10.21 定义是

$$swag\ w = maxWith\ value \cdot foldr\ tstep[([\,], 0, 0)]$$
$$\mathbf{where}\ tstep\ i\ sns = thinBy(\leqslant)(mergeBy\ cmp[sns, sns'])$$
$$\mathbf{where}\ sns' = filter(within\ w)(map(add\ i)sns)$$
$$cmp\ sn_1\ sn_2 = weight\ sn_1 \leqslant weight\ sn_2$$

答案 10.22 一种解决方案是引入代价函数：

$$cost :: Selection \rightarrow (Value, Weight)$$
$$cost\ sn = (value\ sn, negate(weight\ sn))$$

并用 $maxWith\ cost$ 代替 $maxWith$。另一个解决方案是用 $maxBy(\leqslant)$ 替换 $maxWith$ 的值，其中

$$sn_1 \leqslant sn_2 = value\ sn_1 < value\ sn_2 \bigvee$$
$$(value\ sn_1 == value\ sn_2 \bigwedge weight\ sn_1 \geqslant weight\ sn_2)$$

这将涉及一个新的最大化函数：

$$maxBy :: (a \rightarrow a \rightarrow Bool) \rightarrow [a] \rightarrow a$$
$$maxBy(\leqslant) = foldr1\ higher$$
$$\mathbf{where}\ higher\ x\ y = \mathbf{if}\ x \leqslant y\ \mathbf{then}\ y\ \mathbf{else}\ x$$

答案 10.23 定义是

$$choices :: Weight \rightarrow [Item] \rightarrow [Selection]$$
$$choices\ w = foldr(concatMap \cdot choose)[([\,], 0, 0)]$$
$$\mathbf{where}\ choose\ i\ sn = [add\ k\ i\ sn \mid k \leftarrow [0..max]]$$
$$\mathbf{where}\ max = (w - weight\ sn)\,\mathrm{div}\,weight\ i$$
$$add :: Nat \rightarrow Item \rightarrow Selection \rightarrow Selection$$
$$add\ k\ i(kns, v, w) = ((k, name\ i):kns, k \times value\ i + v, k \times weight\ i + w)$$

函数 $add\ k$ 选择下一物品的 k 个副本，其中 k 受到限制，使背包容量不被超过。注意，k 的值是按递增顺序选择的，所以选择的权重也是按递增顺序选择的。定义的简化算法如下：

$$swag\ w = extract \cdot maxWith\ value \cdot foldr\ tstep[([\,], 0, 0)]$$
$$\mathbf{where}\ tstep\ i = thinBy(\leqslant) \cdot mergeBy\ cmp \cdot map(choose\ i)$$
$$choose\ i\ sn = [add\ k\ i\ sn \mid k \leftarrow [0..max]]$$

$$\textbf{where } max = (w - weight\ sn)\,\text{div}\ weight\ i$$

$$cmp\ sn_1\ sn_2 = weight\ sn_1 \leqslant weight\ sn_2$$

答案 10.24 在部分背包问题中，每一物品都有无限个，事实上是无数个无限个选项，每个实数 x 在 $0 \leqslant x \leqslant 1$ 范围内有一个选项。所以没有可执行的规范是可能存在的。当权重是整数时，每个选择都是在 $0 \leqslant r \leqslant 1$ 范围内的有理数 r，将选择的数量减少到一个可数的无穷数。贪心算法是

$$gswag :: Weight \to [\,Item\,] \to [\,(Rational,\ Name)\,]$$

$$gswag\ w = extract \cdot foldr(add\ w)(\,[\,]\,,\ 0,\ 0) \cdot sortBy\ cmp$$

$$extract :: Selection \to [\,(Rational,\ Name)\,]$$

$$extract(rns,\ \_,\ \_) = reverse\ rns$$

$$add :: Weight \to Item \to Selection \to Selection$$

$$add\ w\ i(rns,\ vn,\ wn) = \textbf{if } wn == w \textbf{ then}(rns,\ vn,\ wn)$$
$$\textbf{else}(\,(r,\ name\ i) : rns,\ vn + r \times vi,\ wn + r \times wi\,)$$
$$\textbf{where } r\ = min\ 1((w - wn)/wi)$$
$$wi = fromIntegral(weight\ i)$$
$$vi = fromIntegral(value\ i)$$

$$cmp :: Item \to Item \to Ordering$$

$$cmp\ i_1\ i_2 = compare(value\ i_1 \times weight\ i_2)(value\ i_2 \times weight\ i_1)$$

例如，$gswag\ 50\ items$ 返回的答案如下：

```
[(1%1, "Jewellery"), (1%1, "TV"), (11%14, "Laptop")].
```

至于小偷是如何偷走一台笔记本电脑的 11/14 的，就留给你想象吧。

第 11 章

答案 11.1 每个元素都可以包含或排除在一个子序列中，总共提供 2^n 个子序列。长度为 j 的非空段的数量为 $n-j+1$，因此非空段的总数为

$$\sum_{j=1}^{n}(n - j + 1) = \sum_{j=1}^{n} j = n(n + 1)/2$$

长度最大为 b 的非空段的数量为

$$\sum_{j=1}^{b}(n - j + 1) = \sum_{j=0}^{b-1}(n - j) = bn - \sum_{j=0}^{b-1} j = bn - b(b - 1)/2$$

答案 11.2 也许最简单的方法是维护一个子序列列表的列表，第一个列表是长度为 0 的所有子序列，第二个列表是长度为 1 的所有子序列，以此类推。可以在处理每个新元素时更新此列表，然后可以在计算结束时将其串联。因此，我们有

$$subseqs = concat \cdot foldr\ op[[[\,]]]$$
$$\textbf{where}$$

$$op :: a \to [\,[\,[\,a\,]\,]\,] \to [\,[\,[\,a\,]\,]\,]$$

$$op \; x(xss : xsss) = xss : step \; x \; xss \; xsss$$

$$step \; x \; xss[\,] \qquad = [\,map(x:)xss\,]$$

$$step \; x \; xss(yss : ysss) = (map(x:)xss \mathbin{+\!\!+} yss) : step \; x \; yss \; ysss$$

答案 11.3 我们有

$$x : xs \leqslant x : ys$$
$$\Leftarrow \quad \{\leqslant \text{ 的定义}\}$$
$$length \; xs \geqslant length \; ys$$
$$\Leftarrow \quad \{\leqslant \text{ 的定义}\}$$
$$xs \leqslant ys$$

如果 xs 和 ys 均为空序列，则第二个主张是立即的。否则我们可以说明

$$u : us \leqslant v : vs \;\bigwedge\; ok \; x(v : vs)$$
$$\Rightarrow \quad \{\leqslant \text{ 和 } ok \text{ 的定义}\}$$
$$u \geqslant v \;\bigwedge\; x < v$$
$$\Rightarrow \quad \{ok \text{ 的定义}\}$$
$$ok \; x(u : us)$$

答案 11.4 不可以。所有 xs 都有 $xs \leqslant [\,]$，因此可以通过任何细化步骤删除空列表。

答案 11.5 唯一的更改是将>替换为≥：

$$tstep \; x(xs : xss) = xs : search \; xs \; x \; xss$$
$$\textbf{where} \; search \; xs \; x[\,] \qquad = [\,x : xs\,]$$
$$search \; xs \; x(ys : xss) \mid head \; ys \geqslant x = ys : search \; ys \; x \; xss$$
$$\mid otherwise \qquad = (x : xs) : xss$$

答案 11.6 $rmost$ 的定义是

$$rmost :: Tree[\,a\,] \to [\,a\,]$$
$$rmost(Node\_l \; xs \; Null) = xs$$
$$rmost(Node\_l \; xs \; r) \qquad = rmost \; r$$

答案 11.7 $pieces$ 的定义如下：

$$pieces \; x \; Null \; ps = ps$$
$$pieces \; x(Node\_l \; xs \; r)ps$$
$$\mid null \; xs \;\bigvee\; (x < head \; xs) = pieces \; x \; r(LP \; l \; xs : ps)$$
$$\mid otherwise \qquad = pieces \; x \; l(RP \; xs \; r : ps)$$

答案 11.8 $modify$ 的定义如下：

$$modify :: a \to (Tree[\,a\,], \; Tree[\,a\,]) \to Tree[\,a\,]$$
$$modify \; x(t_1, \; t_2) = combine \; t_1(replace(x : rmost \; t_1)t_2)$$
$$replace :: [\,a\,] \to Tree[\,a\,] \to Tree[\,a\,]$$

$$replace\ xs\ Null \qquad\qquad = Node\ 1\ Null\ xs\ Null$$
$$replace\ xs(Node\ h\ Null\ ys\ r) = Node\ h\ Null\ xs\ r$$
$$replace\ xs(Node\ h\ l\ ys\ r) \qquad = Node\ h(replace\ xs\ l)ys\ r$$

答案 11.9 如下是一些可能的定义：

$$encode\ xs\ ys = concatMap(posns\ ys)xs$$
$$posns\ ys\ x \quad\ = reverse[\,i\mid(i,\ y)\leftarrow zip[0..\,]ys,\ y == x\,]$$
$$decode\ us\ ys = pick\ us(zip[0..\,]ys)$$

    where

$$pick[\,]\ pys \qquad\qquad\qquad = [\,]$$
$$pick(u:us)((p,\ y):pys) = \textbf{if}\ u == p\ \textbf{then}\ y:pick\ us\ pys$$
$$\textbf{else}\ pick(u:us)pys$$

编码 $xs\ ys$ 的每个升序显然都解码为长度相同的 ys 子序列，因为 ys 中增加位置的任何列表都对应于 ys 的子序列。每个上序列也对应于 xs 的一个子序列，我们可以定义

$$decode_1\ us\ xs\ ys = pick\ us[(posns\ ys\ x,\ x)\mid x\leftarrow xs]$$

    where

$$pick[\,]\ psxs \qquad\qquad\qquad = [\,]$$
$$pick(u:us)((ps,\ x):psxs) = \textbf{if}\ u\in ps\ \textbf{then}\ x:pick\ us\ psxs$$
$$\textbf{else}\ pick(u:us)psxs$$

然后，$decode1$（lus（对 $xs\ ys$ 进行编码））将 $xs\ ys$ 解码为 xs 的子序列。

答案 11.10 定义如下：

$$help\ p\ xs[\,] \quad = p$$
$$help\ p[\,]ys \quad\ = -1$$
$$help\ p(x:xs)(y:ys)$$
$$\mid x == y \quad = help(p-1)xs\ ys$$
$$\mid otherwise = help(p-1)xs(y:ys)$$

答案 11.11 对于第一个条件，足以观察到

$$position\ xs\ ys \geqslant position\ xs\ zs$$

这表示如果 zs 是，则 ys 是 xs 的子序列。

对于第二个条件，我们可以证明

$$position\ xs\ ys \geqslant position\ xs\ zs \Rightarrow position\ xs(y:ys) \geqslant position\ xs(y:zs)$$

通过案例分析：位置 $xs(y:zs) = -1$（在这种情况下结果为立即数）或位置 $xs(y:zs)\geqslant 0$，在这种情况下 $y:zs$ 和 $y:ys$ 都是 xs 的子序列 $y:ys$ 的位置至少与 $y:zs$ 的位置一样大。

    对于最后一部分，我们认为

$$ThinBy(\leqslant)(step\ y\ yss)$$
$$= \quad \{step\ 的定义\}$$

$$ThinBy(\leqslant)(yss \mathbin{+\!\!+} filter(sub\ xs)(map(y:)yss))$$
$=$　{$ThinBy$ 的分配律}
$$ThinBy(\leqslant)(ThinBy(\leqslant)yss \mathbin{+\!\!+}$$
$$ThinBy(\leqslant)(filter(sub\ xs)(map(y:)yss)))$$
$\rightarrow$　{简化过滤法则}
$$ThinBy(\leqslant)(ThinBy(\leqslant)yss \mathbin{+\!\!+}$$
$$filter(sub\ xs)(ThinBy(\leqslant)(map(y:)yss)))$$
$=$　{简化映射法则}
$$ThinBy(\leqslant)(ThinBy(\leqslant)yss \mathbin{+\!\!+}$$
$$filter(sub\ xs)(map(y:)(ThinBy(\leqslant)yss)))$$
$\rightarrow$　{given $tstep\ y\ yss \leftarrow Thinby(\leqslant)(step\ y\ yss)$}
$$tstep\ y(ThinBy(\leqslant)yss)\,。$$

答案 11.12　我们有
$$tails = scanr(\lambda x\ xs.\,[x] \mathbin{+\!\!+} xs)[\,]$$
$$inits = scanl(\lambda xs\ x.\,xs \mathbin{+\!\!+} [x])[\,]\,。$$

答案 11.13　假设 $msp\ b\ xs = ys$，并且假设 $x:ys$ 是 $msp\ b\ (x:xs)$ 的适当前缀。那意味着
$$msp\ b(x:xs) = x:ys \mathbin{+\!\!+} zs$$
对于一些非空序列 zs。但
$$sum(ys \mathbin{+\!\!+} zs) = sum\ ys + sum\ zs \leqslant sum\ ys$$
根据 $msp\ b\ xs$ 的定义，以及
$$x + sum\ ys < x + sum\ ys + sum\ zs$$
根据 $msp\ b\ (x:xs)$ 的定义，zs 的总和既为正又为负，从而存在矛盾。

答案 11.14　我们有
$$msp \leftarrow MaxWith\ sum \cdot inits$$
我们可以找到一个针对 msp 的贪婪算法，在每个步骤中都以最大的总和保留一个前缀。将总和计算加倍，我们得到
$$msp \qquad = snd \cdot foldr\ step(0,\,[\,])$$
$$step\ x(s,\,xs) = \textbf{if}\ x + s > 0\ \textbf{then}(x+s,\,x:xs)\,\textbf{else}(0,\,[\,])$$
现在
$$mss = snd \cdot maxWith\ fst \cdot scanr\ step(0,\,[\,])$$

第 12 章

答案 12.1　共有 2^{n-1} 个划分。
答案 12.2　因为用的是单一的子句

$$parts\ xs = [\,ys : yss \mid (ys,\ zs) \leftarrow splits\ xs,\ yss \leftarrow parts\ zs\,]$$

我们有 $parts[\,] = [\,]$，由此得出所有 xs 的 $parts\ xs = [\,]$。

答案 12.3 定义是

$$parts = foldr\ step[\,[\,]\,]$$
$$\textbf{where}\ step\ x[\,[\,]\,] = [\,[\,[\,x\,]\,]\,]$$
$$step\ x\ ps = map(cons\ x)ps \,+\!\!+\, map(glue\ x)ps$$

答案 12.4 依照列表推导，融合条件的形式是

$$[\,p' \mid p \leftarrow ps,\ p' \leftarrow extendl\ x\ p,\ all\ ok\ p'\,]$$
$$= [\,p' \mid p \leftarrow ps,\ all\ ok\ p,\ p' \leftarrow extendl\ x\ p,\ ok(head\ p')\,]$$

对于相同列表中的所有分区 ps，在给定的 $extendl$ 定义下，如果可以证明，就可以得到融合条件

$$[\,cons\ x\ p \mid p \leftarrow ps,\ all\ ok(cons\ x\ p)\,]$$
$$= [\,cons\ x\ p \mid p \leftarrow ps,\ all\ ok\ p \wedge ok(head(cons\ x\ p))\,]$$
$$[\,glue\ x(s:p) \mid s:p \leftarrow ps,\ all\ ok(glue\ x(s:p))\,]$$
$$= [\,glue\ x(s:p) \mid s:p \leftarrow ps,\ all\ ok(s:p) \wedge ok(head(glue\ x(s:p)))\,]$$

Since $cons\ x\ p = [\,x\,] : p$ and

$$all\ ok([\,x\,]:p) = all\ ok\ p \wedge ok[\,x\,]$$

第一个条件成立。由于 $gluex(s:p) = (x:s):p$ 并且，假设 ok 是后缀封闭的，我们有

$$all\ ok((x:s):p) = all\ ok\ p \wedge ok(x:s)$$
$$= all\ ok\ p \wedge ok\ s \wedge ok(x:s)$$
$$= all\ ok(s:p) \wedge ok(x:s)$$

第二个条件成立。

答案 12.5 谓词 $leftmin$ 和 $nomatch$ 是前缀关闭但不是后缀关闭的，而 $rightmax$ 是后缀关闭但不是前缀关闭的。最后，$ordered$ 既是前缀封闭的，也是后缀封闭的。所有谓词都适用于单例（在 $nomatch$ 的情况下，没有正整数是 0）。

答案 12.6

$$(\exists r : 0 \leqslant r + n \leqslant C \wedge 0 \leqslant r + m \leqslant C)$$
$$\Leftrightarrow \quad \{算术运算\}$$
$$(\exists r : -n \leqslant r \leqslant C - n \wedge -m \leqslant r \leqslant C - m)$$
$$\Leftrightarrow \quad \{算术运算\}$$
$$(\exists r : max(-n)(-m) \leqslant r \leqslant min(C - n)(C - m))$$
$$\Leftrightarrow \quad \{假设\ n \leqslant 0 \leqslant m\}$$
$$(\exists r : -n \leqslant r \leqslant C - m)$$
$$\Leftrightarrow \quad \{逻辑\}$$
$$m \leqslant C + n_{\circ}$$

答案 12.7 如果所有的和 r，$r+x_1$，$r+x_1+x_2$，$\cdots$，$r+x_1+x_2+\cdots+x_k$ 在 0 和 C 之间，那么这些和的每个前缀当然也在 0 和 C 之间。取 $r=r+x_1$，我们有所有的总和 r'，$r'+x_2$，$\cdots$，$r'+x_2+\cdots+x_k$，这些也位于 0 和 C 之间，所以 $safe$ 既是后缀封闭的，也是前缀封闭的。

答案 12.8 对于贪心算法

$$msp[2,\ 4,\ 50,\ 3] = [[2,\ 4],\ [50],\ [3]]$$

但对于原始条件，答案是未定义的值。因为片段 $[50]$ 是不安全的，所以不存在安全片段的划分。

答案 12.9 我们有

$$msp = part \cdot foldr\ add([\ ],\ 0,\ 0)$$

    where

        $part(p,\ n,\ m) = p$

        $add\ x\ pnm \quad | null(part\ pnm) \quad = cons\ x\ pnm$

                    $| safe(glue\ x\ pnm) = glue\ x\ pnm$

                    $| otherwise \quad\quad\ \ = cons\ x\ pnm$

        $cons\ x(p,\ n,\ m) \quad = ([x]:p,\ min\ 0\ x,\ max\ 0\ x)$

        $glue\ x(s:p,\ n,\ m) = ((x:s):p,\ min\ 0(x+n),\ max\ 0(x+m))$

        $safe(p,\ n,\ m) \quad\quad = max\ 0(-n) \leqslant min\ c(c-m)$

答案 12.10 分区中的片段的值 $(n,\ r)$ 可以通过函数 $endpoints$ 计算，其中

$$endpoints :: [Int] \rightarrow (Int,\ Int)$$

$$endpoints\ xs = \textbf{if}\ n < 0\ \textbf{then}(-n,\ x-n)\ \textbf{else}(0,\ x)$$

                where $n\quad = minimum\ sums$

                       $x\quad = last\ sums$

                       $sums = scanl(+)0\ xs$

例如：

$$map\ endpoints[[40,\ -85,\ 55],\ [-32,\ 79],\ [80],\ [-21,\ 80]]$$
$$= [(45,\ 55),\ (32,\ 79),\ (0,\ 80),\ (21,\ 80)]$$

活期账户内必须有 45 的余额，以确保第一个段落是安全的。在这个片段的末尾，我们可以将 55-32 转账到储蓄账户，来确保下一个片段的信用为 32，以此类推，我们可以定义

        $transfers = collect \cdot map\ endpoints$

        $collect :: [(Int,\ Int)] \rightarrow [Int]$

        $collect\ xys = zipWith(-)(map\ fst\ xys \mathbin{+\!\!+} [0])([0] \mathbin{+\!\!+} map\ snd\ xys)$

例如：

$$collect[(45,\ 55),\ (32,\ 79),\ (0,\ 80),\ (21,\ 80)] = [45,\ -23,\ -79,\ -59,\ -80]$$

假设开始时余额为 0，45 必须转入活期账户，以确保第一个片段是安全的；其余的金额是在每

个段落结束时可以转移到储蓄账户上的金额，在所有交易结束时，活期账户上的余额为0。

答案 12.11　在添加了 x 之后，会产生三种可能的划分列表：

$$[[x]:[y]:ys:p, [x, y]:ys:p, [x]:(y:ys):p, (x:y:ys):p]$$
$$[[x]:[y]:ys:p, [x, y]:ys:p, [x]:(y:ys):p]$$
$$[[x]:[y]:ys:p, [x]:(y:ys):p]$$

此外

$$[x]:(y:ys):p \preccurlyeq [x]:[y]:ys:p$$
$$[x]:(y:ys):p \preccurlyeq [x, y]:ys:p$$

因此，在通过 thinBy 进行简化之后，在每种情况下都会留下以下分区：

$$[[x]:(y:ys):p, (x:y:ys):p]$$
$$[[x]:(y:ys):p]$$
$$[[x]:(y:ys):p]$$

第一对划分的形式也与问题中的相同，因此每一步最多生成两个划分。

答案 12.12　对于 Zakia 来说，最明显的方法是使用贪心算法，从左到右进行处理：

$$msp = foldl\ add[]$$
$$\textbf{where}\ add[]x = [[x]]$$
$$add\ p\ x = head(filter(safe \cdot last)[bind\ x\ p, snoc\ x\ p])$$

练习 12.15 的答案展示了如何使这个方法更高效。从左到右算法的有效性取决于 $safe$ 是否为前缀关闭的。

答案 12.13　定义为

$$runs :: Ord\ a \Rightarrow [a] \rightarrow Partition\ a$$
$$runs = foldr\ add[]$$
$$\textbf{where}\ add\ x[] \quad = [[x]]$$
$$add\ x(s:p) = \textbf{if}\ ordered(x:s)\ \textbf{then}(x:s):p\ \textbf{else}[x]:s:p$$

贪心算法之所以有效，是因为它与银行账户问题的推导完全相同，只不过用 $order$ 代替了 $safe$。此外，add 定义中的测验可以简化为 $x \leqslant heads$。

答案 12.14　取 $maxWidth = 10$，考虑这两个段落：

$$p_1 = [[6, 1], [5, 3], [4]]$$
$$p_2 = [[6], [1, 5], [3, 4]]$$

它们都有相同的长度。于是

$$add\ 4\ p_1 = [[6, 1], [5, 3], [4, 4]]$$
$$add\ 4\ p_2 = [[6], [1, 5], [3, 4], [4]]$$

所以贪心条件失败了。

答案 12.15　我们有

$$foldl\ add(p + [l])[] = p + [l]$$

所以 $l[\,] = [l]$。接着，如果 $add\ p\ w = bind\ w\ p$，那么有

$$foldl\ add(p + [l])(w:ws) = foldl\ add(p + [l + [w]])ws$$

说明 $helpl(w:ws) = help(l + [w])wx$。最后，如果 $add\ p\ w = snoc\ w\ p$
那么

$$foldl\ add(p + [l])(w:ws) = foldl\ add(p + [l] + [[w]])ws$$

这说明 $helpl(w:ws) = l : help[w]ws$。

答案 12.16 结果为

$$greedy(w:ws) = help((w:\,),\ length\ w)ws$$

$$
\begin{aligned}
&\textbf{where}\\
&\quad help(f,\ d_1)[\,] \quad = [f[\,]]\\
&\quad help(f,\ d_1)(w:ws)\\
&\quad\quad | d_2 \le maxWidth = help(f \cdot (w:\,),\ d_2)ws\\
&\quad\quad | otherwise \qquad\quad = f[\,] : help((w:\,),\ d)ws\\
&\quad\quad \textbf{where}\ d_2 = d_1 + 1 + d;\ d = length\ w
\end{aligned}
$$

答案 12.17 是的，段落最后一行的宽度在增加，所以只要最后一行不符合，测试就会被
抛弃。

答案 12.18 第一个不等式成立是因为 $cost(bind\ w\ p) = cost\ p$。对于第二个不等式，我们有

$$cost(snoc\ w\ p) = cost\ p \oplus waste(last\ p)$$

其中 $\oplus$ 不是 + 就是 max。因为 $\oplus$ 是单调的，一行的损耗只取决于它的宽度。

答案 12.19 定义一个新的代价函数 $cost'p = (cost\ p,\ length\ p)$，如果 $cost$ 是可行的，则函数
$cost'$ 是可行的。

答案 12.20 不适用。以这 2 个段落为例

$$p_1 = [[6,\ 1],\ [5,\ 3],\ [4]]$$

$$p_2 = [[6],\ [1,\ 5],\ [3,\ 4]]$$

假设 $maxWidth = 10$，$optWidth = 8$，其代价分别为 1 和 5。我们有

$$cost_3(snoc\ 4\ p_1) = cost_3[[6,\ 1],\ [5,\ 3],\ [4],\ [4]] = 17$$

$$cost_3(snoc\ 4\ p_2) = cost_3[[6],\ [1,\ 5],\ [3,\ 4],\ [4]] = 5$$

答案 12.21 简化算法为

$$
\begin{aligned}
&para = minWith\ cost \cdot foldr\ tstep[[\,]]\\
&\quad \textbf{where}\ tstep\ w[[\,]] = [[[w]]]\\
&\quad\quad tstep\ w\ ps \qquad = cons\ w(minWith\ cost\ ps) :\\
&\quad\quad\quad\quad\quad\quad\quad\quad\quad filter(fits \cdot head)(map(glue\ w)ps)
\end{aligned}
$$

取 $maxWidth = optWidth = 16$。这里只是一个展示不同输出的示例：

```
Here is just              Here is just one
one example that          example that
```

```
shows different          shows different
outputs:                 outputs:
```

左边的段落是由从右到左的算法生成的，而右边的段落是由从左到右的算法生成的。第一个布局的宽度是 $[12, 16, 15, 8]$，而第二个布局的宽度是 $[16, 12, 15, 8]$，因此代价是相同的。

答案 12.22 算法为

$$para = thePara \cdot minWith\ cost \cdot thinparts$$

where

$$thePara(p, \_, \_) = reverse(map\ reverse\ p)$$

$$cost(\_, c, \_) \qquad = c$$

$$ok(\_, \_, k) \qquad = k \leq maxWidth$$

$$thinparts(w:ws) = foldl\ step(start\ w)\ ws$$

$$start\ w \qquad\qquad = [([[w]], 0, length\ w)]$$

$$step\ ps\ w \qquad\quad = minWith\ cost(map(snoc\ w)ps):$$
$$\qquad\qquad\qquad\quad takeWhile\ ok(map(bind\ w)ps)$$

$$snoc\ w(p, c, k) \ = (cons\ w\ p,\ c + (optWidth - k)^2,\ length\ w)$$

$$bind\ w(p, c, k) \ = (glue\ w\ p,\ c,\ k + 1 + length\ w)$$

第 13 章

答案 13.1 当 $n \geq 2$ 时，我们有 $T(0) = T(1) = 0$ 和 $T(n) = T(n-1) + T(n-2) + 1$，通过归纳可得 $T(n) = fib(n+1) - 1$。由于 $fib\ n = \Theta(\phi^n)$，其中 ϕ 是黄金比率，因此可以得此结果。

答案 13.2 我们有

$$fibs :: [Integer]$$
$$fibs = 0 : 1 : zipWith(+)fibs(tail\ fibs)$$

答案 13.3 我们有

$$fib = fst \cdot foldr\ step(0, 1) \cdot binary$$
$$\mathbf{where}\ step\ k(a, b) = \mathbf{if}\ k == 0\ \mathbf{then}(c, d)\ \mathbf{else}(d, c + d)$$
$$\mathbf{where}\ c = a \times (2 \times b - a)$$
$$d = a \times a + b \times b$$

答案 13.4 解决方案与 fib 相同，只是我们在每一步记录三个值：

$$fob\ n = fst3(apply\ n\ step(0, 1, 2))$$
$$\mathbf{where}\ step(a, b, c) = (b, c, a + c)$$
$$fst3(a, b, c) = a$$

答案 13.5 最简单的解决方法是使用一个二维数组

$$stirling(n, r) = a!(n, r)$$

$$\textbf{where } a = tabulate\, f((0, 0), (n, r))$$

$$f(i, j) \mid i == j \quad = 1$$

$$\mid j == 0 \quad = 0$$

$$\mid otherwise = fromIntegral\, j \times a!(i - 1, j) + a!(i - 1, j - 1)$$

作为另一种选择，我们可以寻找与 $binom$ 相同形状的解决方案：

$$stirling(n, r) = head(apply(n - r)\, step(replicate(r + 1)1))$$

$$\textbf{where } step\, row = scanr1(+)(zipWith(\times)[r', r' - 1..0]row)$$

$$r' = fromIntegral\, r$$

答案 13.6 一个有陷阱的问题，因为在 $n \geqslant 1$ 时 $f\, n = 2^{n-1}$。

答案 13.7 因为 $value(add\, i\, sn) = value\, i + value\, sn$。

答案 13.8 定义是

$$step\, item\, a = a\, //[(j, next\, j\, item) \mid j \leftarrow [0..w]]$$

$$\textbf{where } next\, j\, i = \textbf{if } j < wi \textbf{ then } a!j \textbf{ else } better(a!\, j)(add\, i(a!(j - wi)))$$

$$\textbf{where } wi = weight\, i$$

基于数组的解决方案与基于列表的解决方案具有相同的渐近复杂性，但稍微慢一些。

答案 13.9 这里有 3 个答案，全部使用 $cost\, 6$：

```
a b c a *      * a b c a      a b * c a
* b * a c      b a * c *      * b a c *
```

答案 13.10 对于前两种情况我们可以开始于一个复制和 k 个删除操作，到达与 k 个删除相同的位置，然后是复制或替换。因为 $c \leqslant r \Rightarrow c + kd \leqslant kd + r$，第一个序列给出了一个代价较小的编辑序列。第三种情况我们可以开始于一个复制操作和 $k-1$ 个删除操作。这时，我们有 $c \leqslant d + i \Rightarrow c + (k - 1)d \leqslant kd + i$，因此，第一个序列的代价也较小。

答案 13.11 定义与以前基本相同，但 (：) 被 $cons$ 取代：

$$nextrow :: [Char] \to Char \to [Pair] \to [Pair]$$

$$nextrow\, xs\, y\, row = foldr\, step[cons(Insert\, y)(last\, row)]xes$$

$$\textbf{where}$$

$$xes = zip3\, xs\, row(tail\, row)$$

$$step(x, es_1, es_2)row = \textbf{if } x == y \textbf{ then}(cons(Copy\, x)es_2) : row \textbf{ else}$$

$$minWith\, fst\, [cons(Insert\, y)es_1,$$

$$cons(Replace\, x\, y)es_2,$$

$$cons(Delete\, x)(head\, row)] : row$$

现在我们有

$$mce\ xs\ ys = extract(foldr(nextrow\ xs)(firstrow\ xs)ys)$$
$$\textbf{where}\ extract = snd \cdot head$$

答案 13.12 前两个性质是可以转化的。将 *Delete* 更改为 *Insert*（反之亦然），并交换 *Replace* 的参数，我们将得到一个编辑序列，其代价与将第二个列表更改为第一个列表相同，因此满足了第三个性质。对于第四个和最后一个性质，我们有

$$cost(mce\ xs\ ys) \leq cost(mce\ xs\ zs) + cost(mce\ zs\ ys)$$

因为我们可以将一个最小编辑序列连接起来，将 *xs* 转化为 *zs*，将 *zs* 转化为 *ys*，从而得到一个将 *xs* 转化为 *ys* 的编辑序列。

答案 13.13 设 *zs* 是 *xs* 和 *ys* 的最长公共子序列。构造一个编辑序列，删除不在 *zs* 中的 *xs* 的所有元素，插入不在 *zs* 中的 *ys* 的所有元素，并复制公共元素。此编辑序列的代价最多

$$(length\ xs - length\ zs) + (length\ ys - length\ zs)$$

因此，最小代价编辑序列也受这个数量的限制。为了证明平等，我们必须证明没有代价更小的编辑序列。给定一个最小序列 *es*，考虑长度为 *k* 的字符串 *zs*，它是在 *xs* 上执行 *es* 中所有删除操作的结果。由于可以通过单独应用插入操作从 *zs* 构造 *ys*，因此 *zs* 是 *xs* 和 *ys* 的公共子序列。

$$cost(mce\ xs\ ys) \geq length\ xs + length\ ys - 2 \times k$$

由于最长公共子序列的长度至少为 *k*，因此建立了等式。

答案 13.14 不，不是题目陈述的那样。对于我们获得的示例字符串

```
b d * a c b
* d d a c c
2 0 2 0 0 3
```

代价为 7，更好的做法如下，其代价为 6。

```
b d a c b
d d a c c
3 0 0 0 3
```

答案 13.15 定义 *split* 的一种合理方法如下：
$$split\ n\ ps = scanl\ op\ ps[1..n]$$
$$\textbf{where}\ op\ qs\ x = dropWhile(atmost\ x)qs$$

step 的定义是
$$step\ t = zipWith3\ entry\ pss[0..n-1](ptails\ t) +\!\!+ [(0, [\ ])]$$
$$entry\ ps\ x\ ts = minWith\ fst(zipWith\ cons[x+1..n]ts)\textbf{where}$$
$$cons\ y(c,\ ls) = (legcost(takeWhile(atmost\ y)ps)(x,\ y)+c,\ (x,\ y):ls)$$

答案 13.16 单调性条件是
$$count\ cs_1 \leq count\ cs_2 \Rightarrow count(c:cs_1) \leq count(c:cs_2)$$

这意味着

$$(c:) \cdot MinWith\ count \leftarrow MinWith\ count \cdot map(c:)$$

所以我们可以定义

$$mkchange\,[\,1\,]\,n \quad = [\,n\,]$$
$$mkchange\,(d:ds)\,n = minWith\ count\ [\,c:mkchange\ ds\,(n-c\times d)$$
$$|\,c\leftarrow[\,0\mathinner{.\,.}n\ \mathrm{div}\ d\,]\,]$$

设 $(k,\ n)$ 表示调用 $mkchange\,(drop\ k\ ds)\,n$。然后 $(k,\ n)$ 取决于 $(k{-}1,\ n)$，$(k{-}1,\ n{-}d)$，$(k{-}1,\ n{-}2d)$，$\cdots$。递归是分层的，因此我们可以使用分层网络算法进行制表方案。或者，我们也可以逐行计算部分解。

第 14 章

练习 14.1   五种方法是：

$$X_1 \otimes (X_2 \otimes (X_3 \otimes X_4))$$
$$X_1 \otimes ((X_2 \otimes X_3) \otimes X_4)$$
$$(X_1 \otimes X_2) \otimes (X_3 \otimes X_4)$$
$$(X_1 \otimes (X_2 \otimes X_3)) \otimes X_4$$
$$((X_1 \otimes X_2) \otimes X_3) \otimes X_4$$

如果有 5 项，则一共有 14 种方法。

练习 14.2   重写右边可得

$$T(n) = n + 2\sum_{k=1}^{n-1} T(k)$$

让 $T(n) = (f(n)-1)/2$ 来去掉右边的 n，我们有

$$\frac{f(n)-1}{2} = 1 + \sum_{k=1}^{n-1} f(k)$$

令 $f(n) = 3^n$，得解。

练习 14.3   条件 $x{\leq}u \wedge y{\leq}v \Rightarrow hxy{\leq}huv$ 足以确保单调性条件

$$cost\ u_1 \leq cost\ u_2 \wedge cost\ v_1 \leq cost\ v_2 \Rightarrow cost(Node\ u_1\ v_1) \leq cost(Node\ u_2\ v_2)$$

也因此递归定义 mct。在并行设置中，我们可以让 h 返回两个数的最大值。

练习 14.4   在 $i{+}1{=}j$ 的情况下，结果是

$$minWith\ cost\,[\,fork\ i\,(t!(i,\ i))\,(t!(i+1,\ i+1)),$$
$$fork\,(i+1)\,(t!(i+1,\ i+1))\,(t!(i+2,\ i+1))\,]$$

但 $!(i+2,\ i+1)$ 未被定义。

练习 14.5   如果 $i{=}i'$ 且 $j{=}j'$，则没有任何证据可证明。如果 $i'{=}i$ 并且 $j{<}j'$，则单调性从 $A \leq A \cdot B$ 开始，其中 $A = S(i,\ j)$，$B = S(j+1,\ j)$。同理，如果 $i'{<}i$ 且 $j{=}j'$，则单调性

来自 $B \leqslant A \cdot B$，其中 $A = S(i, i)$ 和 $B = S(i+1, j)$。最后，如果 $i' < i$ 和 $j < j'$，则单调性来自 $B \leqslant A \cdot B \cdot C$，其中 $A = S(i, i)$，$B = S(i+1, j)$，$C = S(j+1, j)$。但是，这最后一个条件来自前两个条件。

练习 14.6　如果 $i' = i$ 或 $j = j'$，则结果是直接的。否则，我们让 $A = S(i, i)$，$B = S(i+1, j)$，$C = S(j+1, j)$。那么结果将满足：

$$(A \cdot B) + (B \cdot C) \leqslant (A \cdot B \cdot C) + B$$

练习 14.7　四边形不等式将写为

$$A \max B + B \max C \leqslant A \max B \max C + B$$

但如果 $B < C < A$，这将简化为 $A + C \leqslant A + B$，而这是错误的。

练习 14.8　单调性成立是因为 $m \leqslant m + m \ n + n$ 和四边形不等式

$$a + ab + b + b + bc + c \leqslant a + a(b + bc + c) + b + bc + c + b$$

简化为 $0 \leqslant a(b+1)c$，这仍是成立的。

练习 14.9　在 $(\cdot) = (+)$ 的情况下，单调性简化为 $A \leqslant X + A$，其余条件简化为 $A + X + C \leqslant X + A + C$。两种情况都适用于非负数。在 $(\cdot) = (\times)$ 的情况下，单调性简化为 $A \leqslant XA$，但剩下的条件简化为 $A + XC \leqslant XA + C$，这不适用于所有 A，X 和 C。

练习 14.10　通过归纳 xs 来证明 $(xs \langle \!\!+\!\!+ \rangle ys) \langle \!\!+\!\!+ \rangle zs = xs \langle \!\!+\!\!+ \rangle (ys \langle \!\!+\!\!+ \rangle zs)$。基本情况是简单的，对于归纳的步骤我们可写为

$$((x:xs) \langle \!\!+\!\!+ \rangle ys) \langle \!\!+\!\!+ \rangle zs$$

$=$　{定义}

$$(ys +\!\!+ [x] +\!\!+ (xs \langle \!\!+\!\!+ \rangle reverse \ ys)) \langle \!\!+\!\!+ \rangle zs$$

$=$　{第一个等式，有 $rs = rev \ xs \ zs$}

$$(ys \langle \!\!+\!\!+ \rangle zs) +\!\!+ [x] +\!\!+ ((xs \langle \!\!+\!\!+ \rangle reverse \ ys) \langle \!\!+\!\!+ \rangle rs)$$

$=$　{归纳}

$$(ys \langle \!\!+\!\!+ \rangle zs) +\!\!+ [x] +\!\!+ (xs \langle \!\!+\!\!+ \rangle (reverse \ ys \langle \!\!+\!\!+ \rangle rs))$$

$=$　{第二个等式}

$$(ys \langle \!\!+\!\!+ \rangle zs) +\!\!+ [x] +\!\!+ (xs \langle \!\!+\!\!+ \rangle (reverse(ys \langle \!\!+\!\!+ \rangle zs)))$$

$=$　{定义}

$$(x:xs) \langle \!\!+\!\!+ \rangle (ys \langle \!\!+\!\!+ \rangle zs)。$$

练习 14.11　通过 r 的定义，可知对于 $i \leqslant q < r$，有 $C_q(i, j) \geqslant C_r(i, j)$。因此由（14.2）可得

$$0 \leqslant C_q(i, j) - C_r(i, j) \leqslant C_q(i, j+1) - C_r(i, j+1)$$

由（14.5）可得

$$0 \leqslant C_q(i, j) - C_r(i, j) \leqslant C_q(i+1, j) - C_r(i+1, j)$$

练习 14.12　*endstep* 的定义为

$$endstep :: [Pair] \rightarrow Tree \ Label$$

$$endstep\big[(t, \_)\big] = t$$

$$endstep(x : y : xs) = endstep(insert(join\ x\ y)xs)$$

练习 14.13 输入是一个双排序列表，因此输入列表 $[k+1, k+1, \cdots, 2k-1, 2k-1, 2k]$ 时，第一对要结合的是在第一步。之后该列表仍是双排序列表。其满足最坏情况下 $build$ 需花费 $\Theta(k^2)$ 步。

练习 14.14 第一棵树的代价为 49，第二棵的代价为 51。下述解答代价为 48。

$$gwa[4, 2, 4, 4, 7] = ((4(2\ 4))(4\ 7))$$

练习 14.15 例如，使用输入 $[5, 10, 6, 8, 7]$，Garsia-Wachs算法生成树 $((5\ 10)(7(6\ 8)))$ 的代价为 17234，而最优树为 $(((5\ 10)6)(8\ 7))$，代价为 17206。

第 15 章

答案 15.1 只需反转 $help$ 中的列表并使用 $newDiag_2$：

$$queens\ n = map\ reverse(help\ n)$$

$$\textbf{where}\ help\ 0 = [[\,]]$$

$$help\ r = [q : qs \mid qs \leftarrow help(r-1),\ q \leftarrow [1..n],$$

$$notElem\ q\ qs,\ newDiag_2\ q\ qs]$$

答案 15.2 $search$ 的连续参数是

$$[[\,]]$$
$$[[1], [2], [3], [4]]$$
$$[[3, 1], [4, 1], [2], [3], [4]]$$
$$[[4, 1], [2], [3], [4]]$$
$$[[2, 4, 1], [2], [3], [4]]$$
$$[[2], [3], [4]]$$
$$[[4, 2], [3], [4]]$$
$$[[1, 4, 2], [3], [4]]$$
$$[[3, 1, 4, 2], [3], [4]]$$

答案 15.3 一个非递归的 $bits$ 定义为

$$bits :: Word16 \rightarrow [Word16]$$

$$bits\ v = [b \mid b \leftarrow map\ bit[0..15],\ v\ .\&.\ b == b]$$

答案 15.4 表达式的最大值是 123456789，小于 2^{29}，因此使用 Int 已足够。当然，当输入大于 9 位数字时，我们应该使用 $Integer$ 算法。

答案 15.5 容易想到答案是 $True$，可惜这是错误的。左侧返回 17 个解，而右侧仅返回 14 个解。$solutions$（不是 $solutions_1$）返回的一个结果是

$$100 = 0 \times 1 + 2 \times 3 + 4 + 5 + 6 + 7 + 8 \times 9$$

差异的原因是，表达式中允许数字 0 时，单调性条件失败。特别地，

$$101 = 1 + 2 \times 3 + 4 + 5 + 6 + 7 + 8 \times 9$$

但是将此表达式扩展数字 0 时，结果值可能会变少。

答案 15.6 单调条件可以表示为

$$elem\ y(glue\ d\ x) \Rightarrow value\ x \leq value\ y$$

证明来自以下事实：如果 x 和 y 是正整数，则 x 和 y 中的较大者不大于表达式 $10\ x{+}y$, $10\ y{+}x$, $x{+}y$ 或 $x{\times}y$ 中的任何一个。当允许零值时，假设不成立，因为对于正数 x, $x \leq x{\times}0$ 为假。当允许取幂时，它也不成立，因为 $x \leq y \,\hat{}\, x$ 为假，除非 $y{>}1$。当表达式中允许小数点时，也不成立。

答案 15.7 首先，展开 $2{\times}3{+}\cdots$ 的 7 种方法是

$$.12 \times 3 + \cdots \qquad 12 \times 3 + \cdots \qquad 1.2 \times 3 + \cdots$$
$$.1 \times 2 \times 3 + \cdots \qquad 1 \times 2 \times 3 \cdots$$
$$.1 + 2 \times 3 + \cdots \qquad 1 + 2 \times 3 + \cdots$$

当允许小数点时，单调性条件不成立，(因此只有朴素程序才起作用)。我们将给出 *glue* 的修改版本，即

$$glue :: Digit \rightarrow Expr \rightarrow [Expr]$$
$$glue\ d[\,] = [[[([d], [\,])]], [[([\,], [d])]]]$$
$$glue\ d(((xs, ys):fs):ts)$$
$$\qquad | null\ xs\ = (((xs, d:ys):fs):ts):rest$$
$$\qquad | null\ ys\ = [((([\,], d:xs):fs):ts, (([d], xs):fs):ts] \mathbin{+\!\!+} rest$$
$$\qquad | otherwise = rest$$
$$\qquad \textbf{where}\ rest = [(((d:xs, ys):fs):ts,$$
$$\qquad\qquad\qquad\qquad (([d], [\,]):(xs, ys):fs):ts,$$
$$\qquad\qquad\qquad\qquad (([\,], [d]):(xs, ys):fs):ts,$$
$$\qquad\qquad\qquad\qquad [([d], [\,])]:((xs, ys):fs):ts,$$
$$\qquad\qquad\qquad\qquad [([\,], [d])]:((xs, ys):fs):ts]$$

事实证明，当允许使用小数点时，有 198 种方法可以构造 100。

答案 15.8 允许取幂时，单调性条件将失败，因此仅朴素程序有效。以下是 *glue* 的改良：

$$glue :: Digit \rightarrow Expr \rightarrow [Expr]$$
$$glue\ d[\,] \qquad\qquad\quad = [[[[[d]]]]]$$
$$glue\ d(((ds:fs):es):ts) = [((((d:ds):fs):es):ts,$$
$$\qquad\qquad\qquad\qquad\quad (([d]:(ds:fs)):es):ts,$$
$$\qquad\qquad\qquad\qquad\quad ([[d]]:((ds:fs):es)):ts,$$
$$\qquad\qquad\qquad\qquad\quad [[[d]]]:((((ds:fs):es):ts)]$$

表达式可以通过四种方式在左侧展开。事实证明，只有三种方法用幂运算来构建 100：

$$100 = 1\ \hat{}\ 23 + 4 + 5 \times 6 + 7 \times 8 + 9$$
$$100 = 1\ \hat{}\ 2\ \hat{}\ 3 + 4 + 5 \times 6 + 7 \times 8 + 9$$
$$100 = 1 + 2\ \hat{}\ 3 + 4 \times 5 + 6 + 7 \times 8 + 9。$$

答案 15.9 我们有

$$exp\ x$$
$$=\quad \{iterate\ 的定义\}$$
$$foldr\ f\ e(takewhile\ p(x : iterate\ g(g\ x)))$$
$$=\quad \{takeWhile,\ assuming\ p\ x\ 的定义\}$$
$$foldr\ f\ e(x : takeWhile\ p(iterate\ g(g\ x)))$$
$$=\quad \{foldr\ 的定义\}$$
$$f\ x(foldr\ f\ e(takeWhile\ p(iterate\ g(g\ x))))$$
$$=\quad \{exp\ 的定义\}$$
$$f\ x(exp(g\ x))$$

另一方面，如果 px 为假，则 $exp\ x = e$。

答案 15.10 假设 p 中的第一个状态不是已求解状态，则计算如下：

$$search_1\ pss(p : ps)$$
$$=\quad \{search_1\ 的定义\}$$
$$search(p : ps +\!\!+ concat(reverse\ pss))$$
$$=\quad \{基于假设，给出\ search\ 的定义\}$$
$$search(ps +\!\!+ concat(reverse\ pss) +\!\!+ succs\ p)$$
$$=\quad \{concat\ 和\ reverse\ 的定义\}$$
$$search(ps +\!\!+ concat(reverse(succs\ p : pss)))$$
$$=\quad \{search_1\ 的定义\}$$
$$search_1(succs\ p : pss)ps$$

答案 15.11 是的，这个目标总是可以实现的。第一种方法是首先将最大的元素放到最终位置，然后递归应用相同的方法，而保持最大的元素不变。为了使最大元素位于其最终位置，第一个位置 0 在最大元素的右边。例如，从 1 开始计算位置，单步移动 2 将 [4，1，3，0，2] 转换为 [4，0，1，3，2]，而两个步移 4 和 3 转换 [3，0，1，4，2] 至 [3，4，0，1，2]。令 j 为最大元素的位置。反复移动 j，$j+2$，$j+1$，$j+3$，以此类推，然后最后移动 $n-1$，以使最大的元素靠右。继续，移动 2、4、3 和 5 将 [3、4、0、1、2] 转换为 [3、1、2、4、0]，然后移动 4，得出 [3，1，2，0，4]。

广度优先搜索的相关定义为

$$start :: [\,Nat\,] \rightarrow State$$
$$start\ xs = (hole\ x,\ x)$$

$$\textbf{where } x = listArray(1, \ length \ xs)xs$$

$$hole \ x = head[\,j\,|\,j \leftarrow [\,1\,..\,],\ x!j == 0\,]$$

$$moves :: State \rightarrow [\,Move\,]$$

$$moves(j,\ x) = [\,k\,|\,k \leftarrow [\,j-1,\ j-2,\ j+1,\ j+2\,],\ a \leq k \wedge k \leq b\,]$$

$$\textbf{where}(a,\ b) = bounds \ x$$

$$move :: State \rightarrow Move \rightarrow State$$

$$move(j,\ x)k = (k,\ x\,//[\,(j,\ x!k),\ (k,\ x!j)\,])$$

$$solved :: State \rightarrow Bool$$

$$solved(j,\ x) = sorted(elems \ x)$$

$$\textbf{where } sorted \ xs = and(zipWith(\leq)xs(tail \ xs))$$

例如

$$solution(start[\,4,\ 1,\ 3,\ 0,\ 2\,]) = Just[\,3,\ 1,\ 2,\ 4,\ 3,\ 5,\ 4,\ 2,\ 1\,]$$

对数字进行排序的步骤总共有9步。

答案 15.12　一种简单的表示方式是对状态使用自然变量数组,对行为使用两个自然变量,即源水罐和目标水罐:

$$\textbf{type } State = Array \ Nat \ Nat$$

$$\textbf{type } Move = (Nat,\ Nat)$$

在给定状态下可能的行为由一对不同的整数组成,其中源水罐为非空而目标水罐未满:

$$moves :: State \rightarrow [\,Move\,]$$

$$moves \ t = [\,(j,\ k)\,|\,j \leftarrow indices \ t,\ k \leftarrow indices \ t,\ j \neq k,\ 0 < t!j,\ t!k < cap!k\,]$$

当目标值出现在数组中时,问题就解决了:

$$solved :: State \rightarrow Bool$$

$$solved \ t = elem \ target(elems \ t)$$

最后,要确定行为的结果,请观察两个壶中的水总量是否保持不变,或者排空水源或将目标装满。这导致

$$move :: State \rightarrow Move \rightarrow State$$

$$move \ x(j,\ k) = \textbf{if } t \leq c \textbf{ then } x\,//[\,(j,\ 0),\ (k,\ t)\,]\textbf{else } x\,//[\,(j,\ t-c),\ (k,\ c)\,]$$

$$\textbf{where } t = x!j + x!k\,; \quad c = cap!k$$

对于三罐问题,长度为6的唯一解是

$$[\,(3,\ 2),\ (2,\ 1),\ (1,\ 3),\ (2,\ 1),\ (3,\ 2),\ (2,\ 1)\,]$$

答案 15.13　问题的数据由三个数字 $(m,\ n,\ p)$ 定义,其中 m 是精灵的总数(与矮人的数量相同), n 是可划船的矮人的数量, p 是一艘船可搭载人数的最大值:

$$\textbf{type } Data = (Nat,\ Nat,\ Nat)$$

状态的一种可能定义是四元组:

$$\textbf{type } State = (Bool,\ Nat,\ Nat,\ Nat)$$

在状态 (b, e, d, r) 中，如果船为空且在左岸，则布尔值 b 为 $True$；如果船为空且在右岸，则布尔值 b 为 $False$。值 (e, d, r) 分别是河的左岸的精灵数量、不可划船矮人的数量以及可以划船的矮人的数量，因此右岸的相应值为 $(m-e, m-n-d, n-r)$。假设每个人最初位于左岸，则初始状态为

$$start :: Data \to State$$
$$start(m, n, p) = (True, m, m-n, n)$$

如果没有人留在左岸，这个问题就解决了：

$$solved :: State \to Bool$$
$$solved\ t = (t == (False, 0, 0, 0))$$

如果矮人的人数从未超过两岸的精灵，那么状态就是安全的。如果 (e, d, r) 是左岸的人数，那么我们要求

$$(e == 0 \lor e \geq d+r) \land (m-e == 0 \lor m-e \geq m-(d+r))$$

简化为

$$safe :: Nat \to State \to Bool$$
$$safe\ m(b, e, d, r) = (e == 0 \lor e == m \lor e == d+r)$$

考虑一次移动由精灵，无行矮人和可以划船的矮人的数量组成，即乘船的乘客：

$$\textbf{type}\ Move = (Nat, Nat, Nat)$$

如果一个举动最多包含 p 个人，至少一个划船者，并且矮人的人数不超过精灵，则该举动是合法的：

$$legal :: Nat \to Move \to Bool$$
$$legal\ p(x, y, z) = x+y+z \leq p \land (x \geq 1 \lor z \geq 1) \land (x == 0 \lor x \geq y+z)$$

函数 $move$ 现在定义为

$$move :: State \to Move \to State$$
$$move(True, e, d, r)(x, y, z) = (False, e-x, d-y, r-z)$$
$$move(False, e, d, r)(x, y, z) = (True, e+x, d+y, r+z)$$

举动包括从河的一侧到另一侧的船，并将所有乘客排到河岸。函数 $moves$ 定义为

$$moves :: Data \to State \to [Move]$$
$$moves(m, n, p)t@(b, e, d, r)$$
$$= [(x, y, z) \mid x \leftarrow [0..i], y \leftarrow [0..j], z \leftarrow [0..k],$$
$$legal\ p(x, y, z) \land safe\ m(move\ t(x, y, z))]$$
$$\textbf{where}(i, j, k) = \textbf{if}\ b\ \textbf{then}(e, d, r)\ \textbf{else}(m-e, m-n-d, n-r)$$

例如，$(3, 1, 2)$ 问题有 4 个解，每个解总共涉及 13 个分支。

答案 15.14　一种可能：

$$showMoves :: [Move] \to [String]$$
$$showMoves = map\ showMove \cdot groupBy\ sameName$$

$$\textbf{where } sameName \ m_1 \ m_2 = name \ m_1 == name \ m_2$$
$$name(n, \_, \_) = n$$
$$showMove \ ms \quad = show(name(head \ ms)) \ ++$$
$$concatMap \ dir[(s, f) \mid (\_, s, f) \leftarrow ms]$$

答案 15.15 再次展开 *moves*，我们有定向式：

$$premoves \ g \ 0R = [[1DDD]]$$
$$premoves \ g \ 1D = [[4L]]$$
$$premoves \ g \ 4L = [[3U], [3DD]]$$
$$premoves \ g \ 3U = [[2R]]$$
$$premoves \ g \ 2R = [[1DD]]$$

但是 move $1DD$ 重复了 $1DDD$ 的一部分，因此该计划被拒绝。我们只剩下一个计划，即

$$newplans \ g \ gameplan = [3DD, \ 4L, \ 1DDD, \ 0RRR]$$

可以执行该计划中的所有步骤，从而找到解。

第 16 章

答案 16.1 如果图形的周期具有负代价，则不会。对于第二问，H 的定义是明确的，但是如果图是无限的，则不是。想象一个无限图，它具有一个单一的源 s，一个单一的目标 t 和无限多个其他顶点 v_i。从 s 到 v_i 的边代价为 $1/i$，从每个 v_i 到 t 的边代价为 1。在这种情况下，$H(s)$ 的定义不明确。

答案 16.2 答案是否。经过两步，队列包含 $ABC(5+0)$，$ABA(0+4)$。选择路径 ABA 进行进一步扩展，这将导致无限循环。如果所有边代价均为正，则不允许使用上图，这就是为什么必须假定边代价为正。

答案 16.3 当启发式函数为 $h = const \ 0$ 时，Dijkstra 算法是 A * 搜索的特例。这个函数既乐观又单调（假设边代价为正），因此 Dijkstra 算法也是 M * 搜索的特例。

答案 16.4 具有三个顶点的图就足够了：

源顶点是 A，目标顶点是 C。我们取 $h(A) = 4$，$h(B) = 2$，$h(C) = 0$。树搜索将选择代价为 5 的路径 AC，但最短路径是代价为 4 的 ABC。

答案 16.5 *Ord* 是顶点。

答案 16.6 是的，在度量空间中，单调性等于满足了三角形不等式。

答案 16.7 否。如果 v 是目标，则 $h(v) = c$ 而 $H(v) = 0$。

答案 16.8 令 $[v, v_1, v_2, \cdots, v_n]$ 为从 v 到目标 v_n 的最短路径，边代价为 $[c_1, c_2, \cdots, c_n]$。如果 h 是单调的，则

$$h(v) \leq c_1 + c_2 + \cdots + c_n + h(v_n) = H(v)$$

因为 $h(v_n) = 0$。请注意 h 在任何目标顶点返回 0 的必要性。

答案 16.9 当 p' 是 p 而没有它的最后一个顶点时，证明这一点就足够了。假设 u 是 p' 的端点，边 (u, v) 的代价是 d，那么

$$f(p') = c(p') + h(u) \leq c(p') + d + h(v) = f(p)$$

是单调的。

答案 16.10 总共计算了 16 条路径。

答案 16.11 我们有

$$dist :: Vertex \to Vertex \to Dist$$
$$dist(x_1, y_1)(x_2, y_2) = sqrt(fromIntegral(sqr(x_2 - x_1) + sqr(y_2 - y_1)))$$
$$\textbf{where } sqr\ x = x \times x$$

答案 16.12 在这三种情况中的每一种情况下，线段仅通过网格点，因此我们仅需检查所有这些点是否不受箱子的影响。

答案 16.13 我们仅需考虑位于 s 确定的矩形区域内的边界。因此

$$near :: Segment \to Segment \to Bool$$
$$near((x_1, y_1), (x_2, y_2))((x_3, y_3), (x_4, y_4)) = min\ x_1\ x_2 \leq x_3 \wedge x_4 \leq max\ x_1\ x_2 \wedge$$
$$min\ y_1\ y_2 \leq y_3 \wedge y_4 \leq max\ y_1\ y_2$$

答案 16.14 我们可以写下

$$hseg((x_1, y_1), (x_2, y_2)) = x_1 == x_2$$
$$vseg((x_1, y_1), (x_2, y_2)) = y_1 == y_2$$
$$dseg((x_1, y_1), (x_2, y_2)) = x_1 + y_1 == x_2 + y_2$$
$$eseg((x_1, y_1), (x_2, y_2)) = x_1 - y_1 == x_2 - y_2$$

和

$$ypoints((x_1, y_1), (x_2, y_2)) = [(x_1, y) \mid y \leftarrow [min\ y_1\ y_2 .. max\ y_1\ y_2]]$$
$$xpoints((x_1, y_1), (x_2, y_2)) = [(x, y_1) \mid x \leftarrow [min\ x_1\ x_2 .. max\ x_1\ x_2]]$$
$$dpoints((x_1, y_1), (x_2, y_2)) = [(x, x_1 + y_1 - x) \mid x \leftarrow [min\ x_1\ x_2 .. max\ x_1\ x_2]]$$
$$epoints((x_1, y_1), (x_2, y_2)) = [(x_1 - y_1 + y, y) \mid y \leftarrow [min\ y_1\ y_2 .. max\ y_1\ y_2]]。$$

答案 16.15 线段 EF 位于 AB 确定的矩形外，因此不包括在近距离实验的考虑范围内。函数 $crosses$ 的定义为

$$crosses\ s(v_1, v_2) = orientation\ s\ v_1 \times orientation\ s\ v_2 \leq 0$$

要么两个顶点 v_1 和 v_2 跨在线段 s 上，要么其中一个位于线段上。

答案 16.16　终态是 *EO* 型的，所以只有 *EO* 型或 *OE* 型的初始态是可解的。以下是 12 种排列：

0123 0231 0312 1023 1203 1230 2031 2301 2310 3012 3102 3120

答案 16.17　让 u 成为 8 数码的一个状态，v 是当任何图块 t 与空白图块交换时产生的状态。如果 t 在正确的位置，这样的移动将使 $h(u)$ 的值改变 +1；如果 t 的起点和终点都不是正确的位置，则改变 0；如果 t 的终点是正确的位置，则改变 −1。在所有情况下，我们都有 $h(u) \le 1 + h(v)$，假设移动的代价是 1。

如果我们计算空白空间是否错位的话，那么一个移动可以使 $h(u)$ 的值减少 2，前提是 t 和空白空间现在都在正确的位置。但这需要满足 $h(u) \le h(u) - 1$，是不可能成立的。

答案 16.18　与上一个问题类似的论点也适用。移动图块可以使启发式方法的值增加或减少 1（如果总和中包含空白空间并且两个图块在交换后都位于正确的位置，则增加或减少 −2）。

答案 16.19　我们有

$$icparity :: State \to Bool$$
$$icparity = even \cdot ic \cdot perm$$
$$mhparity :: State \to State \to Bool$$
$$mhparity\ is\ fs = even\,(dist\,(posn0\ is)\,(posn0\ fs))$$
$$\textbf{where } dist\ i\ j = abs(x_0 - x_1) + abs(y_0 - y_1)$$
$$\textbf{where } (x_0, y_0) = i\ \text{divMod}\ 3$$
$$(x_1, y_1) = j\ \text{divMod}\ 3$$

7.2 节定义了计算逆序数的函数 ic。